普通高等教育"十一五"国家级规划教材

微型计算机原理及应用

第三版

王建宇 孙金生 林 嵘 何 新 编著

WEIXING
JISUANJI
YUANLI JI YINGYONG

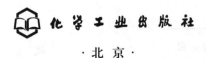

化学工业出版社

·北京·

内 容 简 介

本书紧紧围绕微型计算机原理和应用主题，以 8086/8088 为主线，系统分析了 16 位微型计算机的基本知识、基本组成和体系结构，介绍了 8086/8088 系统中的指令系统、汇编语言及程序设计方法和技巧、存储器的组成和构成方法，结合实际应用分析了常见的可编程接口芯片 Intel 8251、Intel 8253、Intel 8237、Intel 8259 和 Intel 8255 基本结构和典型应用，A/D、D/A 转换原理及典型芯片，并对现代微机系统中涉及的总线技术、高性能计算机的体系结构和主要技术做了简要分析。

本书注重理论联系实际、突出实用技术，内容简明扼要、融入作者多年的经验和体会，配套了相应的数字教材资源，丰富了教学手段，可作为高等院校非计算机专业本、专科生微机原理及应用技术教材，也可作为工程技术人员学习和应用相关内容的参考材料。

图书在版编目（CIP）数据

微型计算机原理及应用 / 王建宇等编著. -- 3 版.
北京：化学工业出版社，2025.3. --（普通高等教育"十一五"国家级规划教材）. -- ISBN 978-7-122-47896-2

Ⅰ. TP36

中国国家版本馆 CIP 数据核字第 2025CC0498 号

责任编辑：郝英华　唐旭华　　　　文字编辑：袁玉玉　袁　宁
责任校对：王　静　　　　　　　　装帧设计：张　辉

出版发行：化学工业出版社
　　　　　（北京市东城区青年湖南街 13 号　邮政编码 100011）
印　　装：大厂回族自治县聚鑫印刷有限责任公司
787mm×1092mm　1/16　印张 19½　字数 507 千字
2025 年 4 月北京第 3 版第 1 次印刷

购书咨询：010-64518888　　　　　售后服务：010-64518899
网　　址：http://www.cip.com.cn
凡购买本书，如有缺损质量问题，本社销售中心负责调换。

定　　价：59.00 元

第二版前言

本书自 2001 年 8 月出版以来，经过了 5 年的教学应用实践，先后被多所学校选作本科生同类课程的教材使用，2006 年被评为兵工高校优秀教材二等奖，本书所依托的课程"微机原理及应用"被评为江苏省精品课程。

随着课程教学实践的深入进行，以及大学本科（非计算机专业）培养方案的不断调整，我们对本书的内容编排、重点难点、学时安排等又有了新的认识，为此申报了国家"十一五"规划教材建设并获立项批准。本书第二版的修订思路是：以微型计算机的四大组成部分为主线来安排教材的章节，为此将原书的第 6 章进行了划分，形成目前的第 5 章定时与计数和第 6 章输入输出控制，这样，从微处理器、存储器、输入输出控制、输入输出接口、总线到软硬件应用（汇编程序设计和 A/D、D/A 转换），每一章均相对独立又互相配合，内容与难度上则循序渐进，有利于学生形成一个完整的微型计算机的概念，并了解其中的工作原理和处理流程。第 10 章高性能微机技术简介则给出了当前流行的且广泛应用于微处理器中的各种新技术，以开阔学生的视野。

本书第二版的修订注重基本概念和基本原理，有意识地减少了一些芯片内部较繁琐的原理说明，立足应用，尽量用较简洁、通俗的语言讲清与微机组成相关的基本概念和工作流程。对原书中的例题进行了大规模的改进并增加设计了大量新的例题，同时，对每一例题都给出了详细的设计分析思路，并尽可能地给出完整的硬件设计图和相应程序代码，使学生能通过这些例题，加深对基本概念及工作流程的理解，与文字讲述相得益彰。为达到举一反三的目的，有些例题还给出了进一步思考的问题，以引导、开阔学生的思路，其中不少例题的软硬件设计均可直接拿来应用在小型系统中。

本书第二版的另一特点是：针对学生反映本课程抽象难学的特征，我们编写了各章的学习指导，从学生学的角度出发，简明扼要、重点突出地指明本章的目的要求以及如何去学的方法，有利于学生掌握要点、明确方向、少走弯路，同时也有利于教师统一把握教学尺度。

本书的最佳参考学时为 64 学时，外加不少于 16 学时的实验与上机。我们有配套的实验指导书和多媒体教学课件供同行参考使用，如需要可联系：txh@cip. com. cn。

本书第二版的修订由侯晓霞任主编，王建宇、戴跃伟任副主编，在集体讨论之后，其中第 10 章由王建宇执笔修订，其余各章均由侯晓霞执笔修订。感谢林嵘老师和殷代红老师以及所有使用本书的学生对教材所提出的意见和建议。

虽执教多年但深知编写教材难度很大，尽管反复斟酌、修改仍难免不出纰漏，恳请各位同行在使用中多提宝贵意见，使本书能越写越好。

编　者
2006 年 10 月于南京

第三版前言

本书自 2007 年 1 月第 2 版出版以来，微机技术经历了快速发展，已广泛应用于各个行业。本教材经过了近 20 年的教学应用实践，先后被多所学校选做教材，第 2 版已印刷 12 次，被列入普通高等教育"十一五"国家级规划教材，荣获江苏省重点教材及兵工高校优秀教材等荣誉。本书依托的课程"微机原理及应用"获批江苏省精品课程、江苏省一类优秀课程、江苏省在线开放课程和江苏省一流本科课程。

随着课程教学实践和改革不断深入，新的教学手段不断涌现，以及大学本科（非计算机专业）培养方案的不断调整，结合混合式教学、翻转课堂等需求，我们对本书的内容、重难点、学时数等进行了重新安排。第三版的修订思路是：以微型计算机的四大组成部分为主线来安排教材的章节，为此，将原书的第 1 章进行了划分，保留微型计算机的基础知识并增加了计算机中数的表达方式为新的第 1 章，8086/8088 微处理器独立出来为第 2 章。调换了原来第 5 章定时与计数和第 6 章输入输出控制的先后次序，并把并行接口技术和串行接口技术分开，这样，从微处理器、存储器、输入输出控制、输入输出接口、总线到软硬件应用（汇编程序设计和 A/D、D/A 转换），每一章均相对独立又互相配合，内容与难度上则循序渐进，有利于学生形成一个完整的微型计算机的概念，并了解其中的工作原理和处理流程。第 12 章高性能微机技术简介则给出了当前流行的且广泛应用于微处理器中的各种新技术，以开阔学生的视野。

本书第三版延续第二版的特点，修订注重基本概念和基本原理，立足应用，尽量用较简洁、通俗的语言讲清与微机组成相关的基本概念和工作流程。对上一版教材中的例题进行了部分改进和增加，对每一例题都给出了详细的设计分析思路，并尽可能地给出完整的硬件设计图和相应程序代码，使学生能通过这些例题，加深对基本概念及工作流程的理解，与文字讲述相得益彰。为达到举一反三的目的，有些例题还给出了进一步思考的问题，以引导、开阔学生的思路。

为贯彻"为党育人、为国育才"教育方针，落实立德树人根本任务，本书在编写过程中，融入大量的课程思政元素。在第 1、2、5 章分别增加了龙芯的发展、龙芯 CPU 架构及主要产品、代表性的国产微处理器、华为海思半导体产品及国内主要存储器制造公司的视频内容。将专业内容和课程思政有机融合起来，让学生在掌握微型计算机理论知识的同时，感受国家的巨大进步和新时代的伟大变革，激发学生的民族自豪感和家国情怀，充分发挥好教材的育人作用，以帮助全面提高人才自主培养质量。

本书第三版增加了重点、难点内容的在线课程视频讲解，读者可扫描每章章首或封底的二维码查看。同时在中国大学（MOOC）平台每年开设两期同步教学内容，需要的读者可以登录中国大学 MOOC 网站，搜索由王建宇老师主讲的"微机原理及接口"技术课程，同步在线学习。数字资源的使用丰富了不同的教学手段，可以达到更好地教学效果。

本书的最佳参考学时为 48 学时，外加不少于 8 学时的实验与上机。我们有配套的实验指导书和数字资源供同行参考使用。

本书由王建宇、孙金生、林嵘、何新编著，孙金生、林嵘、何新执笔修订，王建宇统稿，数字资源由林嵘和王建宇完成。侯晓霞、戴跃伟担任顾问。感谢所有使用本书的读者对教材所提出的意见和建议。

虽然经过多年的教学改革与实践，取得了较为丰富的成果，但深知编写教材难度很大，尽管反复斟酌、修改仍难免不出纰漏，恳请各位同行在使用中多提宝贵意见，以便改进与提高。

编著者

2025 年 02 月于南京

第一版前言

近年来，随着科学技术的发展和工艺水平的提高，微处理器芯片在不断地进行更新换代，其字长、集成度、功能、结构等均有了长足的发展。目前，一台普通的微型计算机的功能已超过了 20 世纪 70 年代小型机甚至中型机的功能；由多个微处理器构成的系统几乎可以达到大型机的计算能力；而由高档微机组成的图形工作站，使得实时图像处理和网络化大型计算得以实现，从而使科学计算可视化技术走向大众；在工业生产上，由微机控制的自动化生产线，为提高生产能力和产品质量提供了保证；而大量由微处理器控制的仪器、仪表、家用电器、医疗设备等，已成为当今生活中不可缺少的一部分。总之，微型计算机及其应用技术随处可见，充满了生产和生活的各个方面，学习并掌握与之相关的内容，已成为高等院校的学生及社会各界人士的需求和迫切愿望。

为了使学生更好地掌握微机原理与接口技术的核心内容，根据我们多年教学的体会和经验，以及当前各大专院校普遍使用的 16 位微机实验设备的现状，同时也为满足 21 世纪培养高素质人才和教学改革的需要，在作者主持完成的"微型计算机原理及应用"课程被评为江苏省优秀课程、相应的教学体系建设成果被评为江苏省优秀教学成果的基础上，我们编写了《微型计算机原理及应用》一书。

本书以 8086/8088 为主线，讲述了 8086/8088 微处理器的组成原理、体系结构、汇编语言及程序设计技术、接口技术及应用的有关内容。考虑到学生对计算机知识学习的系统性和完整性，我们将当前高性能微机系统采用的新技术融合到各相关章节中进行了介绍，如高速缓存 Cache，PCI、AGP 总线技术，USB、1394 通讯接口技术等，并在第 10 章重点分析了高性能微机的体系结构和采用的新技术，这样使学生对微机系统整体结构有一个完整的了解。在第 2、3 章中，详细介绍了指令系统和汇编程序设计方法，并加入了高级语言与汇编语言的交叉调用内容，同时，增添了同类教材涉及不多的，而且是计算机应用和使用所必须具备的总线技术和 A/D、D/A 内容。本书作者开发了与本书配套的多媒体教学软件，对购买本书量大的单位，我们将免费赠送该软件。

全书共分十章。第 1 章微型计算机概述，简要介绍微型计算机的发展、基本结构和工作过程，8086/8088CPU 结构、存储器组织及典型时序分析。第 2 章 8086/8088 指令系统，主要介绍 8086/8088 寻址方式和指令系统，对常用指令的寻址方式及操作做了较详细的阐述，同时通过程序举例，帮助读者深入理解指令的功能。第 3 章汇编语言程序设计，讲述了汇编语言源程序的设计方法，伪指令格式，以及汇编语言程序和高级语言程序的相互调用。第 4 章存储器系统，论述了存储器的组成及工作原理、存储器系统扩展方法，并介绍了 Cache 的结构和工作原理等。第 5 章中断系统，描述了中断的概念及典型中断芯片 8259 的结构和应用。第 6 章 DMA 控制器和定时/计数器，主要介绍了 DMA 和定时/计数器的工作原理和典型芯片 8237、8253 的结构和应用。第 7 章接口与串并行通信，介绍常用并行和串行接口芯片的结构及其与 CPU 接口方式和编程，同时增加了通用串行接口规范 USB 及 1394 技术。第 8 章总线技术，主要描述总线的有关概念，总线的类别及功能，常用总线的有关规范等。第 9 章 D/A、A/D 转换器及其与 CPU 的接口，讲述了数模转换器和模数转换器的一般工作原理，重点介绍与 CPU 的接口技术及其编程。第 10 章高性能微机系统新技术简介，讲述了 PⅡ、PⅢ系列微机中采用的新技术，重点分析了 MMX、SSE 技术和体系结构涉及的寄存器结构、工作方式、存储管理及存储保护技术。每章都有习题与思考题，以便帮助读者理解和掌握有关内容。

本书第 6、8、9 章由戴跃伟编写，第 4、5、7 章由侯晓霞编写，其余各章由王建宇编写，全书由王建宇统稿。杨洋、钟晓霞、袁秋林、项文波、施友松、王翔、陈果、秦华旺等参加了本书插图的绘制，在此表示感谢。

由于水平所限，书中难免有谬误之处，恳请广大读者批评指正。

编　者

2001 年 3 月于南京

目录

第 11 章 总线技术 …… 256

第 12 章 高性能微处理器及其新技术 …… 274

参考文献 …… 302

第1章
微型计算机基础

电子计算机的诞生和发展是 20 世纪最重要的科技成果之一。微型计算机（简称"微型机""微机"）是计算机的一个重要分支。本章介绍微型计算机的基础知识，概述其发展变化，内容包括微机的发展和特点、微机的组成结构与工作过程、计算机中数的表示与编码。

本章学习指导　　本章微课

1.1　微机的发展与特点

1.1.1　微机的发展历史

微型计算机作为计算机大家族中的一员，它具有一般计算机的所有特性。我们知道，计算机的核心部件是 CPU，它是整个计算机的心脏，控制着计算机的全部工作。而微型计算机的核心部件就是微处理器，微处理器就是微型计算机中的 CPU。因此，我们讲微型计算机的发展历史就是讲微处理器的发展历史。

1971 年，Intel 公司推出了第一个微处理器芯片 Intel 4004。这是一个 4 位的微处理器，原本是为高级袖珍计算器设计的，推出后却取得了意想不到的成功。Intel 公司立刻对其进行改进，正式生产出第一片通用微处理器芯片 Intel 4040。此后，Intel 公司又推出了 8 位的通用微处理器芯片 Intel 8080。这些微处理器一般被称为第一代微处理器，它们的字长为 4～8 位，时钟频率为 1MHz。据资料报道，它们在许多低端应用领域（如智能玩具等）仍有较大市场。

很快，不少厂商投入微处理器的设计生产。1973～1977 年之间，Intel 公司又在原 8080 的基础上提高集成度，设计生产了 Intel 8085。同时，Zilog 公司推出了著名的 Z80，该芯片作为 CPU 曾长期占据单板机市场，成为组成单板机的主流处理器。另外，Rockwell 公司设计的 8 位微处理器 6502，也曾作为著名的 Apple 机的 CPU，对微型计算机的发展起到了极大的推动作用。这些微处理器一般被称为第二代微处理器。它们的字长为 8 位，时钟频率为 2～4MHz。

1978 年，Intel 首次推出 16 位微处理器 8086，这是 80×86 系列 CPU 的鼻祖。8086 的内部和外部数据总线都是 16 位，地址总线为 20 位，可直接访问 1MB 内存。1979 年，Intel 又推出 8086 的姊妹芯片 8088，它与 8086 不同的是，它的外部数据总线为 8 位，以适应当时已广泛使用的 8 位接口芯片。很快 Intel 就在 8086/8088 上取得了巨大成功，IBM 选用它来制造著名的 IBM PC，开辟了一个全新的个人计算机时代，而 8086/8088 的许多设计思想则一直影响着 Intel 的后续芯片。此外还有 Zilog 公司推出的 Z8000 和 Motorola 公司的 68000，这些微处理器一般被称为第三代微处理器。

20 世纪 80 年代以后，随着集成电路设计生产技术的提高，微处理器进入快速发展阶段，生产厂商在提高集成度、速度和功能方面取得了很大进展，Intel 公司相继推出了80286、80386 和 80486，这些高性能的微处理器的字长已达到 32 位，时钟频率可高达50MHz，同时，不仅支持片内高速缓存，即一级（L1）缓存，486 还支持主板上的二级（L2）缓存。尤其是 486 DX2 还首次引入了倍频的概念，有效地缓解了外部设备的制造工艺跟不上 CPU 主频发展速度的矛盾。AMD、Cyrix、TI、UMC 等厂商开始生产兼容 80386/80486 的芯片，推动了技术的快速进步。

1993 年 Pentium 处理器面世。由于采用了一系列新的设计，尤其是将一些原本用于大型机的技术逐步引入微处理器中（如流水线技术、动态预测技术等），使得它的速度比80486 快了几倍。此后，直到 2000 年末，Intel 又陆续推出 Pentium Pro、Pentium MMX、Pentium Ⅱ（P Ⅱ）～Pentium Ⅳ（P Ⅳ），不仅处理器的运算速度大幅提高，主频高达数GHz，而且增强了对浮点运算和多媒体技术的支持，改进了插槽技术和生产工艺，使得这样的高档微处理器的功能已达到原中型机的功能。与此同时，AMD 公司也推出了它的 K 系列微处理器，以较好的性价比占据中低端市场，取得了较好的业绩。

目前，Intel、AMD、Cyrix、IDT 等 X86 系列 CPU 厂商之间的竞争还将长期持续下去，并为我们带来更多可供选择的微处理器产品，进一步推动微型计算机的快速发展。

同时，国产 CPU 在技术架构、性能表现和市场应用上取得显著进展。国内主要有海光、龙芯、兆芯、飞腾、华为鲲鹏、申威等厂商。海光兼容 x86 指令集，C86 系列处理器性能优秀，通过引进吸收再创新，实现了商业化落地；龙芯实现指令集自主可控，3A6000 性能提升显著，在党政等领域应用广泛；兆芯继承威盛技术资产，KX7000 等产品性能媲美Intel 10 代酷睿 i5-10100；飞腾基于 ARM 架构，擅长高并发事务处理和分布式计算，加速布局"CPU＋XPU"产品组合；华为鲲鹏依托华为云，在智慧城市等场景发挥重要作用，支持 AI 推理和边缘计算；申威主要用于超级计算机，正向服务器芯片市场进军。

1.1.2　微机的特点

微型计算机本质上与其它计算机并无太多的区别，所不同的是微型计算机广泛采用了集成度相当高的器件和部件，因此带来以下一系列特点。

① 体积小，重量轻，功能强。由于采用大规模集成电路（LSI）和超大规模集成电路（VLSI），使微型机所含的器件数目大为减少，体积也大为缩小，20 世纪 70 年代中小型计算机所能实现的功能，在当今内部只含几十片集成电路的微型机也能实现。

② 价格低。当前微型机的价格依据摩尔定律变化，即计算机芯片的价格每 18～24 个月降低一半。速度每 18～24 个月则提高一倍。很好的性价比使得微型机具有极高的市场占有率。

③ 可靠性高，结构灵活。由于采用了超大规模集成电路，使得微机内部元器件数目少，同时又采用了总线结构，积木式设计，使得微型机的组合非常灵活，整机系统可靠性高。

④ 应用面广。现在微型机已完全取代了原来的中小型机，不仅应用于科学研究，而且广泛应用于工业生产、公共信息、商业服务等各行各业，可以说，微型机已经渗透到我们社会生活的每一个角落，尤其是随着 Internet 的发展，计算机已成为现代社会的重要标志。

1.1.3　微机系统的主要技术指标

一台微型计算机功能的强弱或性能的好坏，不是单由某项指标来决定的，而是由它的系统结构、指令系统、硬件组成、软件配置等多方面的因素综合决定的。但对于大多数普通用户来说，可以通过以下几个指标来大体评价计算机的性能。

(1) 运算速度

运算速度是衡量计算机性能的一项重要指标。同一台计算机，执行不同的运算所需时间可能不同，因而对运算速度的描述常采用不同的方法，如 CPU 时钟频率（主频）、每秒平均执行指令数（IPS）等。微型计算机常采用主频来描述运算速度，例如，Pentium 133 的主频为 133MHz，Pentium Ⅳ1.5G 的主频为 1.5GHz。一般来说，主频越高，运算速度就越快。

(2) 字长

字长是字的长度，指计算机一次处理二进制数据的位数。在其它指标相同时，字长越长，计算机处理数据的速度就越快。早期微型计算机的字长一般是 8 位和 16 位，现在的微机字长通常为 64 位。

(3) 存储器的容量

内存储器存放 CPU 需要执行的程序和需要处理的数据，内存储器容量的大小反映了计算机即时存储信息的能力。随着操作系统的升级、应用软件的不断丰富及其功能的不断扩展，对计算机内存容量的需求也不断提高。例如运行 Windows 98 只需要 16MB 的内存容量，而运行 Windows XP 需要 128MB 以上的内存容量，目前 PC 配置的内存一般是 2～8GB。内存容量越大，系统功能就越强大，能处理的数据量就越庞大。

外存储器通常是指硬盘（包括内置硬盘和移动硬盘）。外存储器容量越大，可存储的信息就越多，可安装的应用软件就越丰富。

除了上述主要性能指标外，微型计算机还有其它一些指标，例如所配置外围设备的性能指标以及所配置系统软件的情况等。另外，各项指标之间也不是彼此孤立的，在实际应用时，应该把它们综合起来考虑。

1.2 微机的组成结构与工作过程

1.2.1 微机的组成结构

(1) 微机的组成

微型计算机（简称微机、微型机）的基本组成结构见图 1-1。从图中可以看出，一台微型计算机由四部分组成：微处理器、存储器、输入/输出（I/O）接口和总线。它们以微处理器为核心，存储器（ROM、RAM等）、I/O 接口电路通过总线有机地结合在一起形成微型计算机。在这里，CPU 如同微型机的心脏，它的性能决定了整个微型机的各项关键指标。存储器包括随机存取存储器（RAM）和只读存储器（ROM）。输入/输出接口电路用来使外部设备与微型机相连。总

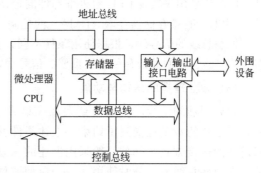

图 1-1　微机的基本组成结构

线为 CPU 和其它部件之间提供数据、地址和控制信息的传输通道。

微型计算机再加上系统软件、输入/输出设备和电源就构成了一个微型计算机系统，微机系统是用户使用计算机的基本配置。

（2）微机的总线结构

现代微型计算机都采用总线结构。在微型计算机系统中，无论是各部件之间的信息传送，还是处理器内部信息的传送，都是通过总线进行的。总线是连接多个功能部件或多个装置的一组公共信号线，由它提供各功能部件或装置之间的信息传输通道。根据总线所处位置的不同，总线有不同的分类，如片内总线和片间总线等。片内总线是集成电路芯片内部各功能部件和各寄存器之间的连线。片间总线是连接各芯片的总线，即连接 CPU、存储器和 I/O 接口的总线，又称为局部总线。微型计算机有了总线结构后，系统中各功能部件之间的相互关系变为各个部件面向总线的单一关系。一个部件只要符合相同的总线标准，就可以直接连接到采用这种总线标准的系统中，使系统的功能得以发挥。总线结构为微机的结构扩展提供了极大的灵活性，因此，它也是现代计算机结构的重要特征。有关总线的详细内容见本书的第 11 章。后文提到的总线如不加说明，均指局部总线。

尽管各种微型机的总线类型和标准有所不同，但从总线所承担的任务来看，一般分为三种不同功能的总线，即数据总线 DB（data bus）、地址总线 AB（address bus）和控制总线 CB（control bus）。

① 地址总线。地址总线是微型计算机用来传送地址的信号线。地址总线的位数决定了 CPU 可以直接寻址的内存范围。微型机根据直接寻址能力决定地址线的根数，通常 8 位机的寻址范围为 32KB 或 64KB（1KB＝1024 字节），16 位机能寻址的范围为 1M（2^{20}）B～16M（2^{24}）B 字节。因为地址信号总是由 CPU 提供的，所以地址总线是单向的、三态总线。单向指信息只能向一个方向传送，三态指除了输出高电平和低电平外，还可以处于高阻状态（浮空状态）。

② 数据总线。数据总线是 CPU 用来传送数据和代码的信号线。从结构上看，数据总线总是双向的，即数据既可以从 CPU 送到其它部件，也可以从其它部件传送给 CPU。数据总线的位数（宽度）是微型计算机的一个很重要指标，它通常和处理器的位数相对应。例如，16 位微处理器有 16 根数据线，32 位微处理器有 32 根数据线。和其它计算机一样，在微型机中，数据的含义也是广义的，通过数据总线传送的除了数据以外，还可能有代码、状态量，有时还可能是控制量。数据总线也采用三态逻辑。

③ 控制总线。控制总线是用来传送控制信号的。这组信号线比较复杂，由它来实现 CPU 对外部部件（包括存储器和 I/O 接口）的控制。不同的微处理器采用不同的控制信号，通常来讲，控制信号用来实现 CPU 对外部部件的控制（如读/写命令）、状态的传送（如应答联络信号）、中断、直接存储器存取（DMA）的控制，以及提供系统使用的时钟和复位信号等。

控制总线的信号线，根据使用条件不同，有的为单向，有的为双向或三态，还有的为非三态的信号线。控制总线是一组很重要的信号线，它决定了总线功能的强弱和适应性的好坏。

（3）微处理器的结构与功能

微处理器的结构严格地受到大规模集成电路制造工艺的约束，因此芯片的面积不能过大，引出端的数量也受到了约束。上述条件就严格规定了通用微处理器的内部结构及其同外部设备的连接方式，外部一般采用上述的三总线结构，内部采用单总线即内部所有单元电路都挂在内部总线上，分时使用。一个典型 8 位微处理器的结构如图 1-2 所示。

它包括以下几个重要部分：累加器、算术逻辑运算单元（ALU）、状态标志寄存器、寄存器阵列、指令寄存器、指令译码器和定时及各种控制信号的产生电路。

① 累加器和算术逻辑运算单元。累加器和算术逻辑运算单元主要用来完成数据的算术和逻辑运算。ALU 有 2 个输入端和 2 个输出端。2 个输入端一端接至累加器，接收由累加器送来

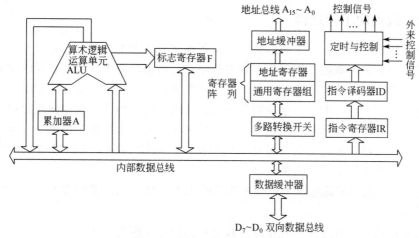

图 1-2　典型 8 位微处理器结构

的一个操作数；另一端通过内部数据总线接到寄存器阵列，以接收第二个操作数。2 个输出端一端接至内部数据总线，通过总线与累加器和寄存器阵列相联系；另一端接至标志寄存器。

参加运算的操作数先送到累加器和寄存器，然后在控制信号的控制下，在 ALU 中进行规定的运算操作，运算结束后，一方面将结果送至累加器或寄存器，同时将操作结果的特征状态送标志寄存器。

累加器是一个特殊的寄存器，它的字长和微处理器的字长一样，例如 16 位微处理器的累加器字长为 16 位。累加器一般具有输入/输出和移位功能，微处理器采用累加器结构可以简化某些逻辑运算。由于所有参加运算的数据都要通过累加器，故累加器在微处理器中占有很重要的位置。

② 寄存器阵列。

a. 通用寄存器组：用来寄存参与运算的数据（8 位），它们也可以连成 16 位的寄存器对，用以存放操作数的地址。

b. 地址寄存器：用来存放地址。常用的地址寄存器有三种：指令指针 IP（有时也称为程序计数器 PC），堆栈指针 SP，变址寄存器 SI、DI。

• 指令指针 IP：它的作用是指明下一条指令在存储器中的地址。每取一个指令字节，IP 自动加 1，如果程序需要转移或分支，只要把转移地址放入 IP 即可。

• 变址寄存器 SI、DI：程序设计中往往要修改地址，变址寄存器的作用是用来存放要修改的地址，它也可以用来暂存数据。

• 堆栈指针 SP：用来指示 RAM 中堆栈栈顶的地址。堆栈中每压入或弹出 1 个数据，SP 的内容就自动减 1 或加 1，以指示新的栈顶地址。SP 的值始终指向栈的顶部。

③ 指令寄存器、指令译码器和定时及各种控制信号的产生电路。指令寄存器（instruction register，IR）用来存放当前正在执行的指令。当指令执行完毕后下一条指令才存入。指令译码器 ID（instruction decoder）用来对指令进行分析译码，根据指令译码器的输出信号，定时及各种控制信号的产生电路产生出执行此条指令所需的全部控制信号，以控制各部件协调工作。

④ 内部总线和总线缓冲器。内部总线把 CPU 内各部件和 ALU 连接起来，以实现各部件之间的信息传送。内部总线分为内部数据总线和内部地址总线，它们分别通过数据缓冲器和地址缓冲器与芯片外的系统总线相连。缓冲器用来暂时存放信息（数据或地址），它具有驱动放大和隔离功能。

1.2.2 微机的工作过程

计算机之所以能在没有人干预的情况下自动地完成各种工作任务，是因为人们事先为它编制了完成这些任务所需的工作程序，并把程序存放到存储器中，这就是程序存储。计算机的工作过程就是执行程序的过程，控制器按照预先规定好的顺序，从存储器中一条一条地取出指令，分析指令，根据不同的指令向各个部件发出完成该指令所规定操作的控制信号，这就是程序控制。程序存储和程序控制的概念是冯·诺依曼提出来的，因此又称为冯·诺依曼概念。当代的计算机，不管是微型机还是大型机，甚至像 CRAY 等巨型机都是按冯·诺依曼模型工作的，故统称为冯·诺依曼计算机。

下面以图 1-3 所示的简化模型来分析微机的工作过程。假设要完成 $Y = 10 + 20$，结果送30 单元的操作。

要完成上述功能，首先要查找指令表找到相关指令，编写程序如下：

```
MOV  AL,10   ;AL= 10
ADD  AL,20   ;AL= AL+ 20= 10+ 20= 30
MOV  [30],AL ;AL 送 30 单元
HLT          ;系统暂停
```

然后对上述程序进行汇编，翻译成机器码。翻译过程一般通过汇编程序 MASM 和LINK 自动完成，还可以手工汇编。在这里通过手工方法实现，查表 1-1 可将上述程序翻译为如下机器代码：

```
MOV  AL,10   ;01110100  00001010    740AH
ADD  AL,20   ;00110100  00010100    3414H
MOV  [30],AL ;01010011  00011110    531EH
HLT          ;01000011             43H
```

表 1-1 指令表

功能	助记符	机器码	说明
立即数 n 送 AL	MOV AL,n	01110100 n	两字节指令
AL 内容加立即数 n	ADD AL,n	00110100 n	结果在 AL 中
AL 内容送 M 为地址的单元	MOV [M],AL	01010011 M	两字节指令
停止操作	HLT	01000011	一字节指令

将机器码从 00 单元开始存入内存中，如图 1-3 所示。最后按如下步骤执行程序：

(1) 取指阶段（取指周期）

微机接通电源，复位电路使程序计数器 PC（有时也称为指令指针 IP）的内容自动置 0（不同微机，PC 的初值不同，即程序的起始地址不同）。它是第一条指令的地址，在时钟脉冲作用下，CPU 开始取指工作，工作过程如图 1-3 所示。

① PC 的内容 00H 送地址寄存器 AR，然后它的内容自动加 1 变为 01H，指向下一个字节。AR 把地址码 00H 通过地址总线送至存储器，经存储器内部的地址译码器译码后，选中 00 单元。

② CPU 内的控制电路发出存储器读命令到存储器的输出控制端。

③ 存储器 00 单元的内容 74H 输出到数据总线上，并把它送至数据寄存器 DR。

④ CPU 知道，指令的第一字节必然是操作码，故发出有关控制信号把它送到指令译码器进行译码，准备进入执行阶段。

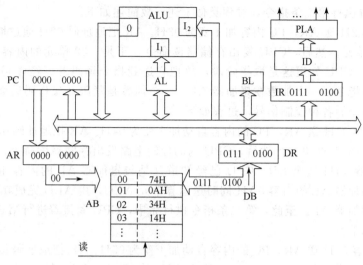

图 1-3　取指阶段执行示意

(2) 执行阶段（存储器读周期）

经指令译码后，CPU 知道 74H 是把紧跟在操作码后面的操作数送累加器 AL 的指令，故发出各种控制信号，以执行这条指令，过程如下。

① PC 的内容 01H 送 AR，01H 可靠地送 AR 后，PC 自动加 1 变为 02H。AR 把地址码 01H 通过地址总线送至存储器，经存储器内部的地址译码器译码后，选中 01 单元。

② CPU 内的控制电路发出存储器读命令到存储器的输出控制端。

③ 存储器 01 单元的内容 0AH 输出到数据总线上，并把它送至数据寄存器 DR。

④ CPU 已经知道这是送累加器 AL 的操作数，故把它送到累加器 AL。至此，第一条指令执行完毕。执行过程参见图 1-4。为了更清晰地说明内部的信息流向，内部控制信号均未画出。实际工作过程是在时序信号和控制信号的作用下完成的。

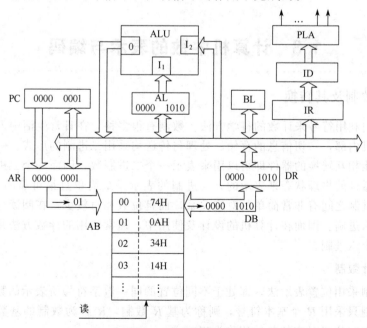

图 1-4　执行阶段示意

CPU 紧接着执行第二条指令，过程类似上述，故简述如下。

PC 的内容 02H 送 AR，PC 内容加 1 变为 03H。AR 把地址码 02H 通过地址总线送至存储器，选中 02 单元。然后，CPU 发出存储器读命令，于是，02 单元的内容 34H 就被读到数据寄存器 DR。CPU 知道这是取指阶段，故把它送到指令译码器。经译码后，CPU 识别出这是一条加法指令，一个加数在累加器 AL，一个加数是紧跟在操作码后面的操作数，故发出执行这条指令的各种控制信号，过程如下。

把 PC 的内容 03H 送 AR，PC 的内容自动加 1 变为 04H。AR 把地址码 03H 通过地址总线送至存储器，选中 03 单元。然后，CPU 内的控制电路发出存储器读命令，通过数据总线把 03 单元的内容 14H 送至 DR。CPU 已经知道这是与累加器 AL 的内容相加的一个操作数，故把它和累加器 AL 的内容 0AH 同时送运算单元 ALU，由 ALU 完成 0AH+14H 的操作，结果送到累加器 AL。至此，第二条指令执行完毕，CPU 紧接着进行第三条指令的取指与译码，过程如下。

把 PC 的内容 04H 送 AR，PC 的内容自动加 1 变为 05H。AR 把地址码 04H 通过地址总线送至存储器，选中 04 单元。然后，CPU 内的控制电路发出存储器读命令，通过数据总线把 04 单元的内容 53H 送至 DR。经译码后，CPU 辨识出这是一条把 AL 中的内容写到存储器中的操作，这个存储单元的地址就是紧跟在操作码后面的操作数，故执行该指令的过程如下。

把 PC 的内容 05H 送 AR，PC 的内容变为 06H。AR 把地址码 05H 通过地址总线送至存储器，选中 05 单元。然后，CPU 内的控制电路发出存储器读命令，通过数据总线把 05 单元的内容 1EH 送至 DR。CPU 已经知道这是存储单元的地址，故把它送到 AR。AR 把地址码 1EH 通过地址总线送至存储器，经存储器内部的地址译码器译码后，选中 1E 单元，然后，CPU 发出存储器写命令，通过数据总线把 AL 中的内容写入 1E 单元。CPU 紧接着取最后一条指令，译码后停止操作。至此程序执行完毕。

从以上分析可知，微机工作的过程，就是一个不断地取指令、指令译码、取操作数、执行运算、送运算结果的循环过程。

1.3　计算机中数的表示与编码

1.3.1　数制及其转换

数制是人们利用符号来计数的科学方法。数制有很多种，在日常生活中人们常用十进制计数；在计算机内部，一切信息的存储、处理与传送均采用二进制的形式。一个具有两种不同稳定状态且能相互转换的器件即可以用来表示一个二进制数，因而一个二进制数在计算机内部是以电子器件的物理状态来表示的，二进制的表示是最简单且最可靠的。由于八进制、十六进制与二进制之间有非常简单的对应关系，而且位数相对较少，在阅读与书写时常常采用八进制或十六进制。因而在计算机的设计及使用中，通常使用的计数方法是二进制、八进制、十进制和十六进制。

(1) 进位计数制

进位计数制采用位置表示法，即处于不同位置的同一数字符号所表示的数字不同。一般说来，如果数制只采用 R 个基本符号，则称为基 R 数制，R 称为数制的基数，简称基；而数制中每一个固定位置对应的单位值称为权。

对 R 进制数来说，有以下特点：

a. 能选用的数码的个数等于基数 R，即各数位只允许是 0、1、$\cdots$、$R-1$；

b. 各位的权是以 R 为底的幂；

c. 计数规则是"逢 R 进一"。

常用的四种数制的表示法如表 1-2 所示。

对任意一个进制数，都可以按权展开成多项式，其中每一项表示相应数位代表的数值。例如"逢十进一"的十进制数 278.5 可写为

$$278.5 = 2 \times 10^2 + 7 \times 10^1 + 8 \times 10^0 + 5 \times 10^{-1}$$

对 R 进制数 N，若用 $n+m$ 个代码 D_i（$-m \leqslant i \leqslant n-1$）表示，从 D_{n-1} 到 D_{-m} 自左至右排列，则其按权展开多项式为

$$N = D_{n-1}R^{n-1} + D_{n-2}R^{n-2} + \cdots + D_0 R^0 + D_{-1}R^{-1} + \cdots + D_{-m}R^{-m} \tag{1-1}$$

式中，D_i 为第 i 位代码，它可取 $0 \sim (R-1)$ 之间的任何数字符号；m 和 n 均为正整数，n 表示整数部分的位数，m 表示小数部分的位数。表 1-3 列出了四种数制表示的数的对应关系。

表 1-2 常用四种数制的表示法

项目	二进制	八进制	十进制	十六进制
进位规则	逢二进一	逢八进一	逢十进一	逢十六进一
基数	2	8	10	16
所用符号	0、1	0、1、2、$\cdots$、7	0、1、2、$\cdots$、9	0、1、2、$\cdots$、9、A、B、$\cdots$、F
权	2^i	8^i	10^i	16^i
数制标识	B	Q	D	H

表 1-3 四种数制表示的数的对应关系

十进制	二进制	八进制	十六进制	十进制	二进制	八进制	十六进制
0	0	0	0	8	1000	10	8
1	1	1	1	9	1001	11	9
2	10	2	2	10	1010	12	A
3	11	3	3	11	1011	13	B
4	100	4	4	12	1100	14	C
5	101	5	5	13	1101	15	D
6	110	6	6	14	1110	16	E
7	111	7	7	15	1111	17	F

(2) 数制之间的转换

① 二/八/十六进制数转换成十进制数。转换规则为按权相加，即将二/八/十六进制数按权展开，求出按权展开式的值就是该数转换为十进制数的等价值。

【例 1-1】 $(1011.01)_2 = 1 \times 2^3 + 0 \times 2^2 + 1 \times 2^1 + 1 \times 2^0 + 0 \times 2^{-1} + 1 \times 2^{-2} = (11.25)_{10}$

$(55)_8 = 5 \times 8^1 + 5 \times 8^0 = (45)_{10}$

$(9A)_{16} = 9 \times 16^1 + 10 \times 16^0 = (154)_{10}$

② 十进制数转换成二/八/十六进制数。十进制数转换成二/八/十六进制数时，需要把整数部分与小数部分分别转换，然后拼接起来。

a. 整数部分的转换。

十进制整数转换为二进制整数的方法为：把被转换的十进制整数反复地除以 2，直到商为 0，所得的余数（从末位读起）就是这个数的二进制表示。简单地说，就是除 2 取余法。

【例 1-2】 将十进制整数 105 转换成二进制整数。

解：按除 2 取余方法进行转换的过程如下。

```
                              余数
        2 |105                      低位
        2 |52          1
        2 |26          0
        2 |13          0
        2 |6           1
        2 |3           0
        2 |1           1
          0            1            高位
```

转换结果为：$(105)_{10} = (1101001)_2$。

同理，将十进制整数转换为 R 进制数，按照除 R 取余规则即可。

【例 1-3】 将十进制数 545 转换为十六进制数。

解：按除 16 取余方法进行转换的过程如下。

```
                              余数
        16 |545                     低位
        16 |34          1
        16 |2           2
           0            2           高位
```

转换结果为：$(545)_{10} = (221)_{16}$。

b. 小数部分的转换。

十进制小数转换成二进制小数的方法：将十进制小数连续乘以 2，选取进位整数，直到满足精度要求为止。该方法简称乘 2 取整法。

【例 1-4】 将十进制小数 0.625 转换成二进制小数。

解：转换过程如下。

```
            0.625
        ×     2
            1.25        整数部分为 1  高位
            0.25
        ×     2
            0.5         整数部分为 0
            0.5
        ×     2
            1.0         整数部分为 1  低位
```

将十进制小数 0.625 连续乘以 2，把每次所进位的整数，按从上往下的顺序写出。于是，转换结果为：$(0.625)_{10} = (0.101)_2$。

同理，十进制小数转换成 R 进制小数的方法是乘 R 取整法。

【例1-5】 将十进制小数0.145转换成十六进制小数。

解：转换过程如下。

$$
\begin{array}{r}
0.145 \\
\times \quad 16 \\
\hline
2.32 \\
0.32 \\
\times \quad 16 \\
\hline
5.12 \\
0.12 \\
\times \quad 16 \\
\hline
1.92 \\
0.92 \\
\times \quad 16 \\
\hline
14.72
\end{array}
$$

整数部分为2 高位

整数部分为5

整数部分为1

整数部分为14 低位

将十进制小数0.145连续乘以16，取每次进位的整数，直到满足精度要求为止，因而转换结果为：$(0.145)_{10}=(0.251E)_{16}$。

由上可知，十进制整数部分的转换采用基数不断去除要转换的十进制数，直到商为0为止，将各次计算所得的余数，按最后的余数为最高位，第一位为最低位，依次排列，即得转换结果。十进制小数部分的转换采用基数不断去乘需要转换的十进制小数，直到满足要求的精度或小数部分等于0为止，然后取每次乘积结果的整数部分，以第一次取整位为最高位，依次排列，即可得到转换结果。

如果一个数既有小数又有整数，则应将整数部分与小数部分分别进行转换，然后用小数点将两部分连起来，即为转换结果。

例如：$(42.125)_{10}=(42)_{10}+(0.125)_{10}$，$(42)_{10}=(101010)_{2}$，$(0.125)_{10}=(0.001)_{2}$，所以 $(42.125)_{10}=(101010.001)_{2}$。

③ 二进制数与八进制数、十六进制数间的相互转换。由于 $2^{3}=8$，$2^{4}=16$，因此二进制数与八进制数、十六进制数之间的转换很简单。将二进制数从小数点位开始，向左每3位产生一个八进制数字，不足3位的左边补零，这样就得到整数部分的八进制数；向右每3位产生一个八进制数字，不足3位的右边补0，就得到小数部分的八进制数。同理，向左每4位产生一个十六进制数字，不足4位的左边补零，就得到整数部分的十六进制数；向右每4位产生一个十六进制数字，不足4位的右边补0，就得到小数部分的十六进制数。

例如：$(01111100.1001001)_{2}=(174.444)_{8}=(7C.92)_{16}$。

八进制数要转换成二进制数，只需将八进制数分别用对应的三位二进制数表示即可；十六进制数要转换成二进制数，只需将十六进制数分别用对应的四位二进制数表示即可。

为了便于区别不同数制表示的数，规定在数字后面用一个H表示十六进制数，用O或Q表示八进制数，用B表示二进制数，用D（或不加标志）表示十进制数，如64H、1101B、369D分别表示十六进制数、二进制数和十进制数。另外，规定当十六进制数以字母开头时，为了避免与其它字符相混，在书写时前面加一个数0，如十六进制数B9H，应写成0B9H。

(3) 位、字节、字和字长等数据单位表示

① 位（bit）在计算机中，二进制数的每1位（0或者1）是组成二进制信息的最小单

位，称为 1 比特，简称位，它是数字系统和计算机中信息存储、处理和传送的最小单位。

② 字节（Byte）8 个二进制信息组成的一个单位称为 1 个字节，1Byte＝8bit。

③ 字（word）一个字由 16 位二进制数，即两个字节组成。一个 16 位的字 $D_{15} \sim D_0$ 可分为高字节和低字节两个部分，其中 $D_{15} \sim D_8$ 为高字节，$D_7 \sim D_0$ 为低字节。

④ 字长（word length）计算机中还用字长这个术语来表示数据，字长决定了计算机内部一次可处理的二进制代码的位数，它取决于计算机内部的运算器、通用寄存器和数据总线的位数。根据计算机字长的不同，可将计算机分为 8 位机、16 位机、32 位机和 64 位机等不同的机型。显然，计算机的字长越长，一次能同时传送和处理的数据就越多，运算速度越快，精度也越高，但制造工艺就越复杂。

1.3.2 带符号数的表示

(1) 机器数与真值

日常生活中遇到的数，除了上述无符号数外，还有带符号数。对于带符号的二进制数，其正负符号如何表示呢？在计算机中，为了区别正数和负数，通常用二进制数的最高位表示数的符号。对于一个字节型二进制数来说，D_7 位为符号位，$D_6 \sim D_0$ 位为数值位。在符号位中，规定用 0 表示正，1 表示负，而数值位表示该数的数值大小。把一个数及其符号位在机器中的一组二进制数表示形式，称为机器数，机器数所表示的值称为该机器数的真值。

(2) 机器数的表示方法

机器数可以用不同的表示方法，常用的有原码表示法、反码表示法和补码表示法。

① 原码表示法。最高位为符号位（正数为 0，负数为 1），其余数字位表示数的绝对值。例如，当机器字长为 8 时，示例如下：

$$[+0]_原 = 0000000B, [-0]_原 = 10000000B$$
$$[+5]_原 = 00000101B, [-5]_原 = 10000101B$$
$$[+127]_原 = 01111111B, [-127]_原 = 11111111B$$

注意：

a. 0 的原码有两种表示法：00000000 表示 +0，10000000 表示 -0。

b. 若微机字长为 8 位，则原码的表示范围为 -127～127；若字长为 16 位，则原码的表示范围为 -32767～32767。

原码表示法简单直观，且与真值的转换很方便，但不便于在计算机中进行加减运算。如进行两数相加，必须先判断两个数的符号是否相同。如果相同，则进行加法运算，否则进行减法运算。如进行两数相减，必须比较两数的绝对值大小，再由大数减小数，结果的符号要和绝对值大的数的符号一致。按上述运算方法设计的算术运算电路很复杂。因此，计算机中通常使用补码进行加减运算，这样就引入了反码表示法和补码表示法。

② 反码表示法。正数的反码与其原码相同，负数的反码是在原码基础上，符号位不变（仍为 1），数值位则按位取反。例如，当机器字长为 8 时，示例如下：

$$[+0]_反 = [+0]_原 = 0000000B, [-0]_反 = 11111111B$$
$$[+5]_反 = [+5]_原 = 00000101B, [-5]_反 = 11111010B$$
$$[+127]_反 = [+127]_原 = 01111111B, [127]_反 = 10000000B$$

注意：

a. 0 的反码有两种表示法：00000000 表示 +0，11111111 表示 -0。

b. 若微机字长为 8 位，则反码的表示范围为 -127～127；若字长为 16 位，则反码的表

示范围为 $-32767 \sim 32767$。

③ 补码表示法。正数的补码与其原码相同，负数的补码是在原码基础上，符号位不变（仍为 1），数值位则按位取反再加 1。例如，当机器字长为 8 时，示例如下：

$$[+0]_{\text{补}} = [+0]_{\text{原}} = 0000000\text{B}, [-0]_{\text{反}} = [-0]_{\text{反}} + 1 = 00000000\text{B}$$

$$[+5]_{\text{补}} = [+5]_{\text{原}} = 00000101\text{B}, [-5]_{\text{补}} = [-5]_{\text{反}} + 1 = 11111011\text{B}$$

$$[+127]_{\text{补}} = [+127]_{\text{原}} = 0111111\text{B}, [-127]_{\text{补}} = [-127]_{\text{反}} + 1 = 10000001\text{B}$$

注意：

a. $[+0]_{\text{补}} = [-0]_{\text{补}} = 00000000$，无 +0 和 -0 之分。

b. 正因为补码中没有 +0 和 -0 之分，所以 8 位二进制补码所能表示的数值范围为 $-128 \sim 127$；16 位二进制补码所能表示的数值范围为 $-32768 \sim 32767$。

(3) 机器数与真值之间的转换

① 原码转换为真值　根据原码定义，将原码数值位各位按权展开求和，由符号位决定数的正负，即可由原码求出真值。

【例 1-6】 已知 $[X]_{\text{原}} = 00011111\text{B}$，$[Y]_{\text{原}} = 10011101\text{B}$，求 X 和 Y。

解：

$$X = 0 \times 2^6 + 0 \times 2^5 + 1 \times 2^4 + 1 \times 2^3 + 1 \times 2^2 + 1 \times 2^1 + 1 \times 2^0 = 31$$

$$Y = -(0 \times 2^6 + 0 \times 2^5 + 1 \times 2^4 + 1 \times 2^3 + 1 \times 2^2 + 0 \times 2^1 + 1 \times 2^0) = -29$$

② 补码转换为真值　求补码的真值，先求出补码对应的原码，再按原码转换为真值的方法即可。正数的原码与补码相同。负数的原码可在补码基础上再次求补。

【例 1-7】 已知 $[X]_{\text{补}} = 00001111\text{B}$，$[Y]_{\text{补}} = 11100101\text{B}$，求 X 和 Y。

解：

$$[X]_{\text{原}} = [X]_{\text{补}} = 00001111\text{B}, X = 15$$

$$[Y]_{\text{原}} = [[Y]_{\text{补}}]_{\text{补}} = 10011011\text{B}, Y = -27$$

(4) 补码的加减运算

在计算机中，凡是带符号的数一律用补码表示，运算结果自然也是补码。其运算特点是：符号位和数值位一起参加运算，并且自动获得结果（包括符号位与数值位）。

补码加法的运算规则为：$[X+Y]_{\text{补}} = [X]_{\text{补}} + [Y]_{\text{补}}$。

补码减法的运算规则为：$[X-Y]_{\text{补}} = [X]_{\text{补}} + [-Y]_{\text{补}}$。

当运算结果不超出补码所表示的范围时，运算结果是正确的补码形式。但当运算结果超出补码表示范围时，结果就不正确了，这种情况称为溢出。当最高位向更高位的进位由于机器字长的限制而自动丢失时，并不会影响运算结果的正确性。

计算机中带符号数用补码表示时有如下优点。

a. 可以将减法运算变为加法运算，因此可使用同一个运算器实现加法和减法运算，能简化电路。

b. 无符号数和带符号数的加法运算可以用同一个加法器实现，能简化微机内部的电路结构。

(5) 溢出及其判断方法

① 进位与溢出。所谓进位是指运算结果的最高位向更高位的进位，用来判断无符号数运算结果是否超出计算机所能表示的最大无符号数的范围。

溢出是指带符号数的补码运算溢出，用来判断带符号数补码运算结果是否超出了补码所能表示的范围。例如，字长为 n 位的带符号数，它能表示的补码范围为 $-2^{n-1} \sim 2^{n-1}-1$，如果运算结果超出了此范围，就称为补码溢出，简称溢出。

② 溢出的判断方法。判断溢出常见的方法有：直接由参加运算的两个数的符号及运算结果的符号进行判断；通过符号位和数值部分最高位的进位状态来判断。第一种方法适用于手工运算时对结果是否溢出的判断，第二种方法通常在计算机中使用。

设符号位进位状态用 CF 来表示，当符号位向前有进位时，CF=1，否则 CF=0；数值部分最高位的进位状态用 DF 来表示，当该位向前有进位时，DF=1，否则 DF=0；溢出标志位 OF=CF $\oplus$ DF，若 OF=1，则说明结果溢出，OF=0，说明结果未溢出。也就是说，当符号位和数值部分最高位同时有进位或同时没有进位时，运算结果不溢出；否则结果溢出。

【例 1-8】 设有两个操作数 $x=01000100B$，$y=01001000B$，将这两个操作数送运算器做加法运算：

a. 若为无符号数，计算结果是否正确？

b. 若为带符号补码数，计算结果是否溢出？

解：a. 若为无符号数，由于 CF=0，说明结果未超出 8 位无符号数所能表达的数值范围（0~255），计算结果 10001100B 为无符号数，其真值为 140，计算结果正确。

b. 若为带符号补码数，由于 OF=1，表明结果溢出。也可通过参加运算的两个数的符号及运算结果的符号进行判断。由于两操作数均为正数，而结果却为负数，所以结果溢出；+68 和 +72 两数补码之和应为 +140 的补码，而 8 位带符号数补码所能表达的数值范围为 -128~+127，结果超出该范围，因此结果是错误的。

1.3.3　定点数与浮点数

在一般书写中，小数点是用记号"."来表示的，但在计算机中表示任何信息只能用 0 或 1 两种数码。如果计算机中的小数点用数码表示的话，则不易与二进制数位区分开，所以在计算机中小数点不能用记号"."表示，那么在计算机中小数点又如何确定呢？

为了确定小数点的位置，在计算机中，数的表示有两种方法，即定点表示法和浮点表示法。

(1) 定点表示法

所谓定点表示法，是指在计算机中所有数的小数点的位置人为约定固定不变。一般来说，小数点可约定固定在任何数位之后，但常用下列两种形式。

① 定点纯小数：约定小数点位置固定在符号之后，符号位用 1 位二进制数表示，其余位用于表示数值。假设字长为 n 时，定点纯小数表示范围为 $1-2^{n-1} \sim -(1-2^{n-1})$。

② 定点纯整数：约定小数点位置固定在最低数值位之后。假设字长为 n 时，定点纯整数表示范围为 $-(2^{n-1}-1) \sim 2^{n-1}-1$。

显然，定点数表示法使计算机只能处理纯整数或纯小数，限制了计算机处理数据的范围。为了使得计算机能够处理任意数，事先要将参加运算的数乘上一个比例因子，转化成纯小数或纯整数后进行运算，运算结果再除以比例因子还原成实际数值。比例因子要取得合适，使参加运算的数、运算的中间结果以及最后结果都在该定点数所能表示的数值范围之内。

(2) 浮点表示法

在浮点表示法中，小数点的位置是浮动的。为了使小数点可以自由浮动，浮点数由两部分组成，即尾数部分与阶数部分。浮点数在机器中的表示方法如下：

阶符	阶码	尾符	尾数
阶数部分		尾数部分	

其中，尾数部分表示浮点数的全部有效数字，它是一个有符号位的纯小数；阶数部分指明了浮点数实际小数点的位置与尾数（定点纯小数）约定的小数点位置之间的位移量 P，该位移量 P（阶数）是一个有符号位的纯整数。尾符则决定了整个数的正负。

当阶数为 $+P$ 时，则表示小数点向右移动 P 位；当阶数为 $-P$ 时，则表示小数点向左移动 P 位。因此，浮点数的小数点随着 P 的符号和大小而自由浮动。

任意一个二进制数总可以表示为纯小数（或纯整数）和一个 2 的整数次幂的乘积。例如，任意一个二进制数 N 可写成

$$N = S \times 2^P \qquad\qquad (1\text{-}2)$$

式中，S 称为数 N 的尾数，P 称为数 N 的阶码，P、S 都是用二进制表示的数。尾数 S 表示数 N 的全部有效数字，显然 S 采用的数位越多，则数 N 表示的数值精确度越高。阶码 P 指明了数 N 的小数点位置，显然 P 采用的数位越多，则数 N 表示的数值范围就越大。

如假定 $P=0$，此时，$N=S\times2^0=S$。若尾数 S 为纯小数，这时数 N 为定点纯小数。

如假定 $P=0$，此时若尾数 S 为纯整数，则数 N 为定点纯整数。

如假定 P 为任意整数，此时，数 N 需要尾数 S 和阶数 P 两部分共同表示，即数 N 为浮点数。

显然，浮点数表示的数值范围比定点数表示的数值范围大得多。设浮点数的阶数位数为 $m+1$ 位，尾数的位数为 $n+1$ 位，则浮点数的取值范围为

$$2^{-n} \times 2^{-(2^m-1)} < |N| < (1-2^{-n}) \times 2^{(2^m-1)}$$

虽然浮点数具有表示数值范围大的突出优点，但是，浮点数的运算较为复杂。当计算机进行一次浮点数运算时，需要分别进行两次定点数运算。

例如，设两个浮点数为 $N_1=S_1\times2^{P_1}$，$N_2=S_2\times2^{P_2}$。

如 $P1 \neq P2$，则两数就不能直接相加减，必须首先对齐小数点（即对阶）后，才能作尾数间的加减运算。对阶时，小阶向大阶看齐，即把阶小的小数点左移，在计算机中是尾数数码右移，右移 1 位，阶码加 1，直至两数的阶码相同为止，然后两数才能相加减。

浮点数的乘除法，阶码和尾数要分别进行运算。

为了使计算机运算过程中不丢失有效数字，提高运算的精度，一般都采用二进制浮点规格化数。所谓浮点规格化，是指尾数 S 的绝对值小于 1 而大于或等于 1/2，即小数点后面的第一位必须是 1。

【**例 1-9**】 将十进制数 24.125 化为二进制形式的规格化浮点数。

解： ① 将该数化为二进制数：$24.125=11000.001\text{B}$。

② 将此数规格化，则所得规格化浮点数的尾数 $S=+0.11000001$，阶数 $P=+5=+101$，因此该数的规格化浮点表示为 $+0.11000001\times2^{+101}$。

由于浮点数运算复杂，运算器中除了尾数运算部件外，还有阶码运算部件，控制部件也相应地复杂了，故浮点运算计算机的设备增多，成本较高。

在计算机中，究竟采用浮点制还是定点制，必须根据使用要求设计。目前，一般小型机、微型机多采用定点制，而大型机、巨型机及高档微型机多采用浮点制。

1.3.4　计算机中的编码

由于计算机只能识别二进制数，因此，计算机进行人机交换信息时用到的信息，如数字、字母、符号等都要以特定的二进制编码来表示，这就是信息的编码。

(1) 二进制编码的十进制数字

虽然二进制数对计算机来说是最佳的数制，但是人们却不习惯使用它。为了解决这一矛盾，提出了一个比较适合于十进制系统的二进制编码的特殊形式，即将 1 位十进制的 0～9 这 10 个数字分别用 4 位二进制码的组合来表示，在此基础上可按位对任意十进制数进行编码，这就是采用二进制编码的十进制数，简称 BCD（binary coded decimal）码。

4 位二进制数码有 16 种组合（0000～1111），原则上可任选其中的 10 个来分别代表十进制中的 0～9 这 10 个数字。常用的 BCD 码实际上是指 8421BCD 码，这种编码从 0000～1111 16 种组合中选择前 10 个，即 0000～1001 来分别代表十进制数码 0～9，8、4、2、1 分别是这种编码从高位到低位每位的权值。BCD 码有两种形式，即压缩型 BCD 码和非压缩型 BCD 码。压缩型 BCD 码用一个字节表示两位十进制数，例如，10000110B 表示十进制数 86D；非压缩型 BCD 码用一个字节表示一位十进制数，高 4 位总是 0000，低 4 位用 0000～1001 中的一种组合来表示 0～9 中的某一个十进制数。表 1-4 给出了 8421BCD 码与十进制数字的编码关系。

表 1-4　8421BCD 码与十进制数的编码关系

十进制数	8421BCD 码	十进制数	8421BCD 码
0	0000	8	1000
1	0001	9	1001
2	0010	10	00010000
3	0011	11	00010001
4	0100	20	00100000
5	0101	45	01000101
6	0110	68	01101000
7	0111	92	10010010

BCD 码的优点是与十进制数转换方便，容易阅读；缺点是用 BCD 码表示的十进制数的数位要较纯二进制表示的十进制数位更长，使电路复杂性增加，运算速度减慢。

需要说明的是，虽然 BCD 码可以简化人机联系，但它比纯二进制编码效率低。对同一个给定的十进制数，用 BCD 码表示时需要的位数比用纯二进制码多，而且用 BCD 码进行运算所花的时间也更多，计算过程更复杂。BCD 码是将每个十进制数用一组 4 位二进制数来表示，若将这种 BCD 码送计算机进行运算，由于计算机总是将数当作二进制数而不是当作 BCD 码来运算，所以结果可能出错，因此需要对计算结果进行必要的修正，以得到正确的 BCD 码形式。

(2) 字母与符号的编码

字符是指数字、字母以及其它的一些符号的总称。

现代计算机不仅用于处理数值领域的问题，而且要处理大量非数值领域的问题。这样一来，必然需要计算机能对数字、字母、文字以及其它一些符号进行识别和处理，而计算机只能处理二进制数，因此，通过输入输出设备进行人机交换信息时使用的各种字符也必须按某种规则，用二进制数码 0 和 1 来编码，计算机才能进行识别与处理。

目前国际上使用的字符编码系统有许多种。在微机、通信设备和仪器仪表中广泛使用的是 ASCII（America standard code for information interchange）码，即美国标准信息交换码。ASCII 码用一个字节来表示一个字符，采用 7 位二进制代码来对字符进行编码，最高位一般用作检验位（旧称校验位）。7 位 ASCII 码能表示 $2^7 = 128$ 种不同的字符，其中包括数码 0～9，英文大、小写字母，标点符号及控制字符等，如表 1-5 所示。

表 1-5 ASCII 码字符表

字符 低4位 \ 高3位	000	001	010	011	100	101	110	111
0000	NUL	DEL	P	0	@	P	.	p
0001	SOH	DC1	!	1	A	Q	a	q
0010	STX	DC2	"	2	B	R	b	r
0011	ETX	DC3	#	3	C	S	c	s
0100	DOT	DC4	$	4	D	T	d	t
0101	ENG	NAK	%	5	E	U	e	u
0110	ACK	SYN	&.	6	F	V	f	v
0111	BEL	ETB	'	7	G	W	g	w
1000	BS	CAN	(	8	H	X	h	x
1001	HT	EM	)	9	I	Y	i	y
1010	LF	SUB	*	:	J	Z	j	z
1011	VT	ESC	+	;	K	[	k	{
1100	FF	FS	,	<	L	\	l	|
1101	CR	GS	−	=	M	]	m	}
1110	SO	RS	.	>	N	↑	n	~
1111	SI	US	/	?	O	↓	o	DEL

例如数字 0，查得高 3 位为 011，低 4 位为 0000，故 0 的 ASCII 码为 30H。同理得到数字 1 的 ASCII 码为 31H，2 的 ASCII 码为 32H，字母 A 的 ASCII 为 41H，a 的 ASCII 码为 61H，等等。

在 7 位 ASCII 码中，第 8 位常作奇偶检验位，以检验数据传输是否正确。该位的数值由所要求的奇偶检验类型确定。偶检验是指每个代码中所有 1 的和（包括奇偶检验位）是偶数。例如，传递的字母是 G，则 ASCII 码是 1000111，因其中有 4 个 1，所以奇偶检验位是 0，8 位代码将是 01000111。奇检验是指每个代码中所有 1 位的和（包括奇偶检验位）是奇数，若用奇检验传送 ASCII 码中的 G，其二进制表示应为 11000111。

习题与思考题

1-1. 微型计算机由哪些部件组成？各部件的主要功能是什么？

1-2. 什么是字节？什么是字？请说明微处理器字长的意义。

1-3. 什么是总线？什么是系统总线？

1-4. 简述微处理器、微型计算机、微型计算机系统各自的含义。

1-5. 将下列十进制数分别转换为二进制数、八进制数、十六进制数。

(1) 78　　　　　(2) 0.475　　　　　(3) 37.5

1-6. 将下列二进制数转换成十进制数。

(1) 1010110.011　(2) 110110.0101

1-7. 将下列二进制数分别转换成八进制数、十六进制数。

(1) 110110010　(2) 1011110.1001　(3) 0.10111001

1-8. 设机器字长为 8 位，写出下列各数的原码、反码和补码。

(1) 26　　　　　(2) −36

1-9. 写出下列用补码表示的二进制数的真值。

(1) 01100011　　(2) 11111010

1-10. 调研当前的微处理器芯片市场，写出 1~2 款主流芯片的名称、生产厂商及主要技术指标。

第2章▶▶
8086/8088 微处理器

8086 是 X86 架构的鼻祖。本章介绍微机系统的核心部件——微处理器（CPU）。对具有典型基础意义的 8086/8088 微处理器，详细解析其功能结构、寄存器结构、存储器寻址方法、各引脚功能以及总线时序。

本章学习指导　　本章微课

2.1　8086/8088 微处理器特点

20 世纪 80 年代初，IBM 公司用 Intel 8088 作为中央处理器（CPU），推出了个人计算机 IBM-PC/XT 系统（现称微机系统或 PC），从此，开创了个人计算机系统的先河，微处理器 8086/8088 成为微机系统的典型芯片。

在 PC 系列微机中，应用最广泛的微处理器是 Intel 公司的 X86 系列，为了保持产品的兼容性和维护老用户在软件上的投资不受损失，Intel 公司推出的新一代 X86 系列微处理器兼容 8086/8088 微处理器指令系统，这就决定了新型芯片是在老芯片基础上改进和发展起来的。因此，X86 系列（包括 Pentium 和 Pentium Ⅲ）都是在 8086/8088 微处理器基础上逐步改进发展而来的。学习 8086/8088 微处理器的基本结构原理就成为掌握 X86 系列处理器的基础。8088 微处理器是 IBM PC/XT 微型计算机系统板的核心部件。在这片大规模集成电路芯片上，集成了控制整个微型计算机工作的指令译码电路、微程序控制电路、寄存器组及算术逻辑运算部件（ALU）。它是一种通用的高性能的准 16 位微处理器。

8086 微处理器是 Intel 系列的 16 位微处理器。8086 微处理器和 8088 微处理器的内部结构基本相同，所不同的是：8086 微处理器的外部数据总线为 16 位，而 8088 微处理器的外部数据总线为 8 位，因此，称 8086 微处理器为 16 位微处理器，而 8088 微处理器为准 16 位微处理器。功能强大的微处理器 8086/8088 还有如下一些特点：

① 指令系统功能齐全，各类指令共 100 多条。

② 多种寻址方式，适用于高级语言中的数组和记录等数据结构形式。

③ 20 位地址线。存储器寻址范围可达 1MB 的存储空间。

④ 16 位 I/O 端口地址线，I/O 接口可寻址 64K 端口地址。

⑤ 具有较强中断处理能力。能处理软件中断、非屏蔽中断和可屏蔽中断三类中断源。

⑥ 具有管理和响应 DMA 操作的能力。

⑦ 可实现多处理器协调和管理总线的能力。

2.2 8086/8088CPU 的结构

2.2.1 8086/8088CPU 的编程结构

编程结构也称为功能结构，是从程序员的角度来看的处理器结构。8086/8088CPU 的编程结构分为两部分，即总线接口部件 BIU（bus interface unit）和执行部件 EU（execution unit）。基本结构如图 2-1 所示。

(1) 执行部件

EU 单元负责指令的执行。它包括 ALU（运算器）、通用寄存器和状态寄存器等，主要进行 16 位的各种算术运算及逻辑运算。

(2) 总线接口部件

BIU 单元负责与存储器和 I/O 接口之间传送数据。它由段寄存器、指令指针、地址加法器和指令队列缓冲器组成。地址加法器将段地址和偏移地址相加，生成 20 位的物理地址。8086/8088 的 BIU 有如下特点。

① 8086 的指令队列为六个字节，8088 的指令队列为四个字节。这样，在 EU 执行指令的同时，BIU 可从内存中取下一条指令或下几条指令放在指令队列中。而 EU 执行完一条指令后就可以直接从指令队列中取出下一条指令执行，从而提高 CPU 的效率。

② 地址加法器用来产生 20 位地址。上面已经提到，8086/8088 可用 20 位地址寻址 1M 字节的内存空间，但 8086/8088 内部所有的寄存器都是 16 位的，所以需要由一个附加的机构来根据 16 位寄存器提供的信息计算出 20 位的物理地址，这个机构就是 20 位的地址加法器。

总线接口部件和执行部件并不是同步工作的，它们按以下流水线技术原则来协调管理。

① 每当 8086 的指令队列中有两个空字节，或者 8088 的指令队列中有一个空字节时，总线接口部件就会自动把指令取到指令队列中。

② 每当执行部件准备执行一条指令时，它会从总线接口部件的指令队列前部取出指令的代码，然后用几个时钟周期去执行指令。在执行指令的过程中，如果必须访问存储器或者输入/输出设备，那么，执行部件就会请求总线接口部件进入总线周期，完成访问内存或者输入/输出端口的操作；如果此时总线接口部件正好处于空闲状态，那么，会立即响应执行部件的总线请求。但有时会遇到这样的情况，执行部件请求总线接口部件访问总线时，总线接口部件正在将某个指令字节取到指令队列中，此时总线接口部件将首先完成这个取指令的操作，然后再去响应执行部件发出的访问总线的请求。

③ 当指令队列已满，而且执行部件又没有总线访问请求时，总线接口部件便进入空闲状态。

④ 在执行转移指令、调用指令和返回指令时，由于程序执行的顺序发生了改变，不再是顺序执行下面一条指令，这时，指令队列中已经按顺序装入的字节就没用了。遇到这种情况时，指令队列中的原有内容将被自动消除，总线接口部件会按转移位置往指令队列装入另一个程序段中的指令。

(3) 8086/8088CPU 的内部寄存器

在 8086/8088 微处理器中，有许多不同用途的内部寄存器，这些寄存器在微处理器的工作过程中起着非常重要的作用，也是用户将来用汇编语言编程必须用到的。8086/8088 微处理器的内部寄存器结构如图 2-1 所示。

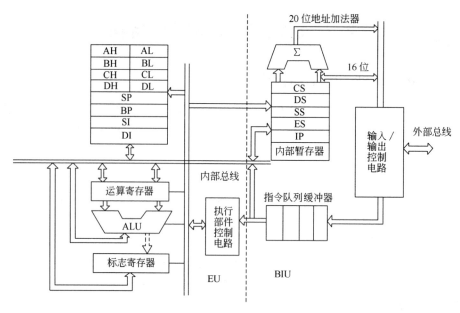

图 2-1　8086/8088CPU 内部功能结构图

①　数据寄存器。8086/8088 有 4 个 16 位的数据寄存器，分别称为 AX、BX、CX、DX。它们可以作为 16 位的寄存器使用，也可分为 8 个 8 位的寄存器来用，其中 AX 为累加器。在汇编程序中使用时，它们的用途都有所区别，如表 2-1 所示。

表 2-1　内部寄存器主要用途

寄存器	用途	寄存器	用途
AX	字乘法,字除法,字 I/O	BX	转移
AL	字节乘,字节除,字节 I/O,十进制算术运算	CX	串操作,循环次数
		CL	变量移位,循环控制
AH	字节乘,字节除	DX	字节乘,字节除,间接 I/O

②　段寄存器。8086/8088 微处理器内部有 4 个 16 位的段寄存器，即代码段寄存器 CS、数据段寄存器 DS、堆栈段寄存器 SS 和附加段寄存器 ES，用于存放不同段的段地址。通常 CS 存放代码段的段地址，DS 和 ES 存放数据段的段地址，SS 存放堆栈段的段地址。由这些段寄存器的内容与指令中给出的偏移地址一起可确定操作数的物理地址。而 CS 的值则与 IP 的值一起确定下一条要取出的指令地址。

③　指针寄存器。8086/8088 的指针寄存器为 16 位，共有三个：SP、BP 和 IP。SP 是堆栈指针寄存器，由它和堆栈段寄存器一起来确定栈顶在内存中的位置。BP 是基地址指针寄存器，通常用于存放基地址，以使 8086/8088 的寻址更加灵活。

IP 是指令指针寄存器，用来控制 CPU 的指令执行顺序。它和代码段寄存器 CS 一起可以确定当前所要取的指令的内存地址。顺序执行程序时，CPU 每取一个指令字节，IP 自动加 1，指向下一个要读取的字节。当 IP 单独改变时，会发生段内转移。当 CS 和 IP 同时改变时，会产生段间的程序转移。

④　变址寄存器。SI、DI 是变址寄存器，长度均为 16 位，都用于指令的变址寻址。在进行串操作时，要求 SI 指向源操作数，DI 指向目的操作数。一般情况下，它们也可以作为数据寄存器使用。

⑤　标志寄存器。PSW 是处理机状态字，也常称它为状态寄存器或标志寄存器，用来存

放 8086/8088CPU 在工作过程中的状态。PSW 各位标志如图 2-2 所示。

15	14	13	12	11	10	9	8	7	6	5	4	3	2	1	0
				OF	DF	IF	TF	SF	ZF		AF		PF		CF

图 2-2　标志寄存器

标志寄存器是一个 16 位的寄存器，其中 9 位是有用的标志。在这 9 位标志中，6 位是状态标志（包括 CF、PF、AF、ZF、SF、OF），由 CPU 根据运算结果自动设置，供用户查询使用。3 位是控制标志（包括 TF、IF、DF），由用户编程设置，起控制作用。标志寄存器中的标志对我们了解 8086/8088CPU 的工作和用汇编语言编写程序是很重要的。这些标志位的含义如下。

- CF：进位标志位。当做加法出现最高位进位或做减法出现最高位借位时，该标志位置 1；否则清 0。
- PF：奇偶标志位。当结果的低 8 位中 1 的个数为偶数时，该标志位置 1，否则清 0。
- AF：半进位标志位。在做加法时，当位 3 须向位 4 进位，或在做减法时位 3 须向位 4 借位，该标志位就置 1，否则清 0。该标志位通常用于对 BCD 算术运算结果的调整。
- ZF：零标志位。运算结果各位都为 0 时，该标志位置 1，否则清 0。
- SF：符号标志位。当运算结果的最高位为 1 时，该标志位置 1，否则清 0。
- TF：陷阱标志位（单步标志位）。当该位置 1 时，将使 8086/8088 进入单步指令工作方式。在每条指令开始执行以前，CPU 总是先测试 TF 位是否为 1，如果为 1，则将在本指令执行后产生陷阱中断，从而执行陷阱中断处理程序。该程序的首地址由内存的 00004H～00007H 4 个单元提供。该标志通常用于程序的调试。例如，在系统调试软件 DEBUG 中的 T 命令，就是利用它来进行程序的单步跟踪。
- IF：中断允许标志位。如果该位置 1，则处理器可以响应可屏蔽中断，否则就不能响应可屏蔽中断。
- DF：方向标志位。当该位置 1 时，串操作指令为自动减量指令，即从高地址到低地址处理字符串，否则串操作指令为自动增量指令。
- OF：溢出标志位。在算术运算中，带符号数的运算结果超出了 8 位或 16 位带符号数所能表达的范围时，即字节运算大于 +127 或小于 -128 时，字运算大于 +32767 或小于 -32768 时，该标志位置位。

例如，执行 5439H+456AH 的操作，则有

```
      0101    0100    0011    1001
+     0100    0101    0110    1010
      ─────────────────────────────
      1001    1001    1010    0011
```

这时，CF=0、AF=1、PF=1、ZF=0、SF=1、OF=1（两正数相加结果为负）。

2.2.2　存储器组织

对读者来说，要想弄清楚为什么 8086/8088 CPU 能寻址 1MB 的内存空间，如何才能确定一个操作数的实际物理地址，都必须彻底理解以 8086/8088 为 CPU 的存储器组织方式。只有做到了这一点，才能正确地使用存储器。

(1) 分段结构

在本节开始我们已经提到，8086/8088CPU 对外 20 位地址，可以访问 1MB 的内存空

间，可是其内部寄存器都只有 16 位，而 16 位地址最多可以寻址 64KB 存储空间。很显然，不采取特殊措施，它是不能寻址 1MB 存储空间的。为此，8086/8088 的存储器组织引入了分段的概念，即将 1MB 的存储空间分为若干个逻辑段，每个逻辑段具有 64KB 的存储空间，在整个存储空间可设置若干个逻辑段，每个逻辑段允许在整个存储空间浮动，段与段之间可以部分重叠、完全重叠、连续排列，非常灵活。对任何一个物理地址，可以唯一地被包含在一个逻辑段中，也可以在多个相互重叠的逻辑段中。如图 2-3、图 2-4 所示。

（2）段地址、段内地址（偏移地址）和物理地址

采用存储器分段结构以后，任何一个 20 位的物理地址，都由段地址和段内地址（或称为偏移地址）两部分构成，其中段内地址指出了操作数所在位置距段起始位置的偏移量，段地址和段内地址有时也称为逻辑地址。

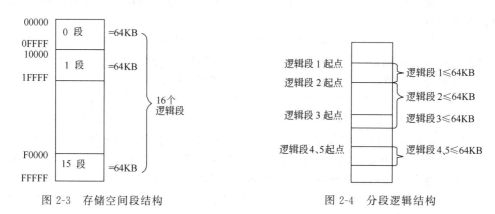

图 2-3　存储空间段结构　　　　　图 2-4　分段逻辑结构

一般情况下，操作数的段地址由相应的段寄存器提供，段内地址则由指令的寻址方式提供。具体访问某个存储单元时，可以通过以下地址运算得出要访问的存储单元的物理地址：

$$物理地址＝段寄存器的内容×16＋段内地址$$

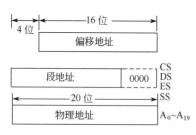

图 2-5　物理地址的形成

物理地址的形成过程如图 2-5 所示。段寄存器的内容×16（相当于左移 4 位）变为 20 位，再在低端 16 位上加上 16 位的偏移地址，便可得到 20 位的物理地址。16 位的偏移地址有多种产生方法，在下一章中再详细说明。这里仅以 8086/8088CPU 复位后如何形成启动地址为例，说明物理地址的计算方法。复位时 CS 的内容为 FFFFH，IP 的内容为 0000H。复位后的启动地址则由 CS 段寄存器和 IP 的内容（作为偏移地址）共同决定，即

$$启动地址＝(CS)×16＋(IP)＝FFFF0H＋0000H＝FFFF0H$$

对存放在同一段中的操作数来讲，它们的段地址相同，而偏移地址是不同的。8086/8088CPU 还规定，对字操作数来讲，要占据连续两个存储单元，其中，低字节占低地址，高字节占高地址。对双字等的存放规律以此类推。

例如，假设有一个字数据 4567H 存放在数据段，此时 DS 的值是 2000H，如果已知操作数的偏移地址是 1000H，则这个字数据的起始物理地址为 2000H×16＋1000H＝21000H，占用连续两个单元即 21000H 和 21001H，其中 21000H 单元的内容是 67H（即低字节的值），21001H 单元的内容是 45H（即高字节的值）。

2.2.3　8086/8088CPU 的工作模式和引脚信号及功能

(1) 8086/8088CPU 的工作模式

为了适应各种不同的应用场合，8086/8088CPU 芯片可工作在两种不同的工作模式下，即最小模式与最大模式。

所谓最小模式，就是系统中只有一个 8086/8088 微处理器。在这种情况下，所有的总线控制信号都是直接由这片 8086/8088CPU 产生的，系统中的总线控制逻辑电路被减到最少。该模式适用于规模较小的微机应用系统。

最大模式是相对于最小模式而言的，最大模式用在中、大规模的微机应用系统中。在最大模式下，系统中至少包含两个微处理器，其中一个为主处理器，即 8086/8088CPU，其它的微处理器称为协处理器，它们是协助主处理器工作的。

与 8086/8088CPU 配合工作的协处理器有两类，一类是数值协处理器 8087，另一类是输入/输出协处理器 8089。其中，前者能实现多种类型的数值运算、如高精度的整型和浮点型数值运算、超越函数（三角函数、对数函数）的计算等。而后者在原理上有点像带有两个 DMA 通道的处理器，它有一套专门用于输入/输出操作的指令系统，可以直接为输入/输出设备服务，使主处理器不再承担这类工作，明显提高了主处理器的效率，尤其是在输入/输出操作比较频繁的系统中。

(2) 8086/8088CPU 的引脚信号及功能

8086/8088CPU 芯片都是双列直插式集成电路芯片，都有 40 个引脚，各引脚的定义如图 2-6 所示。其中 32 个引脚在两种工作模式下的名称和功能是相同的，还有 8 个引脚在不同的工作模式下，具有不同的名称和功能。为了减少芯片的引脚，有许多引脚具有双重定义和功能，采用分时复用方式工作，即在不同时刻，这些引脚上的信号是不相同的。

下面，我们分别来介绍这些引脚上的输入/输出信号及其功能。

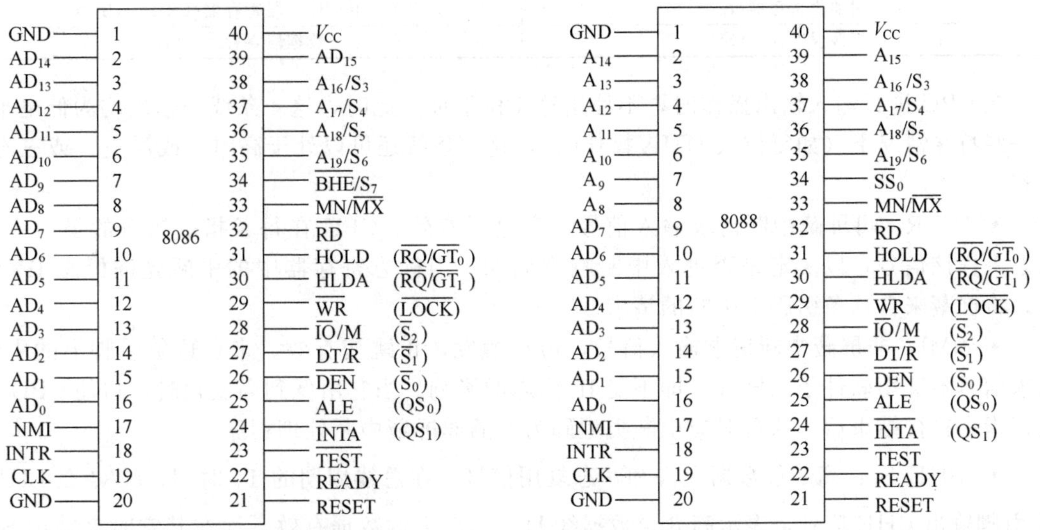

图 2-6　8086/8088CPU 引脚功能

① 两种模式下，名称和功能相同的 32 个引脚。

· $AD_0 \sim AD_{15}$：地址、数据分时复用的输入输出信号线。在 8086 中，$AD_{15} \sim AD_0$ 为

地址/数据复用线；在 8088 中，仅 $AD_7 \sim AD_0$ 为地址/数据复用线，高 8 位为地址线。由于 8086/8088 微处理器只有 40 条引脚，而它的数据线分别为 16/8 位，地址线为 20 位，因此引线数不能满足信号输入输出的要求。于是在 CPU 内部就采用分时多路开关，将 16/8 位地址信号和 16/8 位数据信号通过这 16/8 条引脚输出或输入，利用定时信号来区分目前出现在这些引脚上的是数据信号还是地址信号。在 8086/8088CPU 执行指令过程中，一个总线周期的 T_1 时刻从这 16 条线上送出地址的低 16 位 $A_0 \sim A_{15}$，而在 T_2、T_3 时刻才通过这 16/8 条线输入输出数据。也就是说，地址信号和数据信号在出现的时序上是有先后次序的，它们不会同时出现，因此，采用这样的复用技术既保证了数据和地址的传输，又大大节省了引脚数量。将来在构成系统时，在 CPU 外部配置一个地址锁存器，把在这 16/8 条引脚上先出现的地址信号锁存起来，用锁存器的输出去选通存储器的单元或外设端口，那么在下一个时序间隔中，这 16/8 条引脚就可以作为数据线进行输入或输出操作了。

需要注意的是，对 8086CPU 来讲，当 $AD_0 = 0$ 时，也就是对偶地址进行操作时，是通过低 8 位数据线进行的，这时，低 8 位数据线上的数据有效；而当 $AD_0 = 1$ 时，也就是对奇地址进行操作时，是通过高 8 位数据线进行的，这时，高 8 位数据线上的数据有效。因此，在系统连接时，常把 AD_0 作为低 8 位数据的选通信号，只要 AD_0 为低电平，即表示在这一总线操作的其余状态中，CPU 将通过数据总线的低 8 位和偶地址单元或偶地址端口交换数据。

• $A_{16} \sim A_{19}/S_3 \sim S_6$：地址/状态复用、三态输出的引线。在 8086/8088CPU 执行指令过程中，总线周期的 T_1 时刻从这 4 条线上送出地址的最高 4 位 $A_{16} \sim A_{19}$，而在 T_2、T_3、T_w、T_4 时刻，则送出状态 $S_3 \sim S_6$。在这些状态信号里，S_6 始终为低，表示 8086/8088 当前与总线相连。S_5 指示状态寄存器中的中断允许标志的状态，它在每个时钟周期开始时被更新。S_4 和 S_3 用来指示 CPU 现在正在使用的段寄存器，其组合情况如表 2-2 所示。

表 2-2　S_4、S_3 的状态编码

S_4	S_3	所代表段寄存器	S_4	S_3	所代表段寄存器
0	0	附加段寄存器(ES)	1	0	代码段寄存器(CS)或不使用
0	1	堆栈段寄存器(SS)	1	1	数据段寄存器(DS)

在 CPU 进行输入输出操作时，不使用这 4 位地址，此时，这 4 条线的输出均为低电平。在一些特殊情况下（如复位或 DMA 操作时），这 4 条线还可以处于高阻（或浮空、或三态）状态。

• INTR：可屏蔽中断请求输入信号，高电平有效。CPU 在每条指令执行的最后一个状态采样该信号，以决定是否进入中断响应周期。当标志寄存器中的中断允许标志 IF = 0 时，将屏蔽来自这条引脚上中断的请求。

• NMI：非屏蔽中断请求输入信号，边沿触发，正跳变有效。来自这条引脚上的中断请求信号不能用软件予以屏蔽，即不受 IF 标志的影响。当它由低到高变化时，将使 CPU 在现行指令执行结束后，执行对应中断类型码为 2 的非屏蔽中断处理程序。

• $\overline{BHE}/S_7$：高 8 位数据允许和状态复用信号。在总线周期的 T_1 时刻，8086 在 $\overline{BHE}/S_7$ 引脚输出 $\overline{BHE}$ 信号，表示高 8 位数据线 $D_{15} \sim D_8$ 上的数据有效，而在其它时刻输出 S_7，在 8088 系统中该位未定义。

$\overline{BHE}$ 信号和 AD_0 一起控制着存储器和 I/O 接口与总线上的数据传输形式，具体规定见表 2-3。

表 2-3　$\overline{\text{BHE}}$ 和 AD_0 的代码组合和对应的操作

$\overline{\text{BHE}}$	AD_0	操作	所用数据引脚
0	0	从偶地址单元开始读/写一个字	$AD_{15} \sim AD_0$
0	1	从奇地址单元或端口读/写一个字节	$AD_{15} \sim AD_8$
1	0	从偶地址单元或端口读/写一个字节	$AD_7 \sim AD_0$
1	1	无效	—
0	1	从奇地址开始读/写一个字(在第一个总线周期将低 8 位数据送到 $AD_{15} \sim$	$AD_{15} \sim AD_0$
1	0	AD_8,下一个周期将高 8 位数据送到 $AD_7 \sim AD_0$)	

在 8088 系统中,第 34 脚不是 $\overline{\text{BHE}}/S_7$,而被赋予其它含义。在最大模式时,该脚为高电平;在最小模式时,则为 $\overline{SS_0}$,它和 $DT/\overline{R}$、$IO/\overline{M}$ 一起决定 8088 芯片当前总线周期的读/写动作,如表 2-4 所示。

表 2-4　$IO/\overline{M}$、$DT/\overline{R}$、$\overline{SS_0}$ 状态编码

$IO/\overline{M}$	$DT/\overline{R}$	$\overline{SS_0}$	性能	$IO/\overline{M}$	$DT/\overline{R}$	$\overline{SS_0}$	性能
1	0	0	中断响应	0	0	0	取指
1	0	1	读 I/O 端口	0	0	1	读存储器
1	1	0	写 I/O 端口	0	1	0	写存储器
1	1	1	暂停	0	1	1	无作用

- $\overline{\text{RD}}$:读选通输出信号,低电平有效。当其有效时,用以指明要执行一个对内存单元或 I/O 端口的读(即输入)操作,具体是读内存单元,还是读 I/O 端口,取决于 $\overline{IO}/M$（8086）或 $IO/\overline{M}$（8088）控制信号。

- READY:准备就绪输入信号,高电平有效。该引脚接收来自内存单元或 I/O 端口向 CPU 发来的"准备好"状态信号,有效时表明内存单元或 I/O 端口已经准备好进行读写操作。这是用来协调 CPU 与内存单元或 I/O 端口之间进行信息传送的联络信号。当 CPU 采样 READY 信号为低时,表明被访问的存储器或 I/O 还未准备好数据,则 CPU 需插入等待周期,直至 READY 变为有效,才可以完成数据传送。

- RESET:复位输入信号,高电平有效。8086/8088CPU 要求复位信号至少维持 4 个时钟周期才能起到复位的效果。复位信号输入之后,CPU 结束当前操作,并对处理器的标志寄存器,IP、DS、SS、ES 寄存器及指令队列进行清零操作,而将 CS 设置为 FFFFH。当 RESET 返回低电平时,CPU 将重新启动。

- $MN/\overline{MX}$:工作模式选择输入信号。为高电平（+5V）时,表示工作在最小模式;为低电平（0V）时,表示工作在最大模式。

- $\overline{\text{TEST}}$:测试信号输入引脚,低电平有效。$\overline{\text{TEST}}$ 信号与 WAIT 指令结合起来使用,CPU 执行 WAIT 指令后处于等待状态,当 $\overline{\text{TEST}}$ 引脚输入低电平时,系统脱离等待状态,继续执行被暂停执行的指令。这个信号在每个时钟周期的上升沿由内部电路进行同步。

- CLK:时钟信号输入端。由它提供 CPU 和总线控制器的定时信号。8086/8088 的标准时钟频率为 5MHz。

- V_{CC}:5V 电源输入引脚。

- GND:接地端。

② 最小模式下的 24～31 引脚。当 8086/8088CPU 的 $MN/\overline{MX}$ 引脚固定接+5V 时,它们工作在最小模式下,此时,24～31 共 8 个引脚的名称及功能如下。

- $\overline{IO}/M$（$IO/\overline{M}$）:存储器或 I/O 端口选择信号输出引脚,这是 8086/8088CPU 用来

区分是进行存储器访问还是 I/O 端口访问的控制信号。对 8086CPU 来讲，当该引脚输出低电平时，表明 CPU 要进行 I/O 端口的读写操作；当该引脚输出高电平时，表明 CPU 要进行存储器的读写操作。而 8088 则相反，当该引脚输出高电平时，表明 CPU 要进行 I/O 端口的读写操作；当该引脚输出低电平时，表明 CPU 要进行存储器的读写操作。

- $\overline{\text{WR}}$：写控制信号输出引脚，低电平有效，与 $\text{IO}/\overline{\text{M}}$（$\text{IO}/\overline{\text{M}}$）配合实现对存储单元、I/O 端口所进行的写操作控制。该引脚有效时，表示 CPU 正处于写存储器或写 I/O 端口（即输出）的状态。

- $\text{DT}/\overline{\text{R}}$：数据收发控制信号输出信号，用以控制数据传送的方向。在使用 8286/8287 作为数据总线收发器时，该信号用于 8286/8287 的方向控制：高电平时，表示数据由 CPU 经总线收发器 8286/8287 输出（即发送）；否则，数据传送方向相反（即接收）。

- $\overline{\text{DEN}}$：数据允许输出信号引脚，低电平有效，有效时表示数据总线上有有效的数据。该信号在 CPU 每次访问内存或接口以及在中断响应期间有效，常用作数据总线驱动器的片选信号，表示 CPU 当前准备发送或接收一个数据。

- ALE：地址锁存允许输出信号引脚，高电平有效，当它有效时，表明 CPU 经其地址/数据复用和地址/状态复用引脚送出的是有效的地址信号。该引脚用作地址锁存器 8282/8283 的锁存允许信号，把当前 CPU 输出的地址信息，锁存到地址锁存器 8282/8283 中。

- $\overline{\text{INTA}}$：中断响应信号输出引脚，低电平有效，是 CPU 对外部输入的 INTR 中断请求信号的响应。在中断响应过程中，由 $\overline{\text{INTA}}$ 引脚送出两个连续的负脉冲，用以通知中断源，以便提供中断类型码。

- HOLD：总线保持请求输入信号，高电平有效。当系统中的其它总线部件要占用系统总线时，可通过这个引脚向 CPU 提出请求。

- HLDA：总线保持响应输出信号，高电平有效。这是 CPU 对 HOLD 请求的响应信号，当 CPU 收到有效的 HOLD 信号后，满足一定的条件时就会对其做出响应。这时，一方面使 CPU 与三总线的连接变为高阻状态（即出让总线），同时使 HLDA 变高，表示 CPU 已放弃对总线的控制。而当 CPU 检测到 HOLD 信号变低后，就会立即使 HLDA 变低，同时恢复对三总线的控制。

③ 最大模式下的 24～31 引脚 当 8086/8088CPU 的 MN/$\overline{\text{MX}}$ 引脚接低电平时，它们工作在最大模式下。此时，24～31 共 8 个引脚的名称及功能如下：

- $\overline{\text{S}}_2$、$\overline{\text{S}}_1$、$\overline{\text{S}}_0$：总线周期状态信号输出引脚，这些信号的组合指出了当前总线周期中所进行数据传输的类型。与最小模式不同，在最大模式下，8086/8088CPU 没有提供足够的具体的总线操作控制信号（如 $\overline{\text{WR}}$、ALE、$\overline{\text{INTA}}$ 等），而是由连接在 CPU 外部的总线控制器 8288 通过对 $\overline{\text{S}}_2$、$\overline{\text{S}}_1$、$\overline{\text{S}}_0$ 信号的译码来产生对存储单元、I/O 端口等的相应控制信号。$\overline{\text{S}}_2$、$\overline{\text{S}}_1$、$\overline{\text{S}}_0$ 的状态编码与 8086/8088CPU 操作的具体关系如表 2-5 所示。

表 2-5 $\overline{\text{S}}_2 \sim \overline{\text{S}}_0$ 的状态编码

$\overline{\text{S}}_2$	$\overline{\text{S}}_1$	$\overline{\text{S}}_0$	操作	$\overline{\text{S}}_2$	$\overline{\text{S}}_1$	$\overline{\text{S}}_0$	操作
0	0	0	中断响应	1	0	0	取指
0	0	1	读 I/O 端口	1	0	1	读存储器
0	1	0	写 I/O 端口	1	1	0	写存储器
0	1	1	暂停	1	1	1	无作用

- $\overline{\text{RQ}}/\overline{\text{GT}}_0$、$\overline{\text{RQ}}/\overline{\text{GT}}_1$：总线请求信号输入/总线允许信号输出引脚。这两个引脚都具

有双向功能，既是总线请求输入也是总线允许输出，请求与允许信号在同一引脚上分时传输，方向相反。它们可供 CPU 以外的两个处理器，用来发出使用总线的请求信号和接收 CPU 对总线请求信号的应答，其中，$\overline{RQ/GT_0}$ 比 $\overline{RQ/GT_1}$ 具有更高的优先权，即当两个引脚上同时有请求时，CPU 将优先响应来自 $\overline{RQ/GT_0}$ 的总线请求。这些引脚内部都有上拉电阻，所以在不使用时可以悬空。

- $\overline{LOCK}$：总线封锁信号，低电平有效。该信号有效时，别的总线控制设备的总线请求信号将被封锁，不能获得对系统总线的控制。它由指令前缀 LOCK 产生，在 LOCK 前缀后的一条指令执行完毕后便被撤销。此外，在 8086/8088CPU 进入中断响应，连续发出的 2 个中断响应脉冲之间，该信号也自动变为有效，以防止其它总线部件在中断响应过程中占有总线，从而打断中断响应过程。

- QS_1、QS_0：指令队列状态信号输出引脚，这两个信号的组合给出了前一个 T 状态中指令队列的状态，根据该状态信号的输出，从外部可以了解 CPU 内部的指令队列状态。

QS_1、QS_0 的编码如表 2-6 所示。

表 2-6　QS_1、QS_0 的状态编码

QS_1	QS_0	性能	QS_1	QS_0	性能
0	0	无操作	1	0	队列空
0	1	队列中操作码的第一个字节	1	1	队列中非第一个操作码字节

2.2.4　系统典型配置

前几节，我们学习了 8086/8088CPU 的内部结构及其外部引脚功能，知道了在不同的工作模式下，它们的引脚功能有所不同。下面，我们要进一步学习在各种模式下系统的典型配置情况。也就是说，CPU 要通过什么方式，外加什么部件，才能完成与三总线的连接。我们以 8086CPU 为例来看系统的典型配置。

(1) 最小模式下的系统配置

最小模式下的系统典型配置如图 2-7 所示，这时 CPU 的 MN/$\overline{MX}$ 接＋5V，表示工作在最小模式。除此之外，还需要时钟发生器、地址锁存器和总线收发器。

一片 8284A 作为时钟发生器，它一方面提供 CPU 的工作时钟，另一方面还用来对外来的 RESET 和 READY 信号进行同步。三片 8282 作为地址锁存器，ALE 信号作为 8282 的选通输入，用来从 CPU 的复用引脚中将 20 位地址分离出来，完成 CPU 与地址总线的连接。两片 8286 作为总线收发器，$\overline{DEN}$ 作为 8286 输出使能信号，DT/$\overline{R}$ 作为 8286 的方向控制信号，通过它们的作用，完成 CPU 与数据总线的连接并控制双向数据传输。

(2) 最大模式下的系统配置

最大模式下的系统典型配置如图 2-8 所示。可以看出，这时，除了 CPU 的 MN/$\overline{MX}$ 接地以外，最大模式和最小模式在配置上的主要差别还在于：此时，最大模式要用 8288 总线控制器来对 CPU 发出的控制信号进行变换和组合，以得到对存储器或 I/O 端口的读/写信号和对锁存器 8282 及总线收发器 8286 等的控制信号，使它们能够协调工作。例如，最小模式下的 $\overline{IO/M}$、$\overline{WR}$、$\overline{INTA}$、ALE、DT/$\overline{R}$、$\overline{DEN}$ 是直接由 CPU 引脚送出，而在最大模式下则由 $\overline{S_2}$、$\overline{S_1}$、$\overline{S_0}$ 组合起来通过 8288 来实现，即通过 $\overline{S_2}$、$\overline{S_1}$、$\overline{S_0}$ 和 CLK 输入组合，变换输出为 ALE、$\overline{DEN}$、DT/$\overline{R}$、$\overline{INTA}$、$\overline{MRDC}$、$\overline{MWTC}$、$\overline{IORC}$、$\overline{IOWC}$ 等。

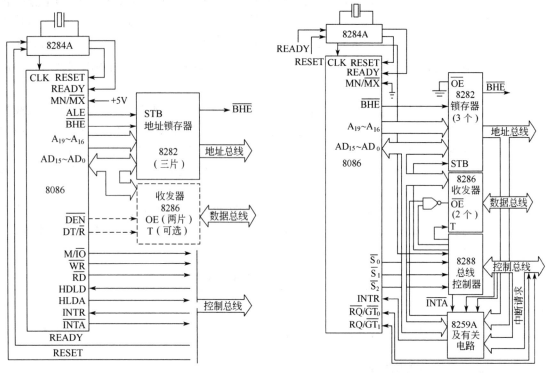

图 2-7　最小模式下的系统典型配置　　　　图 2-8　最大模式下的系统典型配置

2.3　典型时序分析

2.3.1　基本概念

微机系统的工作必须严格按照一定的时间关系来进行，时序就是计算机操作运行的时间顺序。通过学习时序，可以进一步了解在微机系统的工作过程中，CPU 各引脚信号之间的相对时间关系。由于微处理器内部电路、部件的工作情况用户是看不到的，检测 CPU 引脚信号及各信号之间的相对时间关系，是判断系统工作是否正常的一种重要途径。其次，可以深入了解指令的执行过程，使我们在程序设计时，选择合适的指令或指令序列，以尽量缩短程序代码的长度及程序的运行时间。另外，对于学习各功能部件与系统总线的连接及硬件系统的调试，更好地处理微机用于过程控制及解决实时控制的问题也很有意义，因为 CPU 与存储器、I/O 端口协调工作时，存在一个时序上的配合问题。

CPU 定时所用的时间单位一般有三种，即指令周期、总线周期和时钟周期。

(1) 指令周期

CPU 执行一条指令所需要的时间称为一个指令周期（instruction cycle）。由于不同的指令有不同的功能，其执行时间也是不相同的。因此，根据指令的不同，指令周期的长短也不同。

(2) 总线周期

CPU 从存储器或 I/O 端口存取一个字节（或一个字）称为一次总线操作，相应于某个总线操作的时间即为一个总线周期（bus cycle）。若干个总线周期构成一个指令周期，不同的指令，由于其操作不同，所以包括的总线操作不同，因此，其指令周期中所包含的总线周期数也不相同。基本的总线操作有存储器读/写、I/O 端口读/写等。

(3) 时钟周期

时钟周期是 CPU 处理动作的最小时间单位，其值等于系统时钟频率的倒数，如系统主频为 5MHz，则其时钟周期为 $T=1/5\text{MHz}=0.2\mu s$。时钟周期又称为 T 状态，一个基本的总线周期由 4 个 T 组成，我们分别称为 $T_1 \sim T_4$，在每个 T 状态下，CPU 完成不同的动作。

2.3.2 8086/8088 微机系统的基本操作

以 8086/8088 为 CPU 构成的微机系统，能够完成的基本操作有：系统的复位与启动操作、暂停操作、总线操作（包括 I/O 读、I/O 写、存储器读、存储器写）、中断操作、最小模式下的总线保持、最大模式下的总线请求/允许。

2.3.3 最小模式下的典型时序

由于 8086/8088CPU 在不同工作模式下的芯片引脚和系统配置都不同，因此，它们的具体操作也不同，对应的时序也就不同。8086/8088CPU 最小模式下的典型时序有：存储器读写、输入输出、中断响应、系统复位及总线占用操作。下面以 8088CPU 为例进行时序分析。对 8086CPU 而言，仅个别信号不同。

(1) 存储器读总线操作时序

存储器读总线操作时序如图 2-9 所示。正常的存储器读总线操作占用 4 个时钟周期，通常将它们称为 4 个 T 状态，即 $T_1 \sim T_4$。

① T_1 状态。IO/$\overline{\text{M}}$=0，指出要访问的存储器。送地址信号 $A_{19} \sim A_0$，地址锁存信号 ALE 有效，用来控制 8282 锁存地址。DT/$\overline{\text{R}}$=0，控制 8286/8287 工作在接收状态（读）。

② T_2 状态。$A_{19} \sim A_{16}$ 送状态 $S_6 \sim S_3$，$AD_7 \sim AD_0$ 浮空，准备接收数据。同时，$\overline{\text{RD}}$=0，表示要进行读操作，而 $\overline{\text{DEN}}$=0 作为 8286/8287 的选通信号，允许进行数据传输。

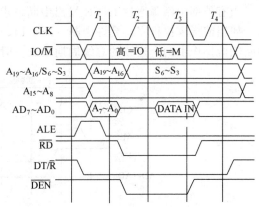

图 2-9 存储器读总线操作时序

③ T_3 状态。从指定的存储单元将数据读出送 $AD_7 \sim AD_0$。若存储器速度较慢，不能及时读出数据，则通过 READY 引脚通知 CPU，CPU 在 T_3 的前沿采样 READY，如果 READY=0，则在 T_3 结束后自动插入 1 个或几个等待状态 T_W，并在每个 T_W 的前沿检测 READY，等到 READY 变高后，就自动脱离 T_W 进入 T_4。

④ T_4 状态。CPU 采样数据线，获得数据。$\overline{\text{RD}}$、$\overline{\text{DEN}}$ 等信号失效。

(2) 存储器写总线操作时序

存储器写总线操作时序如图 2-10 所示。其基本工作过程与读操作类似，仅个别信号不同。具体如下。

① T_1 状态。IO/$\overline{\text{M}}$=0，指出要访问存储器。送地址信号 $A_{19} \sim A_0$，地址锁存信号 ALE 有效，用来控制 8282 锁存地址。DT/$\overline{\text{R}}$=1，控制 8286/8287 工作在发送状态（写）。

② T_2 状态。$A_{19} \sim A_{16}$ 送状态 $S_6 \sim S_3$，从 $AD_7 \sim AD_0$ 上送出要输出的数据，同时，

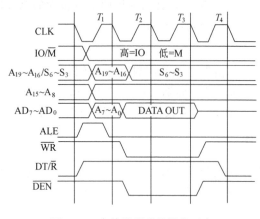

图 2-10 存储器写总线操作时序

$\overline{WR}=0$，表示要进行写操作，而 $\overline{DEN}=0$ 作为 8286/8287 的选通信号，允许进行数据传输。

③ T_3 状态。将数据写入指定的存储单元。若存储器速度较慢，不能及时写入数据，则通过 READY 引脚通知 CPU，CPU 在 T_3 的前沿采样 READY，如果 READY=0，则在 T_3 结束后自动插入 1 个或几个等待状态 T_W，并在每个 T_W 的前沿检测 READY，等到 READY 变高后，就自动脱离 T_W 进入 T_4。

④ T_4 状态。完成了写操作，数据从数据总线上撤销，$\overline{WR}$、$\overline{DEN}$ 等信号失效。

(3) I/O 读/写总线操作时序

I/O 读/写总线操作时序与存储器读/写总线操作时序类似，区别仅在 $IO/\overline{M}$ 信号上，这里不再详述。

(4) 中断响应操作时序

当有外部中断源通过 INTR 发出中断请求时（可屏蔽中断），CPU 在满足一定的条件之后，如当前指令执行完、允许中断（IF=1）、经过优先权判别等，就会进入中断响应操作。中断响应操作由两个连续的总线周期组成。时序如图 2-11 所示。

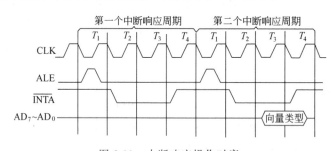

图 2-11 中断响应操作时序

从图 2-11 中可以看出，CPU 进入中断响应操作时，要从 $\overline{INTA}$ 引脚连续发出两个 $\overline{INTA}$ 信号。第一个 $\overline{INTA}$ 信号通知申请中断的中断源，CPU 准备响应中断。第二个 $\overline{INTA}$ 信号用来通知中断源，立即把中断类型码送给 CPU（通过低 8 位数据线）。CPU 根据此类型码即可查找中断向量表，得到相应的中断向量，以转到指定的中断服务子程序。

需要说明的是，两种工作模式下 CPU 的中断操作时序相同，只是当 CPU 工作在最小模式时，中断响应信号由 $\overline{INTA}$ 引脚送出，而在最大模式时，则是通过 $\overline{S}_2$、$\overline{S}_1$、$\overline{S}_0$ 三条引脚发低电平通过总线控制器译码产生的。

(5) 系统的复位与启动操作

8086/8088 的复位和启动操作，是通过 RESET 引脚上的触发信号来执行的，当 RESET 引脚上有高电平时，CPU 就结束当前操作，进入初始化（复位）过程，包括把各内部寄存器（除 CS）清 0，标志寄存器清 0，指令队列清 0，将 FFFFH 送 CS。重新启动后，系统从 FFFF0H 开始执行指令。重新启动的动作是当 RESET 从高到低跳变时触发 CPU 内部的一个复位逻辑电路，经过 7 个 T 状态，CPU 即自动启动。

复位后的寄存器状态如表 2-7 所示，复位操作时序如图 2-12 所示，具体过程如下。

表 2-7　复位后寄存器的状态

寄存器	状态	寄存器	状态	寄存器	状态
F(PSW)	0000H	IP	0000H	CS	FFFFH
DS	0000H	SS	0000H	ES	0000H
指令队列	空				

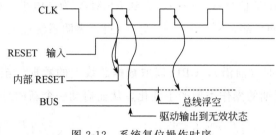

图 2-12　系统复位操作时序

① 外部复位信号有效。

② CPU 内部用时钟脉冲同步外部复位输入信号，因此内部复位信号须在外部 RESET 有效后的时钟上升沿才有效。

③ $AD_{19} \sim AD_0$ 浮空。

④ $\overline{SS_0}$、$IO/\overline{M}$、$DT/\overline{R}$、$\overline{DEN}$、$\overline{WR}$、$\overline{RD}$、$\overline{INTA}$ 先变高一段时间，然后再浮空。

(6) 总线保持（总线占用）操作

当系统中有别的总线主设备请求占用总线（如 DMA 操作）时，要通过 HOLD 引脚向 CPU 发出总线请求信号，CPU 收到 HOLD 信号后，在当前总线周期的 T_4 或下一个总线周期的 T_1 后沿输出保持响应信号 HL-DA，紧接着从下一个总线周期开始 CPU 就让出总线。当别的总线主设备占用总线结束时（如外设的 DMA 传送结束），则它要使 HOLD 信号变低，CPU 收到此信号后，在紧接

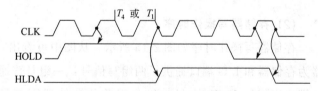

图 2-13　总线保持（总线占用）操作时序

着的时钟下降沿使 HLDA 信号变为无效，重新恢复对总线的控制。这种操作称为总线保持（总线占用），其时序如图 2-13 所示。

2.3.4　最大模式下的典型时序

最大模式与最小模式相比，主要有以下区别。

① 最大模式下，需要用外加电路对 CPU 发出的控制信号进行变换和组合，以得到对存储器和 I/O 端口的读写信号及对锁存器（8282）和总线收发器的控制信号。这种外加电路就是总线控制器，通常选用 8288。

② 为适应多中断源的需要，常采用中断优先权控制电路（如 Intel 8259A）。

(1) 存储器读操作时序

存储器读操作时序如图 2-14 所示，工作过程如下：

① T_1 状态的下降沿，CPU 发出 20 位地址信息 $A_{19} \sim A_0$ 和状态信息 $\overline{S_2} \sim \overline{S_0}$。总线控

制器 8288 对 $\overline{S}_2 \sim \overline{S}_0$ 进行译码（$\overline{S}_2 = 1$，$\overline{S}_1 = 0$，$\overline{S}_0 = 1$），发出 ALE 信号，锁存地址。根据 $\overline{S}_2 \sim \overline{S}_0$ 的译码，判断为读操作，DT/$\overline{R}$ 信号输出低电平，指示总线收发器工作在接收方式。

② T_2 状态的下降沿之后，$AD_7 \sim AD_0$ 切换为数据，8288 发出读存储器命令 $\overline{MRDC}$，此命令信号控制对地址选中的存储单元进行读操作。随后，8288 使 $\overline{DEN}$ 有效，选通总线收发器 8286/8287，允许数据输入。

③ T_3 状态的下降沿（前沿），CPU 采样 READY 信号线，若为低，则插入 T_w 周期。在 T_w 前沿再采样 READY 信号线，……，直到 READY 为高电平。此时读出的数据出现在数据总线上。在 T_3 周期后部，$\overline{S}_2$、$\overline{S}_1$、$\overline{S}_0$ 变为 111，表明系统进入了无源状态，为启动下一个总线周期做好准备。

④ 在 T_4 状态开始时（前沿），CPU 读取数据总线上的数据，至此，读操作结束。$\overline{S}_2$、$\overline{S}_1$、$\overline{S}_0$ 按下一个总线周期的操作类型产生变化，从而启动一个新的总线周期。

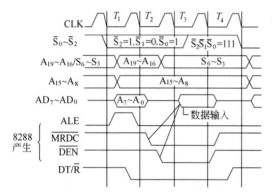

图 2-14　最大模式下存储器读操作时序

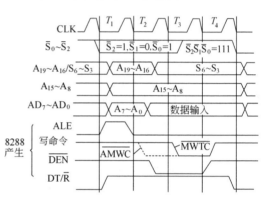

图 2-15　最大模式下存储器写操作时序

（2）存储器写操作时序

存储器写操作时序如图 2-15 所示。从图中可看出，在最大模式下，CPU 通过总线控制器为存储器和 I/O 端口提供了两组写信号：一组是普通的存储器写信号 $\overline{MWTC}$ 和普通的 I/O 端口写信号 $\overline{IOWC}$；另一组是提前的存储器写信号 $\overline{AMWC}$ 和提前的 I/O 端口写信号 $\overline{AIOWC}$，它们比普通写信号提前整整一个时钟周期开始作用，其作用是使一些较慢的设备或存储器可以得到一个额外的时钟周期执行写操作。工作过程如下：

① T_1 状态。先送 20 位地址信号 $A_{19} \sim A_0$；总线控制器 8288 发出 ALE 地址锁存信号；DT/$\overline{R}$ 变为高电平，决定总线收发器的数据传送方向。

② T_2 状态。总线控制器使 $\overline{DEN}$ 输出低电平，允许数据总线收发器工作。与此同时，存储器提前写信号 $\overline{AMWC}$ 为低电平，将要写入的数据送到数据总线上。

③ T_3 状态。系统采样 READY 信号，若为低电平，则会自动插入 T_w 等待周期，直到 READY 变为高电平。并且使普通存储器写信号 $\overline{MWTC}$ 变为低电平，而 $\overline{AMWC}$ 信号比 $\overline{MWTC}$ 信号提前了一个时钟周期，使一些较慢的存储器可以得到一个额外的时钟周期执行写操作。在 T_3 周期后部，$\overline{S}_2$、$\overline{S}_1$、$\overline{S}_0$ 变为 111，表明系统进入了无源状态，为启动下一个总线周期做好准备。

④ T_4 周期。CPU 完成写操作，将地址/数据和地址/状态复用线置为高阻态；撤销 $\overline{AMWC}$

和 $\overline{\text{MWTC}}$ 信号；$\overline{\text{DEN}}$ 变为高电平；$\bar{S}_2$、$\bar{S}_1$、$\bar{S}_0$ 按下一个总线周期的操作类型产生变化，从而启动一个新的总线周期。

(3) I/O 读/写操作时序

I/O 读写操作时序如图 2-16 所示。I/O 读/写操作的时序和存储器读/写操作的时序基本相同。不同之处在于：

① 一般 I/O 接口的工作速度较慢，因而须插入等待周期 T_w。

② T_1 期间只发出 16 位地址信号，$A_{19} \sim A_{16}$ 为 0。

③ 8288 发出的读/写命令为 $\overline{\text{IORC}}/\overline{\text{AIOWC}}$。

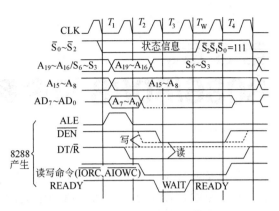

图 2-16　最大模式下 I/O 读写操作时序

习题与思考题

2-1. 8086 CPU 在结构上由两个独立的处理单元＿＿＿＿＿＿和＿＿＿＿＿＿构成。

2-2. 将 62A0H 和 4321H 相加，则 AF＝＿＿＿＿，SF＝＿＿＿＿，ZF＝＿＿＿＿，CF＝＿＿＿＿，OF＝＿＿＿＿，PF＝＿＿＿＿。

2-3. 8086 微处理器组成部分的主要功能是什么？8086 与 8088 的主要区别是什么？

2-4. 8086 CPU 预取指令队列有什么好处？8086 CPU 内部的并行操作体现在哪里？

2-5. 8086CPU 中有哪些寄存器？各有什么用途？

2-6. 标志寄存器中有哪些标志位？各在什么情况下置位？

2-7. 8086/8088 微处理器的外部引脚是怎样的？将地址信号线、数据信号线、控制信号线及电源信号线分类，并思考为什么要设置这些信号线。

2-8. 在 8086/8088 中，RESET 信号来到后，各寄存器内容和总线状态是怎样的？结合操作系统引导过程，思考 BIOS 执行 ROM 的首地址是多少？

2-9. 8086/8088 CPU 组成部分是如何协调工作的？

2-10. 什么是逻辑地址？什么是物理地址？8086/8088 系统中存储器的逻辑地址和物理地址之间有什么关系？表示的范围各为多少？

2-11. 某程序数据段中存有两个字数据 1234H 和 5A6BH，若已知 DS＝5AA0H，它们的偏移地址分别为 245AH 和 3245H，试画出它们在存储器中的存放情况。

2-12. 8086/8088CPU 有哪两种工作模式？它们各有什么特点？

2-13. 若 8086CPU 工作于最小模式，试指出当 CPU 完成将 AH 的内容送到物理地址为 91001H 的存储单元操作时，以下哪些信号应为低电平：$\text{IO}/\overline{\text{M}}$、$\overline{\text{RD}}$、$\overline{\text{WR}}$、$\overline{\text{BHE}}/S_7$、$\text{DT}/\overline{\text{R}}$。若 CPU 完成的是将物理地址 91000H 单元的内容送到 AL 中，则上述哪些信号应为低电平？若 CPU 为 8088 呢？

2-14. 什么是指令周期？什么是总线周期？什么是时钟周期？它们之间的关系如何？

2-15. 8086/8088 CPU 有哪些基本操作？基本的读/写总线周期各包含多少个时钟周期？什么情况下需要插入 T_w 周期？应插入多少个 T_w 取决于什么因素？

2-16. 试说明 8086/8088 工作在最大和最小模式下系统基本配置的差异。8086/8088 微机系统中为什么一定要有地址锁存器？需要锁存哪些信息？

2-17. 试简述 8086/8088 微机系统最小模式下从存储器读数据时的时序过程。

第3章 8086/8088 指令系统

计算机是通过执行程序来完成用户指定的任务的。从高级语言的角度来看，程序是由一条条语句组成的（如 read、do…while 等），而从汇编语言的角度来看，程序则是由一条条指令组成的（如 mov、add、jmp 等）。指令是用户发给计算机的命令，一条指令可以使计算机完成一个或几个操作，多条指令的有序集合就构成一个汇编程序，它可以使计算机完成某一任务。由于指令是直接发给 CPU执行的，它与 CPU 的硬件结构以及操作有关，所以，不同的 CPU 会有不同的指令集亦称指令系统。本章要讲的就是用于 8086/8088CPU 的指令系统。

本章学习指导　　本章微课

一条指令通常由两部分组成，分别称为操作码和操作数。

操作码	操作数 ……

其中，操作码指出本条指令的操作类型，如是数据传送，还是输入输出；而操作数则指出本条指令的操作对象或如何去寻找本次操作的对象。根据指令的不同，操作数可以是一个、两个（其中一个称为源操作数，一个称为目的操作数）或没有（这时往往采用的是默认操作数）。在汇编语言中，操作码是用助记符来描述的，如 MOV、SUB、SHL 等，通过不同的指令助记符，我们就可以知道它要做什么。而操作数则是通过不同的寻址方式来描述的，如 AX、[BX]、[DI＋100H] 等，通过不同的书写方式，我们可以区分不同的寻址方式，按照不同的寻址方式的规则，我们就可以找到真正的操作对象。

对以 8086/8088 为 CPU 的微机来讲，指令都是存放在内存代码段中，根据每条指令功能的不同，一条指令可以占据一个存储单元（8 位）或多个存储单元，分别称为单字节指令或多字节指令。执行指令时，由 CS：IP 的值确定取指令的位置。当指令出现在程序中时，为了方便也经常在操作码前加标号，以指明本指令的位置，同时，也可在操作数的后面加注释，以增强程序的可读性。

3.1　8086/8088 寻址方式

寻址方式是指令中用于说明如何寻找操作数的方法，掌握了它，我们才能找到正确的操作数。8086/8088 的指令系统中提供了六种不同的寻址方式，这些寻址方式所确定的操作数的来源有两个：CPU 内部寄存器（对应寄存器寻址方式），存储器（对应立即寻址、直接寻址、寄存器间接寻址、变址寻址和基址加变址寻址）。其中 CPU 内部寄存器是没有存储地址的，仅有寄存器名称，而存储器操作数则既要关注它们的地址，又要关注它们的内容，即数值。另外，对输入/输出指令来说，其数据来源于 I/O 端口，可以在指令中直接书写端口地址（对应 8 位地址），也可借助于 DX 寄存器（对应 16 位地址）。

(1) 寄存器寻址

这是唯一一种指明的操作数在 CPU 内部寄存器中的寻址方式。在这种寻址方式下，用户直接在指令中书写所需的寄存器名称（如寄存器 AX、BX、CH、DL 等），这些寄存器中的内容就是本次操作真正的操作数。例如：

```
MOV  BX,AX    ;源操作数就是 AX 中的内容(16 位)
MOV  CL,DH    ;源操作数就是 DH 中的内容(8 位)
```

由于操作数就在 CPU 内部，因此，采用这种寻址方式，指令执行速度较快，也是使用较多的一种寻址方式。

(2) 立即寻址

这是唯一一种操作数直接出现在指令中的寻址方式。在这种寻址方式下，用户直接在指令中书写所需的常数（二进制/十进制/十六进制，如 1001B、75、0FFFAH 等），该常数亦称为立即数，它就是本次操作真正的操作数。例如：

```
MOV  AX,3000H  ;源操作数就是 3000H
MOV  CL,0      ;源操作数就是 0
```

立即数可以是 8 位的，也可以是 16 位的。由于立即数直接包含在指令中，因此，它随指令一起被存放在内存代码段中，具体位置就在该指令操作码的后面。若是 8 位的立即数，就占一个存储单元；若是 16 位的立即数，则占两个存储单元，低字节在低地址，高字节在高地址。示例如图 3-1 所示。

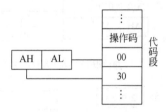

图 3-1　立即寻址

采用立即寻址方式主要用来给寄存器或存储器赋初值。

(3) 直接寻址

在这种寻址方式下，真正的操作数在内存中，而出现在指令中的是操作数的 16 位偏移地址（通常用方括号括住，注意：不同于立即寻址）。操作数默认在数据段中，其物理地址为：

$$(DS) \times 16 + 16\text{ 位偏移地址}$$

例如：

```
MOV AX,[2000H]   ;源操作数采用的就是直接寻址方式,2000H 为源操作数的偏移地址,而
                  段地址来自 DS
```

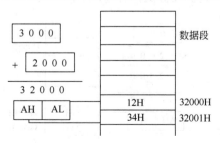

图 3-2　直接寻址

假设当前 (DS)=3000H，则真正的源操作数在 30000H+2000H=32000H 开始的存储单元中，具体如图 3-2 所示。

在 8086/8088 指令系统中，虽然默认操作数在数据段中，但是仍然允许用户使用段超越前缀来指明此时所使用的段寄存器。这时，指令中给出的 16 位偏移地址就可以与 CS 或 SS 或 ES 的值一起形成真正操作数的地址。例如：

```
MOV  BX,ES:[3000H];
```

"ES:"就是段超越前缀，指明源操作数在扩展段，其物理地址为（ES）×16+3000H。

（4）寄存器间接寻址

在这种寻址方式下，真正的操作数也在内存中，但是，操作数的16位偏移地址不直接出现在指令中，而是由指令中指定的寄存器（用方括号括住，注意：不同于寄存器直接寻址）提供。

四个寄存器 SI、DI、BP、BX 可以用作寄存器间接寻址。它们又分成两种情况。

① 以 SI、DI、BX 间接寻址，默认操作数在数据段中，即操作数的物理地址为

（DS）×16+ SI/DI/BX 中的 16 位偏移地址

例如：

```
MOV  AX, [SI]
```

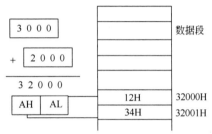

(a) 使用SI/DI/BX寄存器间接寻址

假设当前（DS）=3000H，（SI）=2000H，则真正的源操作数在30000H+2000H=32000H 开始的存储单元中，如图 3-3（a）所示。

② 以寄存器 BP 间接寻址 [图 3-3（b）]，默认操作数在堆栈段中，即操作数的物理地址为

（SS）×16+BP 中的 16 位偏移地址

例如：

```
MOV  AX,[BP]
```

同样允许在指令中使用段超越，这时按指定的段寄存器与指令中的寄存器相加，形成操作数地址。

例如：

```
MOV AX,ES:[SI]
```

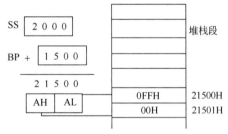

(b) 使用BP寄存器间接寻址

图 3-3　寄存器间接寻址

（5）变址寻址

在这种寻址方式下，真正的操作数也在内存中，操作数的16位偏移地址也不直接出现在指令中，而是由指令中指定的寄存器（用方括号括住）的内容，加上指令中给出的 8 位或 16 位偏移量确定。也就是说，与寄存器间接寻址方式相比，变址寻址方式在书写时又多了一个偏移量。

四个寄存器 SI、DI、BP、BX 可以用作变址寻址。它们又分成两种情况。

① 以 SI、DI、BX 变址寻址，默认操作数在数据段中，即操作数的物理地址为

（DS）×16+SI/DI/BX 的内容+给定的偏移量

例如：

```
MOV  AX, [SI+ 2000H]
```

假设当前（DS）=3000H，（SI）=2000H，则真正的源操作数在 30000H＋2000H＋2000H＝34000H 开始的存储单元中，如图 3-4 所示。

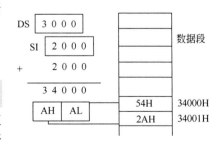

图 3-4　变址寻址

② 以寄存器 BP 变址寻址，默认操作数在堆栈段中，即操作数的物理地址为
$$(\text{SS})\times16+\text{BP 的内容}+\text{给定的偏移量}$$
例如：

```
MOV  AX,100H[BP]
```

这种书写方式相当于"MOV　AX，[BP+100H]"。

同样允许在指令中使用段超越，这时按指定的段寄存器与指令中寄存器的内容和给定的偏移量相加，形成操作数地址。

例如：

```
MOV  AX,ES:COUNT[SI]
```

其中，COUNT 是一个常量标识符（取其值为偏移量）或标号（取其偏移地址为偏移量）。

(6) 基址加变址寻址

把前述的寄存器间接寻址和变址寻址两种方式结合起来就形成了基址加变址寻址方式。在这种寻址方式下，真正的操作数同样在内存中。这时，通常把 BX 和 BP 看成是基址寄存器，而把 SI、DI 看成是变址寄存器。操作数的 16 位偏移地址也不直接出现在指令中，而是由指令中指定的基址寄存器（用方括号括住）的内容，加上变址寄存器（用方括号括住）的内容，再加上指令中给出的 8 位或 16 位偏移量确定。也就是说，与变址寻址方式相比，基址加变址寻址方式在书写时又多了一个基址寄存器。

根据使用的基址寄存器的不同，它们又分成两种情况。

① 以 BX 作为基址寄存器，默认操作数在数据段中，即操作数的物理地址为
$$(\text{DS})\times16+(\text{BX})+\text{SI/DI 的内容}+\text{给定的偏移量}$$
例如：

```
MOV  AX,[SI+ BX]
```

假设当前（DS）=3000H，（SI）=2000H，（BX）=2000H，则真正的源操作数在 30000H＋2000H＋2000H＝34000H 开始的存储单元中，如图 3-5（a）所示。

又如：

```
MOV  AX,MASK[BX][SI]
```

假设当前（DS）=3000H，（SI）=2000H，（BX）=1500H，MASK 的值为 0240H，则真正的源操作数在 30000H＋2000H＋1500H＋0240H＝33740H 开始的存储单元中，如图 3-5（b）所示。

② 以 BP 作为基址寄存器，默认操作数在堆栈段中，即操作数的物理地址为
$$(\text{SS})\times16+(\text{BP})+\text{SI/DI 的内容}+\text{给定的偏移量}$$
例如：

```
MOV  AX,[BP+DI]
```

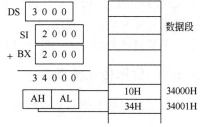

(a) 以BX作为基址寄存器

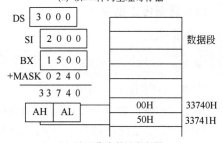

(b) 以BP作为基址寄存器

图 3-5　基址加变址寻址

同样允许在指令中使用段超越，这时按指定的段寄存器与指令中的基址寄存器、变址寄存器的内容和给定的偏移量相加，形成操作数地址。

例如：

```
MOV  AX,ES:[SI+BX+VAL]
```

以上六种不同的寻址方式，在指令中有不同的书写形式，上述分别给出了六种不同的寻找操作数的方法。对一条指令来讲，源操作数和目的操作数可以有各自不同的寻址方式。使用时，我们要认真分辨清楚，以便找到真正的、正确的操作对象。一般来讲，寄存器寻址常用来存放中间结果，立即寻址常用来送初值，其它四种方式常用来对存储器中的原始数据和结果数据进行操作。

表 3-1 给出了几种寻址方式的对照。

表 3-1　几种寻址方式对照

指令	寻址方式		操作数存放位置	
	源操作数	目的操作数	源操作数	目的操作数
MOV AX， [1000H]	直接	寄存器	(DS)*16+1000H	AX
MOV [BX],1000H	立即	寄存器间接	代码段指令操作码后	(DS)*16+(BX)
MOV [SI+100H],CL	寄存器	变址	CL	(DS)*16+(SI)+100H
MOV DX,[BX+DI+20H]	基址加变址	寄存器	(DS)*16+(BX)+(DI)+20H	DX

3.2　8086/8088 指令系统

8086/8088CPU 的指令系统内容丰富，按功能划分，可以分为六组，即数据传送、算术运算、逻辑运算和移位、程序控制、串操作、标志处理和 CPU 控制。每一组中都包含有多条指令。本节具体介绍 8086/8088CPU 的指令系统。

3.2.1　数据传送类指令

这一组主要包括数据传送、堆栈、交换、累加器专用传送、地址传送和标志寄存器传送指令。

(1) 数据传送指令

一般格式：

```
MOV  OPRD1,OPRD2
```

功能：OPRD1←(OPRD2)。

其中，MOV 是指令助记符，OPRD1 是目的操作数，OPRD2 是源操作数。

MOV 指令是使用频率最高的一条指令，执行它，CPU 可以把一个字节或一个字的操作数从源传送至目的。其中，源操作数可以是累加器、寄存器、存储器以及立即数，而目的操作数可以是累加器、寄存器和存储器。该指令允许的数据传送方向的示意图如图 3-6 所示。从图中可以看出，一条 MOV 指令能实现四个不同方向的数据传送。

① CPU 内部寄存器（采用寄存器寻址）之间数据的任意传送（除了代码段寄存器 CS 和指令指针 IP 以外）。例如：

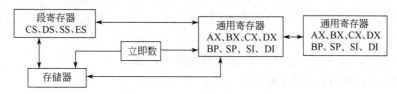

图 3-6 数据传送方向示意

```
MOV  AL,BL  ;字节
MOV  DL,CH
MOV  SI,DI  ;字
MOV  DS, AX
MOV  DL,BX  ;错,类型不符
```

② 立即数（采用立即寻址）传送至 CPU 内部的通用寄存器（即 AX、BX、CX、DX、BP、SP、SI、DI），给这些寄存器赋初值。例如：

```
MOV  CL,4      ;字节
MOV  AX,03FFH ;字
MOV  CL,057BH ;错,类型不符
```

③ CPU 内部寄存器（除了 CS 和 IP 以外）与存储器（采用直接寻址、寄存器间接寻址、变址寻址和基址加变址寻址）之间的数据传送。例如：

```
MOV  AL,BUFFER          ;源操作数是直接寻址。字节
MOV  AX,[SI]
MOV  [DI],CX            ;目的操作数是寄存器间接寻址,字
MOV  SI,BLOCK[BP]
MOV  DS,DATA[SI+ BX]   ;源操作数是基址加变址寻址,字
```

④ 立即数传送给存储单元。
例如：

```
MOV  [2000],BYTE PTR  25H
MOV  WORD  PTR[SI],35H
```

使用 MOV 指令应注意几个问题：

a. 寄存器与存储器传送或寄存器之间传送的指令中，不允许对 CS 和 IP 进行操作。

b. 两个存储器操作数之间不允许直接进行数据传送，也就是说，两个操作数中，除立即寻址外，必须有一个操作数采用寄存器寻址方式。

需要进行这种传输时，可借助于寄存器完成。如：

```
MOV  AH, [SI]
MOV  SUM, AH
```

这两条指令就可以实现：把数据段中以 SI 的值为偏移地址的存储单元中的一个字节，传送到以 SUM 指示的存储单元中。

c. 两个段寄存器之间不能直接传送信息，也不允许用立即寻址方式为段寄存器赋初值。

需要进行这种传输时，也可借助于寄存器完成。如：

```
MOV  AX, 0
MOV  DS, AX
```

这两条指令就可以实现：把立即数 0 送数据段寄存器。

d. 目的操作数不能用立即寻址方式。如：

```
MOV  2300H,DI  ;错
```

(2) 堆栈指令

堆栈是一个特殊的存储区域，该区域只有一个存取口，也就是说，对这个存储区域的存取操作只能从一个口进行，这就决定了堆栈的存取规则是先进后出，即最先进入的数据要最后才能出来。堆栈设置在堆栈段中，其存取口的段地址由段寄存器 SS 指示，偏移地址则由一个 16 位的堆栈指针 SP 指示。这样，如果段地址不改变，只要按照堆栈指针 SP 的值指示的位置进行操作即可，而且每次操作完，CPU 就会自动修改 SP 的值，使其总是保持指向栈顶（即堆栈的存取口），为下次操作做准备。

对堆栈的操作只有两种：入栈即将数据放入堆栈，出栈即将栈顶的数据取出。对应的堆栈指令包括 PUSH 和 POP 两条。

① 入栈指令 PUSH。

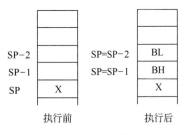

图 3-7　PUSH 指令执行示意

一般格式：

```
PUSH  OPRD
```

功能：（OPRD）入栈。

执行步骤为：SP＝SP−1；[SP]＝操作数高 8 位；SP＝SP−1；[SP]＝操作数低 8 位。

例如：

```
PUSH  BX
```

执行过程为：SP＝SP−1，[SP]＝BH；SP＝SP−1，[SP]＝BL。如图 3-7 所示。

若初始 SP＝1000H，则执行后 SP＝0FFEH。

源操作数可以是 CPU 内部的 16 位通用寄存器、段寄存器（CS 除外）和内存操作数（除立即寻址外的所有寻址方式）。注意入栈操作对象必须是 16 位数。

② 出栈指令 POP。

一般格式：

```
POP  OPRD
```

功能：栈顶的值弹出至 OPRD。

执行步骤为：操作数低 8 位＝[SP]；SP＝SP+1；操作数高 8 位＝[SP]；SP＝SP+1。

例如：

```
POP  AX
POP  WORD  PTR[BX]
POP  DH     ;错,不能对字节操作
```

对指令执行的要求和入栈指令一样。

利用堆栈可以实现数据交换、数据保护和数据传递。如在图 3-7 的情况下，执行过 "PUSH　BX" 以后，再执行 "POP　SI"，则实现了将原 BX 的值传到 SI 中。

(3) 交换指令

一般格式:

```
XCHG  OPRD1,OPRD2
```

功能:(OPRD1) 和 (OPRD2) 进行交换。

这是一条交换指令,把一个字节或一个字的源操作数与目的操作数相交换。交换能在通用寄存器与累加器之间、通用寄存器之间、通用寄存器与存储器之间进行。但段寄存器不能作为一个操作数。例如:

```
XCHG  AL,CL;如果(AL)= 12H,(CL)= 34H,指令执行后,(AL)= 34H,(CL)= 12H
XCHG  BX,SI
XCHG  BX,DATA[DI]
```

(4) 累加器专用传送指令

与累加器 AX(AL)相关的专用指令有三种:输入(IN)指令、输出(OUT)指令和查表(XLAT)指令。前两种又称为输入输出指令。

① IN 指令。

一般格式:

```
IN  AL,n     ;功能:输入字节  AL←[n]
IN  AX,n     ;功能:输入字 AX←[n+ 1][n]
IN  AL,DX    ;功能:输入字节  AL←[DX]
IN  AX,DX    ;功能:输入字  AX←[DX+ 1][DX]
```

输入指令实现从输入端口输入一个字或一个字节。若输入一个字节,则输入数据传入 AL;若输入一个字,则输入数据传入 AX。若端口地址小于等于 255 时,可将端口地址直接写在指令中,若端口地址超过 255 时,则必须用 DX 保存端口地址,这时最多可寻找 64K 个端口。

值得注意的是,在进行字输入时,需要对连续两个相邻的端口操作,这就对接口的硬件设计提出了较高的要求,即要保证这两个连续的端口指向同一个设备。

例如:

```
IN  AL,  0F0H     ;从 0F0H 端口输入一个字节送 AL
IN  AX, 12H      ;从 12H、13H 端口输入一个字送 AX
IN  AL,  0FFFFH  ;错,16 位的端口地址不能直接写在指令中
```

应改为:

```
MOV  DX,0FFFFH
IN  AL,  DX
```

② OUT 指令。

一般格式:

```
OUT  n,AL  ;功能:输出字节     AL→[n]
OUT  n,AX  ;功能:输出字  AX→[n+ 1][n]
OUT  DX,AL ;功能:输出字节     AL→[DX]
OUT  DX,AX ;功能:输出字  AX→[DX+ 1][DX]
```

输出指令实现将 AL（字节）或 AX（字）中的内容传送到一个输出端口。指令的有关说明与 IN 指令相同。

例如：

```
OUT  0AH,  AL ;将 AL 中的一个字节从 0AH 端口输出
MOV DX,1000H
MOV DX,  AL ;将 AL 中的一个字节从 1000H 端口输出
```

③ XLAT 指令。

一般格式：

```
XLAT    ;
```

功能：完成一个字节的查表转换。

要求：表的基地址即表头的偏移地址放在 BX 中，表的长度为 256 字节。寄存器 AL 的内容作为要查元素距表头的偏移量，转换后的结果存放在 AL 中。

例如：

```
MOV BX,OFFSET  TABLE
IN AL,5
XLAT  TABLE ;或  XLAT
OUT  1,AL
```

上述程序段完成：将从 5 号端口输入的数据经查表转换后从 1 号端口输出。如果已知 TABLE 中依次存放着 0～9 的平方数，当从 5 号端口输入的数是 3 时，即可得出 3 的平方。

该指令常用来完成代码转换、数制转换等功能。

(5) 地址传送指令

8086/8088 中有三条地址传送指令。

① LEA。

一般格式：

```
LEA  OPRD1,OPRD2
```

功能：把源操作数 OPRD2 的地址偏移量传送至目的操作数 OPRD1。

要求：源操作数必须是一个内存操作数，目的操作数必须是一个 16 位的通用寄存器或变址寄存器。这条指令通常用来建立操作所需的地址指针。

例如：

```
LEA  BX,BUFF  ;将标号 BUFF 的偏移地址送到 BX
MOV  AL,[BX]  ;按指针位置取出一个数据
```

② LDS。

一般格式：

```
LDS  OPRD1,OPRD2
```

功能：完成一个地址指针的传送。该地址指针包括段地址和偏移地址两部分，其存放位置由 OPRD2 指示。指令将段地址送入 DS，偏移地址送入 OPRD1。

要求：源操作数必须是一个内存操作数，目的操作数必须是一个 16 位的通用寄存器或

变址寄存器。

例如：

```
LDS  SI,[BX];
```

假设当前 (DS)=2000H，(BX)=1000H，则该指令将数据段中由 BX 所指的连续 4 个内存单元的值视为 32 位地址指针，其中高字为段地址部分送入 DS，低字为偏移地址部分送入 SI。如图 3-8 所示。

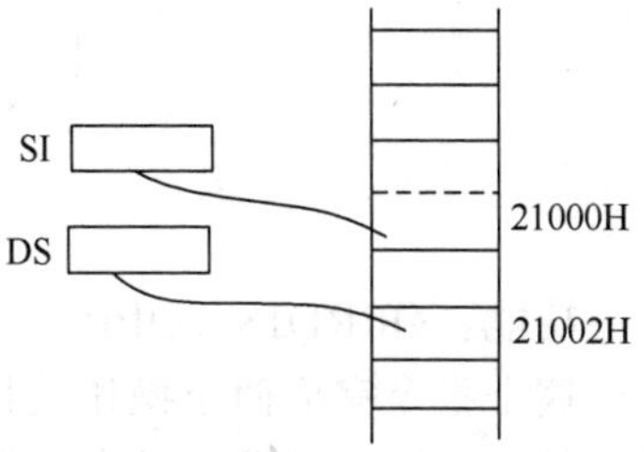

③ LES。

一般格式：

```
LES  OPRD1,OPRD2
```

功能：完成一个地址指针的传送。该地址指针包括段地址和偏移地址两部分，其存放位置由 OPRD2 指示。指令将段地址送入 ES，偏移地址送入 OPRD1。要求同 LDS。

图 3-8　LDS 指令示意

例如：

```
LES  DI,[BX+ COUNT]
```

(6) 标志寄存器传送

8086/8088 有四条标志寄存器传送指令。

① LAHF。

该指令将标志寄存器中的 SF、ZF、AF、PF 和 CF 传送至 AH 寄存器的对应位，空位没有定义，该指令不影响标志位。

② SAHF。

该指令与 LAHF 正好相反，它将寄存器 AH 的对应位送至标志寄存器的 SF、ZF、AF、PF 和 CF 位，根据 AH 的内容，影响上述标志位，对 OF、DF 和 IF 无影响。

③ PUSHF。

该指令将标志寄存器的值压入堆栈顶部，同时修改堆栈指针，不影响标志位。

④ POPF。

该指令将堆栈顶部的一个字，传送到标志寄存器，同时修改堆栈指针，影响标志位。

3.2.2　算术运算指令

8086/8088 指令系统提供加、减、乘、除四种基本算术操作。这些操作都可用于字节或字的运算，也可以用于带符号数与无符号数的运算，其中带符号数用补码表示。同时 8086/8088 指令系统也提供了各种十进制校正指令，故可以对用 BCD 码表示的十进制数进行算术运算。

在 8086/8088 指令系统中，可以参与加、减运算的源操作数和目的操作数如图 3-9 所示。

(1) 加法指令

① 加法。

一般格式：

```
ADD  OPRD1,OPRD2 ;
```

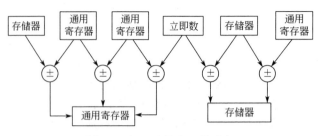

图 3-9　加、减算术运算示意

功能：OPRD1←(OPRD1)＋(OPRD2)。

这个指令完成两个操作数相加，结果送至目的操作数 OPRD1。目的操作数可以是累加器、任一通用寄存器以及存储器操作数。

例如：

```
ADD AL,30                    ;累加器与立即数相加,8 位
ADD BX,[3000H]               ;通用寄存器与存储单元内容相加,16 位
ADD AL,DATA[BX]              ;累加器与存储单元内容相加,8 位
ADD SI,AL                    ;错,变址寄存器与累加器位数不符
ADD WORD  PTR BETA[DI],100   ;存储单元内容与立即数相加,16 位
ADD [SI],[BX+ 100H]          ;错,两个存储单元内容不能相加
```

加法指令对标志位 CF、DF、PF、SF、ZF 和 AF 有影响。

② 带进位的加法。

一般格式：

```
ADC  OPRD1,OPRD2    ;
```

功能：OPRD1←(OPRD1)＋(OPRD2)＋ CF。

这条指令与上一条指令相比，只是在两个操作数相加时，要把进位标志 CF 的现行值加上去，结果送至目的操作数，因此称其为带进位的加法。

ADC 指令主要用于多字节运算中。在 8086/8088CPU 中可以直接进行 8 位运算和 16 位运算，但是 16 位二进制数的表示范围仍然是很有限的，为了扩大数的范围，有时仍然需要进行多字节运算。

【例 3-1】 有两个 32 位的二进制数，分别放在自 FIRST 和 SECOND 开始的存储区中，每个数占 4 个存储单元。存放时，低字节在低地址处，高字节在高地址处。要求编程实现它们的相加，结果存放在 THIRD 开始的存区中。

分析：要完成两个 4 字节的数（32 位）相加，就要分两次进行，先进行低字相加（16 位），然后再做高字相加（16 位）。其中，在进行高字相加时要把低字相加以后的进位考虑进去，否则将出现运算结果错误。这就要用到带进位的加法指令 ADC。

程序段如下：

```
MOV  AX,FIRST     ;取低字
ADD  AX,SECOND    ;一般加法,完成低字相加
MOV  THIRD,AX     ;存放和的低字部分
MOV  AX,FIRST+2   ;取高字
```

```
ADC  AX,SECOND+2  ;带进位的加法,完成高字相加
MOV  THIRD+2,AX    ;存放和的高字部分
```

这条指令对标志位的影响与 ADD 相同。

③ 增量指令。

一般格式：

```
INC  OPRD  ;
```

功能：OPRD←(OPRD)+1。

这条指令完成对指定的操作数 OPRD 的值加 1，然后送回此操作数。此指令常用于计数、修改地址指针、修改循环次数等。其执行的结果影响标志位 AF、OF、PF、SF 和 ZF，而对进位标志没有影响。

该指令的操作数可以是通用寄存器，也可以在内存中。

例如：

```
LEA  DI,BUFF  ;设置地址指针
MOV  AL,[DI]  ;取出第一个数
INC  DI        ;修改地址指针
ADD  AL,[DI]  ;与第二个数相加
```

(2) 减法指令

① 一般减法。

一般格式：

```
SUB  OPRD1,OPRD2  ;
```

功能：OPRD1←(OPRD1)−(OPRD2)。

这条指令完成两个操作数相减，结果送至目的操作数 OPRD1。目的操作数可以是累加器、任一通用寄存器或存储器操作数。

例如：

```
SUB CX,BX          ;通用寄存器与通用寄存器相减,16 位
SUB [BP],CL        ;存储器内容与通用寄存器内容相减,8 位
SUB  1000H,[DI]   ;错,立即数不能作目的操作数
```

减法指令对标志位 CF、DF、PF、SF、ZF 和 AF 有影响。

② 带借位的减法。

一般格式：

```
SBB  OPRD1,OPRD2  ;
```

功能：OPRD1←(OPRD1)−(OPRD2)−CF。

这条指令与 SUB 指令相比，只是在两个操作数相减时，还要减去借位标志位 CF 的现行值，结果送至目的操作数，因此称其为带借位的减法。

与 ADC 指令类似，该指令主要用于多字节操作数相减的运算。

该指令对标志位的影响同 SUB。

③ 减量指令。

一般格式：

```
DEC  OPRD    ;
```

功能：OPRD←(OPRD)－1。

这条指令完成对指定的操作数 OPRD 的值减 1，然后送回此操作数。此指令常用于修改地址指针、修改循环次数等。其执行的结果影响标志位 AF、OF、PF、SF 和 ZF，而对进位标志没有影响。

在相减时，把操作数作为一个无符号二进制数来对待。所用的操作数可以是寄存器，也可以是内存操作数。

例如：

```
DEC  BYTE  PTR[SI]
DEC  CX
```

④ 取补指令。

一般格式：

```
NEG  OPRD
```

功能：对操作数取补，即 OPRD←0－(OPRD)。

这条指令完成对操作数取补的操作，也即用零减去操作数，再把结果送回操作数。

例如：假设 (AL)＝00111100B，执行

```
NEG AL ;  结果(AL)=11000100B
```

若在字节操作时对－128 取补，或在字操作时对－32768 取补，则操作数没变化，但标志位 OF 置位。

此指令影响标志位 AF、CF、OF、PF、SF 和 ZF，且一般总是使标志位 CF＝1，只有在操作数为零时，才使 CF＝0。

⑤ 比较指令。

一般格式：

```
CMP  OPRD1,OPRD2    ;
```

功能：(OPRD1)－(OPRD2)。

比较指令完成两个操作数相减，使结果反映在标志位上，但并不送回结果，因此也称为不带回送的减法。

例如：

```
CMP  AL,100          ;累加器与立即数相比较
CMP  DX,DI           ;寄存器与寄存器相比较
CMP  CX,COUNT[BP]    ;寄存器与内存操作数相比较
CMP  DATA,100        ;内存操作数与立即数相比较
```

比较指令主要用于比较两个数之间的关系，即两者是否相等或两者中哪一个大。

• 在比较指令之后，根据 ZF 标志即可判断两者是否相等。若两者相等，相减以后结果为零，即 ZF＝1，反之为 0。若两者不相等，则可在比较指令之后利用其它标志位的状态来确定两者的大小。

• 如果是两个无符号数进行比较，则在比较指令之后，可以根据 CF 标志位的状态判断

两数大小。例如：

```
CMP  AX,BX      ;AX 与 BX 相比较
```

若结果没有产生借位（CF＝0），则 AX≥BX；若产生了借位（CF＝1），则 AX＜BX。

• 如果是两个带符号数进行比较，则在比较指令之后，可以根据 OF 标志位和 SF 标志位的状态判断两数大小。例如：

```
CMP  AX,BX      ;AX 与 BX 相比较
```

若结果 OF⊕SF＝0，则 AX≥BX；反之，若 OF⊕SF＝1，则 AX＜BX。

(3) 乘法指令

8086/8088 的乘法指令分为无符号数乘法指令和带符号数乘法指令两类。

① 无符号数乘法指令。

一般格式：

```
MUL  OPRD       ;OPRD 为源操作数
```

功能：

```
AX←(AL)×(OPRD)     ;8 位
DX,AX←(AX)×(OPRD) ;16 位
```

该指令可以完成字节与字节相乘、字与字相乘，且默认的一个源操作数放在 AL 或 AX 中，另一个源操作数由指令给出。8 位数相乘，结果为 16 位数，放在 AX 中，16 位数相乘结果为 32 位数，高 16 位放在 DX，低 16 位放在 AX 中。当结果的高半部分不为 0，则标志位 CF＝1，OF＝1（表示在 AH 或 DX 中包含有结果的有效数）；否则，CF 和 OF 将清 0。

注意：源操作数不能为立即数。

例如：

```
MOV  AL,FIRST ;
MUL  SECOND   ;结果为 AX＝ FIRST* SECOND
MOV  AX,THIRD ;
MUL  AX       ;结果 DX:AX＝ THIRD* THIRD
```

② 带符号数乘法指令。

一般格式：

```
IMUL OPRD       ;OPRD 为源操作数
```

功能：

```
AX←(AL)×(OPRD)     ;8 位
DX,AX←(AX)×(OPRD) ;16 位
```

这是一条用于带符号数的乘法指令，同 MUL 一样可以进行字节与字节、字和字的乘法运算，且默认的一个源操作数放在 AL 或 AX 中，另一个源操作数由指令给出，结果放在 AX 或 DX，AX 中。当结果的高半部分不是结果低半部分的符号扩展时，标志位 CF 和 OF 将置位（表示在 AH 或 DX 中包含有结果的有效数）；否则，CF 和 OF 清 0。

(4) 除法指令

① 无符号数除法指令。

一般格式：

```
DIV  OPRD  ;OPRD  为源操作数
```

功能：

```
商在 AL,余数在 AH←(AX)÷(OPRD)     ;字节
商在 AX,余数在 DX←(DX,AX)÷(OPRD) ;字
```

在除法指令中，默认的被除数必须为 AX 或 DX：AX。在字节运算时被除数在 AX 中；字运算时被除数为 DX：AX 构成的 32 位数。除法运算中，源操作数可为除立即寻址方式之外的任何一种寻址方式，且指令执行对所有的标志位都无定义。

② 带符号数除法。

一般格式：

```
IDIV  OPRD  ;OPRD  为源操作数
```

功能：

```
商在 AL,余数在 AH←(AX)÷(OPRD)     ;字节
商在 AX,余数在 DX←(DX,AX)÷(OPRD) ;字
```

该指令的执行过程同 DIV 指令，但 IDIV 指令认为操作数的最高位为符号位，除法运算的结果商的最高位也为符号位。

由于除法指令中的字节运算要求被除数为 16 位数，而字运算要求被除数是 32 位数，在 8086/8088 系统中往往需要用符号扩展的方法取得被除数所要的格式，因此指令系统中包括了两条符号扩展指令。

③ 字节扩展指令。

一般格式：

```
CBW
```

该指令执行时，将 AL 寄存器的最高位扩展到 AH，即若 $D_7=0$，则 AH=0；否则 AH=0FFH。

这条指令能在两个字节相除之前，产生一个双倍长度的被除数。

④ 字扩展指令。

一般格式：

```
CWD
```

该指令执行时，将 AX 寄存器的最高位扩展到 DX，即若 $D_{15}=0$，则 DX=0；否则 DX=0FFFFH。

这条指令能在两个字相除之前，产生一个双倍长度的被除数。

CBW、CWD 指令不影响标志位。

例如，计算 $Y=X/(A+B)$，其中，X、A、B 均为 16 位无符号数。

```
MOV  BX, A
ADD  BX, B
MOV  AX, X    ;被除数送 AX
CWD           ;扩展至 32 位送 DX:AX
DIV  BX
```

(5) 十进制调整指令

计算机中的算术运算，都是针对二进制数的运算，而人们在日常生活中习惯使用十进制。为此在 8086/8088 指令系统中，针对用 BCD 码表示的十进制数的算术运算，有一类十进制调整指令，通过调整，使得计算的结果仍然是用 BCD 码表示的十进制数。

用 BCD 码表示十进制数，就是用四位二进制数表示一个十进制数。对 BCD 码来讲，它们在计算机中有两种存放方法：一种为压缩 BCD 码，即规定每个字节存放两位 BCD 码；另一种称为非压缩 BCD 码，即用一个字节存放一位 BCD 码，在这字节的高四位用 0 填充。例如，十进制数 25D，表示为压缩 BCD 码时为 25H；表示为非压缩 BCD 码时要占用两个字节，即 0205H。

相关的十进制调整指令见表 3-2。注意，DAA、DAS、AAA 和 AAS 这四条指令均对 AL 的值进行调整。AAM 指令将 AX 中的积调整为非压缩的 BCD 形式，结果存入 AX 中。AAD 把 AX 中存放的非压缩 BCD 数被除数调整为二进制数，以进行除法运算，使除法的结果为 BCD 数。

表 3-2 十进制调整指令

指令格式	指令说明	指令格式	指令说明
DAA	压缩的 BCD 码加法调整	AAS	非压缩的 BCD 码减法调整
DAS	压缩的 BCD 码减法调整	AAM	乘法后的 BCD 码调整
AAA	非压缩的 BCD 码加法调整	AAD	除法前的 BCD 码调整

下面以加法为例来看调整的过程。例如，对压缩 BCD 码：

```
ADD  AL,BL
DAA
```

若执行前 AL＝28H，BL＝68H，则执行 ADD 后，AL＝90H 且 AF＝1；再执行 DAA 指令进行调整即 AL＝(AL)＋6，正确的结果为：AL＝96H，CF＝0，AF＝1。

又如，对非压缩 BCD 码：

```
ADD  AL,CL
AAA
```

若执行前 AL＝07，CL＝09，则执行 ADD 后，AL＝10H 且 AF＝1；再执行 AAA 指令进行调整，即 AL＝(AL)＋6，AH＝(AH)＋1，AL＝(AL)∧0FH，正确的结果为 AH＝01H，AL＝06H，CF＝1，AF＝1。

注意：用 BCD 码进行乘除法运算时，一律使用无符号数形式，因而 AAM 和 AAD 应固定地出现在 MUL 之后和 DIV 之前。

3.2.3 逻辑运算和移位指令

这一组指令包括逻辑运算、移位指令。

(1) 逻辑运算指令

① 逻辑非。

一般格式：

```
NOT  OPRD
```

功能：OPRD←(OPRD) 的反码。

这条指令对操作数求反，然后送回原处，操作数可以是寄存器或存储器内容。例如：NOT　AL。

此指令对标志无影响。

② 逻辑与。

一般格式：

```
AND  OPRD1,OPRD2
```

功能：OPRD1←(OPRD1)∧(OPRD2)。

这条指令对两个操作数进行按位的逻辑"与"运算。只有相"与"的两位全为 1，"与"的结果才为 1；否则"与"的结果为 0，"与"以后的结果送回目的操作数。

其中目的操作数 OPRD1 可以是累加器、任一通用寄存器或内存操作数（所有寻址方式）。源操作数 OPRD2 可以是立即数、寄存器，也可以是内存操作数（所有寻址方式）。

此指令执行以后，标志位 CF＝0，OF＝0。标志位 PF、SF、ZF 反映操作的结果，对标志位 AF 未定义。

"与"操作指令主要用在使一个操作数中的若干位维持不变，而若干位置为 0 的场合。这时，要维持不变的这些位与 1 相"与"；而要置为 0 的这些位与 0 相"与"。另外，通过操作数自己和自己相"与"，操作数不变，但可以使进位标志 CF 清 0。

例如：

```
AND  AL,0FH  ;取 AL 的低 4 位
AND  SI,SI   ;清除 CF
AND  AX,80H  ;取 AX 的最高位
```

③ 测试指令。

一般格式：

```
TEST  OPRD1,OPRD2
```

功能：(OPRD1)∧(OPRD2)。

该指令能完成与 AND 指令相同的操作，结果反映在标志位上，但并不送回。即 TEST 指令不改变操作数的值。

通常是在不希望改变原有操作数的条件下，用来检测某一位或某几位的情况时采用该指令。一般是通过使用立即数进行测试，立即数中哪一位为 1，表示对哪一位进行测试。编程时可在这条指令后面加上条件转移指令。

例如，若要检测 AL 中的最低位是否为 1，为 1 则转移，可用以下指令：

```
TEST AL,01H   ;取 AL 的最低位检测
JNZ THERE     ;ZF＝0 时转移,说明最低位是 1
…
THERE:
```

若要检测 CX 中的内容是否为 0，为 0 则转移，可用以下指令：

```
TEST CX,0FFFFH  ;检测 CX 的值
JZ THERE        ;ZF＝1 时转移,说明 CX 的值为 0
…
THERE:
```

④ 逻辑或。

一般格式：

```
OR OPRD1,OPRD2
```

功能：OPRD1←(OPRD1)∨(OPRD2)。

这条指令对两个操作数进行按位的逻辑"或"运算。进行"或"运算的两位中的任一个为 1（或两个都为 1）时，则"或"的结果为 1；否则为 0。运算的结果送回目的操作数。

其中目的操作数 OPRD1 可以是累加器、任一通用寄存器或内存操作数（所有寻址方式）。源操作数 OPRD2 可以是立即数、寄存器，也可以是内存操作数（所有寻址方式）。

此指令执行以后，标志位 CF＝0，OF＝0。标志位 PF、SF、ZF 反映操作的结果，对标志位 AF 未定义。

"或"运算主要应用于要求使一个操作数中的若干位维持不变，而另外若干位为 1 的场合。这时，要维持不变的这些位与 0 相"或"；而要置为 1 的这些位与 1 相"或"。利用"或"运算，还可以对两个操作数进行组合，也可以对某些位置位。另外，一个操作数自身相"或"，不改变操作数的值，但可使进位标志位 CF＝0。

例如：

```
OR  AX,0FFFH ;将 AX 的低 12 位置 1
```

下列程序段完成拼字操作：

```
AND  AL,  0FH  ;取 AL 的低 4 位,高 4 位为 0
AND  AH,  0F0H ;取 AH 的高 4 位,低 4 位为 0
OR   AL,  AH   ;将 AL 的低 4 位与 AH 的高 4 位拼字
```

⑤ 异或。

一般格式：

```
XOR  OPRD1,OPRD2
```

功能：OPRD1←(OPRD1)⊕(OPRD2)。

这条指令对两个指定的操作数进行按位的"异或"运算。进行"异或"运算的两位不相同时（即一个为 1，另一个为 0），"异或"的结果为 1；否则为 0。"异或"运算的结果送回目的操作数。

其中，目的操作数 OPRD1 可以是累加器、任一个通用寄存器，也可以是一个内存操作数（全部寻址方式）。源操作数可以是立即数、寄存器，也可以是内存操作数（所有寻址方式）。

此指令执行以后，标志位 CF＝0，OF＝0。标志位 PF、SF、ZF 反映操作的结果，对标志位 AF 未定义。

若要求一个操作数中的若干位维持不变，而若干位取反，可用"异或"运算来实现。要维持不变的这些位与 0 相"异或"；而要取反的那些位与 1 相"异或"。当一个操作数自身做"异或"运算时，由于每一位都相同，则"异或"结果必为 0，且使进位标志位 CF 也为 0，这是使操作数的初值置为 0 的常用有效方法。

例如：

```
XOR CL,0FH  ;使 CL 的低 4 位取反,高 4 位不变
XOR SI,SI   ;使 SI 清 0
```

值得注意的是，在逻辑运算类指令中，单操作数指令 NOT 的操作数不能为立即数；双操作数逻辑运算指令中，必须有一个操作数为寄存器寻址方式，且目的操作数不能为立即数。

(2) 移位指令

移位是计算机的一个特有操作，通过移位有时可以实现一些特别的功能。8086/8088 指令系统中提供了两类移位指令。

① 算术/逻辑移位指令。

a. 算术左移或逻辑左移指令。

一般格式：

```
SAL/SHL  OPRD,M
```

功能：（OPRD）算术左移/逻辑左移 M 位。

b. 算术右移指令。

一般格式：

```
SAR  OPRD,M
```

功能：（OPRD）算术右移 M 位。

c. 逻辑右移指令。

一般格式：

```
SHR  OPRD,M
```

功能：（OPRD）逻辑右移 M 位。

以上三条指令中的"M"是移位次数，可以是 1 或由寄存器 CL 的值指示。这些指令可以对寄存器操作数或内存操作数进行指定的移位，可以进行字节或字操作。

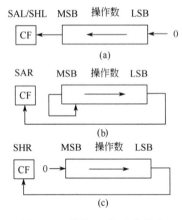

图 3-10　算术/逻辑移位指令

SAL 和 SHL 这两条指令，在功能上是完全相同的。每移位一次在右面补零，而最高位进入标志位 CF，如图 3-10（a）所示。

在移位次数为 1 的情况下，若移位完了以后，操作数的最高位与标志位 CF 不相等，则溢出标志 OF＝1；否则 OF＝0。标志位 PF、SF、ZF 表示移位以后的结果。

SAR 每移位一次，使操作数右移一位，但保持符号位不变，最低位移至标志 CF，如图 3-10（b）所示。指令影响标志位 CF、OF、PF、SF 和 ZF。

SHR 每移位一次，使操作数右移一位，最低位移至标志位 CF，最左位补 0，如图 3-10（c）所示。在指定的移位次数为 1 时，若移位以后，操作数的最高位与次最高位不同，则标志位 OF＝1；反之，OF＝0。

【例 3-2】　操作数左移一位，只要左移以后的数未超出一个字节或一个字的表达范围，则原数每一位的权增加了一倍，相当于原数乘 2。右移一位相当于除以 2。可以采用移位和相加的办法来实现 AL×10 的操作，程序段如下所示。

```
MOV  AH,0  ;为保证结果完整,先将 AL 中的字节扩展为字
SAL  AX,1 ;X×2
```

```
MOV  BX,AX  ;移至 BX 中暂存
SAL    AX,1 ;X×4
SAL    AX,1 ;X×8
ADD  AX,BX  ;X×10
```

② 循环移位指令。

8086/8088CPU 提供了四条循环移位指令。

一般格式：

```
ROL  OPRD,M
```

功能：（OPRD）循环左移 M 位。

一般格式：

```
ROR  OPRD,M
```

功能：（OPRD）循环右移 M 位。

一般格式：

```
RCL  OPRD,M
```

功能：（OPRD）带进位循环左移 M 位。

一般格式：

```
RCR  OPRD,M
```

功能：（OPRD）带进位循环右移 M 位。

以上四条指令中的"M"是移位次数，可以是 1 或由寄存器 CL 的值指示。

前两条循环指令，未把标志位 CF 包含在循环的环中，后两条把标志位 CF 包含在循环的环中，作为整个循环的一部分。

循环移位指令可以对字节或字进行操作。操作数可以是寄存器操作数，也可以是内存操作数。

ROL 指令：每移位一次，把最高位一方面移入标志位 CF，另一方面返回操作数的最低位，如图 3-11（a）所示。当规定的移位位数为 1 时，若移位以后的操作数最高位不等于标志位 CF，则溢出标志位 OF＝1；否则 OF＝0。这可以用来表示循环移位前后的符号位是否相同。ROL 指令只影响标志位 CF 和 OF。

ROR 指令：每移位一次，操作数的最低位一方面传送至标志位 CF，另一方面循环回操作数的最高位，如图 3-11（b）所示。

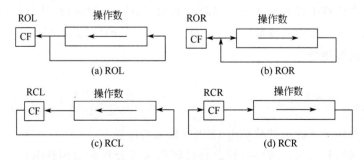

图 3-11　循环移位指令

当规定的移位位数为 1 时，若循环移位后操作数的最高位与它的次高位不相等，则标志位 OF=1；否则 OF=0。这可以用来表示循环移位前后的符号位是否相同。此指令只影响标志位 CF 和 OF。

RCL 指令是把标志位 CF 包含在循环中的左循环移位指令。每移位一次，则操作数的最高位传送至标志位 CF，而原有的标志位 CF 中的内容，传送到操作数的最低位，如图 3-11（c）所示。只有在规定移位位数为 1 时，若循环移位以后的操作数最高位与标志位 CF 不相等，则标志位 OF=1；否则 OF=0。这可以用来表示循环移位以后的符号位与原来的是否相同。这个指令只影响标志位 CF 和 OF。

RCR 指令是把标志位 CF 包含在循环中的右循环移位指令。每移位一次，标志位 CF 中的原内容传送至操作数的最高位，而操作数的最低位送至标志位 CF，如图 3-11（d）所示。只有当规定的移位位数为 1 时，在循环移位以后，若操作数的最高位与次高位不相等，则标志位 OF=1；否则 OF=0。这可以用来表示循环移位前后的符号位是否相同。该指令只影响标志位 CF 和 OF。

【例 3-3】 有一个四字节数，它们存放在从 FIRST 开始的连续内存单元中。要求将这个四字节数整个左移一位后，存放在从 SECOND 开始的存区中。

分析：我们知道，一条指令可以实现 16 位数的移位。可以先使低 16 位左移一位，这时，低 16 位中的最高位 D_{15} 移至了进位标志位 CF 中，再把高 16 位采用带进位的大循环左移一位即可。

程序如下：

```
MOV  AX,FIRST      ;取低字
SAL  AX,1          ;左移一位
MOV  SECOND,AX     ;存低字
MOV  AX ,FIRST+2   ;取高字
RCL  AX,1          ;带进位循环左移一位
MOV  SECOND+2,AX   ;存高字
```

3.2.4 程序控制指令

该类指令主要是用来控制程序转移。8086/8088CPU 使用 CS 寄存器和 IP 指令指针的值来寻址，用以取出指令并执行。而转移类指令通过改变 CS、IP 的值，来达到改变程序执行顺序的目的。

转移有段内转移和段间转移之分。所谓段内转移是指转移指令与转移到的位置在同一代码段中，因此，在转移中段地址不变，仅需改变 IP 的值；而段间转移是指转移指令与转移到的位置不在同一代码段中，因此，在转移中，CS 和 IP 的值均需发生改变。

(1) 无条件转移指令

一般格式：

```
JMP  OPRD
```

功能：控制程序无条件地转移到由 OPRD 指示的位置。

该指令分直接转移和间接转移两种。直接转移又可分短程（SHORT）、近程（NEAR）和远程（FAR）3 种形式。

① 直接转移。直接转移的 3 种形式如下。

a. 短程转移。一般格式：

```
JMP  SHORT  OPRD
```

b. 近程转移。一般格式：

```
JMP  NEAR  PTR  OPRD;或 JMP  OPRD,NEAR 可省略
```

短程转移和近程转移均属段内转移。在短程转移中目的地址与 JMP 指令所处地址的距离应在 $-128 \sim 127$ 范围之内，执行该指令时仅需修改 IP 的值，即 IP＝IP＋8 位位移量；近程转移的目的地址与 JMP 指令也应处于同一代码段范围之内，执行该指令时也仅需修改 IP 的值，但此时 IP＝IP＋16 位位移量。近程转移的 NEAR 往往予以省略。

c. 远程转移。一般格式：

```
JMP  FAR  PTR  OPRD
```

远程转移是段间的转移，目的地址与 JMP 指令不在同一代码段内。执行该指令时要修改 CS 和 IP 的内容，即 IP＝OPRD 所指位置的段内地址，CS＝OPRD 所指位置的段地址。

在直接转移中，OPRD 通常是以标号形式出现的，由此标号直接指出转移的位置。
例如：

```
JMP  NEXT
JMP  FAR  PTR  AGAIN
```

② 间接转移。间接转移指令的 OPRD 一般是一个存储器操作数，可以由直接寻址方式或寄存器间接寻址方式给出。这时，真正的转移位置由存储器中的内容确定。间接转移同样分为两种类型。

a. 段内间接转移。一般格式：

```
JMP  WORD  PTR  OPRD
```

例如：

```
JMP  WORD  PTR[SI]
```

该指令首先按 (DS)×16＋(SI) 的值找到操作数位置，然后，取出一个字送 IP，从而实现段内转移。
另一形式为：

```
JMP  OPRD  ;OPED 为一寄存器名
```

此时，将寄存器的值作为新 IP 的值以实现转移。

b. 段间间接转移。一般格式：

```
JMP  DWORD  PTR  OPRD
```

例如：

```
JMP  DWORD  PTR[100H]
```

该指令首先按 (DS)×16＋100H 的值找到操作数位置，然后，取出第一个字送 IP，取出第二个字送 CS，从而实现段间转移，如图 3-12 所示。

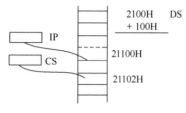

图 3-12 段间间接转移

值得注意的是，采用段内间接转移方式时，一定要事先在存储器的指定位置存放好要转向的段内地址；而采用段间间接转移方式时，一定要事先在存储器的指定位置存放好要转向的段地址（放在高字地址）和段内地址（放在低字地址）。否则，将出现错误的转移。

（2）条件转移指令

8086/8088 指令系统中有 18 条不同的条件转移指令。它们可以根据标志寄存器中各标志位的状态，或两数比较的结果，或测试的结果决定程序是否进行转移。

条件转移指令只能实现段内转移，要求目的地址必须与转移指令在同一代码段内，并且以当前指针寄存器 IP 的值为基准，在 $-128\sim127$ 的范围之内转移。因此条件转移指令的转移范围是有限的，不像 JMP 指令那样可以转移到内存的任何一个位置上。条件转移指令格式以及相应的操作如表 3-3 所示。

表 3-3 条件转移指令表

汇编格式	操作
判别标志位转移指令	
JZ(JE)/JNZ(JNE) OPRD	结果为零/结果不为零转移
JS/JNS OPRD	结果为负数/结果为正数转移
JP(JPE)/JNP(JPO) OPRD	结果奇偶校验为偶/结果奇偶校验为奇转移
JO/JNO OPRD	结果溢出/结果不溢出转移
JC/JNC OPRD	结果有进位(借位)/结果无进位(借位)转移
不带符号数比较转移指令	
JA/JNBE OPRD	大于或不小于等于转移
JAE/JNB OPRD	大于等于或不小于转移
JB/JNAE OPRD	小于或不大于等于转移
JBE/JNA OPRD	小于等于或不大于转移
带符号数比较转移指令	
JG/JNLE OPRD	大于或不小于等于转移
JGE/JNL OPRD	大于等于或不小于转移
JL/JNGE OPRD	小于或不大于等于转移
JLE/JNG OPRD	小于等于或不大于转移
测试转移指令	
JCXZ OPRD	CX=0 时转移

条件转移指令常用来进行条件判断，从而实现程序的分支。

例如：

```
CMP   AL,0    ;(AL)与 0 做比较
JAE   DONE    ;大于等于 0 则转移
MOV   DL,1    ;否则,DL 置 1
…
DONE:  …
```

【例 3-4】 在内存某一缓冲区中存放着 10 个用非压缩 BCD 码表示的十进制数。要求把它们分别转换为 ASCII 码，转换完后放在另一缓冲区中。

分析：要将 BCD 码转换为 ASCII 码，只需将相应的 BCD 码加 30H 即可。

```
            LEA  SI,BCDBUFF   ;设源数据的地址指针
            MOV  CX,10        ;设计数初值
            LEA  DI,ASCBUF    ;设存放目的数据的地址指针
      AGAIN:MOV  AL,[SI]      ;取 BCD 码
            OR   AL,30H       ;转换成 ASCII 码
            MOV  [DI],AL      ;存入
            INC  DI           ;修改指针
            INC  SI           ;修改指针
            DEC  CX           ;计数值减 1
            JNZ  AGAIN        ;判别计数器的值是否到 0,没到则转去继续
```

(3) 循环控制指令

对于需要重复进行的操作，微机系统可通过循环程序结构来进行，8086/8088 指令系统为了简化程序设计，设置了一组循环指令，这组指令主要对 CX 和标志位 ZF 进行测试，确定是否循环，指令格式及功能如表 3-4 所示。需要注意的是，在使用这组指令前，要事先把循环控制次数放入 CX 寄存器中。

表 3-4　循环控制指令表

指令格式	执行操作
LOOP　OPRD	CX=CX−1;若 CX≠0,则循环
LOOPNZ/LOOPNE　OPRD	CX=CX−1,若 CX≠0 且 ZF=0,则循环
LOOPZ/LOOPE　OPRD	CX=CX−1,若 CX≠0 且 ZF=1,则循环

【例 3-5】 已知有一首地址为 ARRAY 的存有 M 个字数据的数组，试编写一段程序，求出该数组的所有数据之和（不考虑溢出），并把结果存入 TOTAL 中。

程序段如下：

```
      MOV  CX,M
      MOV  AX,0        ;累加和送初值
      MOV  SI,0        ;地址指针送初值
START: ADD  AX,ARRAY[SI] ;累加
      ADD  SI,2        ;修改地址指针
      LOOP  START      ;(CX)−1→CX,(CX)不为 0 时循环
      MOV  TOTAL,AX
```

【例 3-6】 有一字符串，存放在从 ASCIISTR 开始的内存区域中，字符串的长度为 L。要求在字符串中查找空格（ASCII 码为 20H），找到则继续运行，否则转到 NOTFOUND 去执行。

实现上述功能的程序段如下：

```
      MOV  CX,L
      MOV  SI,- 1
      MOV  AL,20H
```

```
NEXT:INC    SI
     CMP  AL,ASCIISTR[SI]
     LOOPNZ  NEXT    ;未找到或还未检测完时循环
     JNZ  NOTFOUND   ;已检测完但未找到,则转移
     …               ;已找到
NOTFOUND:…
```

(4) 调用和返回指令

对于较复杂的工作来说,有时常常要使用主、子程序结构。这时,把一些需要重复做的工作设计为子程序,通过主程序来调用它们。对于这种特殊情况,8086/8088 指令系统中专门设计了一组指令即调用和返回指令,来完成主程序对子程序的调用和子程序返回主程序。

CALL 指令用来调用一个过程或子程序。RET 指令与其配合实现从过程或子程序返回主程序。由于过程或子程序有段间(即远程 FAR)和段内(即近程 NEAR)之分,所以 CALL 指令也有 FAR(段间调用)和 NEAR(段内调用)之分,这由被调用过程的定义所决定。当过程或子程序与主程序在同一代码段时为段内,反之为段间。因此,对应的 RET 指令也分段间返回与段内返回两种。

① 调用指令。段内调用一般格式:

```
CALL  NEAR  PTR  OPRD;其中 NEAR 可省略
```

段间调用一般格式:

```
CALL  FAR  PTR  OPRD
```

调用指令属直接转移范畴。其中 OPRD 为被调用的过程或子程序的首地址,通常是以标号形式出现的,由此标号直接指出调用的位置。但是,调用指令与转移指令又有所不同,它在转移的同时,增加了一个保存返回地址的动作,以此为子程序的返回作准备。

具体操作是:在段内调用时,CALL 指令首先将当前 IP 内容压入堆栈,然后控制转向由 OPRD 指示的位置。在段间调用时,CALL 指令先把 CS 压入堆栈,再把 IP 压入堆栈。然后控制转向由 OPRD 指示的位置。

② 返回指令。一般格式:

```
RET   ;
RET  n ;
```

对于段内调用,当执行 RET 指令时,CPU 自动从栈顶取出一个字放入 IP,从而实现返回;对于段间调用,当执行 RET 指令时,CPU 先自动从栈顶取出一个字放入 IP 中,然后从栈顶中再取出第二个字放入 CS 中,从而实现返回。

而执行 RET n 指令,在按 RET 正常返回后,再做 SP=SP+n 的操作,这时,要求 n 为偶数。该指令一般用在有参数传递的场合。

(5) 中断指令和中断返回指令

8086/8088 指令系统中专门设计了几条用于中断操作的指令,包括 INT N、INTO 和 IRET。中断作为一种常用的输入输出控制方式,在本书的第 6 章有专门的讲述。

① 中断指令。一般格式:

```
INT N
```

功能：响应 N 号中断。

利用该指令可以实现软件中断，这时，N 给出了中断类型码。如 DOS 功能调用时，使用了 INT 21H 等。

② 溢出中断。一般格式：

```
INTO
```

功能：对溢出情况进行中断响应。这是根据运算结果作出的判别而采用的处理方式，一般由 CPU 自动进行。

③ 中断返回。一般格式：

```
IRET
```

功能：从中断服务子程序返回主程序。

由于中断响应是一个较复杂的过程，CPU 采用特殊的处理方法来实现它，因此，在中断服务子程序执行完以后，需要用一条特殊的返回指令即 IRET 才能实现正确的返回。这条指令与一般的返回指令 RET 有所不同，除了返回功能外，它还多了恢复标志寄存器内容的动作。

3.2.5 串操作类指令

串操作类指令可以用来实现内存区域的数据串操作。这些数据串可以是字节串，也可以是字串。在这一部分，我们主要介绍几类串操作类指令以及与串操作类指令配合使用的重复指令前缀。

(1) 重复指令前缀

串操作类指令可以与重复指令前缀配合使用，从而使操作得以重复进行，及时停止。重复指令前缀的几种形式如表 3-5 所示。在这里要提醒大家，对于重复指令前缀的学习，要了解它的含义、前缀执行和退出的条件以及影响的指令等三个问题。

表 3-5 重复指令前缀

汇编格式	执行过程	影响指令
REP	(1)若(CX)=0,则退出;(2)CX=CX−1;(3)执行后续指令;(4)重复(1)～(3)	MOVS、STOS、LODS
REPE/REPZ	(1)若(CX)=0 或 ZF=0,则退出;(2)CX=CX−1;(3)执行后续指令;(4)重复(1)～(3)	CMPS、SCAS
REPNE/REPNZ	(1)若(CX)=0 或 ZF=1,则退出;(2)CX=CX−1;(3)执行后续指令;(4)重复(1)～(3)	CMPS、SCAS

(2) 串操作类指令

串操作类指令共有五种，具体见表 3-6。

表 3-6 串操作类指令

功能	指令格式	执行操作
串传送	MOVS DST,SRC	由操作数说明是字节或字操作;其余同 MOVSB 或 MOVSW
	MOVSB	[(ES:DI)]←[(DS:SI)];SI=SI±1,DI=DI±1;REP 控制重复前两步
	MOVSW	[(ES:DI)]←[(DS:SI)];SI=SI±2,DI=DI±2;REP 控制重复前两步
串比较	CMPS DST,SRC	由操作数说明是字节或字操作;其余同 CMPSB 或 CMPSW
	CMPSB	[(ES:DI)]−[(DS:SI)];SI=SI±1,DI=DI±1;重复前缀控制前两步
	CMPSW	[(ES:DI)]−[(DS:SI)];SI=SI±2,DI=DI±2;重复前缀控制前两步

功能	指令格式	执行操作
串搜索	SCAS　DST	由操作数说明是字节或字操作；其余同 SCASB 或 SCASW
	SCASB	AL$-$[(ES:DI)]；DI＝DI$\pm$1；重复前缀控制前两步
	SCASW	AX$-$[(ES:DI)]；DI＝DI$\pm$2；重复前缀控制前两步
存串	STOS　DST	由操作数说明是字节或字操作；其余同 STOSB 或 STOSW
	STOSB	AL$\rightarrow$[(ES:DI)]；DI＝DI$\pm$1；重复前缀控制前两步
	STOSW	AX$\rightarrow$[(ES:DI)]；DI＝DI$\pm$2；重复前缀控制前两步
取串	LODS　SRC	由操作数说明是字节或字操作；其余同 LODSB 或 LODSW
	LODSB	[(DS:SI)]$\rightarrow$AL；SI＝SI$\pm$1；重复前缀控制前两步
	LODSW	[(DS:SI)]$\rightarrow$AX；SI＝SI$\pm$2；重复前缀控制前两步

对串操作类指令的学习要注意以下几个问题。

a. 各指令所使用的默认寄存器是 SI（源串串首的偏移地址）、DI（目的串串首的偏移地址）、CX（字串长度）、AL/AX（存取或搜索的默认值）。

b. 源串默认在数据段，目的串在附加段。

c. 方向标志与地址指针的修改。DF＝1，则修改地址指针时用减法，表明数据串的传送是按照地址减少的方向进行的，此时，SI 的初始值应指向源串的最高偏移地址；DF＝0 时，则修改地址指针时用加法，表明数据串的传送是按照地址增加的方向进行的，此时，SI 的初始值应指向源串的最低偏移地址。

MOVS、STOS、LODS 指令不影响标志位。

① MOVS 指令。把数据段中由 SI 间接寻址的一个字节（或一个字）传送到附加段中由 DI 间接寻址的一个字节单元（或一个字单元）中去，然后，根据方向标志 DF 及所传送数据的类型（字节或字）对 SI 及 DI 进行修改，在指令重复前缀 REP 的控制下，可将数据段中的整串数据传送到附加段中去。该指令不影响标志位。

【例 3-7】　在数据段中有一字符串，其长度为 17，要求把它们传送到附加段中的一个缓冲区中，其中源串存放在数据段中从符号地址 MESS1 开始的存储区域内，每个字符占一个字节；MESS2 为附加段中用以存放字符串区域的首地址。

实现上述功能的程序段如下：

```
LEA   SI,MESS1     ;置源串偏移地址
LEA   DI,MESS2     ;置目的串偏移地址
MOV   CX,17        ;置串长度
CLD               ;方向标志复位
REP   MOVSB       ;字符串传送
```

② CMPS 指令。把数据段中由 SI 间接寻址的一个字节（或一个字）与附加段中由 DI 间接寻址的一个字节（或一个字）进行比较操作，使比较的结果影响标志位，然后根据方向标志 DF 及所进行比较的操作数类型（字节或字）对 SI 及 DI 进行修改，在指令重复前缀 REPE/REPZ 或者 REPNE/REPNZ 的控制下，可在两个数据串中寻找第一个不相等的字节（或字），或者第一个相等的字节（或字）。

【例 3-8】　在数据段中有一字符串，其长度为 17，存放在数据段中从符号地址 MESS1 开始的区域中；同样在附加段中有一长度相等的字符串，存放在附加段中从符号地址 MESS2 开始的区域中，现要求找出它们之间不相匹配的位置。

实现上述功能的程序段如下：

```
LEA  SI,MESS1      ;装入源串偏移地址
LEA  DI,MESS2      ;装入目的串偏移地址
MOV  CX,17         ;装入字符串长度
CLD                ;方向标志复位
REPE  CMPSB
```

上述程序段执行之后，SI 或 DI 的内容即为两字符串中第一个不匹配字符的下一个字符的位置。若两字符串中没有不匹配的字符，则当比较完毕后，CX=0，退出重复操作状态。

③ SCAS 指令。用由指令指定的关键字节或关键字（分别存放在 AL 或 AX 寄存器中），与附加段中由 DI 间接寻址的字节串（或字串）中的一个字节（或字）进行比较操作，使比较的结果影响标志位，然后根据方向标志 DF 及所进行操作的数据类型（字节或字）对 DI 进行修改，在指令重复前缀 REPE/REPZ 或 REPNE/REPNZ 的控制下，可在指定的数据串中搜索第一个与关键字节（或字）匹配的字节（或字），或者搜索第一个与关键字节（或字）不匹配的字节（或字）。

【例 3-9】　在附加段中有一个字符串，存放在以符号地址 MESS2 开始的区域中，长度为 17，要求在该字符串中搜索空格符（ASCII 码为 20H）。

实现上述功能的程序段如下：

```
LEA  DI,MESS2      ;装入目的串偏移地址
MOV  AL,20H        ;装入关键字节
MOV  CX,17         ;装入字符串长度
CLD
REPNE  SCASB
```

上述程序段执行之后，DI 的内容即为相匹配字符的下一个字符的地址，CX 中是剩下还未比较的字符个数。若字符串中没有所要搜索的关键字节（或字），则当搜查完之后，即 (CX)=0，退出重复操作状态。

④ STOS 指令。把指令中指定的一个字节或一个字（分别存放在 AL 或 AX 寄存器中），传送到附加段中由 DI 间接寻址的字节内存单元（或字内存单元）中去，然后，根据方向标志 DF 及所进行操作的数据类型（字节或字）对 DI 进行修改操作。在指令重复前缀的控制下，可连续将 AL（AX）的内容存入到附加段中的一段内存区域中去。该指令不影响标志位。

【例 3-10】　对附加段中从 MESS2 开始的 5 个连续的内存字节单元进行清 0 操作，可用下列程序段实现。

```
LEA  DI,MESS2      ;装入目的区域偏移地址
MOV  AL,00H        ;为清 0 操作准备
MOV  CX,5          ;设置区域长度
CLD
REP  STOSB
```

⑤ LODS 指令。把数据段中由 SI 间接寻址的一个字节（或一个字）传送到 AL 或 AX 寄存器中，然后，根据方向标志 DF 及所进行操作的数据类型（字节或字）对 DI 进行修改

操作。在指令重复前缀的控制下，可连续将由 SI 间接寻址的一个字节（或一个字）传送到 AL 或 AX 寄存器中。该指令不影响标志位。

3.2.6 标志处理和 CPU 控制类指令

这一组指令包括两类：标志处理指令和 CPU 控制指令。标志处理指令用来设置标志，主要对 CF、DF 和 IF 三个标志进行。CPU 控制指令用以控制 CPU 的工作状态，它们不影响标志位。这里仅列出了一些常用指令，具体见表 3-7。

表 3-7 标志处理和 CPU 控制指令

汇编语言格式	执行操作
标志处理指令	
STC	置进位标志，CF＝1
CLC	清进位标志，CF＝0
CMC	进位标志取反
CLD	清方向标志，DF＝0
STD	置方向标志，DF＝1
CLI	关中断标志，IF＝0，不允许中断
STI	开中断标志，IF＝1，允许中断
CPU 控制指令	
HLT	使处理器处于停止状态，不执行指令
WAIT	使处理器处于等待状态，TEST 线为低时，退出等待
ESC	使协处理器从系统指令流中取得指令
LOCK	封锁总线指令，可放在任一条指令前作为前缀
NOP	空操作指令，常用于程序的延时和调试

习题与思考题

3-1. 假定 DS＝2000H，ES＝2100H，SS＝1500H，SI＝00A0H，BX＝0100H，BP＝0010H，数据变量 VAL 的偏移地址为 0050H，其数值为 100H，指出下列指令源操作数是什么寻址方式？源操作数在哪里？如源操作数在存储器中，写出其物理地址是什么？

(1) MOV AX，0ABH   (2) MOV AX，[100H]

(3) MOV AX，VAL   (4) MOV BX，[SI]

(5) MOV AL，VAL [BX]   (6) MOV CL，[BX] [SI]

(7) MOV VAL [SI]，BX   (8) MOV [BP] [SI]，100

3-2. 设有关寄存器及存储单元的内容如下：DS＝2000H，BX＝0100H，AX＝1200H，SI＝0002H，[20100H]＝12H，[20101H]＝34H，[20102H]＝56H，[20103H]＝78H，[21200H]＝2AH，[21201H]＝4CH，[21202H]＝B7H，[21203H]＝65H。

试说明下列各条指令单独执行后相关寄存器或存储单元的内容。

(1) MOV AX，1800H   (2) MOV AX，BX

(3) MOV BX，[1200H]   (4) MOV DX，1100H [BX]

(5) MOV [BX] [SI]，AL   (6) MOV AX，1100H [BX] [SI]

3-3. 假定 BX＝0E3H，字变量 VALUE＝79H，确定下列指令执行后的结果 [操作数均为无符号数。对 (3) (6)，写出相应标志位的状态]。

(1) ADD VALUE，BX   (2) AND BX，VALUE

(3) CMP BX，VALUE   (4) XOR BX，0FFH

（5）DEC　BX　　　　　　　　　　　（6）TEST　BX，01H

3-4. 已知 SS＝0FFA0H，SP＝00B0H，先执行两条把 8057H 和 0F79H 分别进栈的 PUSH 指令，再执行一条 POP 指令，试画出堆栈区和 SP 内容变化的过程示意图（标出存储单元的地址）。

3-5. 已知程序段如下：

```
MOV   AX,1234H
MOV   CL,4
ROL   AX,CL
DEC   AX
MOV   CX,4
MUL   CX
```

试问：（1）每条指令执行后，AX 寄存器的内容是什么？（2）每条指令执行后，CF、SF 及 ZF 的值分别是什么？（3）程序运行结束时，AX 及 DX 寄存器的值为多少？

3-6. 写出实现下列计算的指令序列（假定 X、Y、Z、W、R 都为字变量）。

（1）$Z＝W＋(Z＋X)$　　　　　　　（2）$Z＝W－(X＋6)－(R＋9)$

（3）$Z＝(W×X)/(R＋6)$　　　　　　（4）$Z＝[(W－X)/5×Y]×2$

3-7. 假定 DX＝1100100110111001B，CL＝3，CF＝1，试确定下列各条指令单独执行后 DX 的值。

（1）SHR　DX，1　　　　　　　（2）SHL　DL，1

（3）SAL　DH，1　　　　　　　（4）SAR　DX，CL

（5）ROR　DX，CL　　　　　　（6）ROL　DL，CL

（7）RCR　DL，1　　　　　　　（8）RCL　DX，CL

3-8. 已知 DX＝1234H，AX＝5678H，试分析下列程序执行后 DX、AX 的值各是什么？该程序完成了什么功能？

```
MOV   CL,4
SHL   DX,CL
MOV   BL,AH
SHL   AX,CL
SHR   BL,CL
OR    DL,BL
```

3-9. 判断下列指令的对错，如果错误请说明原因。

（1）MOV CS，BX　　（2）MOV CH，SI　（3）PUSH AL　　（4）MOV DX，[BX][BP]

（5）MOV CH，100H　（6）XCHG BX，3　（7）PUSH CS　　（8）MOV AL，[BX][SI]

（9）PUSH CL　　　　（10）OUT 3EBH，AL

3-10. 试分析下列程序段：

```
ADD   AX,BX
JNC   L2
SUB   AX,BX
JNC   L3
JMP   SHORT L5
```

如果 AX、BX 的内容给定如下：

　　　　AX　　　　　　　BX
(1) 14C6H　　　　　　80DCH
(2) B568H　　　　　　54B7H

问该程序在上述情况下执行后，程序转向何处？

3-11. 编写一段程序，比较两个 5 字节的字符串 OLDS 和 NEWS，如果 OLDS 字符串不同于 NEWS 字符串，则执行 NEW_LESS，否则顺序执行。

3-12. 若在数据段中从字节变量 TABLE 相应的单元开始存放了 0～15 的平方值，试写出包含有 XLAT 指令的指令序列查找 N（0～15）的平方（设 N 的值存放在 CL 中）。

3-13. 有两个双字数据串分别存放在 ASC1 和 ASC2 中（低字放低地址），求它们的差，结果放在 ASC3 中（低字放低地址）。

```
ASC1        DW   578，400
ASC2        DW   694，12
ASC3        DW   ?，?
```

3-14. 下列程序在什么情况下调用子程序 SUB1，在什么情况下调用子程序 SUB2？

```
LEA  BX, DATA
MOV  AL,[BX]
TEST  AL, 01H
JNZ  L1
CALL  SUB1
JMP  L2
L1:CALL  SUB2
L2:HLT
```

3-15. 采用串操作指令将从 BUFF 开始的 100 个单元中写入 AAH，并将该数据块拷贝至 DATA 开始的存区。编写程序段完成上述功能。

第4章
汇编语言程序设计

用指令的助记符、符号地址、标号、伪指令等符号书写程序的语言称为汇编语言。用这种汇编语言书写的程序称为汇编语言源程序或称源程序。把汇编语言源程序翻译成在机器上能执行的机器语言程序（目的代码程序）的过程叫作汇编，完成汇编过程的系统程序称为汇编程序。

本章学习指导　　本章微课

为了使汇编程序在汇编时能按用户的要求去产生正确的目标代码，在编写汇编语言源程序时，首先要有一个完整的符合规范要求的程序结构；其次，在源程序中，除了使用上章学习过的 8086/8088 指令系统中的指令外，还需加入一些特殊的符号、运算符和命令等，这些特殊的符号、运算符和命令由汇编程序在汇编的过程中识别并执行，从而完成诸如数据定义、标号/变量/常量的分类、地址计算、指定段寄存器、过程定义等功能。虽然它们执行的结果并不影响最后的目标文件，但是对目标文件的产生来讲，却是必不可少的。为此，本章从汇编语言的语句格式入手，首先学习构成汇编语言的基本元素与常用的伪指令，然后，通过典型例题，详细学习如何进行汇编语言程序设计。

4.1　汇编语言的基本元素

4.1.1　汇编语言的语句格式

由汇编语言编写的源程序是由许多语句（也可称为汇编指令）组成的。每个语句由 1～4 个部分组成，其格式是：

［标识符］　指令助记符　［操作数］　［;注释］

其中用方括号括起来的部分，可以有，也可以没有。每部分之间用空格（至少一个）分开，一行最多可有 132 个字符。

(1) 标识符

标识符是给指令或某一存储单元地址所起的名字，要求以字母或.开头，后跟下列字符：字母 A～z；数字 0～9；特殊字符?、@、_、$ 。

数字不能作标识符的第一个字符，而圆点仅能用作第一个字符。标识符最长为 31 个字符。当标识符后跟冒号时，表示是标号。它代表该行指令的起始地址，其它指令可以引用该标号作转移的符号地址。当标识符后不带冒号时，表示变量。伪指令前的标识符不加冒号。

(2) 指令助记符

指令助记符表示不同操作的指令，可以是 8086/8088CPU 的指令助记符，也可以是伪指令。如果指令带有前缀（如 LOCK、REP、REPE/REPZ、REPNE/REPNZ），则指令前缀和指令助记符要用空格分开。

（3）操作数

操作数是指令操作的对象。按照指令的不同要求，操作数可能有一个、两个或者没有。操作数可以是常数、寄存器名、标号、变量，也可以是表达式。当操作数超过 1 个时，操作数之间应用逗号分开。

例如：

```
            RET                 ;无操作数
    COUNT:  INC    CX           ;一个操作数
            MOV    CX,DI         ;两个操作数
            MOV    AX,[BP+ 4]    ;第二个操作数为表达式
```

如果是伪指令，则可能有多个操作数，例如：

```
COST    DB     3,4,5,6,7        ;5个操作数
```

（4）注释

注释是为源程序所加的说明，用于提高程序的可读性。在注释前面要加分号，注释一般位于操作数之后一行的末尾，也可单独列一行。汇编程序对注释不作处理，也不产生目标代码，仅在列源程序清单时列出，供编程人员阅读，例如：

```
;以下为显示程序
IN  AL,PORTB    ;读 B 口数据到 AL 中
```

4.1.2 汇编语言的运算符

汇编语言的运算符是汇编程序在汇编时计算的。与运算指令不同，运算指令是在程序运行时计算的。汇编语言的运算符有算术运算符（如＋、－、×、/等）、逻辑运算符（AND、OR、XOR、NOT）、关系运算符（EQ、NE、LT、GT、LE、GE）、取值运算符和合成运算符。前面三种运算符与高级语言中的运算符类似，后两种运算符是 8086/8088 汇编语言特有的。下面对常用的几种运算符进行介绍。

（1）算术运算符、逻辑运算符和关系运算符

① 算术运算符包括＋、－、×、/、MOD 等。这类运算符可以应用于数字操作数，结果也是数字的。当它们应用于存储器操作数时，只有＋、－ 运算符有意义。如：

```
MOV  AL,[BX+ DI]
```

② 逻辑运算符包括 AND、OR、XOR、NOT 等。这类运算符只能对数字进行操作，且结果也是数字的。存储器操作数不能进行逻辑运算。例如：

```
AND  DX,PORT  AND  0FFH
```

第二个 AND 是逻辑运算符，在汇编时，汇编程序首先计算"PORT　AND　0FFH"，产生一个立即数作为指令的源操作数。而第一个 AND 是指令助记符，在程序执行到 AND 指令时，DX 的内容与上述立即数相与，结果存入 DX 中。

注意：逻辑运算符可以和指令助记符书写形式相同，但是它们的作用不同。作为运算符

时，它们是在汇编时由汇编程序计算的；而作为指令助记符时，则是在程序运行时计算的。

③ 关系运算符包括 EQ、NE、LE、LT、GT、GE 等。通过这类运算符连接的两个操作数，必须都是数字操作数或是同一段内的存储器操作数。关系运算的结果是：若关系为假（关系不成立），则结果为 0；若关系为真，则结果为 0FFFFH。

一般情况下不独立使用关系运算符，常与其它运算符组合起来使用。例如：

```
MOV    BX,((PORT LT 5)AND 20)OR ((PORT GE 5)AND 30)
```

当 PORT 的值小于 5 时，上述指令汇编为 "MOV　BX，20"，否则汇编为 "MOV BX，30"。

(2) 取值运算符

① SEG 和 OFFSET。这两个运算符分别给出一个变量或标识符（标号）的段地址和偏移地址。例如数据定义为：

```
SLOT DW 25,12A0H
```

则

```
MOV AX,SEG  SLOT    ;将 SLOT 标识符所在段的段地址送入 AX 寄存器
MOV AX,OFFSET  SLOT ;将 SLOT 标识符的偏移地址送入 AX 寄存器
```

② $。该运算符给出当前所在存储区位置的偏移地址。例如：

```
BLOCK  DB 'HELLO!'
NUM  EQU $ -BLOCK
```

此时，$ 的值是 '!' 字符下一个单元的偏移地址，而 NUM 的值是 6。示意图如图 4-1 所示。

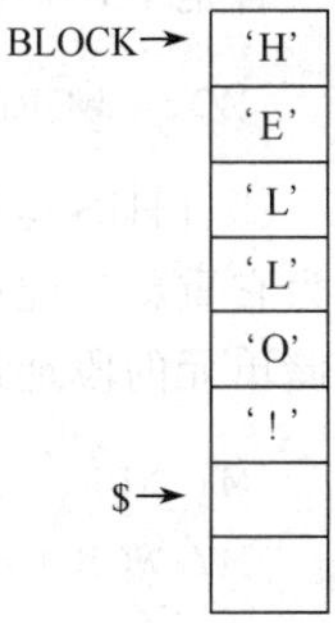

③ TYPE。该运算符返回一个表示存储器操作数类型的数值。各种存储器地址操作数类型部分的值如表 4-1 所示。

注意：字节、字和双字的类型部分分别是它们所占的字节数，而标号类型值无实际意义。

④ LENGTH 和 SIZE。这两个运算符只应用于数据存储器操作数（即用 DB/DW/DD 等且用 DUP 定义的操作数，否则 LENGTH 返回值为 1）。

表 4-1　存储器操作数的类型属性及返回值

字节	1	字	2	双字	4
NEAR	−1	FAR		−2	

图 4-1　$ 运算示意图

LENGTH 运算返回一个与存储器操作数相联系的基本数据个数，SIZE 运算返回一个为存储器操作数分配的字节（即单元）个数。它们之间的关系为：

$$SIZE(X)=LENGTH(X)\times TYPE(X)$$

例如，若数据定义为：

```
MULT_WORD  DW  50 DUP(0)
```

则：

```
LENGTH(MULT_WORD)=50
SIZE(MULT_WORD)=100
```

(3) 合成运算符

合成运算符用来给指令中的操作数指定一个临时属性，而暂时忽略该操作数的原有属性。

① PTR 运算符。一般格式：

　　类型　　PTR　表达式

PTR 运算符建立一个新的存储器操作数，该操作数与由表达式所表示的存储器操作数有相同的段地址和偏移地址，但类型不同。值得注意的是，PTR 运算符并不分配新的存储单元，它仅给已分配的存储器操作数另外一个意义。例如：

　　SLOT　　　DW　25

此时 SLOT 已定义成字单元。若想取出它的第一个字节内容，则可用 PTR 对其操作，使它暂时改变为字节单元，即

　　MOV　AL,BYTE　PTR　SLOT

又如：

　　MOV　[BX],5

对该指令，汇编程序不能确定传送的是一个字节还是一个字。若是一个字节，则应写成：

　　MOV　BYTE　PTR[BX],5

若是字，则应写成：

　　MOV　WORD　PTR[BX],5

② THIS 运算符。该运算符像 PTR 一样可用来建立一个特殊类型的存储器操作数，而不为它重新分配存储单元。新的存储器操作数的段地址和偏移地址部分就是下一个能分配的存储单元的段地址和偏移地址。例如：

　　MY_NUM　EQU　THIS　BYTE
　　MY_WORD　DW　?

这时，新建立的 MY_NUM 具有字节类型，但与 MY_WORD 具有相同的段地址和偏移地址。

4.1.3　表达式

表达式是由运算符和操作数组成的序列，在汇编时，它产生一个确定的值。这个值可以表示一个常量，相应的表达式称为常量表达式；也可以表示一个存储单元的偏移地址，相应的表达式称为地址表达式。

有关运算符，在上一小节中已做详细讨论，下面着重讨论操作数。操作数通常有下列几种类型。

(1) 常数

汇编语言语句中出现的常数（或常量）可以有 7 种。

① 二进制数：二进制数字后跟字母 B，如 01000001B。

② 八进制数：八进制数字后跟字母 Q 或 O，如 202Q 或 202O。

③ 十进制数：十进制数字后跟 D 或不跟字母，如 85D 或 85。

④ 十六进制数：十六进制数字后跟 H，如 56H、0FFH。注意，当数字的第一个字符是 A～F 时，在字符前应添加一个数字 0，以示和变量的区别。

⑤ 十进制浮点数：浮点十进制数的一个例子是 25E-2。

⑥ 十六进制实数：十六进制实数后跟 R，数字的位数必须是 8、16 或 20。在第一位是 0 的情况下，数字的位数可以是 9、17 或 21，如 0FFFFFFFFR。

以上第⑤、⑥两种数字格式只允许在 MASM 中使用。

⑦ 字符和字符串：字符和字符串要求用单引号括起来，如 'BD'。

(2) 常量操作数

常量操作数是一个数值操作数，它一般是常量或者是表示常量的标识符，如 100、PORT，VAL 等。常量操作数可以是数字常量操作数或字符串常量操作数，其中前者可采用二进制、八进制、十进制或十六进制等进位计数形式；而后者所对应的常量值为相应字符的 ASCII 码。常量操作数是出现在程序中的确定值，在程序运行期间其数值不会发生变化。

(3) 存储器操作数

存储器操作数是一个地址操作数，即该操作数代表一个存储单元的地址，通常以标识符的形式出现，如 BUFF、SUM、TABLE、AGAIN 等。

存储器操作数可以分为变量及标号两种类型。如果存储器操作数所代表的是某个数据在数据段、附加段或堆栈段中的地址，那么这个存储器操作数就称为变量；如果存储器操作数所代表的是某条指令代码在代码段中的地址，那么这个存储器操作数就称为标号。也就是说变量是数据存储单元的符号地址，而标号则是指令代码的符号地址。变量所对应的存储单元内容在程序运行过程中是可以改变的，因此，变量通常用来存放结果；而标号则通常作为转移指令或调用指令的目标操作数，在程序运行过程中不能改变。

对任意一个存储器操作数来讲，它一定具有以下三方面的属性。

① 段地址：即存储器操作数所对应的存储单元所在段的段地址。

② 偏移地址：即存储器操作数所对应的存储单元在所在段内的偏移地址。

③ 类型：变量的类型是相应存储单元所存放的数据字节数；而标号的类型则反映了相应存储单元地址在作为转移或调用指令的目标操作数时的寻址方式，这时可有两种情况，即 NEAR 和 FAR。

NEAR 类型是指转移指令或调用指令与此标号所指向的语句或过程在同一个代码段内，此时，转移到或调用此标号所对应的指令时，只需改变指令指针寄存器 IP 的值，而不必改变段寄存器 CS 的值，亦称为段内转移或段内调用。FAR 类型是指转移指令或调用指令与此标号所指向的语句或过程不在同一个代码段内，此时，要转移到或调用此标号所对应的指令时，不仅需改变指令指针寄存器 IP 的值，同时还需要改变段寄存器 CS 的值，亦称为段间转移或段间调用。标号的默认类型为 NEAR。

(4) 常量表达式

常量表达式通常由常量操作数及运算符构成，在汇编时，产生一个常量。例如 PORT_VAL+1、PORT_VAL AND 20H 等。另外，两个存储器操作数的差也是一个常量表达式，表示这两个存储器操作数所对应的两个存储单元之间的字节数。由取值运算符作用于存储器操作数所形成的表达式也是常量表达式，例如 OFFSET SUM、SEG SUM、TYPE CYCLE 等。

(5) 地址表达式

地址表达式通常由存储器操作数、常量与运算符构成，但由存储器操作数构成地址表达式时，其运算结果必须有明确的物理意义，即有确定的地址及类型。例如：

```
SUM＋2、CYCLE- 5
```

表达式 SUM+2、CYCLE−5 的值仍然是一个存储器操作数，该存储器操作数的段地址和类型分别与存储器操作数 SUM 及 CYCLE 相同，但偏移地址比 SUM 大 2，比 CYCLE 小 5。

而两个存储器操作数的乘积就没有意义，因为乘完以后的地址是在哪一个段，它的偏移地址及类型均无从确定。

4.1.4 汇编语言程序汇编步骤

汇编语言程序要能在机器上运行，必须将汇编语言源程序汇编成可执行程序，为此必须完成以下几个步骤，其过程如图 4-2 所示。

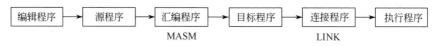

图 4-2 汇编语言程序建立及汇编连接过程

(1) 编写源程序

在弄清问题的要求，确定方案后，汇编语言程序设计者便可依据前面的指令系统和汇编语言的规定，逐个模块地编写汇编语言源程序。通常使用编辑软件（例如：EDLIN、EDIT 或其它软件），将源程序输入到计算机中。汇编语言源程序的扩展名为 .ASM 。

(2) 汇编

利用汇编程序（或宏汇编程序）（ASM 或 MASM）对汇编语言源程序进行汇编，产生扩展名为 .OBJ 的可重定位的目的代码。

同时，如果需要，宏汇编还可以产生扩展名为 .LST 的列表文件和扩展名为 .CRF 的交叉参考文件。前者列出汇编产生的目的代码及与之有关的地址、源语句和符号表；后者再经 CREF 文件处理可得各定义符号与源程序行号的对应清单。

在对源程序进行汇编的过程中，汇编程序会对源程序中的非逻辑性错误给出显示，例如，源程序中使用了非法指令、标号重复、相对转移超出转移范围等等。利用这些提示，设计者须修改源程序，以消除这些语法上的错误。

程序设计者在改正源程序中的错误过程中，重新编辑源程序，形成新的 .ASM 文件。然后重新汇编，直到汇编程序显示无错误为止。

(3) 连接

利用连接程序（LINK）可将一个或多个 .OBJ 文件进行连接，生成扩展名为 .EXE 的可执行文件。在连接过程中，LINK 同样会给出错误提示。设计者应根据错误提示，分析发生错误的原因，并修改源程序，然后重复前面的过程，即汇编、连接，最后得到 .EXE 可执行文件。

(4) 调试

对于稍大一些的程序来说，经过上述步骤所获得的 .EXE 文件，在运行过程中难免有错。也就是说，前面只能发现一些明显的语法上的错误。而对程序的逻辑错、能否达到预期的功能均无法得知。因此，必须对可执行文件（.EXE 文件）进行调试。通过调试来证明程序确实能达到预期的功能且没有漏洞。

调试汇编程序最常用的工具是动态调试程序 DEBUG。

动态调试程序 DEBUG 有许多功能可以很好地支持设计者对程序的调试，如从某地址运行程序、设置断点、单步跟踪等均十分有用。

程序调试通过则可进入试运行。在试运行过程中不断进行观察、测试，发现问题及时解决，最后完成软件设计。

4.2 伪 指 令

伪指令用来对汇编程序的汇编过程进行控制，如定义段、对存储空间进行分配、设定段寄存器、定义过程等处理。虽然其书写格式和一般指令类似，但结果很不一致。伪指令是在汇编过程中由汇编程序解释执行，不产生目标代码；而一般指令要产生目标代码，直接命令CPU 去执行操作。

伪指令有很多，这里仅介绍常用的几种。

4.2.1 定义数据伪指令

该类伪指令用来定义存储空间及其所存数据的长度。

- DB：定义字节，即每个数据是 1 个字节。
- DW：定义字，即每个数据是 2 个字节。低字节在低地址，高字节在高地址。
- DD：定义双字，即每个数据是 2 个字。低字在低地址，高字在高地址。

另有，DQ 定义 4 字长；DT 定义 10 个字节长，用于压缩式十进制数。

需要定义多个数据时，数据与数据之间用"，"分隔。仅需定义一个存储区而不确定数据时，可用"？"。需要重复定义数据时，则可以用"DUP()"操作符。一般格式：

> 重复数 DUP(数据,数据,…)

例如：

```
DATA   DB   5,'F',8,100    ;表示从 DATA 单元开始,连续存放 5,
                            46H,8,100,共占 4 个存储单元

NUM    DW   7,28A5H         ;表示从 NUM 单元开始,连续存放两个
                            字,共占 4 个存储单元

TABLE  DB   ?               ;表示在 TABLE 单元中存放的内容是
                            随机的

BUFF   DB   3 DUP(0)        ;表示以 BUFF 为首地址的 3 个存储单
                            元中存放数据 0
```

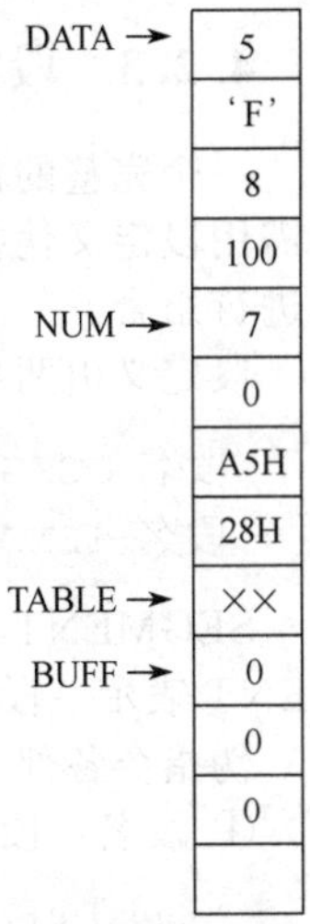

对应上述数据定义伪指令，汇编程序在数据区的数据存放示意图如图 4-3 所示。

如有以下数据定义：

```
ARR1   DB   100 DUP(3,5,2 DUP(10),35),24,'NUM')
```

请读者思考，数据区的数据存放形式该是怎样的呢？

DATA →	5
	'F'
	8
	100
NUM →	7
	0
	A5H
	28H
TABLE →	××
BUFF →	0
	0
	0

图 4-3 数据存放示意图

4.2.2 符号定义伪指令 EQU、 PURGE 及＝

• EQU 伪指令给符号定义一个值。在程序中，凡是出现该符号的地方，汇编时均用其值代替。一般格式：

标识符　EQU　表达式

如：

```
TIMES EQU 50
DATA  DB  TIMES DUP(?)
```

上述两个语句实际等效于这样一条语句：

```
DATA  DB  50 DUP(?)
```

• PURGE 伪指令用来释放由 EQU 伪指令定义的变量，这样这些变量就可以被重新定义。如：

```
PURGE  TIME
TIME  EQU  100
```

用 EQU 伪指令定义的变量值在程序运行过程中不能改变，若要改变这些变量的值必须先由 PURGE 伪指令释放，再重新定义。

• "＝"伪指令也可给变量赋值。使用"＝"伪指令定义的变量值不用释放就可重新定义。一般格式：

标识符＝表达式

如：

```
COUNT= 100  ;
DATA  DB  COUNT DUP(?);相当于 DATA  DB  100 DUP(?)
COUNT＝20      ;
SUM＝COUNT×2  ;SUM 的值是 40
```

4.2.3 段定义伪指令 SEGMENT 和 ENDS

一个完整的汇编语言源程序通常由几个段组成，如堆栈段、数据段和代码段等。每一段均需用段定义伪指令进行定义，以便汇编程序在生成目标代码和连接时进行区别并将各同名段进行组合。

段定义由两条伪指令配合完成。一般格式：

段名　SEGMENT　[定位类型] [组合类型] [类别]
段名　ENDS

SEGMENT 和 ENDS 应成对使用，缺一不可，它们之前的段名应保持一致。SEGMENT 表示一段的开始，ENDS 则表示一段的结束。

伪指令各部分书写规定如下。

① 段名：段名是用户给所定义的段所起的名称，段名不可省略。例如：

```
DATA  SEGMENT
BUFF  DW   20 DUP(?)
DATA  ENDS
```

［定位类型］［组合类型］［类别］是可选项，是赋予段名的属性，可以省略。

② 定位类型：定位类型表示该段起始地址位于何处，它可以是字节型（BYTE），表示段起始地址可位于任何地方；可以是字型（WORD），表示段起始地址必须位于偶地址，即地址码的最后一位是 0（二进制）；也可以是节型（PARA），表示段起始地址必须能被 16 除尽（一节为 16 个字节）；也可以是页型（PAGE）的，表示段起始地址可被 256 除尽（一页为 256 个字节）；缺省时，定位类型默认为 PARA 型。

③ 组合类型：组合类型用于告诉连接程序该段和其它段的组合关系。连接程序可以根据定义的组合类型将不同模块的同名段进行组合，如连接在一起或重叠在一起等。组合类型有：

NONE：表明本段与其它段逻辑上不发生关系，当组合类型项省略时，便默认为这一组合类型。

PUBLIC：表明该段与其它模块中用 PUBLIC 说明的同名段连接成一个逻辑段，程序运行时装入同一个物理段中，使用同一个段地址。

STACK：每个程序模块中，必须有一个堆栈段。因此，连接时，将具有 STACK 类型的同名段连接成一个大的堆栈，由各模块共享。运行时，SS 和 SP 指向堆栈的开始位置。

COMMON：表明该段与其它模块中由 COMMON 说明的所有同名段连接时，被重叠放在一起，其长度是同名段中最长者的长度。这样可使不同模块的变量或标号使用同一个存储区域，便于模块间通信。

MEMORY：由 MEMORY 说明的段，在连接时被放在所装载程序的最后存储区（最高地址）。若几个段都有 MEMORY 组合类型，则连接程序以首先遇到的具有 MEMORY 组合类型的段为准，其它段则认为是 COMMON 型的。

AT 表达式：表明该段的段地址是表达式所给定的值。这样，在程序中就可由用户直接来定义段地址。但这种方式不适合代码段。

④ 类别：是用单引号括起来的字符串，以表明该段的类别，如代码段（CODE）、数据段（DATA）、堆栈段（STACK）等。当然也允许用户在类别中用其它的名，这样，连接程序在连接时便将同类别的段（但不一定同名）放在连续的存储区内。

上述的组合类型便于多个模块的连接。若程序仅有一个模块，即只包括代码段、数据段和堆栈段时，为了和其它段有区别，除了堆栈段可用 STACK 说明外，其它段的组合类型、类别均可省略。

4.2.4　段寄存器定义伪指令 ASSUME

段寄存器定义伪指令 ASSUME 用来通知汇编程序，哪一个段寄存器是哪段的段寄存器，以便对源程序中使用变量或标号的指令汇编出正确的目标代码。一般格式：

```
ASSUME 段寄存器:段名[,段寄存器:段名,...]
```

在段定义伪指令 SEGMENT 后，应紧接着加一条 ASSUME 伪指令，以便告诉汇编程序，相应段的段地址应存于哪一个段寄存器中。由于 ASSUME 伪指令只是指明某一个段地址应存于哪个段寄存器中，并没有包含将段地址送入该寄存器的操作（代码段除外），因此要将真实段地址装入段寄存器还需用汇编指令来实现。例如：

```
DATA  SEGMENT
TAB  DB  12,45
DATA  ENGS
```

```
CODE    SEGMENT
ASSUME      CS:CODE,DS:DATA    ;指定段寄存器
MOV     AX,DATA               ;DATA 段地址送 AX
MOV     DS,AX                 ;本指令执行完之后,DS 才有实际的数据段段地址
CODE    ENDS
```

当程序运行时，由于 DOS 的装入程序负责把 CS 初始化成正确的代码段地址，SS 初始化为正确的堆栈段地址，因此用户在程序中就不必设置。但是，在装入程序中 DS 寄存器由于被用于其它用途，因此，在用户程序中必须用两条指令对 DS 进行初始化，以装入用户的数据段地址。当使用附加段时，也要用 MOV 指令给 ES 赋段地址。

4.2.5 过程定义伪指令 PROC 和 ENDP

在程序设计中，可将具有一定功能的程序段设计成一个过程（或称子程序），它可以被别的程序调用（用 CALL 指令）。使用过程要求先定义，后使用。

一个过程由伪指令 PROC 和 ENDP 来定义，其格式为：

```
过程名   PROC  [类型]
         过程体
过程名   ENDP
```

其中过程名是用户为过程所起的名称，不能省略且应前后一致。过程的类型有两种：近过程（类型为 NEAR）和远过程（类型为 FAR）。前者表示段内调用，后者为段间调用。如果类型缺省，则该过程默认为近过程。ENDP 表示过程结束。要求 PROC 和 ENDP 要配对使用。

应注意，过程体内至少应有一条 RET 指令，以便返回被调用处。过程可以嵌套，即一个过程可以调用另一个过程，过程也可以递归使用，即过程可以调用过程本身。

例如一个延时 100ms 的过程，可定义如下：

```
DELAY   PROC
        MOV     BL,10       ;循环延时 10ms
AGAIN:  MOV     CX,2801
WAIT1:  LOOP    WAIT1
        DEC     BL
        JNZ     AGAIN
        RET
DELAY   ENDP
```

上述过程为近过程，在接口程序中，常用于软件延时。改变 BL 和 CX 中的值即可改变延时时间。

远过程调用时，被调用过程必定不在本段内。例如，有两个程序段，其结构如下：

```
CODE1       SEGMENT
ASSUME      CS:CODE1
FARPROC     PROC  FAR  ;定义一个远过程
            ···
            RET
```

```
FARPROC     ENDP
CODE1       ENDS
CODE2       SEGMENT
ASSUME   CS:CODE2
NEARPROC  PROC  NEAR   ;定义一个近过程
            …
            RET
NEARPROC  ENDP
CALL     FARPROC        ;调用 FARPROC 过程
…
CALL     NEARPROC       ;调用 NEARPROC 过程
…
CODE2    ENDS
```

CODE1 段中的 FARPROC 过程被另一段 CODE2 调用，故为远过程；CODE2 段内的 NEARPROC 仅被本段调用，故为近过程。

值得注意的是，过程的定义和过程的调用是两个不同的概念，一个过程在定义时它并没有被执行，只有执行了 CALL 指令去调用它时，过程才被真正执行。这里，用 PROC 和 ENDP 仅是定义一个过程，但是，一个过程如果没有被定义的话，它是不能被调用的。使用过程一定要先定义，后调用。

4.2.6　宏指令

在用汇编语言书写的源程序中，若有的程序段要多次使用，为了简化程序书写，该程序段可以用一条宏指令来代替，而汇编程序汇编到该宏指令时，仍会产生源程序所需的代码。与过程类似，使用宏指令要求先定义，后引用。

定义宏指令的一般格式：

```
宏指令名  MACRO      [形式参数表]
宏体
ENDM
```

这里，宏指令名由用户定义，将来引用时就采用此名。[形式参数表] 可有可无，表中可以仅有一个参数，也可以有多个。在有多个形式参数的情况下，各参数之间应用逗号分开。要求 MACRO 和 ENDM 配对使用。例如：

```
SHIFT  MACRO
       MOV    CL,4
       SAL    AL,CL
ENDM
```

这样就定义了一条宏指令 SHIFT，它的功能是使 AL 中的内容左移 4 位。定义以后，凡是要使 AL 中内容左移 4 位的操作都可用一条宏指令 SHIFT 来代替。如：

```
MOV  AL, FIRST
SHIFT  ;宏引用,将 FIRST 单元的内容左移 4 位
```

又如：

```
SHIFTX  MACRO  X,Y  ;形式参数 X,Y
        MOV    CL,Y
        SAL    X,CL
ENDM
```

这样就定义了一条宏指令 SHIFTX，它的功能是使 X 中的内容左移 Y 位。引用时实参数与形式参数在顺序上要一一对应。如：

```
SHIFTX  FIRST,2  ;宏引用,将 FIRST 的内容左移 2 位
```

宏指令与过程有许多类似之处，它们都是一段相对独立的、完成某种功能的、可供调用的程序模块，定义后可多次调用。但在形成目标代码时，过程只形成一段目标代码，调用时就转去执行一次。而宏指令是将形成的目标代码插到主程序引用的地方，引用几次形成几次目标代码。因此，前者占内存少，但执行速度稍慢；后者刚好相反。

4.2.7 定位伪指令 ORG

ORG 伪指令规定了在当前段内程序或数据代码存放的起始偏移地址。一般格式：

```
ORG  <表达式>
```

功能：用语句中表达式的值作为起始偏移地址，在此后的程序或数据代码将连续存放，除非遇到另一个新的 ORG 语句。例如：

```
DATA      SEGMENT
BUFF1     DB  23,56H,'EOF'
 ORG      2000H
BUFF2     DB  'STRING'
DATA      ENDS
```

上述变量定义中，BUFF1 从 DATA 段偏移地址为 0 的单元开始存放；而 BUFF2 则从 DATA 段偏移地址为 2000H 的单元开始存放，两者不是连续存放。

4.2.8 汇编结束伪指令 END

一般格式：

```
END  [表达式]
```

功能：表示源程序的结束，令汇编程序停止汇编。其中表达式表示该汇编程序的启动地址，一般情况下，是本程序的第一条可执行指令的标号。例如：

```
END    START  ;汇编结束,该程序的启动地址为 START 标号指向的位置
```

要求任何一个完整的汇编源程序均应在程序的最后有 END 伪指令。

4.3 汇编程序设计

一个完整的汇编语言源程序通常由若干段组成，其中，程序存放在代码段，原始数据与

结果数据等存放在数据段，需要时还要定义堆栈段和附加段。为了使汇编程序能正常进行汇编，要求用户书写的源程序符合一定的格式。

一般来讲，一个汇编语言源程序的结构框架如下：

```
DATA   SEGMENT   ;
       ...                          ;定义数据
       DATA  ENDS
CODE  SEGMENT
   ASSUME  CS:CODE,DS:DATA          ;定义段寄存器
ABC  PROC
       ...                          ;定义过程
ABC  ENDP
FID  MICRO
       ...                          ;定义宏指令
   ENDM
BEGIN:MOVAX,DATA
     MOV  DS,AX                     ;给 DS 赋初值
       ...                          ;编写的程序
     MOV  AH,4CH
     INT  21H                       ;返回 DOS
CODE  ENDS
     END  BEGIN
```

上述结构框架中，各标识符均由用户自己指定。其中，代码段必不可少，其它各部分根据需要可有可无。如果要用到堆栈段和附加段时，同样要定义段寄存器，并为 SS 和 ES 赋初值。

从程序设计的角度来看，汇编语言编写的程序与高级语言编写的程序类似，也可分为顺序程序、分支程序、循环程序和子程序。但是，在如何选择使用指令方面，编写汇编语言程序又有着很大的灵活性和技巧性，相同的工作可以使用不同的指令来完成。因此，要想设计出满意的程序，就需要我们去反复思考，认真比较，不断优化调整。下面分别介绍如何设计这四种不同结构的程序。

4.3.1 顺序程序设计

顺序程序是没有分支和循环的直线运行程序，程序的执行按照 IP 内容自动增加的顺序进行，不带任何逻辑判断，也不包含重复执行的循环部分，程序走向单一。顺序程序虽然单独使用得较少，但往往作为子程序或程序的某一段使用，也是进行程序设计的基本功。

【例 4-1】 已知 0～9 的平方值连续存在以 SQTAB 开始的存储区域中，编程求 SUR 单元内容 X 的平方值，并放在 DIS 单元中。假定 $0 \leqslant X \leqslant 9$ 且 X 为整数。

分析：这是一个查表问题。解这个问题，关键在两方面：找到平方表的首地址；根据 X 的值，找到对应的 X^2 在表中的位置，该位置可以由表的首地址加上 X 单元的内容得到，然后，通过传送指令取出相应内容即可。

程序如下：

```
DATA  SEGMENT
     SUR  DB  X
```

```
            DIS   DB   ?
            SQTAB DB   0,1,4,9,16,25,36,49,64,81
DATA   ENDS
CODE   SEGMENT
        ASSUME  CS:CODE,DS:DATA
BEGIN:MOV  AX,DATA
      MOV  DS,AX       ;给 DS 赋初值
      LEA  BX,SQTAB    ;设置地址指针,指向平方表的首地址
      MOV  AH,0
      MOV  AL,SUR      ;取 SUR 单元的值送 AL
      ADD  BX,AX       ;找到相应平方值在表中的位置
      MOV  AL,[BX]     ;取出相应平方值
      MOV  DIS,AL      ;结果送 DIS 单元
      MOV  AH, 4CH
      INT  21H         ;返回 DOS
CODE   ENDS
      END  BEGIN
```

上述程序中间一段也可以用查表指令实现，程序如下：

```
LEA  BX, SQTAB       ;取表头
MOV  AL, SUR         ;要查的值送 AL
XLAT                 ;实现查表,结果在 AL 中
MOV  DIS, AL         ;送结果至 DIS 单元
```

【例 4-2】 已知 $Z=(X+Y)-(W+Z)$，其中 X、Y、Z、W 均为用压缩 BCD 码表示的十进制数，写出计算 Z 的程序。

分析：这也是一种典型的顺序程序，但要注意的是，对用 BCD 码表示的数相加、相减后，要进行相应的十进制调整。

程序段如下：

```
      MOV  AL,Z
      MOV  BL,W
      ADD  AL,BL   ;AL= W+ Z
      DAA          ;进行十进制调整
      MOV  BL,AL   ; 暂时保存
      MOV  AL,X
      MOV  DL,Y
      ADD  AL,DL   ; AL= X+ Y
      DAA          ;进行十进制调整
      SUB  AL,BL   ; AL= (X+ Y)- (Z+ W)
      DAS          ;进行十进制调整
      MOV  Z,AL    ;结果送 Z
```

4.3.2 分支程序设计

如果在程序执行的过程中要进行某种条件判断，根据判断的结果来决定所做的动作，这样就出现了分支结构。

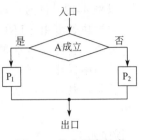

图 4-4 分支程序示意

分支程序的执行流程如图 4-4 所示，首先进行逻辑判断，若条件 A 成立，则执行程序段 P1，否则执行程序段 P2，由此形成程序的分支。一般情况下，程序段 P1 和 P2 是择一执行而不同时执行的，为此，在进行分支程序设计时，要注意在适当的地方增加必要的转移指令。

【例 4-3】 试编写程序段，实现符号函数。变量 X 的符号函数可表示为

$$Y = \begin{cases} 1 & X > 0 \\ 0 & X = 0 \\ -1 & X < 0 \end{cases}$$

分析：这是一个典型的分支结构。一次条件判别可以形成两个分支，要形成三个分支，需要进行两次条件判别。

首先判别 X 是否等于 0，如果不等于 0 时，再判别是否大于 0。程序如下：

```
DATA   SEGMENT
       X   DW   X
       Y   DW   ?
DATA   ENDS
CODE   SEGMENT
       ASSUME   CS:CODE,DS:DATA
BEGIN:MOV  AX,DATA
       MOV   DS,AX          ;给 DS 赋初值
       MOV   AX, X          ;取原始数据
       CMP   AX,0           ;判别是 0 吗?
       JZ    ZERO           ;是 0 则转移到 ZERO 标号处执行
       JNS   PLUS           ;不是 0,则进一步判别,是正数则转移到 PLUS 标号处执行
       MOV   BX,-1          ;否则就是负数,-1 送 BX
       JMP   CONT1          ;转向存放结果
ZERO:  MOV   BX,0           ;是 0,0 送 BX
       JMP   CONT1          ;转向存放结果
PLUS:  MOV   BX,1           ;是正数,1 送 BX
CONT1:MOV   Y, BX           ;存放结果
       MOV   AH, 4CH
       INT   21H            ;返回 DOS
CODE   ENDS
       END  BEGIN
```

提醒大家思考：在这个程序中，如果缺少"JMP CONT1"的两条指令，会出现什么结果？

【例 4-4】 将内存数据区中从 STR1 开始的字节数据块传送到 STR2 指示的另一区域中，数据块长度由 STRCOUNT 指示。

分析：首先要判别源数据块与目的数据块地址之间有没有重叠。若没有地址重叠，则可直接用串操作实现；若地址有重叠，则还要再判断源地址＋数据块长度是否小于目的地址。若是，则可按地址增量方式进行；否则要修改指针指向数据块底部，采用地址减量方式传送。

程序如下：

```
DATA        SEGMENT
STR         DB  1000 DUP(x)
STR1        EQU  STR              ;定义源数据块首地址
STR2        EQU  STR+ 25          ;定义目的数据块首地址
STRCOUNT    DB  ?                 ;定义数据块长度
DATA        ENDS
CODE        SEGMENT
            ASSUME  CS:CODE,DS:DATA,ES:DATA
GOO         PROC  FAR
START:      PUSH  DS
            SUB  AX,AX
            PUSH AX               ;返回 DOS
            MOV  AX,DATA
            MOV  DS,AX
            MOV  ES,AX
            MOV  CX,STRCOUNT      ;送数据长度
            MOV  SI,STR1          ;设置源数据指针
            MOV  DI,STR2          ;设置目的数据指针
            CLD  ;DF＝0,增量修改地址指针
            PUSH SI               ;保护 SI
            ADD  SI,STRCOUNT-1    ;
            CMP  SI,DI            ;判断源地址+ 数据块长度是否小于目的地址
            POP  SI               ;恢复 SI
            JL   OK               ;小于目的地址,转移
            STD  ;DF＝1,减量修改地址指针
            ADD  SI,STRCOUNT- 1;修改指针指向数据块底部
            ADD  DI,STRCOUNT- 1;修改指针指向数据块底部
OK:         REP  MOVSB            ;块传送
            RET
GOO         ENDP
CODE        ENDS
            END  START
```

4.3.3 循环程序设计

在实际应用中，往往要求某个有规律的操作重复执行多次，这时候就可利用循环程序结构来减少源程序的长度，缩短目标代码的字节数。

循环程序是经常遇到的程序结构，一个循环结构通常由以下几个部分组成。

① 循环初始化部分。在循环初始化部分，一般要进行地址指针、循环次数及某标志的设置，相关寄存器的清零等操作。只有正确地进行了初始化设置，循环程序才能正确运行，及时停止。

② 循环体。循环体是要求重复执行的程序段部分，对应于要求重复执行的有规律的操作。

③ 循环控制部分。程序的运行每进行一次循环，由该部分修改循环次数并判断控制循环的条件是否满足，以决定是继续循环执行循环体内的程序段，还是退出循环。

④ 循环结束部分。循环程序执行完毕之后，可用循环结束部分来进行循环的后续处理，如保存循环运行结果等。

循环程序有两种结构形式：一种是 DO-UNTIL 结构，另一种是 DO-WHILE 结构。前者是在执行循环体之后，再判断循环控制条件是否满足，若不满足条件，则继续执行循环操作，否则退出循环，如图 4-5（a）所示。而后者则是把循环控制部分放在循环体的前面，先判断执行循环体的条件，满足条件就执行循环体，否则就退出循环，如图 4-5（b）所示。这两种结构可根据具体情况选择

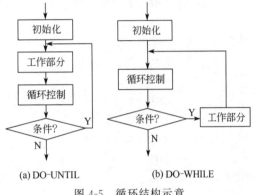

图 4-5　循环结构示意

使用，由上述示意图可以看出，DO-WHILE 结构的循环程序，其循环体有可能并不执行，而 DO-UNTIL 循环程序的循环体至少必须执行一次。

需要强调的是，循环程序要解决的是一类有规律的重复操作，因此，在设计循环程序时，要花大力气找出重复工作的规律来，同时，又要解决如何实现这样既重复又有规律的操作。为此，在循环程序的循环体中，往往有一些修改某个变量值的指令，通过这样的动作，使得每次执行循环体时，虽然执行的指令相同，但是执行的结果却不同。另外，在循环程序中，用以控制循环的条件也是多种多样的，其选择也很灵活，可以是循环的次数，也可以是问题中的一些条件，都需要进行分析比较，尽量采用一种效率高的方法来实现。

下面通过一些典型例题说明循环程序的一般设计方法。

【例 4-5】　将内存数据段从 TABLE 开始的连续 100 个单元中依次写入 0AAH，然后逐个读出进行检查，若发现有错，则置 FLAG=1，反之，置 FLAG=0。试编写程序。

分析：首先设置地址指针，通过循环往指定存区重复写入 0AAH。然后，再通过循环逐个读出与 0AAH 进行判别。如果发现有错，则退出循环，在 FLAG 单元置 1；如果直到循环结束都没有发现有错，就说明全对，在 FLAG 单元置 0。

```
MY_DATA  SEGMENT
    TABLE  DB  100 DUP(?)
    FLAG  DB  ?
```

```
      MY_DATA  ENDS
      CODE  SEGMENT
          ASSUME  CS:CODE,DS:MY_DATA
      BEGIN:  MOV    AX,MY_DATA
              MOV    DS,AX
              LEA    BX,TABLE           ;设置地址指针
              MOV    CX,100             ;设置循环次数
      AGAIN:  MOV    BYTE  PTR[BX] , 0AAH ;写入数据
              INC    BX                 ;修改地址指针,以便指向下一个数
              LOOP   AGAIN              ;控制循环
              LEA  BX,TABLE             ;重新设置地址指针
              MOV  CX,100               ;重新设置循环次数
      AGAIN1: CMP  BYTE  PTR[BX] , 0AAH ;进行比较
              JNE  ERR                  ;不相等,转向 ERR
              INC   BX                  ;相等,修改地址指针,以便指向下一个数
              LOOP  AGAIN1              ;控制循环
              MOV  FLAG,0               ;全对
              JMP  DONE                 ;转向结束
      ERR:    MOV  FLAG,1               ;有错
      DONE:   MOV  AX,4C00H
              INT  21H
      CODE    ENDS
              END  BEGIN
```

上述两个循环也可以合成一个来做,留给读者思考。

【例 4-6】 设内存数据段从 BUFF 开始的单元中依次存放着 30 个 8 位无符号数,求它们的和并放在 SUM 单元中,试编写程序。

分析:这是一个求累加和的程序。为此,要设置一个地址指针,初值指向 BUFF,另外要设置一个存放累加和的寄存器,初值设置为 0。这里,重复性的工作是累加和+X→累加和,每完成一次累加,要修改地址指针,以便指向下一个数。循环控制次数为 30。

程序如下:

```
   MY_DATA  SEGMENT
       BUFF  DB  12,34,0,…,68
       SUM  DW  ?
   MY_DATA  ENDS
   CODESEGMENT
      ASSUME  CS:CODE,DS:MY_DATA
   BEGIN:  MOV    AX,MY_DATA
           MOV    DS,AX
           LEA    SI,BUFF     ;设置地址指针
           MOV    CX,30       ;设置循环次数
           XOR    AX,AX       ;设置累加和初值,30 个 8 位数相加和可能超出 8 位
```

```
AGAIN:  ADD  AL,[SI]      ;实现 8 位数累加
        ADC  AH,0         ;如有进位加在高 8 位中
        INC  SI           ;修改地址指针,以便指向下一个数
        LOOP AGAIN        ;控制循环
        MOV  SUM,AX       ;保存结果
        MOV  AX,4C00H
        INT  21H
CODE    ENDS
        END  BEGIN
```

下面的程序段也可以完成以上循环部分的工作：

```
        MOV  SI,0          ;设置地址指针的偏移量
        MOV  CX,30
        XOR  AX,AX
AGAIN:  ADD  AL,BUFF[SI]   ;实现 8 位数累加
        ADC  AH,0
        INC  SI            ;修改地址指针的偏移量,以便指向下一个数
        DEC  CX
        JNZ  AGAIN         ;控制循环
```

这时，我们在地址指针的设置以及循环控制方法上做了一些改进，采用变址寻址来确定操作数，采用条件判别来控制循环。这几种方法都是编写循环程序的常用方法。

思考：如果给的是带符号数，程序应该如何修改？

【例 4-7】 已知有一组字数据，存放在数据段 ARRAY 开始的存区，数据个数由 COUNT 变量指示，编写程序段找出其中的最大数，存放在 MAX 中。

分析：这是一个寻找最大元的程序，相应算法也可用于寻找最小元。假设有 N 个数据 a_1、a_2、$\cdots$、a_n，设置一个工作单元 T，首先把 a_1 放入 T，然后进入循环。重复性的工作是：把 T 中的内容与 a_i 比较，若 T 中的内容小，则将 a_i 送入 T 中；若 T 中的内容大，则不送，然后修改地址指针与下一个数比较。这种工作一直做到全部数据都比较完为止（共进行 $N-1$ 次）。这时，T 中就是所有数据中最大的一个。

程序段如下：

```
        MOV  BX,OFFSET  ARRAY    ;设置地址指针
        MOV  CX,COUNT- 1         ;设置循环次数
        MOV  AX,[BX]             ;取第一个字数据送 AX
        INC  BX
        INC  BX                  ;修改地址指针,因为是字数据要占两个单元
NEXT:   CMP  AX,[BX]             ;与下一个数相比较
        JAE  LL                  ;大于等于则转移
        MOV  AX,[BX]             ;小于,修改 AX 的值
LL:     INC  BX
        INC  BX                  ;修改地址指针
```

```
        LOOP  NEXT              ;控制循环
        MOV   MAX,AX            ;保存结果
```

　　如果要求寻找最小元,程序该怎样修改?读者还可以进一步思考,如何同时寻找最大元和最小元?如果是寻找最大偶元,如何修改?

【例 4-8】 已知数据段定义如下:
```
    DATA  SEGMENT
    BUFF  DW  X1,X2,X3,…,Xn
    COUNT EQU  $ -BUFF
    PLUS  DB  ?
    ZERO  DB  ?
    MINUS DB  ?
    DATA  ENDS
```
　　要求在上述给定个数的 16 位数据串中,找出大于零、等于零和小于零的数据个数,并紧跟着原串存放在 PLUS、ZERO 和 MINUS 单元中。

　　分析:这是一个典型的统计工作。此时,要设立三个计数器,分别用来存放统计出的大于零、等于零和小于零的数据个数,这些计数器的初值均送 0。循环体是一个分支结构,按照地址指针的值取出一个数,经两次判别,区分出该数是大于零、等于零还是小于零,并分别在相应的计数器中进行统计,即做加 1 的操作。

　　程序如下:

```
DATA  SEGMENT
  BUFF DW  X1,X2,X3,…,Xn
  COUNT  EQU  $ -BUFF  ;COUNT 的值是 BUFF 缓冲区所占的单元数
  PLUS  DB  ?
  ZERO  DB  ?
  MINUS DB  ?
DATA  ENDS
CODE  SEGMENT
ASSUME  CS:CODE,DS:DATA
BEGIN: MOV   AX,DATA
       MOV   DS,AX
       MOV   CX,COUNT  ;CX 的值是数据所占的单元数,每个数据占用两个
       SHR   CX,1      ;存储单元,右移相当于除以 2,刚好等于原始数据的个数,
       MOV   DX,0      ;计数器赋初值
       MOV   AX,0      ;计数器赋初值
       LEA   BX,BUFF   ;设地址指针
AGAIN: CMP   WORD PYR[BX],0
       JGE   PLU       ;≥0,转移
       INC   AH        ;< 0,在计数器中进行统计
       JMP   NEXT
PLU:   JZ    ZER       ;=0,转移
```

```
        INC   DL            ;＞0,在计数器中进行统计
        JMP   NEXT
ZER:    INC   DH            ;＝0,在计数器中进行统计
NEXT:   INC   BX
        INC   BX            ;修改的地址指针
        LOOP  AGAIN         ;控制循环
        MOV   PLUS,DL       ;送统计结果
        MOV   ZERO,DH
        MOV   MINUS,AH
        MOV   AX,4C00H
        INT   21H
CODE    ENDS
        END   BEGIN
```

【例 4-9】 利用转移地址表实现分支。这类程序在处理输入输出时会经常使用。

要求：根据从 PORT 口输入的数据各位被置位情况，控制转移到 8 个程序段 $P_1 \sim P_8$ 之一去执行，即 D_0 为 1 则转向 P1 执行，D_1 为 1 则转向 P_2 执行等。转移地址表的结构如表 4-2 所示，流程图见图 4-6。

分析：这种多分支结构也称为散转。这种程序的关键是要找出每种情况的转移地址，从表 4-2 的结构可以看出：

转移地址所在位置的偏移地址＝表基地址＋偏移量 i

而偏移量 i 可由输入的各位所在位置×2 求得（因为每个转移地址的偏移地址是 16 位，要占用两个存储单元），例如，D_0 位为 1 时，偏移量 i 为 0；D_1 位为 1 时，偏移量 i 为 2，以此类推。这样，从最低位开始判别，每次通过×2 来修改偏移量 i，最后通过变址寻址方式实现转移即可。

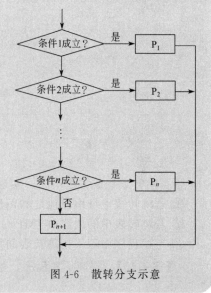

图 4-6 散转分支示意

表 4-2 程序段 $P_1 \sim P_8$ 的入口地址表

SR0	程序段 P_1 的入口偏移地址
SR1	程序段 P_2 的入口偏移地址
SR2	程序段 P_3 的入口偏移地址
⋮	⋮
SR6	程序段 P_7 的入口偏移地址
SR7	程序段 P_8 的入口偏移地址

具体程序如下：

```
DATA  SEGMENT
  BASE  DW   SR0,SR1,SR2,SR3,SR4,
             SR5,SR6,SR7
  PORT  EQU  0FFH                    ;定义口地址
```

```
DATA    ENDS
CODE    SEGMENT
    ASSUME  CS:CODE,DS:DATA
BEGIN:  MOV  AX,DATA
        MOV  DS,AX
        MOV  BX,0                    ;偏移量i 初值为 0
        IN   AL,PORT                 ;输入数据
GETBI:  ROR  AL,1                    ;右移,判别最低位是否 1
        JC   GETAD                   ;是 1 则控制转移
        CMP  BX, 0
        JNZ  YIWEI
        MOV  BX, 1                   ;设置×2 运算初值
YIWEI:  SHLBX                        ;偏移量i ×2
        JMP  GETBI                   ;控制循环判别下一位
GETAD:  JMP  WORD  PTR BASE[BX]      ;实行散转
P1:         …
P2:         …
            …
P8:         …
        MOV  AH,  4CH
        INT  21H
CODE    ENDS
        END  BEGIN
```

根据跳转表构成方法不同，实现分支的方法也有所改变。下面有几个问题可自行思考：

① 若跳转表地址由段地址和偏移地址四个字节构成，程序应如何实现？

② 若跳转表中的内容由 JMP OPRD 指令构成，表的结构应如何组织，程序如何实现？

③ 上述程序中若不用跳转表间接跳转，而改为通过寄存器间接跳转，程序如何变动？

【例 4-10】 阅读下列程序，指出该程序完成了什么工作？

```
DATA    SEGMENT
    ORG    1000H
    ADDR    DW    X
    COUNT   DW    ?
DATA ENDS
PROGRAM SEGMENT
    ASSUME  CS:PROGRAM,DS:DATA
    START:  MOV  AX,DATA
            MOV  DS,AX
            MOV  CX,0
            MOV  AX,ADDR
    REPEAT:TEST  AX,0FFFFH
            JZ   EXIT
```

```
            SHR   AX，1
            JNC   NEXT
            INC CX
      NEXT：JMP REPEAT
      EXIT：MOV COUNT,CX
            MOV   AX，4C00H
            INT   21H
PROGRAM  ENDS
            END   START
```

　　该程序的功能是：统计在从数据段 1000H（ADDR）单元开始存放的 16 位数据中 1 的个数，并将统计结果存入 COUNT 单元中。

　　本题采用的方法是：每次进入循环先判断结果是否为 0，若为 0，则结束；否则循环统计。而不是控制做 16 次循环，每次将最低位移入 CF 中进行测试并统计。这两种方式除了程序结构不同以外，还有什么不同？

　　【例 4-11】　要求从 0FFH 端口输入一组 100 个字符，若该字符是数字，则转换成数值后以非压缩 BCD 码的形式存放在以 DATA 为开始的存区，并统计输入数字的个数，存放在 NUM 单元中。

　　分析：首先，如何确定输入的是数字？这时需要判别：'0'$\leqslant$X$\leqslant$'9'。然后考虑如何将 ASCII 码转换成非压缩 BCD 码？有以下两种方法可以选用："X　AND　0FH"或"X-30H"。

　　程序如下：

```
MY_DATA  SEGMENT
  DATA  DB   100 DUP(?)
  NUM  DB    ?
MY_DATA    ENDS
MY_PROG  SEGMENT
  ASSUME  CS:MY_PROG,DS:MY_DATA
  START：MOV  AX,MY_DATA
         MOV  DS,AX
         MOV  CX,100
         MOV  DH,0         ;计数器送初值
         LEA  DI, DATA
  AGAIN：IN  AL,0FFH
         CMP  AL,'0' ;
         JB   NEXT          ;小于'0',不是数字,转移
         CMP  AL,'9'        ;大于等于'0',再与'9'比较
         JA   NEXT          ;大于'9',不是数字,转移
         SUB  AL,'0'        ;确定是数字,求相应的非压缩 BCD 码
         MOV  [DI],AL       ;存入缓冲区　(＊＊)
         INC  DH            ;进行统计
         INC  DI
```

```
    NEXT: LOOP   AGAIN
          MOV   NUM,DH    ;送统计结果
          MOV   AX, 4C00H
          INT   21H
MY-PROG   ENDS
          END   START
```

若本题又要求将 DATA 中存放的数字在 LED 显示器（共阴极）上显示输出（口地址为 0AAH），程序可作如下修改。

在数据段中增加显示代码表：

```
BCD_LED  DB  40H,79H,24H,30H,…,10H   ;分别对应 0~9 的 LED 显示代码
```

在代码段循环体中将非压缩 BCD 码存入缓冲区后（见 * * 处），增加如下程序段：

```
LEA  BX,BCD_LED  ;转换表的表头送 BX
XLAT             ;查表转换
OUT  0AAH,  AL   ;显示输出
```

思考：① 若题目没有明确告知输入的字符个数，仅以 '$' 表示输入结束，程序如何修改？

② 若题目要求以压缩 BCD 码形式存放，程序又该如何修改？

在实际应用中，有些问题较复杂，单重循环不够用，必须使用多重循环实现，这些循环是一层套一层的，外层称为外循环，内层称为内循环。典型的应用是在延时程序中。

【例 4-12】 软件延时程序如下：

```
    DELAY       PROC
TIME:           MOV AX,3FFH
TIME1:          MOV AX,0FFFFH
TIME2:          DEC AX
                NOP
                JNZ TIME2
                DEC DX
                JNZ TIME1
                DEC BX
                JNZ TIME
                RET
DELAY           ENDP
```

通过执行这个程序所需的时间达到延时的目的。注意：这里 BX 是入口参数，可由 BX 控制延时时间。如：假定 DELAY 是延时 100ms 的程序，则延时 10s 的程序可写为：

```
        MOV  BX,100
        CALL  DELAY  ;延时 10s
```

【例 4-13】 在数据段从 BUFFER 开始顺序存放着 100 个无符号 16 位数，现要编写程序将这 100 个字数据从大到小排序。

分析：实现排序的方法有许多，这里以冒泡法为例来实现。算法如下。

假设有 N 个数据：a_1、a_2、$\cdots$、a_n。每次固定从第一个数据开始，依次进行相邻数据的比较，如发现前面的数据小，就进行数据交换，直到比较完为止。这样，就选出了一个当前最小的数据并存放在数组的最后。下一次仍从第一个数据开始比较，但比较次数减1。这种比较一共进行 N−1 轮，而每次比较的次数则从 N−1 依次递减到 1。这样，就完成了 a_1、a_2、$\cdots$、a_n 从大到小的排序。

程序段如下：

```
        LEA     DI,BUFFER       ;设地址指针
        MOV     BL,99           ;设比较次数
NEXT0:  MOV     SI,DI           ;每轮固定从第一个数据开始
        MOV     CL,BL           ;进入一轮比较
NEXT3:  MOV     AX,[SI]         ;取一个数
        ADD     SI,2            ;修改地址指针,因为是字数据,因此要加 2 修改
        CMP     AX,[SI]         ;与下一个数比较
        JNC     NEXT5           ;大于等于时不交换
        MOV     DX,[SI]         ;小于时进行交换
        MOV     [SI-2],DX
        MOV     [SI],AX
NEXT5:  DEC     CL              ;比较次数减 1
        JNZ     NEXT3           ;没比完则循环
        DEC     BL              ;比完则进入下一轮
        JNZ     NEXT0
        HLT
```

4.3.4 子程序设计

子程序是程序设计中经常使用的程序结构，通过把一些固定的、经常使用的功能做成子程序的形式，可以使源程序及目标程序大大缩短，提高程序设计的效率和可靠性。在 8086/8088 系统中，子程序和过程的含义是一致的。

对于一个子程序，应该注意它有以下几方面的属性。

① 子程序的名称。每个子程序必须有一个标识符作为它的名称，子程序的名称是被调用的凭证及子程序之间相互区别的依据，汇编后，它表示该子程序第一条指令代码的第一个字节的地址。

② 子程序的功能。

③ 子程序的入口参数和出口参数。入口参数是由主程序传给子程序的参数，而出口参数是子程序运算完传给主程序的结果。主、子程序之间正是有了这样的数据传递，才使得每次调用会有不同的结果。

④ 子程序所使用的寄存器和存储单元。为了避免与主程序使用上的冲突，在子程序中使用的寄存器和存储单元往往需要保护，这样就可以保证返回主程序后，不影响主程序的运行。

正如前述，主程序与子程序之间有参数交换的问题，调用时，主程序有初始数据要传给

子程序；返回时，子程序要将运行结果传给主程序。实现参数传递一般有三种方法。

① 利用寄存器。这是一种最常见的方法，也是效率最高的方法。如果寄存器的数量足够用的话，应首选此种方法。

② 利用数据段或附加段中的存储单元。这种参数传递的方法，要求事先把所需传递的参数定义在数据段或附加段中，这样，主、子程序均可对其进行操作，从而实现它们之间的数据交换。

③ 利用堆栈。这种方法要在调用前将参数压入堆栈，在子程序运行时从堆栈中取出参数，返回主程序时一般要使用"RET N"指令，其中"N"是传递的参数数量。特别要提醒的是，使用该方法必须对堆栈结构非常清楚，了解参数存放的确切位置才能使程序正确运行，否则会出现无法预料的问题。

下面通过实例说明子程序设计及参数传递方法。

【例 4-14】 用子程序的方法实现两个六字节数相加。原始数据分别存放在从 ADD1 和 ADD2 开始的存区，结果存放在 SUM 单元。

分析：子程序功能为完成一个字节数的加法。要求入口参数 SI、DI 分别指向源操作数，BX 指向存放结果的单元。

主程序调用六次子程序。程序如下：

```
    DATA    SEGMENT
    ADD1    DB    FEH,86H,7CH,35H,68H,77H
    ADD2    DB    45H,BCH,7DH,6AH,87H,90H
    SUM     DB    6 DUP(0)
    COUNT   DB    6
DATA        ENDS
CODE        SEGMENT
    ASSUME  CS:CODE,DS:DATA
                            ;入口参数:SI,DI,BX  出口参数:SI,DI,BX
SUBADD  PROC                ;定义过程,完成一个字节相加
        MOV  AL,[SI]        ;取一个字节
        ADC  AL,[DI]        ;因为是多字节加法,所以用 ADC 指令实现加法
        MOV  [BX],AL        ;保存结果
        INC  SI             ;修改指针
        INC  DI
        INC  BX
        RET                 ; 返回主程序
SUBADD  ENDP
MADD:   MOV  AX,DATA
        MOV  DS,AX
        MOV  SI,OFFSET  ADD1;设置地址指针
        MOV  DI,OFFSET  ADD2
        MOV  BX,OFFSET  SUM
        MOV  CX,COUNT
```

```
              CLC                      ;CF 置 0,为第一个 ADC 指令作准备
     AGAIN:   CALL    SUBADD           ;调用过程
              LOOP    AGAIN
              MOV     AX,4C00H
              INT     21H
CODE          ENDS
              END  MADD
```

【例 4-15】　把数据段中的字变量 NUMBER 的值，转换为 4 个用 ASCII 码表示的十六进制数码串，存放在 STRING 开始的存区。

分析：设计一个子程序，完成将 AL 中的十六进制数转换成 ASCII 码，结果仍在 AL 中。转换公式如下。

如果 AL 中的数字是小于 10 的，则 AL+'0' 即可；对于大于 10 的数，要转换成字母。如果转换成小写字母的话，仅需 AL-10+'a'。如果要转换成大写字母，可以是 AL-10+'A' 或者 AL+'0'+7（因为大写字母的 ASCII 码比数字的 ASCII 码大 7）。本题转换成小写字母。

主程序只要从低位开始每次取出一位十六进制数，调用子程序完成转换后按次序保存结果即可。

程序如下：

```
    DATA  SEGMENT
    NUMBER  DW  25AFH             ;定义原始数据
    STRING  DB  4 DUP(?)          ;保存转换后的 ASCII 码
DATA  ENDS
CODE  SEGMENT
    ASSUME  CS:CODE,DS:DATA
HEXD        PROC  ;定义过程
            CMP     AL,10
            JB      ADDZ             ;<10,转移
            ADD     AL,'a'- 10       ;≥10,转换成小写字母
            JMP  HUI
ADDZ:       ADD     AL,'0'           ;转换成 0~9 的 ASCII 码
HUI:        RET
HEXD        ENDP
BEGIN:      MOV     AX,DATA
            MOV     DS,AX
            LEA     DI,STRING+3      ;从最低位开始转换并存放
            MOV     AX,NUMBER
            MOV     DX,AX
            MOV     CX,4             ;循环做 4 次
AGAIN:      AND     AX,0FH           ;取十六进制数据的最低位
            CALL    HEXD             ;调用子程序
```

```
            MOV  [DI],AL          ;保存结果
            DEC  DI               ;修改地址指针
            PUSH CX               ;保存循环控制变量的值(因为移位指令中要用到 CL)
            MOV  CL,4             ;重新给 CL 赋值
            SHR  DX,CL            ;将十六进制数据的下一位右移到最低 4 位,
            MOV  AX,DX
            POP  CX               ;恢复循环控制变量的值
            LOOP AGAIN
            MOV  AH,  4CH
            INT  21H
CODE    ENDS
        END  BEGIN
```

【例 4-16】 求数的阶乘。阶乘的定义:

$$n! = \begin{cases} n \times (n-1)! & n \neq 0 \\ 1 & n = 0 \end{cases}$$

分析:这是一个递归定义式,在程序设计时,采用子程序的递归调用形式。

程序如下:

```
DATA    SEGMENT
    NUM     DB  5
    FNUM    DW  ?
DATA    ENDS
CODE    SEGMENT
    ASSUME  CS:CODE,DS:DATA
FACTOR  PROC
            CMP     AX,0
            JNZ     IIA
            MOV     AX,1
            RET
IIA:        PUSH    AX
            DEC     AL
            CALL    FACTOR
            POP     CX
            MUL     CL
            RET
FACTOR  ENDP
BEGIN:      MOV     AX,DATA
            MOV     DS,AX
            MOV     AH,0
            MOV     AL,NUM
            CALL    FACTOR
```

```
        MOV  FNUM,AX
        MOV  AX,4C00H
        INT  21H
CODE   ENDS
        END  BEGIN
```

4.3.5　MASM 与高级语言的接口

MASM 可以与多种高级语言混合编程，一般来讲，在高级语言中使用汇编语言主要有以下目的。

① 为了提高程序某些关键部分的执行速度。

② 完成一些高级语言中难以实现的功能。

③ 使用已经开发的汇编语言模块。

由于不同的微处理器就有一套不同的汇编指令，我们仅对通用的 8086/8088/80286 微处理器，并在 MS-DOS 操作系统下，汇编语言与 Turbo C 的接口进行介绍。另外，要实现这种接口，除了 Turbo C 系统外，还应有 Microsoft 公司出版的 MASM4.0 以上版本的宏汇编编译程序，以便编译汇编语言程序。

(1) Turbo C 与汇编语言的接口方法

当 Turbo C 调用汇编语言程序时，汇编程序指令序列应当具备一定的顺序，该顺序可描述为：正文段描述；段模式；组描述；进栈；程序体；退栈；正文段结束。如果一组汇编程序不符合上面的顺序，则 Turbo C 将不能对其进行调用。下面通过一个实例来说明 Turbo C 调用汇编语言的方法。

设有一个 Turbo C 程序从键盘上获得两个数，并将其传给汇编语言子程序 ASMTC. ASM 完成两个数相乘并返回乘积，然后在 Turbo C 程序中将结果显示在屏幕上。

先建立一个 Turbo C 主程序 EXAM3-1. C 如下：

```
include<stdio.h>
int asmtc(int,int,long * );
main()
{
  int i,j;
  long k;
  printf ("Please input i,j = ?");
  scanf ("% d,% d",&i,&j);
  asmtc (i,j,&k);
  printf ("the % d  times % d is % ld\n ",i,j,k);
  getch( );
};
```

其中 asmtc()是调用汇编语言子程序的函数，该函数中包括三个参数，前两个为整型数指针，第三个为长整型数指针。可以通过三个参数的传递方法来弄清 Turbo C 与汇编语言的各种参数传递。

由上述 Turbo C 主程序调用的汇编语言 ASMTC. ASM 的子程序如下：

```
PUBLIC    _asmtc
_TEXT    SEGMENT BYTE    PUBLIC 'CODE'
DGROUP  GROUP  _DATA, _BSS
_DATA  SEGMENT  WORD  PUBLIC 'DATA'
_DATA  ENDS
_BSS    SEGMENT  WORD    PUBLIC 'BSS'
_BSS  ENDS
ASSUME CS： _TEXT,DS:DOROUP,SS:DOROUP
_asmtc proc    near
push    bp
mov    bp,sp
push    si
mov    ax,[bp+ 4]    /* 得到第一个参数 i* /
mov    bx,[bp+ 6]    /* 得到第二个参数 j* /
mul    bx            /* 两数相乘* /
mov    si,[bp+ 8]    /* 得到参数 k 的地址* /
mov    [si],ax       /* 送乘积的低位两个字节* /
inc    si
inc    si
mov    [si],dx       /* 送乘积的高位两个字节* /
pop    si
pop    bp
ret
_asmtc endp
_TEXT  ENDS
    END
```

其中有几个不同的段模式，汇编语言的段模式用于存放不同类型的数据或信息，在不同的 Turbo C 语言模式下，汇编语言的段模式是不同的。本书仅介绍常用的 Turbo C 小模式（small 模式）的情况。

　　TEXT 段是一个代码段，它以 "_TEXT　SEGMENT　BYTE　PUBLIC 'CODE'" 开始，以 "_TEXT ENDS" 结束。DATA 段用来存放所有初始化了的全程数据和静态数据，它以 "_DATA　SEGMENT　WORD　PUBLIC 'DATA'" 开始，以 "_DATA ENDS" 结束。BSS 段用来存放未初始化的静态数据，它以 "_BSS　SEGMENT　WORD　PUBLIC 'BSS' 开始，以 "_BSS ENDS" 结束。组描述是指将各段放在同一组中，这样允许通过用同一段寄存器访问一组里的各段。如 "GROUP　_DATA, _BSS"。需要指出的是，在汇编语言中用 ASSUME 伪指令时，DS、SS 都应指向 DGROUP。

　　由 Turbo C 调用的汇编程序结构中还有一个问题就是参数传递。参数的传递包括两个方面：一个是从 Turbo C 语言程序中向汇编子模块传递参数，另一个是从汇编语言向 Turbo C 调用程序退回参数。Turbo C 程序向汇编程序的参数传递是通过栈操作进行的，先传递的参数被最后压入堆栈，最后一个进入堆栈的参数总是在内存的低端。Turbo C 不同类型的参数占用堆栈的字节数见表 4-3、表 4-4。

表 4-3　数据类型占用堆栈字节数

数据类型	字节数
Char	2
Unsigned char	2
Short	2
Unsigned short	2
Int	2
Unsigned int	2
Long	4
Unsigned long	4
Float	4
Double	8
Near	2
Far	4

表 4-4　Turbo C 数据类型与汇编语言返回值对应关系

数据类型	返回值寄存器
Char	AX
Unsigned Char	AX
Int	AX
Unsigned Int	AX
Long	高位字节在 DX 中,低位字节在 AX 中
Unsigned Long	高位字节在 DX 中,低位字节在 AX 中
Float	高位字节在 DX 中,低位字节在 AX 中
Double	值的地址在 AX 中
Struct&union	值的地址在 AX 中
Near	AX
Far	DX 中为段地址,AX 中为偏移量

(2) 自动产生汇编语言的框架

Turbo C 提供了一种自动产生汇编语言框架的方法，使用更加方便。下面举例说明。

首先用 Turbo C 写一个与调用汇编程序的函数名相同的空函数，如：

```
asmtc()
{
}
```

给此函数取名 ASMTC. C（取名可以任意）并存起来，然后使用："tcc-S　asmtc" 进行编译，编译后自动生成一个名为 ASMTC. ASM 的文件，该文件的格式如下：

```
        ifndef  ?? version
? debug  macro
        endm
        endif
        ? debug  S "asmtc.c"
_TEXT        segment  byte public "CODE"
DGROUP group  _DATA , _BSS
        Assume     cs:_TEXT, ds:DGROUP , ss:DGROUP
_TEXT  ends
```

```
_DATA   segment   word   public 'DATA'
d@      label   byte
d@      label   word
_DATA ends_
_BSS    segment   word   public 'BSS'
b@      label   byte
b@      label   word
? debugC E9797B9E180761736D74632E63
_BSS    ends
_TEXT   segment   byte   public 'CODE'
;       ? debug   L 1
_asmtc proc   near
@ 1:
;       ? debug   L 3
        ret
_asmtc endp
_TEXT   ends
        ? debug   C E9
_DATA segment   word   public 'DATA'
s@      label   byte
_DATA ends
_TEXT segment byte public 'CODE'
_TEXT ends
        public   _asmtc
        end
```

在这个框架式汇编语言程序中，向产生的汇编语言框架中"@1:"后插入汇编语言程序。程序应包括以下内容。

① 开始时将 BP 寄存器的内容保护入栈，再将栈指针 SP 送入 BP 中。

② 如汇编语言程序中还使用了其它寄存器，也需保护入栈。

③ 接收由主程序传递的参数。

④ 接下来才是实现具体功能的汇编程序。

用 tcc 命令的-S 选择项产生汇编语言框架的方法既方便又准确，因此作为推荐方法。

(3) 编译、连接、运行接口程序

编写了汇编语言程序和调用它的 Turbo C 主程序，接下来就是怎样将它们进行编译、连接成可执行文件。

① 用 MASM 宏汇编程序编译产生的汇编语言子程序，确保编译中无错误，编译后生成一个 .OBJ 的目标文件。上例产生的目标文件为 ASMTC.OBJ。

② 在 Turbo C 中建立一个项目文件，文件内容应包括要编译的 Turbo C 源文件名和汇编语言目标文件名。上例建立了一个 EXAM.PRJ 的项目文件。

③ 将 Turbo C 集成开发环境中 Options/Linker/Case—sensitive link 开关置为 off。

④ 用 F9 编译连接，可生成一个执行文件，上例生成的执行文件为 EXAM.EXE。

4.3.6　DOS 功能调用

我们知道，通常由操作系统管理计算机，它为用户提供了使用各种系统资源的接口，用户不需要具体掌握这些接口的地址以及输入输出数据的格式，直接执行操作系统提供的命令即可。但是，在运行用户程序时，DOS 将操作权交给了用户程序，这时，用户程序需要与键盘、显示器等系统资源打交道时该怎么办呢？为此，DOS 将一些常用的与输入输出设备等相关的功能以子程序的形式提供给用户使用。这些程序是 DOS 系统的一部分，随着 DOS 系统驻留内存，并提供规定的接口格式供用户调用。这组功能调用涉及内容很多，我们仅介绍系统功能调用中常用的与基本输入输出相关的内容，对于其它功能，读者可查阅相关书籍进行了解。

系统功能调用的步骤如下：

①送入口参数；②功能调用号送 AH；③执行"INT　21H"；④保护出口参数。

其中，步骤①和④视具体情况可有可无，步骤②和③是必须要有的。

(1) 键盘输入（调用号：1）

功能：等待键盘输入，直到按下一个键。入口参数：无。出口参数：键入键的 ASCII 码放在 AL 中，并在屏幕当前光标处显示该键。例如：

```
MOV    AH,1
INT    21H
```

(2) 控制台输入但无显示（调用号：7）

功能：等待键盘输入，直到按下一个键。入口参数：无。

出口参数：键入键的 ASCII 码放在 AL 中，但不在屏幕当前光标处显示该键。

该调用与 1 号调用的区别仅在输入字符不在显示器上显示。往往用于输入密码等。

(3) 字符串输入（调用号：10）

功能：等待从键盘输入一串字符到存储区的数据段，直到按下回车结束输入。

入口参数：DS:DX 指向键盘接收字符串缓冲区的首地址，该缓冲区的第一个字节是由用户设置的可输入字符串的最大字符数（含回车）。

出口参数：存放输入字符串缓冲区的第二个字节是实际输入的字符数（不含回车），实际输入的字符串从该缓冲区的第三个字节处开始存放。例如：

```
DATA   SEGMENT
BUF DB  20,  21 DUP(?)
DATA   ENDS
…
MOV DX,OFFSET  BUFF
MOV AH,10  ;接收键盘输入的字符串送 BUFF 缓冲区
INT    21H
```

(4) 字符输出（调用号：2）

功能：在屏幕的光标处显示单个字符。入口参数：要显示字符的 ASCII 码放在 DL 中。出口参数：无。例如：

```
MOV  DL,'D'
MOV  AH,2H
INT  21H
```

(5) 字符串输出（调用号：9）

功能：在屏幕上当前光标处输出存储在内存数据段的一串字符串，该字符串以'$'结束。入口参数：DS：DX 指向欲显示字符串的首地址。出口参数：无。例如：

```
MOV  AH,09
MOV  DX,OFFSET  MESSAGE
INT  21H  ;将 DS:DX 所指缓冲区的字符串显示在屏幕上
```

(6) 程序结束（调用号：4CH）

功能：返回 DOS。入口参数：无。出口参数：无。例如：

```
MOV  AH,4CH
INT  21H
```

【例 4-17】 在屏幕上显示"What's your name?"，用户输入自己的名字"＃＃＃"后显示"Welcome ＃＃＃"。

```
       DATA  SEGMENT
       MEG   DB  'What's your name ?', 10,13,'$'
       MEG1  DB  'Welcome $'
       BUF   DB  30,?,30 DUP(0)  ;定义输入缓冲区
DATA  ENDS
CODE  SEGMENT
       ASSUME  CS:CODE, DS:DATA
START: MOV  AX,  DATA
       MOV  DS,  AX
       LEA  DX,  MEG
       MOV  AH, 9
       INT  21H                ;显示提示信息 What's  your name ?
       LEA  DX,  BUF
       MOV  AH, 10
       INT  21H                ;接收键盘输入姓名
       LEA  DX,  MEG1
       MOV  AH, 9
       INT  21H                ;显示欢迎信息 Welcome
       XOR  BH, BH
       MOV  BL,  BUF+1         ;
       MOV  [BX+ BUF+ 2],'$'   ;在输入的姓名之后加'$"
       LEA  DX,  BUF+ 2        ;输出姓名
       MOV  AH, 9
       INT  21H
       MOV  AH, 4CH
       INT  21H
CODE  ENDS
       END   START
```

【例 4-18】　下面的程序要从键盘重复接收一字符送 BUFF 开始的缓冲区，直到接收到回车符 0DH 为止。补充完善程序。

```
DATA  SEGMENT
    BUFF  DB  128 DUP(0)
DATA  ENDS
CODE  SEGMENT
  ASSUME  CS：CODE，DS:DATA
START：MOV AX，DATA
      MOV DS，AX

        _____
LOP：   _____
      INT 21H
      MOV [SI]，AL

        _____
      JNE  LOP
      MOV  AH，4CH
      INT  21H
CODE  ENDS
      END  START
```

习题与思考题

4-1. 下列语句在存储器中分别为变量分配多少字节空间？并画出存储空间的分配图。

```
VAR1   DB  10,2
VAR2   DW  5 DUP(?),0
VAR3   DB  'HOW  ARE  YOU?','$ ',3 DUP(1,2)
VAR4   DD  - 1,1,0
```

4-2. 假定 VAR1 和 VAR2 为字变量，LAB 为标号，试指出下列指令的错误之处。

(1) ADD　　VAR1，VAR2　　　　(2) SUB AL，VAR1

(3) JMP　　LAB [CX]　　　　　(4) JNZ VAR1

(5) MOV　　[1000H]，100　　　(6) SHL AL，4

4-3. 对于下面的符号定义，指出下列指令的错误。

```
A1  DB  ?
A2  DB  10
K1  EQU  1024
```

(1) MOV　　K1，AX　　　　　(2) MOV　A1，AX

(3) CMP　　A1，A2　　　　　(4) K1　　EQU 2048

4-4. 数据定义语句如下所示：

```
FIRST  DB  90H,5FH,6EH,69H
SECOND DB  5 DUP(?)
```

```
THIRD    DB   5 DUP(?)
```

自 FIRST 单元开始存放的是一个四字节的十六进制数（低位字节在前），要求编一段程序将这个数逻辑左移两位后存放到自 SECOND 开始的单元，逻辑右移两位后存放到自 THIRD 开始的单元（注意保留移出部分）。

4-5. 在当前数据区从 400H 开始的 256 个单元中存放着一组数据，试编程序将它们顺序搬移到从 A000H 开始的顺序 256 个单元中。

4-6. 试编程序将当前数据区从 BUFF 开始的 4K 个单元均写入 55H，并逐个单元读出比较，看写入的与读出的是否一致。若全对，则将 ERR 单元置 0H；如果有错，则将 ERR 单元置 FFH。

4-7. 在上题中，如果发现有错时，要求在 ERR 单元中存放出错的数据个数，则程序该如何修改？

4-8. 试编写程序段，完成将数据区中从 0100H 开始的一串字节数据逐个从 F0H 端口输出，数据串以 0AH 为结束符。

4-9. 内存中以 FIRST 和 SECOND 为开始的单元中分别存放着两个 4 位用压缩 BCD 码表示的十进制数，低位在前。编程序求这两个数的和，仍用压缩 BCD 码表示，并存到以 THIRD 开始的单元。

4-10. 设字变量单元 A、B、C 存放有三个无符号数，若三个数都不为零，则求三个数的和，存放在 D 中；若有一个为零，则将其余两个也清零，试编写程序。

4-11. 试编程序，统计由 TABLE 开始的 128 个单元中所存放的字符"A"的个数，并将结果存放在 DX 中。

4-12. 试编制一个汇编语言程序，求出首地址为 DATA 的 1000 个带符号字数组中的最小偶数，并把它存放于 MIN 单元中。

4-13. 在上题中，如果要求同时找出最大和最小的偶数，并把它们分别存放于 MAX 和 MIN 单元中，试完成程序。

4-14. 在 DATA 字数组中存放有 100H 个 16 位补码数，试编写程序求它们的平均值，放在 AX 中，并求出数组中有多少个数小于平均值，将结果存于 BX 中。

4-15. 编写一个子程序，对 AL 中的数据进行偶校验，并将经过校验的结果放回 AL 中。

4-16. 利用上题的子程序，对从 DATA 开始的 256 个单元的数据加上偶校验，试编程序。

4-17. 试编写程序实现将键盘输入的小写字母转换成大写字母并输出。

4-18. 试编写程序完成从键盘接收 20 个字符，按键入顺序查找最大的字符，并显示输出。

4-19. 编写汇编程序，接收从键盘输入的 10 个数，输入回车符表示结束，然后将这些数加密后存于 BUFF 缓冲区中。加密表为：

输入数字　0　1　2　3　4　5　6　7　8　9
密码数字　7　5　9　1　3　6　8　0　2　4

4-20. 有一个 100 个字节的数据表，表内元素已按从大到小的顺序排列好，现给定一元素，试编程序在表内查找，若表内已有此元素，则结束；否则，按顺序将此元素插入表中适当的位置，并修改表长。

4-21. 在当前数据段（DS），偏移地址从 DATAB 开始的顺序 80 个单元中，存放着某班 80 名同学某门考试成绩。按要求编写程序：

① 编写程序统计≥90 分；80 分～<90 分；70 分～<80 分；60 分～<70 分，<60 分的人数各为多少，并将结果放在同一数据段、偏移地址从 BTRX 开始的顺序单元中。

② 试编程序，求该班这门课的平均成绩为多少，并放在该数据段的 AVER 单元中。

第 5 章
存储器系统

本章学习指导　　本章微课

5.1 概　　述

在现代计算机中，存储器是核心组成部分之一，对微型计算机也不例外。因为有了它，计算机才具有"记忆"功能，才能把程序及数据的代码保存起来，才能使计算机系统脱离人的干预而自动完成信息处理的功能。

衡量存储器的性能指标主要有三个：容量、速度和成本。存储器系统的容量越大，表明其能够保存的信息量越多，相应计算机系统的功能就越强，因此存储容量是存储器系统的第一性能指标。在计算机的运行过程中，CPU 需要与存储器进行大量的信息交换操作，一般情况下，相对于高速的 CPU，存储器的存取速度总要慢 1～2 个数量级，这就影响到整个系统的工作效率，因此，存储器的速度快慢是存储器系统的又一性能指标。同时，组成存储器的位成本也是衡量存储器系统的重要性能指标。为了在一个存储器系统中兼顾以上三个方面的指标，目前在计算机系统中通常采用三级存储器结构，即使用高速缓冲存储器、主存储器（简称主存）和辅助存储器（简称辅存），由这三者构成一个统一的存储系统。从整体看，其速度接近高速缓存的速度，其容量接近辅存的容量，而位成本则接近廉价慢速的辅存平均价格。

本章重点介绍半导体存储器的工作原理、计算机主存的构成和工作过程、存储器的层次结构、高速缓冲存储器的基本原理以及虚拟存储器的有关知识。

5.1.1 存储器分类

随着计算机系统结构的发展和器件的发展，存储器的种类日益繁多，分类的方法也有很多种，可按存储器的存储介质划分，按存取方式划分，按存储器在计算机中的作用划分等。

(1) 按构成存储器的器件和存储介质分类

按构成存储器的器件和存储介质的不同主要可分为半导体存储器、光电存储器、磁表面存储器以及光盘存储器等。目前，绝大多数计算机使用的是半导体存储器。

(2) 按存取方式分类

按对存储器的存取方式可分为随机存取存储器、只读存储器等。

① 随机存储器 RAM（random access memory）。随机存储器（又称读写存储器）指通过指令可以随机地、个别地对各个存储单元进行访问，一般来讲，访问所需时间基本固定，

而与存储单元地址无关。通常意义上的随机存储器多指读写存储器，在一切计算机系统中，大、中、小型及微型计算机的主存储器主要采用随机存储器，用户编写的程序和数据等均存放在 RAM 中。

按照存放信息的方式不同，随机存储器又可分为静态和动态两种。静态 RAM 是以双稳态元件作为基本的存储单元来保存信息，因此，其保存的信息在不断电的情况下是不会被破坏的。而动态 RAM 是靠电容来存放信息的，由于电容的充放电功能，使得这种存储器中存放的信息会随着时间的流逝而丢失，因此必须定时进行刷新。

② 只读存储器 ROM（read-only memory）。只读存储器是一种在微机系统的在线操作过程中，对其内容只能读出不能写入的存储器。它通常用来存放固定不变的程序、汉字字型库、字符及图形符号等。

随着半导体技术的发展，只读存储器也出现了不同的种类，如可编程只读存储器 PROM（programmable ROM）、可擦除可编程只读存储器 EPROM（erasible programmable ROM）和电擦除可编程只读存储器 EEPROM（electric erasible programmable ROM）以及掩模型只读存储器 MROM（masked ROM）等。近年来发展起来的快擦型存储器（flash memory）具有 EEPROM 的特点。

（3）按存储器在计算机中的作用分类

按存储器在计算机中的作用可以分为主存储器、辅助存储器、缓冲存储器等。主存储器速度快，但容量较小，每位价格较高。辅存储器速度慢，容量大，每位价格低。缓冲存储器用在两个不同工作速度的部件之间，在交换信息过程中起缓冲作用。

（4）按掉电时所存信息是否容易丢失分类

按掉电时所存信息是否容易丢失，可分成易失性存储器和非易失性存储器。如半导体存储器（DRAM、SRAM），停电后信息会丢失，属易失性。而磁带和磁盘等磁表面存储器，属非易失性。

存储器分类如下所示。

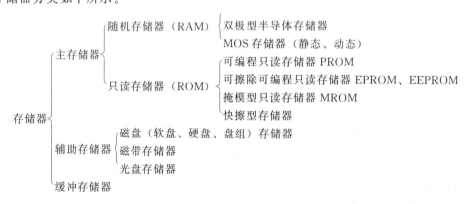

5.1.2　存储器系统结构

在微型计算机系统中，存储器是很重要的组成部分，虽然存储器的种类很多，但它们在系统中的整体结构及读/写的工作过程是基本相同的。一般情况下，一个存储器系统由以下几部分组成。

（1）基本存储单元

一个基本存储单元可以存放一位二进制信息，其内部具有两个稳定的且相互对立的状态，并能够在外部对其状态进行识别和改变。比如说：作为双稳态元件的触发器，其内部具有 "0" 与 "1" 两个对立的状态，并且这两个状态可由外部识别或改变，因而它可以作为一种基本存储单元；又如磁性材料中的一个磁化单元，具有正向磁化及反向磁化两个对立的状态，并且可以通过外部电路识别或改变其磁化的方向，因而，它也可以用来作为一种基本存储单元。不同类型的基本存储单元，决定了由其所组成的存储器件的类型不同。

(2) 存储体

一个基本存储单元只能保存一位二进制信息，若要存放 $M \times N$ 个二进制信息，就需要用 $M \times N$ 个基本存储单元，它们按一定的规则排列起来，由这些基本存储单元所构成的阵列称为存储体或存储矩阵。如 $8K \times 8$ 表示存储体中一共 8K 个存储单元，每个存储单元存放 8 位数据，以此类推。

微型计算机系统的内部存储器是按字节组织的，每个字节由 8 个基本的存储单元构成，能存放 8 位二进制信息，CPU 把这 8 位二进制信息作为一个整体来进行处理。一般情况下，在 $M \times N$ 的存储矩阵中，N 等于 8 或 8 的倍数及分数，对应微机系统的字长，而 M 则表示了存储体的大小，由此决定存储器系统的容量。

(3) 地址译码器

由于存储器系统是由许多存储单元构成的，每个存储单元一般存放 8 位二进制信息，为了加以区分，我们必须首先为这些存储单元编号，即分配给这些存储单元不同的地址。CPU 要对某个存储单元进行读/写操作时，必须先通过地址总线，向存储器系统发出所需访问存储单元的地址码。地址译码器的作用就是用来接收 CPU 送来的地址信号并对它进行译码，选择与此地址码相对应的存储单元，以便对该单元进行读/写操作。

存储器地址译码一般采用双译码方式，这时，将地址码分为两部分：一部分送行译码器（又叫 X 译码器），X 译码器输出行地址选择信号；另一部分送列译码器（又叫 Y 译码器），Y 译码器输出列地址选择信号。行列选择线交叉处即为所选中的内存单元，这种方式的特点是译码输出线较少。例如假定地址信号为 10 位，分成两组，每组 5 位，则行译码后的输出线为 $2^5 = 32$ 根，列译码输出线也为 $2^5 = 32$ 根，共 64 根译码输出线。因此，容量较大的存储器系统，一般都采用双译码方式。

(4) 片选与读/写控制电路

片选信号用以实现芯片的选择。对于一个芯片来讲，只有当片选信号有效时，CPU 才能对其进行读/写操作。目前，一个存储器通常是由一定数量的芯片组成，在对存储器进行地址选择时，必须先进行片选，然后，再在选中的芯片中选择与地址相对应的存储单元。片选信号一般由地址译码器的输出及一些控制信号来形成，而读/写控制电路则用来控制对芯片的读/写操作。

(5) I/O 电路

I/O 电路位于系统数据总线与被选中的存储单元之间，用来控制信息的读出与写入，必要时，还可包含对 I/O 信号的驱动及放大处理功能。

(6) 其它外围电路

为了扩充存储器系统的容量，常常需要将几片 RAM 或 ROM 芯片的数据线并联后与双向的数据线相连，这就要用到三态输出缓冲器。

对不同类型的存储器系统，有时还需要一些特殊的外围电路，如动态 RAM 中的预充电及刷新操作控制电路等，这也是存储器系统的重要组成部分。

5.2　随机存储器 RAM

随机存储器的工作特点是：在微机系统的工作过程中可以随机地对其中的各个存储单元进行读/写操作。按其工作原理不同，随机存储器又分为静态 RAM 与动态 RAM 两种。

5.2.1　静态 RAM

(1)　基本存储单元

静态 RAM 的基本存储单元是由两个增强型的 NMOS 反相器交叉耦合而成的触发器，每个基本的存储单元由六个 MOS 管构成，所以，静态存储电路又称为六管静态存储电路。

图 5-1 为六管静态存储单元的原理示意图。其中 T_1、T_2 为控制管，T_3、T_4 为负载管，T_5、T_6 为门控管。这个电路具有两个相对的稳态状态。若 T_1 管截止，则 $A=$"1"（高电平），它使 T_2 管开启，于是 $B=$"0"（低电平），而 $B=$"0" 又进一步保证了 T_1 管的截止。所以，这种状态在没有外触发的条件下是稳定不变的。同样，T_1 管导通即 $A=$"0"（低电平），T_2 管截止即 $B=$"1"（高电平）的状态也是稳定的。因此，可以用这个电路的两个相对稳定的状态来分别表示逻辑"1"和逻辑"0"。

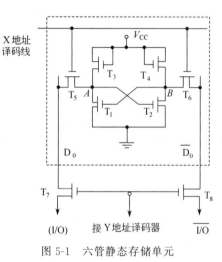

图 5-1　六管静态存储单元

当把触发器作为存储电路时，就要使其能够接收外界来的触发控制信号，用以读出或改变该存储单元的状态。

在进行写入操作时，写入信号自 I/O 线及 $\overline{\text{I/O}}$ 线输入，如要写入"1"，则 I/O 线为高电平而 $\overline{\text{I/O}}$ 线为低电平，它们通过 T_7、T_5 管和 T_8、T_6 管分别与 A 端和 B 端相连，使 $A=$"1"，$B=$"0"，即强迫 T_2 管导通，T_1 管截止，相当于写入"1"；若要写入"0"，则 $\overline{\text{I/O}}$ 线为高电平而 I/O 线为低电平，使 T_1 管导通，T_2 管截止，即 $A=$"0"，$B=$"1"。同样，写入的信息可以保持住，一直到输入新的信息为止。

在进行读操作时，只要某一单元被选中，相应的 T_5、T_6、T_7、T_8 均导通，A 点与 B 点分别通过 T_5、T_6 管与 D_0 及 $\overline{D_0}$ 相通，D_0 及 $\overline{D_0}$ 又进一步通过 T_7、T_8 管与 I/O 及 $\overline{\text{I/O}}$ 线相通，即将该单元的状态传送到 I/O 及 $\overline{\text{I/O}}$ 线上。

由此可见，这种存储电路只要不掉电，写入的信息不会消失，同时，其读出过程也是非破坏性的，即信息在读出之后，原存储电路的状态不变。

(2)　静态 RAM 存储器芯片 Intel 2114

Intel 2114 是一种 $1\text{K}\times4$ 的静态 RAM 存储器芯片，其最基本的存储单元就是如上所述的六管存储电路，其它的典型芯片有 Intel 6116/6264/62256 等。

① Intel 2114 的内部结构。如图 5-2 所示为 Intel 2114 静态存储器芯片的内部结构框图，它包括下列几个主要组成部分。

- 存储矩阵：Intel 2114 内部共有 4096 个存储电路，排成 64×64 的矩阵形式。

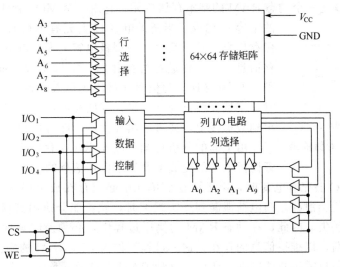

图 5-2　Intel 2114 静态存储器芯片的内部结构框图

• 地址译码器：Intel 2114 的存储容量为 1K，因此，地址译码器的输入为 10 根线，采用两级译码方式，其中 6 根用于行译码，4 根用于列译码。

• I/O 控制电路：分为输入数据控制电路和列 I/O 电路，用于对信息的输入/输出进行缓冲和控制。

• 片选及读/写控制电路：用于实现对芯片的选择及读/写控制。

② Intel 2114 的外部结构。Intel 2114 为双列直插式集成电路芯片，共有 18 个引脚，引脚分布如图 5-3 所示，各引脚的功能如下：

• $A_0 \sim A_9$：10 根地址信号输入引脚。

• $\overline{\text{WE}}$：读/写控制信号输入引脚，当 $\overline{\text{WE}}$ 为低电平时，使输入三态门导通，信息由数据总线通过输入数据控制电路写入被选中的存储单元；当 $\overline{\text{WE}}$ 为高电平时，则输出三态门打开，从所选中的存储单元读出信息，通过列 I/O 电路，送到数据总线。该引脚通常接控制总线的 $\overline{\text{WR}}$。

• $I/O_1 \sim I/O_4$：4 根数据输入/输出信号引脚，构成系统数据总线与存储器芯片中各单元之间的数据信息传输通道。

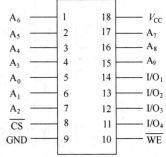

图 5-3　Intel 2114 引脚图

• $\overline{\text{CS}}$：片选信号输入引脚，低电平有效，只有当该引脚有效（亦即芯片被选中）时，才能对相应的存储器芯片进行读/写操作。该引脚通常接高位地址译码器的输出。

• V_{CC}：+5V 电源。

• GND：地。

5.2.2　动态 RAM

(1) 动态 RAM 基本存储单元

静态 RAM 的基本存储单元是一个 RS 触发器，因此，其状态是稳定的，但由于每个基本存储单元须由 6 个 MOS 管构成，就大大地限制了 RAM 芯片的集成度。为提高芯片的集成度，必须将组成 RAM 基本存储单元的 MOS 管减少，由此演变成动态 RAM 的基本存储单元。

图 5-4 所示就是一个动态 RAM 的基本存储单元，它由一个 MOS 管 T_1 和位于其栅极上

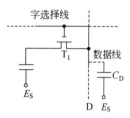

的电容 C 构成。当栅极电容 C 上充有电荷时，表示该存储单元保存信息"1"。反之，当栅极电容上没有电荷时，表示该单元保存信息"0"。在进行写操作时，字选择线（简称字线）为高电平，T_1 管导通，写信号通过位线存入电容 C 中；在进行读操作时，字选择线仍为高电平，存储在电容 C 上的电荷，通过 T_1 输出到数据线上，通过读出放大器，即可得到所保存的信息。

图 5-4 单管动态存储单元

由上面的分析可知，动态 RAM 存储单元实质上是依靠 T_1 管栅极电容的充放电原理来保存信息的。当存储单元所存的信息为"1"，即电容 C 上充有电荷时，由于该存储单元中必定存在放电回路，时间一长，电容上所保存的电荷就会泄漏。当电荷泄漏到一定程度时，就不能分辨出其保存的信息为"1"，即造成了信息的丢失。因此，在动态 RAM 的使用过程中，必须及时地向保存"1"的那些存储单元补充电荷，以维持信息的存在，这一过程就称为动态 RAM 的刷新操作。由于该存储单元所保存的信息需不断地刷新，所以，这种 RAM 存储单元称为动态 RAM 存储单元。

（2）动态 RAM 存储器芯片 Intel 2164A

Intel 2164A 是一种 64K×1 的动态 RAM 存储器芯片，它的基本存储单元是采用单管存储电路，其它的典型芯片有 Intel 21256/21464 等。

① Intel 2164A 的内部结构。Intel2164A 动态 RAM 存储器芯片的内部结构如图 5-5 所示，其主要组成部分如下。

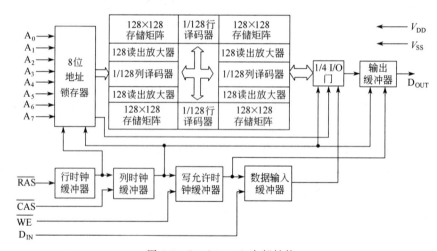

图 5-5 Intel 2164A 内部结构

• 存储体：64K×1 的存储体由 4 个 128×128 的存储矩阵构成。

• 地址锁存器：由于 Intel 2164A 采用双译码方式，故其 16 位地址信息要分两次送入芯片内部。但由于封装的限制，这 16 位地址信息必须通过同一组引脚分两次接收，因此，在芯片内部有一个能保存 8 位地址信息的地址锁存器。

• 数据输入缓冲器：用以暂存输入的数据。

• 数据输出缓冲器：用以暂存要输出的数据。

• 1/4 I/O 门电路：由行、列地址信号的最高位控制，能从相应的 4 个存储矩阵中选择一个进行输入/输出操作。

• 行、列时钟缓冲器：用以协调行、列地址的选通信号。

- 写允许时钟缓冲器：用以控制芯片的数据传送方向。
- 128 读出放大器：与 4 个 128×128 存储矩阵相对应，共有 4 个 128 读出放大器，它们能接收由行地址选通的 4×128 个存储单元的信息，经放大后，再写回原存储单元，是实现刷新操作的重要部分。
- 1/128 行、列译码器：分别用来接收 7 位的行、列地址，经译码后，从 128×128 个存储单元中选择一个确定的存储单元，以便对其进行读/写操作。

② Intel 2164A 的外部结构。Intel 2164A 是具有 16 个引脚的双列直插式集成电路芯片，其引脚分别如图 5-6 所示，各引脚的功能如下。

- $A_0 \sim A_7$：地址信号的输入引脚，用来分时接收 CPU 送来的 8 位行、列地址。

图 5-6　Intel 2164A 引脚

- $\overline{RAS}$：行地址选通信号输入引脚，低电平有效，兼作芯片选择信号。当 $\overline{RAS}$ 为低电平时，表明芯片当前接收的是行地址。

- $\overline{CAS}$：列地址选通信号输入引脚，低电平有效，有效时表明当前正在接收的是列地址（此时 $\overline{RAS}$ 应保持为低电平）。

- $\overline{WE}$：写允许控制信号输入引脚，当其为低电平时，执行写操作；否则，执行读操作。

- D_{IN}：数据输入引脚。
- D_{OUT}：数据输出引脚。
- V_{SS}：＋5V 电源引脚。
- V_{DD}：地。
- N/C：未用引脚。

③ Intel 2164A 的工作方式与时序　下面分别介绍 Intel 2164A 的主要操作及其时序关系。

a. 读操作。Intel 2164A 的读操作时序如图 5-7 所示。

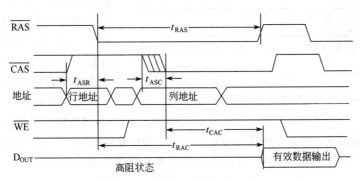

图 5-7　Intel 2164A 读操作的时序

从时序图中可以看出，读周期是从行地址选通信号 $\overline{RAS}$ 有效开始的，为了能使行地址可靠地锁存，通常希望行地址能先于 $\overline{RAS}$ 信号有效，并且行地址必须在 $\overline{RAS}$ 有效后再维持一段时间。同样，为了保证列地址的可靠锁存，列地址也应领先于列地址锁存信号 $\overline{CAS}$ 有效，且列地址也必须在 $\overline{CAS}$ 有效后再保持一段时间。

要从指定的单元中读取信息，必须在 $\overline{RAS}$ 有效后，使 $\overline{CAS}$ 也有效。由于从 $\overline{RAS}$ 有效起

到指定单元的信息读出送到数据总线上需要一定的时间，因此，存储单元中信息读出的时间就与 $\overline{CAS}$ 开始有效的时刻有关。

存储单元中信息的读写，取决于控制信号 $\overline{WE}$。为实现读出操作，要求 $\overline{WE}$ 控制信号无效，且必须在 $\overline{CAS}$ 有效前变为高电平。

b. 写操作。Intel 2164A 的写操作时序如图 5-8 所示。要选定需写入的单元，对 $\overline{RAS}$ 和 $\overline{CAS}$ 信号的要求同读操作。值得注意的是，控制信号 $\overline{WE}$ 必须在 $\overline{CAS}$ 有效前先有效，并且在 $\overline{CAS}$ 有效后，还必须保持一段时间。要写入的信息，则必须在 $\overline{CAS}$ 有效前送到数据输入引脚 D_{IN}，并且在 $\overline{CAS}$ 有效后再继续保持一段时间。满足上述要求之后，就可以把在 D_{IN} 上的信息，写入到指定的单元中去。

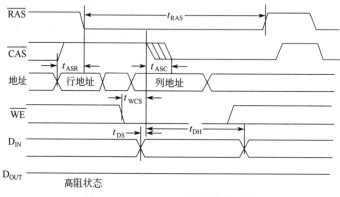

图 5-8　Intel 2164A 写操作的时序

c. 刷新操作。Intel 2164A 内部有 4×128 个读出放大器，在进行刷新操作时，芯片只接收从地址总线上发来的行地址（其中 RA_7 不起作用），由 $RA_0 \sim RA_6$ 共 7 根行地址线在 4 个存储矩阵中各选中一行，共 4×128 个单元，分别将其中所保存的信息输出到 4×128 个读出放大器中，经放大后，再写回到原单元，即可实现 512 个单元的刷新操作。这样，经过 128 个刷新周期就可完成整个存储体的刷新。

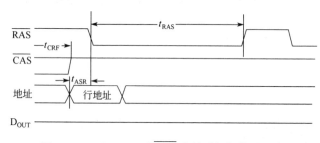

图 5-9　Intel 2164A 唯 $\overline{RAS}$ 有效刷新操作的时序

虽然读操作、写操作、读-修改-写操作均可实现刷新，但推荐使用只加行地址的刷新方法，因为它可降低功耗 20%。只加行地址的刷新操作时序如图 5-9 所示。

有关上述时序图中参数的具体值，可参考有关的技术手册。

5.3　只读存储器 ROM

5.3.1　掩模 ROM

如图 5-10 所示是一个简单的 4×4 位的 MOS ROM 存储阵列。这时，两位地址输入经译码后，输出四条字选择线，每条字选择线选中一个字，此时位线的输出即为这个字的每一位。很明显，在图示的存储阵列中，有的列连有管子，而有的列没有连管子，这是在制造时由二次光刻版的图形（掩模）所决定的，因此这种 ROM 称为掩模 ROM。

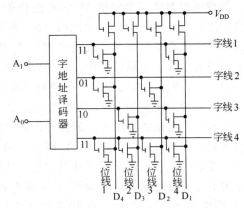

在图 5-10 中，若输入的地址码为 00，则选中第一条字线，使其输出为高电平。此时，若有管子与其相连（如位线 1 和位线 4），则相应的 MOS 管就导通，因此，这些位线的输出就是低电平，表示逻辑"0"；而没有管子与其相连的位线（如位线 2 和位线 3），则输出就是高电平，表示逻辑"1"。由此可知，该存储阵列所保存的信息取决于制造工艺，一旦芯片制成后，用户是无法变更其结构的。更重要

图 5-10　简单的 4×4 位的 MOS ROM 存储阵列

的是，这种存储单元中保存的信息，在电源消失后，也不会丢失，将永远保存下去。

5.3.2　可编程的 ROM

可编程的 ROM 又称为 PROM，是一种可由用户通过简易设备写入信息的 ROM 器件，下面以二极管破坏型 PROM 为例来说明其存储原理。

这种 PROM 存储器在出厂时，存储体中每条字线和位线的交叉处都是两个反向串联的二极管的 PN 结，字线与位线之间不导通，此时，意味着该存储器中所有的存储内容均为"0"。如果用户需要写入程序，则要通过专门的 PROM 写入电路，产生足够大的电流把要写入"1"的存储位上的二极管击穿，造成这个 PN 结短路，只剩下顺向的二极管跨连字线和位线，这时，此位就意味着写入了"1"。读出的操作同掩模 ROM。

对 PROM 来讲，这个写入的过程称为固化程序。由于击穿的二极管不能再正常工作，所以这种 ROM 器件只能固化一次程序，数据写入后，就不能再改变了。

5.3.3　可擦除可编程序的 ROM

(1) 基本存储电路

可擦除可编程的 ROM 又称为 EPROM。为了便于用户根据需要来保存或修改 ROM 中的信息，在 20 世纪 70 年代初期，就发展了一种 EPROM 电路，它的基本存储单元的结构和工作原理如图 5-11 所示。

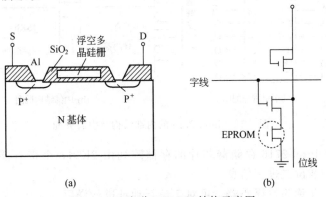

(a)　　　　　　　　　　　(b)

图 5-11　P 沟道 EPROM 结构示意图

与普通的 P 沟道增强型 MOS 电路相似，这种 EPROM 电路在 N 型的基片上扩展了两个高浓度的 P 型区，分别引出源极（S）和漏极（D），在源极与漏极之间有一个由多晶硅做成的栅极，但它是浮空的，被绝缘物 SiO_2 所包围。在芯片制作完成时，每个单元的浮动栅极上都没有电荷，所以管子内没有导电沟道，源极与漏极之间不导电，其相应的等效电路如图 5-11（b）所示。此时表示该存储单元保存的信息为 1；若要使该单元保存信息为 0，则只要在漏极和源极之间加上 +25V 的电压，同时加上编程脉冲信号（宽度约为 50ns），所选中的单元在这个电压的作用下，漏极与源极之间被瞬时击穿，就会有电子通过 SiO_2 绝缘层注入浮动栅。在高压电源去除之后，因为浮动栅被 SiO_2 绝缘层包围，所以注入的电子无泄漏通道，浮动栅为负，就形成了导电沟道，从而使相应的单元导通，此时说明该单元所保存的信息为 0。一般情况下，浮动栅上所保存的负电荷是不会泄漏的，据研究表明，它能在 120℃ 的温度下保存 10 年，在 70℃ 的温度下保存 100 年。

如果要清除存储单元中所保存的信息，就必须设法将其浮动栅上的负电荷释放掉。实验证明，当用一定波长的紫外线照射浮动栅时，负电荷便可以获取足够的能量，摆脱 SiO_2 的包围，以光电流的形式释放掉，这时，原来存储的信息也就不存在了。然后，该单元又可根据实际需要写入新的信息。

由这种存储单元所构成的 ROM 存储器芯片，在其上方有一个石英玻璃的窗口，紫外线正是通过这个窗口来照射其内部电路而擦除信息的，一般擦除信息须用紫外线照射 15～20min。由于擦除及写入的过程是在特殊的装置和特殊的条件下进行，而且速度很慢，故这种电路在微机系统中应用时，只用作 ROM 器件。

（2）EPROM 芯片 Intel 2716

Intel 2716 是一种 2K×8 的 EPROM 存储器芯片，双列直插式封装，24 个引脚，其最基本的存储单元是采用如上所述的带有浮动栅的 MOS 管，其它的典型芯片有 Intel 2732/27128/27512 等。

① 芯片的内部结构。Intel 2716 存储器芯片的内部结构框图如图 5-12（b）所示，其主要组成部分如下。

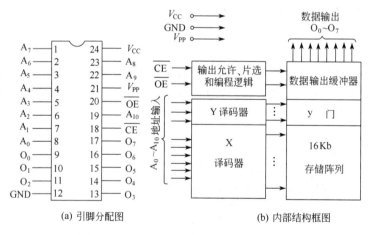

(a) 引脚分配图　　　　(b) 内部结构框图

图 5-12　Intel 2716 的内部结构及引脚分配

• 存储阵列：Intel 2716 存储器芯片的存储阵列由 2K×8 个带有浮动栅的 MOS 管构成，共可保存 2K×8 位二进制信息。

• X 译码器：又称为行译码器，可对 7 位行地址进行译码。

- Y 译码器：又称为列译码器，可对 4 位列地址进行译码。
- 输出允许、片选和编程逻辑：用以实现片选及控制信息的读/写。
- 数据输出缓冲器：实现对输出数据的缓冲。

② 芯片的外部结构。Intel 2716 具有 24 个引脚，其引脚分配如图 5-12（a）所示，各引脚的功能如下。

- $A_0 \sim A_{10}$：地址信号输入引脚，可寻址芯片的 2K 个存储单元。
- $O_0 \sim O_7$：双向数据信号输入输出引脚。
- $\overline{CE}$：片选信号输入引脚，低电平有效，只有当该引脚转入低电平时，才能对相应的芯片进行操作。通常接高位地址译码器的输出。
- $\overline{OE}$：数据输出允许控制信号引脚，输入低电平有效，用以允许数据输出。通常接控制总线的 $\overline{RD}$。
- V_{CC}：+5V 电源，用于在线的读操作。
- V_{PP}：+25V 电源，用于在专用装置上进行写操作。
- GND：地。

③ Intel 2716 的工作方式与操作时序。

a. 读方式。这是 Intel 2716 连接在微机系统中的主要工作方式。在读操作时，片选信号 $\overline{CE}$ 应为低电平，输出允许控制信号 $\overline{OE}$ 也为低电平，因为只有当它为低电平时，才能把要读出的数据送至数据总线，其时序波形如图 5-13 所示。

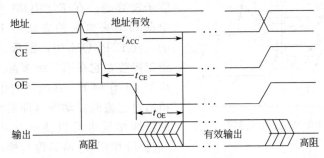

图 5-13　Intel 2716 读时序波形

从时序图中可以看出，读周期从地址有效开始，经时间 t_{ACC} 后，所选中单元的内容就可从存储阵列中读出，但能否送至外部的数据总线，还取决于片选信号 $\overline{CE}$ 和输出允许信号 $\overline{OE}$。时序中规定，必须从 $\overline{CE}$ 有效经过 t_{CE} 时间以及从 $\overline{OE}$ 有效经过时间 t_{OE}，芯片的输出三态门才能完全打开，数据才能送到数据总线。上述时序图中参数的具体值，可参考有关的技术手册。

b. 禁止方式。当系统中有两片或两片以上的 Intel 2716 时，其数据输出可以接到同一个数据线上，为了防止数据的冲突，在某一时刻，只允许有一片 Intel 2716 芯片被选中，即该芯片的 $\overline{CE}$ 端为低，此时，它工作在读方式下，而其它芯片的片选信号输入端保持为高电平，这些芯片工作在禁止方式，即禁止这些芯片向数据线输出数据。

c. 备用方式。当 Intel 2716 不工作时，可在片选信号输入端加一个高电平，这样，相应芯片即工作在备用方式。在备用方式下，芯片的功耗可由 525mW 降为 132mW。此时，输出端呈高阻状态。

d. 写入方式。这是 Intel 2716 在固化信息时的工作方式。这时应使 $V_{PP} = +25V$，$\overline{OE}$

接高电平，将地址码及欲写入的信息分别加到地址线及数据线上，等地址及数据信息稳定后，在 $\overline{CE}$ 端上输入一个宽度为 50ms 的正脉冲，就可以完成一次信息的写入操作，写入操作是在专门的设备即 EPROM 写入器上完成的。

e. 校核方式。在 EPROM 写入装置上，也可实现读操作，不过这时 V_{PP} 仍然接 +25V，这种操作方式一般用于检验所写入信息的正确性，所以又称为校核方式。

f. 编程。Intel 2716 在出厂时或在擦除后，所有单元的所有位的信息全为 1，只有经过编程才能使 1 变成 0。编程是以存储单元为单位进行的，此时，V_{PP} 端必须接 +25V，$\overline{OE}$ 接高电平，要编程写入的数据接至 Intel 2716 的数据输出线。当地址和数据稳定以后，在 $\overline{CE}$ 输入端加一个 50ms 的正脉冲。在这个脉冲过后，存储的内容就变成了 0。

需要提醒的是，EPROM 芯片的种类很多，虽然它们的基本操作相差不大，但是其编程所需的电压却有所不同（如 16K×8 的芯片 Intel 27128 就规定为 21V），使用时要特别当心，以免损坏芯片。

5.3.4 电擦除可编程 ROM

电擦除可编程序的 ROM 也称为 EEPROM，即 E^2PROM。E^2PROM 管子的结构示意图如图 5-14 所示。它的工作原理与 EPROM 类似，当浮动栅上没有电荷时，管子的漏极和源极之间不导电，若设法使浮动栅带上电荷，则管子就导通。在 E^2PROM 中，使浮动栅带上电荷和消去电荷的方法与 EPROM 中是不同的。在 E^2PROM 中，漏极上面增加了一个隧道二极管，它在第二级多晶硅与漏极之间的电压 V_G 的作用下（在电场的作用下），可以使电荷通过它流向浮动栅（即起编程作用）；若 V_G 的极性相反也可以使电荷从浮动栅流向漏极（起擦除作用），而编程与擦除所用的电流是极

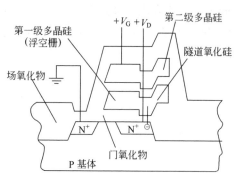

图 5-14 E^2PROM 结构示意图

小的，可用极普通的电源供给 V_G。

E^2PROM 的另一个优点是：擦除可以按字节分别进行（不像 EPROM，擦除时把整个芯片的内容全变成"1"）。由于字节的编程和擦除都只需要 10ms，并且不需要特殊装置，因此可以进行在线的编程写入。常用的典型芯片有 2816/2817/2864 等。

5.3.5 快擦型存储器

随着计算机日趋小型化，半导体存储器市场也朝着高集成度、多功能、低功耗、高速度和小型化发展。快擦型存储器是不用电池供电的、高速耐用的非易失性半导体存储器，它以性能好、功耗低、体积小、重量轻等特点活跃于便携机（膝上型、笔记本型等）存储器市场，但价格较贵。

快擦型存储器具有 EEPROM 的特点，又可在计算机内进行擦除和编程，它的读取时间与 DRAM 相似，而写时间与磁盘驱动器相当。目前的快擦型存储器有 5V 或 12V 两种供电方式。对于便携机来讲，用 5V 电源更为合适。快擦型存储器操作简便，编程、擦除、校验等工作均已编成程序，可由配有快擦型存储器系统的中央处理机予以控制。

快擦型存储器可替代 EEPROM，在某些应用场合还可取代 SRAM，尤其是对于需要配

备电池后援的 SRAM 系统，使用快擦型存储器后可省去电池。快擦型存储器的非易失性和快速读取的特点，能满足固态盘驱动器的要求，同时，可替代便携机中的 ROM，以便随时写入最新版本的操作系统。快擦型存储器还可应用于激光打印机、条形码阅读器、各种仪器设备以及计算机的外部设备中。典型的芯片有 27F256/28F016/28F020 等。

5.4 存储器芯片扩展及其与 CPU 的连接

5.4.1 存储器芯片与 CPU 的连接

在微型计算机中，CPU 对存储器进行读写操作，首先要由地址总线给出地址信号，然后要发出相应的读/写控制信号，最后才能在数据总线上进行信息交流。所以，存储器芯片与 CPU 的连接，主要有以下三个部分：

地址线的连接、数据线的连接、控制线的连接。

在连接中要考虑的问题有以下几个方面。

(1) CPU 总线的负载能力

CPU 在设计时，一般输出线的直流负载能力为带一个 TTL 负载。现在的存储器一般都为 MOS 电路，直流负载很小，主要的负载是电容负载，故在小型系统中，CPU 是可以直接与存储器相连的，而在较大的系统中，就要考虑 CPU 能否带得动，需要时就要加上缓冲器，由缓冲器的输出再带负载。

(2) CPU 的时序和存储器存取速度之间的配合问题

CPU 在取指和存储器读或写操作时，是有固定时序的，用户要据此来确定对存储器存取速度的要求，或在存储器已经确定的情况下，考虑是否需要 T_w 周期以及如何实现。

(3) 存储器的地址分配和片选问题

内存通常分为 RAM 和 ROM 两大部分，而 RAM 又分为系统区（即机器的监控程序或操作系统占用的区域）和用户区，用户区又要分成数据区和程序区，ROM 的分配也类似，所以内存的地址分配是一个重要的问题。另外，目前生产的存储器芯片，单片的容量仍然是有限的，通常总是要由许多片才能组成一个存储器，这里就有一个如何产生片选信号的问题。

(4) 控制信号的连接

CPU 在与存储器交换信息时，通常有以下几个控制信号（对 8088/8086 来说）：$\overline{\text{IO/M}}$（IO/$\overline{\text{M}}$）、$\overline{\text{RD}}$、$\overline{\text{WR}}$ 以及 WAIT 信号。这些信号如何与存储器要求的控制信号相连，以实现所需的控制功能也是要考虑的问题。

5.4.2 存储器芯片的扩展

如上所述，计算机的内存一般都同时包含 ROM 和 RAM，并且要求容量也很大，单片存储器芯片往往不能满足需求，这时，就需要用到多片芯片的连接与扩展。通常，存储器芯片扩展的方法有以下两种。

(1) 存储器芯片的位扩充

如果存储器芯片的容量满足存储器系统的要求，但其字长小于存储器系统的要求，这时，就需要用多片这样的芯片通过位扩充的方法来满足存储器系统对字长的要求。

【例 5-1】 用 1K×4 的 2114 芯片构成 1K×8 的存储器系统。

分析：由于每个芯片的容量为 1K，故满足存储器系统的容量要求。但由于每个芯片只能提供 4 位数据，故需用 2 片这样的芯片，它们分别提供 4 位数据至系统的数据总线，以满足存储器系统的字长要求。

设计时，先将每个芯片的 10 位地址线按引脚名称一一并联，然后按次序逐根接至系统地址总线的低 10 位。而数据线则按芯片编号连接，1 号芯片的 4 位数据线依次接至系统数据总线的 $D_0 \sim D_3$，2 号芯片的 4 位数据线依次接至系统数据总线的 $D_4 \sim D_7$。两个芯片的 $\overline{WE}$ 端并在一起后接至系统控制总线的存储器写信号（如 CPU 为 8086/8088，也可由 $\overline{WR}$ 和 $\overline{IO/M}$ 或 $IO/\overline{M}$ 的组合来承担），这样才能保证只有当 CPU 对存储器进行读/写操作时芯片工作。它们的 $\overline{CS}$ 引脚也分别并联后接至地址译码器的输出，而地址译码器的输入则由系统地址总线的高位来承担。具体连线见图 5-15。

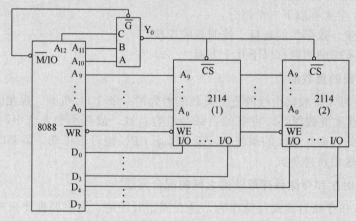

图 5-15　用 2114 组成 1K×8 的存储器连线

当存储器工作时，系统根据高位地址的译码同时选中两个芯片，而地址码的低位也同时到达每一个芯片，从而选中它们的同一个单元。在读/写信号的作用下，两个芯片的数据同时读出，送至系统数据总线，产生一个字节的输出，或者同时将来自数据总线上的字节数据写入存储器。

根据硬件连线图，还可以进一步分析出该存储器的地址分配范围，如表 5-1 所示（假设只考虑 16 位地址）。

表 5-1　图 5-15 所示连线中存储器的地址分配范围

地址码								芯片的地址范围
A_{15}	...	A_{12}	A_{11}	A_{10}	A_9	...	A_0	
×		0	0	0	0		0	0 0 0 0 H
			⋮					⋮
×		0	0	0	1		1	0 3 F F H

注：×表示可以任选值，选 0 时的地址范围为 0000H～03FFH。由于 A14 和 A15 没有参加译码，所以取任意值芯片都是工作的，这导致芯片的地址是不唯一的，即 4000H～43FFH、8000H～83FFH、C000H～C3FFH 也是这组 2114 的地址。

这种扩展存储器的方法就称为位扩展，它可以适用于多种芯片，如可以用 8 片 2164A 组成一个 64K×8 的存储器等。

（2）存储器芯片的字扩充

如果存储器芯片的字长符合存储器系统的要求，但其容量太小，就需要使用多片这样的芯片通过字扩充（或容量扩充）的方法来满足存储器系统对容量的要求。

【**例 5-2**】用 $2K \times 8$ 的 2716A 存储器芯片组成 $8K \times 8$ 的存储器系统。

分析：由于每个芯片的字长为 8 位，故满足存储器系统的字长要求。但由于每个芯片只能提供 2K 个存储单元，故须用 4 片这样的芯片，以满足存储器系统的容量要求。

同位扩充方式相似，设计时，先将每个芯片的 11 位地址线按引脚名称一一并联，然后按次序逐根接至系统地址总线的低 11 位。再将每个芯片的 8 位数据线依次接至系统数据总线的 $D_0 \sim D_7$。两个芯片的 $\overline{OE}$ 端并在一起后接至系统控制总线的存储器读信号（这样连接的原因同位扩充方式），而它们的 $\overline{CE}$ 引脚分别接至地址译码器的不同输出，地址译码器的输入则由系统地址总线的高位来承担。具体连线见图 5-16。

当存储器工作时，根据高位地址的不同，系统通过译码器分别选中不同的芯片，低位地址码则同时到达每一个芯片，选中它们的相应单元。在读信号的作用下，选中芯片的数据被读出，送至系统数据总线，产生一个字节的输出。

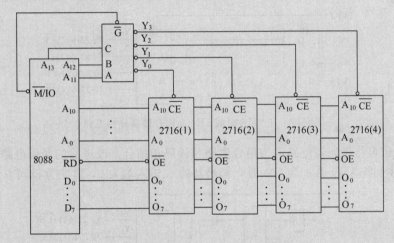

图 5-16　用 2716 组成 $8K \times 8$ 的存储器连线

同样，根据硬件连线图可以进一步分析出该存储器的地址分配范围，如表 5-2 所示（假设只考虑 16 位地址）。

表 5-2　图 5-16 所示连线中存储器的地址分配范围

地址码								芯片的地址范围	对应芯片编号
A_{15}	...	A_{13}	A_{12}	A_{11}	A_{10}	A_9	...	A_0		
×		0	0	0	0	0		0	0000H	
									⋮	2716(1)
×		0	0	0	1	1		1	07FFH	
×		0	0	1	0	0		0	0800H	
									⋮	2716(2)
×		0	0	1	1	1		1	0FFFH	
×		0	1	0	0	0		0	1000H	
									⋮	2716(3)
×		0	1	0	1	1		1	17FFH	
×		0	1	1	0	0		0	1800H	
									⋮	2716(4)
×		0	1	1	1	1		1	1FFFH	

注：×表示可以任选值，在这里均选 0。

改进 1：从以上地址分析可知，此存储器的地址范围是 0000H～1FFFH。如果系统规定存储器的地址范围从 0800H 开始并要连续存放，那么，对以上硬件连线图该如何改动呢？

分析：由于低位地址仍从 0 开始，因此低位地址的连接可以不动，仍直接接至芯片组。于是，要改动的是译码器和高位地址的连接。我们可以将 4 个芯片的片选输入端分别接至译码器的 Y_1～Y_4 输出端，即当 A_{13}～A_{11} 为 001 时，选中 2716（1），则该芯片组的地址范围为 0800H～0FFFH；当 A_{13}～A_{11} 为 010 时，选中 2716（2），则该芯片组的地址范围为 1000H～17FFH；当 A_{13}～A_{11} 为 011 时，选中 2716（3），则该芯片组的地址范围为 1800H～1FFFH；当 A_{13}～A_{11} 为 100 时，选中 2716（4），则该芯片组的地址范围为 2000H～27FFH。同时，保证高位地址为 0（即 A_{15}、A_{14} 为 0）。这样，此存储器的地址范围就是 0800H～27FFH。

改进 2：如果要求存储器首地址为 8000H，硬件设计又该如何修改？

分析：仍然只需改动译码电路。

方法 1：将译码器电路改为二级译码即可。改进后的译码电路如图 5-17 所示，此时，当 A_{15}～A_{13} 为 100 时，二级译码器的 C 输入端为 0，A_{12}～A_{11} 为 00 时，选中 2716（1），A_{12}～A_{11} 为 01 时，选中 2716（2），以此类推。

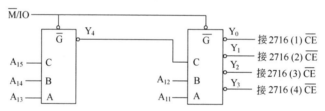

图 5-17　用 2716 组成 8K×8 的存储器译码电路 1

方法 2：也可将译码器电路改为组合电路与译码相结合。改进后的译码电路如图 5-18 所示。此时，同样当 A_{15}～A_{13} 为 100 时，译码器的 C 输入端为 0，其它分析同方法 1。

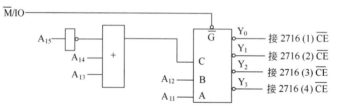

图 5-18　用 2716 组成 8K×8 的存储器译码电路 2

以上两种情况下各芯片的地址分配留给读者自己思考。

这种扩展存储器的方法就称为字扩展，它同样可以适用于多种芯片，如可以用 8 片 27128（16K×8）组成一个 128K×8 的存储器等。

（3）同时进行位扩充与字扩充

在有些情况下，存储器芯片的字长和容量均不符合存储器系统的要求，这时就需要用多片这样的芯片同时进行位扩充和字扩充，以满足系统的要求。

【例 5-3】　用 1K×4 的 2114 芯片组成 2K×8 的存储器系统。

分析：由于芯片的字长为 4 位，因此首先需用采用位扩充的方法来提供 8 位数据，即用两片芯片组成 1K×8 的存储器。由于系统要求的存储器容量是 2K×8，很明显，一组芯片是不够的，所以，还需采用字扩充的方法来扩充容量，为此，可以使用两组经过上述扩充的芯片组来完成。

每个芯片的 10 根地址信号引脚宜接至系统地址总线的低 10 位，以实现芯片内部寻址 1K 个单元，每组两个芯片的 4 位数据线分别接至系统数据总线的高/低四位。为了实现组的选择，用地址码的 A_{10}、A_{11} 经译码后的输出，分别作为两组芯片的片选信号，每个芯片的 $\overline{WE}$ 控制端直接接到 CPU 的读/写控制端上，以实现对存储器的读/写控制。具体的硬件连线如图 5-19 所示。

当存储器工作时，根据高位地址的不同，系统通过译码器分别选中不同的芯片组，低位地址码则同时到达每一个芯片组，选中它们的相应单元。在读/写信号的作用下，选中芯片组的数据被读出，送至系统数据总线，产生一个字节的输出，或者将来自数据总线上的字节数据写入芯片组。

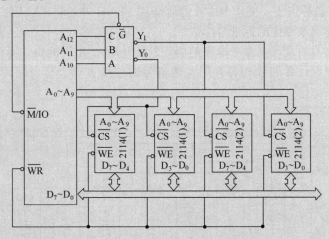

图 5-19 用 2114 组成 2K×8 的存储器连线

同样，根据硬件连线图可以进一步分析出该存储器的地址分配范围，如表 5-3 所示（假设只考虑 16 位地址）。

表 5-3 图 5-19 所示连线中存储器的地址分配范围

地址码									芯片组的地址范围	对应芯片组编号
A_{15}	...	A_{13}	A_{12}	A_{11}	A_{10}	A_9	...	A_0		
×		×	0	0	0	0		0	0000H	
					⋮				⋮	2114(1)
×		×	0	0	0	1		1	03FFH	
×		×	0	0	1	0		0	0400H	
					⋮				⋮	2114(2)
×		×	0	0	1	1		1	07FFH	

注：×表示可以任选值，在这里均选 0。

以上例子所采用的片选控制的译码方式称为部分译码方式，因为高位地址没有参与译码，这会导致地址不唯一。如果需要地址唯一，就需要采用全译码方式，让所有的地址都参与译码。这种译码电路较复杂，但由此选中的每一组的地址是确定且唯一的。有时，为方便起见，也可以不用全译码方式，而直接用高位地址（如 $A_{10} \sim A_{15}$ 中的任一位）来控制片选端。例如用 A_{10} 来控制，如图 5-20 所示。

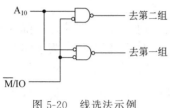

图 5-20 线选法示例

粗看起来，这两组的地址分配与全译码时相同，但是当用 A_{10} 这一个信号作为片选控制时，只要 $A_{10}=0$，$A_{11} \sim A_{15}$ 可为任意值都选中第一组；而只要 $A_{10}=1$，$A_{11} \sim A_{15}$ 可为任意值都选中第二组。所以，它们的地址有很大的重叠区（每一组占有 32K 地址）。但在实际使用时，只要了解这一点，是不妨碍正确使用的。这种片选控制方式称为线选法。

线选法节省译码电路，设计简单，但必须注意此时芯片的地址分布以及各自的地址重叠区，以免出现错误。线选法适用于小系统。

【例 5-4】 一个存储器系统包括 2K RAM 和 8K ROM，分别用 $1K \times 4$ 的 2114 芯片和 $2K \times 8$ 的 2716 芯片组成。要求 ROM 的地址从 1000H 开始，RAM 的地址从 3000H 开始。试完成硬件连线及相应的地址分配表。

分析：该存储器的设计可参考本节的例 5-2 和例 5-3。不同的是，要根据题目的要求，按规定的地址范围设计各芯片和芯片组片选信号的连接方式。整个存储器的硬件连线如图 5-21 所示。

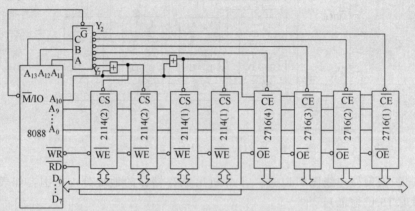

图 5-21 2K RAM 和 8K ROM 存储器系统连线图

该存储器的工作过程就不详细分析了，读者可以参考例 5-2 和例 5-3 自己去思考。根据硬件连线图可以分析出该存储器的地址分配范围，如表 5-4 所示（假设只考虑 16 位地址）。

表 5-4 图 5-21 所示连线中存储器的地址分配范围

地址码									芯片的地址范围	对应芯片编号
A_{15}	A_{14}	A_{13}	A_{12}	A_{11}	A_{10}	A_9	...	A_0		
$\times$	$\times$	0	1	0	0	0		0	1000H	
									$\vdots$	2716(1)
$\times$	$\times$	0	1	0	1	1		1	17FFH	
$\times$	$\times$	0	1	1	0	0		0	1800H	
									$\vdots$	2716(2)
$\times$	$\times$	0	1	1	1	1		1	1FFFH	
$\times$	$\times$	1	0	0	0	0		0	2000H	
									$\vdots$	2716(3)
$\times$	$\times$	1	0	0	1	1		1	27FFH	

续表

地址码									芯片的地址范围	对应芯片编号
A_{15}	A_{14}	A_{13}	A_{12}	A_{11}	A_{10}	A_9	...	A_0		
×	×	1	0	1	0	0		0	2800H	
						⋮			⋮	2716(4)
×	×	1	0	1	1	1		1	2FFFH	
×	×	1	1	0	0	0		0	3000H	
						⋮			⋮	2114(1)
×	×	1	1	0	0	1		1	33FFH	
×	×	1	1	1	0	0		0	3800H	
						⋮			⋮	2114(2)
×	×	1	1	1	0	1		1	3BFFH	

注：×表示可以任选值，在这里均选 0。

【例 5-5】 对上例设计的存储器，现在要求存储器地址从 8000H 开始连续存放且地址码唯一，ROM 占用低地址，RAM 占用高地址，硬件连线该如何修改？相应的地址分配又如何？

分析：这时，可采用分级译码和组合电路相结合的方法实现，其中片选产生电路设计如图 5-22 所示。

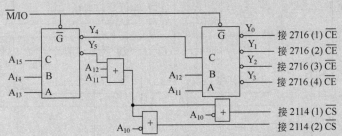

图 5-22　2K RAM 和 8K ROM 存储器系统片选产生电路图

经分析可知，各芯片的地址分配如下。

2716（1）：8000H～87FFH；2716（2）：8800H～8FFFH；2716（3）：9000H～97FFH；2716（4）：9800H～9FFFH；2114（1）：A000H～A3FFH；2114（2）：A400H～A7FFH。

以上只是给出了一种设计方法，还可以考虑更多的实现方法。

【例 5-6】 一台微机系统（CPU 为 8088）需扩展内存 32K，其中 ROM 为 16K，RAM 为 16K。ROM 选用 4K×8 位的 EPROM2732 芯片（数据引脚 D_7～D_0，地址引脚 A_{11}～A_0，读控制引脚 $\overline{RD}$，片选引脚 CS），RAM 选用 8K×8 位的 6264 芯片（数据引脚 D_7～D_0，地址引脚 A_{12}～A_0，读控制引脚 $\overline{RD}$，写控制引脚 $\overline{WR}$，片选引脚 CS），地址空间从 2000H 开始，要求 RAM 在低地址，ROM 在高地址，地址连续，采用 3-8 译码器。请完成：

① 给出地址译码表，写出各芯片的地址范围（只使用地址信号 A_{15}～A_0）；

② 完成硬件连接图（可增加其它辅助器件）。

解： ① ROM 需要 16K，芯片容量是 4K×8，只需字扩展，需要 4 片 2732；RAM 需要 16K，芯片容量为 8K×8，只需字扩展，需要 2 片 6264。地址从 02000H 开始，可得译码表如表 5-5 所示。

表 5-5　译码表

$IO/\overline{M}$	C　B　A $A_{15}A_{14}A_{13}A_{12}$	$A_{11}A_{10}A_9A_8$	$A_7A_6A_5A_4$	$A_3A_2A_1A_0$	$\overline{y}_i$	端口地址	芯片
0	0 0 1 ×	×　×　×　×	×　×　×　×	×　×　×　×	$\overline{y}_1$	2000H～3FFFH	6264(1)
0	0 1 0 ×	×　×　×　×	×　×　×　×	×　×　×　×	$\overline{y}_2$	4000H～5FFFH	6264(2)
0	0 1 1 0	×　×　×　×	×　×　×　×	×　×　×　×	$\overline{y}_3$	6000H～6FFFH	2732(1)
0	0 1 1 1	×　×　×　×	×　×　×　×	×　×　×　×	$\overline{y}_3$	7000H～7FFFH	2732(2)
0	1 0 0 0	×　×　×　×	×　×　×　×	×　×　×　×	$\overline{y}_4$	8000H～8FFFH	2732(3)
0	1 0 0 1	×　×　×　×	×　×　×　×	×　×　×　×	$\overline{y}_4$	9000H～9FFFH	2732(4)

② 根据译码表，硬件连接如图 5-23 所示。

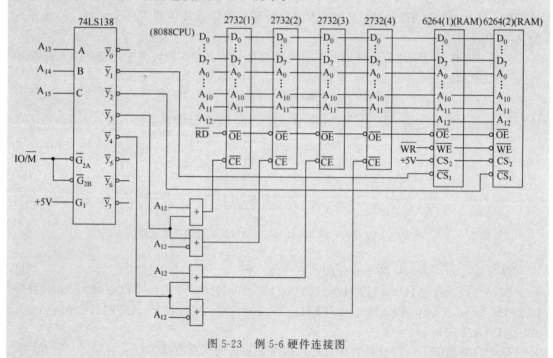

图 5-23　例 5-6 硬件连接图

【例 5-7】　在例 5-6 中，如果 CPU 换成 8086，应如何设计？

解： 采用 8086CPU 后，存储器分为偶存储体和奇存储体，其中偶存储体连接低 8 位数据总线，$A_0=0$ 用于控制偶存储体被选中；奇存储体连接高 8 位数据线，$\overline{BHE}/S_7=0$ 用于控制奇存储体被选中。因此，连接存储芯片的地址从 A_1 开始，这样，在设计译码表时，两片存储芯片一组来满足 16 位数据线的要求（相当于位扩展），故地址译码表如表 5-6 所示。

表 5-6 译码表

IO/$\overline{M}$	C B A		$A_{11}A_{10}A_9A_8$	$A_7A_6A_5A_4$	$A_3A_2A_1A_0$	$\overline{y}_i$	端口地址	芯片
	$A_{15}A_{14}A_{13}A_{12}$							
0	0 0 1 ×		× × × ×	× × × ×	× × × ×	$\overline{y}_1$	2000H~3FFFH	6264(1)
0	0 1 0 ×		× × × ×	× × × ×	× × × ×	$\overline{y}_2$	4000H~5FFFH	6264(2)
0	0 1 1 0		× × × ×	× × × ×	× × × ×	$\overline{y}_3$	6000H~6FFFH	2732(1)
0	0 1 1 1		× × × ×	× × × ×	× × × ×	$\overline{y}_3$	7000H~7FFFH	2732(2)
0	1 0 0 0		× × × ×	× × × ×	× × × ×	$\overline{y}_4$	8000H~8FFFH	2732(3)
0	1 0 0 1		× × × ×	× × × ×	× × × ×	$\overline{y}_4$	9000H~9FFFH	2732(4)

根据译码表，硬件连接如图 5-24 所示。

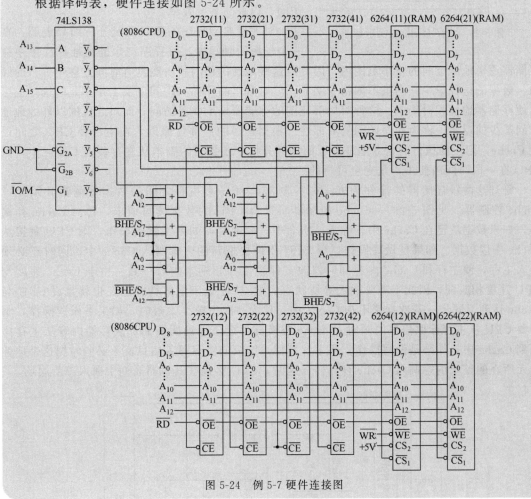

图 5-24 例 5-7 硬件连接图

5.5 高速缓冲存储器 Cache

5.5.1 主存-Cache 层次结构

目前计算机使用的内存主要为动态 RAM，它具有价格低、容量大的特点，但由于是用电容存储信息，所以存取速度难以提高，而 CPU 的速度提高很快，例如，100MHz 的 Pentium 处理器平均每 10ns 就能执行一条指令，而 DRAM 的典型访问速度是 60~120ns。

这样，慢速的存储器限制了高速 CPU 的性能，严重影响了计算机的运行速度，并限制了计算机性能的进一步发展和提高。

在半导体存储器中，虽然双极型静态 RAM 的存取速度可与 CPU 速度处于同一数量级，但这种 RAM 价格较贵，功耗大，集成度低，要达到与动态 RAM 相同的容量时，其体积就

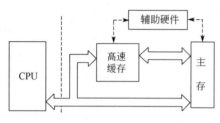

图 5-25　主存-Cache 层次示意图

比较大，也就不可能将存储器都采用静态 RAM。因此就产生出一种分级处理的办法，即在主存和 CPU 之间加一个容量相对小的双极型静态 RAM 作为高速缓冲存储器（简称 Cache），如图 5-25 所示。这样，将 CPU 对内存的访问转为 CPU 对 Cache 的访问，以提高系统效率。

对大量典型程序的运行情况分析结果表明，在一个较短的时间内，由程序产生的地址往往集中在存储器逻辑地址空间的很小范围内，因此对这些地址的访问就自然具有时间上集中分布的倾向。数据的这种集中倾向虽不如指令明显，但对数组的存储和访问以及工作单元的选择也可以使存储器地址相对集中。这种对局部范围的存储器地址频繁访问，而对此范围以外的地址访问甚少的现象，称为程序访问的局部性。根据程序的局部性原理，在主存和 CPU 之间设置 Cache，把正在执行的指令地址附近的一部分指令或数据的副本从主存装入 Cache 中，供 CPU 在一段时间内使用，是完全可行的。

管理这两级存储器的部件为 Cache 控制器，CPU 和主存之间的数据传输都必须经过 Cache 控制器（见图 5-26），Cache 控制器将来自 CPU 的数据读写请求，转向 Cache 存储器，如果数据块已在 Cache 中，称为一次命中。命中时，如果是做读操作，则 CPU 直接从 Cache 中读数据。如果是做写操作，则 CPU 不但要把新的内容写入 Cache 中，同时还必须写入主存，使主存和 Cache 内容同时修改，保证主存和副本内容一致。由于 Cache 速度与 CPU 速度相匹配，因此不需要插入等待状态，故 CPU 处于零等待状态，也就是说 CPU 与 Cache 达到了同步。若数据块不在 Cache 中，称为一次失败。失败时，如果是做读操作，则需要 CPU 从主存读取信息的同时，Cache 替换部件把该地址所在的那块存储内容从主存拷贝到 Cache 中。如果是做写操作，很多计算机系统只向主存写入信息，不必同时把这个地址单元所在的整块内容调入 Cache 存储器。这时，CPU 必须在其机器周期中插入等待周期。

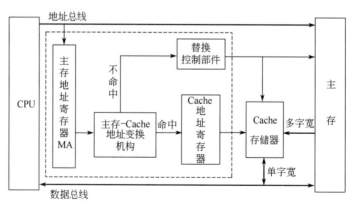

图 5-26　Cache 存储系统基本结构

目前，Cache 存储器容量主要有 256KB 和 512KB 等。这些大容量的 Cache 存储器，使 CPU 访问 Cache 的命中率高达 90%～99%，大大提高了 CPU 访问数据的速度，提高了系统

的性能。因此，从 CPU 的角度来看，这种主存-Cache 层次结构的速度接近于 Cache，容量与每位价格则接近于主存，因此解决了速度与成本之间的矛盾。

5.5.2 Cache 的基本工作原理

在主存-Cache 存储体系中，所有的程序和数据都在主存中，Cache 存储器只是存放主存中的一部分程序块和数据块的副本。这是一种以块为单位的存储方式，Cache 和主存均被分成块，每块由多个字节组成，块的大小称为块长，块长一般取一个主存周期所能调出的信息长度。假设主存有 2^n 个单元，地址码为 n 位，将主存分块（block），每块有 B 个字节，则共分成 $2^n/B$ 块。Cache 也由同样大小的块组成，由于其容量小，所以块的数目小得多，主存中只有一小部分块的内容可存放在 Cache 中。

在 Cache 中，每一块外加有一个标记，指明它是主存哪一块的副本，所以该标记的内容相当于主存中块的编号。设主存地址为 n 位，且 $n=M+b$，则可得出：主存的块数为 2^M，块内字节数为 2^b。Cache 的地址码为 $(N+b)$ 位，Cache 的块数为 2^N，块内字节数与主存相同。当 CPU 发出读请求时，将主存地址 M 位（或 M 位中的一部分）与 Cache 某块的标记相比较，根据其比较结果是否相等而区分出两种情况：当比较结果相等时，说明需要的数据已在 Cache 中，那么直接访问 Cache 就行了，在 CPU 与 Cache 之间，通常一次传送一个字；当比较结果不相等时，说明需要的数据尚未调入 Cache，那么就要把该数据所在的整个字块从主存一次调进来。

Cache 的容量和块的大小是影响 Cache 效率的重要因素，通常用命中率来测量 Cache 的效率。命中率指 CPU 所要访问的信息在 Cache 中的比例，而将所要访问的信息不在 Cache 中的比例称为失效率。一般来说，Cache 的存储容量比主存的容量小得多，但不能太小，太小会使命中率太低；也没有必要过大，过大不仅会增加成本，而且当容量超过一定值后，命中率随容量的增加将不会有明显的增长。

在从主存读出新的字块调入 Cache 存储器时，如果遇到 Cache 存储器中相应的位置已被其它字块占有，那么就必须去掉一个旧的字块，这称为替换。这种替换应该遵循一定的规则，最好能使被替换的字块是下一段时间内最少使用的，这些规则称为替换策略或替换算法，由替换部件加以实现。

目前在微机中，Cache 存储器一般装在主机板上。为了进一步提高存取速度，在 Intel 80486CPU 中就集成了 8KB 的数据和指令共用的 Cache，在 PentiumCPU 中集成了 8KB 的数据 Cache 和 8KB 的指令 Cache，与主机板上的 Cache 存储器形成两级 Cache 结构。CPU 工作时，首先在第一级 Cache（微处理器内的 Cache）中查找数据，如果找不到，则在第二级 Cache（主机板上的 Cache）中查找。若数据在第二级 Cache 中，Cache 控制器在传输数据的同时，修改第一级 Cache。如果数据既不在第一级 Cache 也不在第二级 Cache 中，Cache 控制器则从主存中获取数据，同时将数据提供给 CPU 并修改两级 Cache。

第一、二级 Cache 结合，提高了命中率，加快了处理速度，使 CPU 对 Cache 的操作命中率高达 98% 以上。

5.5.3 地址映像

为了把数据放到 Cache 中，必须应用某种函数关系把主存地址映像到 Cache 中定位，这称作地址映像。当数据按这种映像关系装入 Cache 后，系统在执行程序时，应将主存地址变换为 Cache 地址，这个变换过程叫作地址变换。由于 Cache 的存储空间较小，其地址的位数也较少，而主存的存储空间较大，其地址的位数也较多，因此，Cache 中的一个存储块要与主存中的若干个存储块相对应，即若干个主存地址将映像成同一个 Cache 地址。根据不同的地址对应方法，地址映像的方式通常有直接映像、全相联映像和组相联映像三种。

(1) 直接映像

每个主存地址映像到 Cache 中一个指定地址的方式称为直接映像。在直接映像方式下，主存中某存储单元的数据只可调入 Cache 中的一个固定位置，如果主存中另一个存储单元的数据也要调入该位置，则将发生冲突。实现直接映像的一般方法是：将主存块地址对 Cache 的块号取模，即可得到 Cache 中的块地址，这相当于将主存的空间按 Cache 的大小进行分区，每区内相同的块号映像到 Cache 中相同的块的位置。

例如，一个 Cache 的大小为 2K 字，每个块为 16 字，这样 Cache 中共有 128 个块。假设主存的容量是 256K 字，则共有 16384 个块。主存的字地址将有 18 位。在直接映像方式下，主存中的第 0～127 块映像到 Cache 中的第 0～127 块，第 128 块则映像到 Cache 中的第 0 块，第 129 块映像到 Cache 中的第 1 块，依次类推。

由以上示例可以看出，这种映像关系为取模的关系，即主存中的第 i 块信息映像到 Cache 中第 i mod128 块中。一般地，如果 Cache 被分成 2^N 块，主存被分成同样大小的 2^M 块，则主存与 Cache 中块的对应关系如图 5-27 所示。直接映像函数可定义为

$$j = i \bmod 2^N$$

式中，j 是 Cache 中的块号；i 是主存中的块号。

在这种映像方式中，主存的第 0 块、第 2^N 块、第 2^{N+1} 块等，只能映像到 Cache 的第 0 块，而主存的第 1 块、第 2^N+1 块、第 $2^{N+1}+1$ 块等，只能映像到 Cache 的第 1 块，依次类推。直接映像函数的优点是实现简单，只需利用主存地址按某些字段直接判断，即可确定所需字块是否已在 Cache 存储器中。

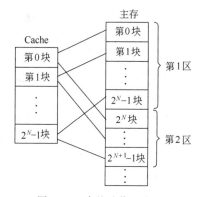

图 5-27　直接映像示意图

直接映像是一种最简单的地址映像方式，它的地址变换速度快，而且不涉及其它两种映像方法中的替换策略问题。但是这种方式的缺点是不够灵活，因为主存的 2^{M-N} 个字块只能对应唯一的 Cache 存储器字块，即使 Cache 存储器中有许多别的地址空着也不能占用，这使得 Cache 存储空间得不到充分利用，并降低了命中率。尤其是当程序往返访问两个相互冲突的块中的数据时，Cache 的命中率将急剧下降。

(2) 全相联映像

全相联映像方式是最灵活但成本最高的一种方式，如图 5-28 所示，它允许主存中的每一个字块映像到 Cache 存储器的任何一个字块位置上，也允许从已被占满的 Cache 存储器中替换出任何一个旧字块。当访问一个块中的数据时，块地址要与 Cache 块表中的所有地址标记进行比较以确定是否命中。在数据块调入时，存在着一个比较复杂的替换策略问题，即决定将数据块调入 Cache 中什么位置，将 Cache 中哪一块数据调出到主存。

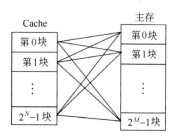

图 5-28　全相联映像示意图

全相联方法只有在 Cache 中的块全部装满后才会出现块冲突，所以块冲突的概率低，Cache 的利用率高。但全相联

Cache 中块表查找的速度慢，由于 Cache 的速度要求高，因此全部比较和替换策略都要用硬件实现，控制复杂，实现起来也比较困难。

这是一个理想的方案，但实际上由于它的成本太高而不能采用。

(3) 组相联映像

组相联映像方式是全相联映像和直接映像的一种折中方案。这种方法将存储空间分成若干组，各组之间是直接映像，而组内各块之间则是全相联映像。如图 5-29 所示，在组相联映像方式下，主存中存储块的数据可调入 Cache 中一个指定组内的任意块中。它是上述两种映像方式的一般形式。如果组的大小为 1 时就变成了直接映像；如果组的大小为整个 Cache 的大小时，就变成了全相联映像。

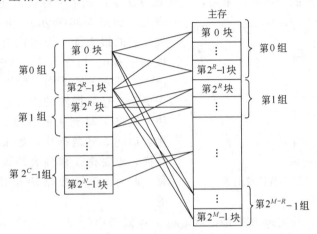

图 5-29　组相联映像示意图

例如，把 Cache 子块分成 2^C 组，每组包含 2^R 个字块，那么，主存字块 $M_M(i)$（$0 \leqslant i \leqslant 2^M - 1$）可以用下列映像函数映像到 Cache 字块 $M_N(j)$（$0 \leqslant j \leqslant 2^N - 1$）上，即

$$j = [\mathrm{INT}(i/2^R) \bmod 2^C] \times 2^R + k \quad (0 \leqslant k \leqslant 2^R - 1)$$

例如，设 $C = 3$ 位，$R = 1$ 位，考虑主存字块 15 可映像到 Cache 的哪一个字块中。

根据公式，可得

$$
\begin{aligned}
j &= [\mathrm{INT}(i/2^R) \bmod 2^C] \times 2^R + k \\
&= (7 \bmod 2^3) \times 2^1 + k \\
&= 7 \times 2 + k \\
&= 14 + k
\end{aligned}
$$

又因为 $0 \leqslant k \leqslant 2^R - 1$（$2^R - 1 = 2^1 - 1 = 1$），即 $k = 0$ 或 1，代入后得 $j = 14$（$k = 0$）或 15（$k = 1$）。所以主存字块 15 可映像到 Cache 字块 14 或 15，在第 7 组。同样的方法可计算出主存字块 17 可映像到 Cache 的第 0 块或第 1 块，在第 0 组。

组相联映像方法在判断块命中以及替换算法上都要比全相联映像方法简单，块冲突的概率比直接映像方法的低，其命中率也介于直接映像和全相联映像方法之间。

值得一提的是，Cache 的命中率除了与地址映像的方式有关外，还与 Cache 的容量有关。Cache 容量大，命中率高，但达到一定容量后，命中率的提高就不明显了。

5.5.4　替换策略

当新的主存字块需要调入 Cache 存储器，而它的可用位置又已被占满时，就产生替换策略问题。常用的两种替换策略是：先进先出（FIFO）策略和近期最少使用（LRU）策略。

(1) 先进先出策略

FIFO（first in first out）策略总是把一组中最先调入 Cache 存储器的字块替换出去，它不需要随时记录各个字块的使用情况，所以实现容易，开销小。

(2) 近期最少使用策略

LRU（least recently used）策略是把一组中近期最少使用的字块替换出去，这种替换策略需随时记录 Cache 存储器中各个字块的使用情况，以便确定哪个字块是近期最少使用的字块。LRU 替换策略的平均命中率比 FIFO 要高，并且当分组容量加大时，能提高该替换策略的命中率。

LRU 是最常使用的一种替换策略，其实现方法是：把组中各块的使用情况记录在一张表上（如图 5-30 所示），并把最近使用过的块放在表的最上面，设组内有 8 个数据块，其地址编号为 0、1、…、7。从图 5-30 中可以看到，7 号数据块在最下面，所以当要求替换时，首先更新 7 号数据块的内容；如要访问 7 号数据块，则将 7 写到表的顶部，其它号向下顺移。接着访问 5 号数据块，如果此时命中，不需要替换，也要将 5 移到表的顶部，其它号向下顺移。此时，6 号数据块是以后要首先被替换的……

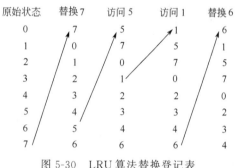

图 5-30　LRU 算法替换登记表

LRU 策略的另一种实现方法是：对 Cache 存储器中的每一个字块都附设一个计数器，记录其被使用的情况。每当 Cache 中的一块数据被命中时，比命中块计数值低的数据块的计数器均加 1，而命中块的计数器则清 0。显然，采用这种计数方法，各数据块的计数值总是不相同的。一旦不命中的情况发生时，新数据块就要从主存调入 Cache 存储器，以替换计数值最大的那片存储区。这时，新数据块的计数值为 0，而其余数据块的计数值均加 1，从而保证了那些活跃的数据块（即经常被命中或最近被命中的数据块）的计数值要小，而近来越不活跃的数据块计数值越大。这样，系统就可以根据数据块的计数值来决定先替换谁。

采用高速缓冲器组成的主存-Cache 存储体系，CPU 访问主存操作的 90% 在高速缓存中进行，这样一方面可以大大缩短 CPU 访问主存的等效时间，有效地提高机器的运算速度，另一方面可以降低 CPU 对主存速度的要求，从而降低主存的造价，弥补引入 Cache 存储器后增加的成本，使得主存-Cache 存储体系平均每位价格仍接近于单一的主存每位价格，提高机器的性能价格比。

5.5.5　PⅢ中采用的 Cache 技术

为了提高 CPU 访问存储器的速度，在 486 和 Pentium 机中都设计了一定容量的数据 Cache 和指令 Cache（L1），并且还可以使用处理器外部的第二级 Cache（L2）。Pentium Pro 在片内第一级 Cache 的设计方案中，也分别设置了指令 Cache 与数据 Cache。指令 Cache 的容量为 8KB，采用 2 路组相联映像方式。数据 Cache 的容量也为 8KB，但采用 4 路组相联映像方式。它采用了内嵌式（或称捆绑式）L2 Cache，大小为 256KB 或 512KB。此时的 L2 已经用线路直接连到 CPU 上，益处之一是减少了对急剧增多 L1 Cache 的需求。L2 Cache 还能与 CPU 同步运行，即当 L1 Cache 不命中时，立刻访问 L2 Cache，不产生附加延迟。

PentiumⅡ是 Pentium Pro 的改进型，同样有 2 级 Cache，L1 为 32KB（指令 Cache 和

数据 Cache 各 16KB），是 Pentium Pro 的两倍，L2 为 512KB。Pentium Ⅱ 与 Pentium Pro 在 L2 Cache 的不同是制作成本的原因。此时，L2 Cache 已不在内嵌芯片上，而是与 CPU 通过专用 64 位高速缓存总线相联，与其它元器件共同被组装在同一基板上，即单边接触盒上。

Pentium Ⅲ（简称 P Ⅲ）也是以 Pentium Pro 结构为核心，它具有 32KB 非锁定 L1 Cache 和 512KB 非锁定 L2 Cache。L2 可扩充到 1～2MB，具有更合理的内存管理，可以有效地对大于 L2 缓存的数据块进行处理，使 CPU、Cache 和主存存取更趋合理，提高系统整体性能。在执行视频回放和访问大型数据库时，高效率的高速缓存管理使 P Ⅲ 避免了对 L2 Cache 的不必要存取。由于消除了缓冲失败，多媒体和其它对时间敏感的操作性能更高了。对于可缓存的内容，P Ⅲ 通过预先读取期望的数据到高速缓存里来提高速度，这一特色提高了高速缓存的命中率，减少了存取时间。

为进一步发挥 Cache 的作用，改进内存性能并使之与 CPU 发展同步来维护系统平衡，一些制造 CPU 的厂家增加了控制缓存的指令。Intel 公司也在 Pentium Ⅲ 处理器中新增加了 70 条 3D 及多媒体的 SSE 指令集，其中有很重要的一组指令是缓存控制指令。AMD 公司在 K6-2 和 K6-3 中的 3DNow 多媒体指令中，也有从 L1 数据 Cache 中预取最新数据的数据预取指令。

Pentium Ⅲ 处理器有两类缓存控制指令：一类是数据预存取（Prefetch）指令，能够增加从主存到缓存的数据流；另一类是内存流优化处理（Memory Streaming）指令，能够增加从处理器到主存的数据流。这两类指令都赋予了应用开发人员对缓存内容更大的控制能力，使他们能够控制缓存操作以满足其应用的需求，同时也提高了 Cache 的效率。

PC 中的 Cache 主要是为了解决高速 CPU 和低速 DRAM 内存间速度匹配的问题，是提高系统性能、降低系统成本而采用的一项技术。随着 CPU 和 PC 的发展，现在的 Cache 已成为 CPU 和 PC 不可缺少的组成部分，是广大用户衡量系统性能优劣的一项重要指标。

5.6 虚拟存储器

5.6.1 主存-辅存层次结构

衡量存储器有三个指标：容量、速度和每位的价格。一般来讲，速度高的存储器，每位价格也高，因此容量不能太大。早期计算机主存容量很小（如几 K 字节），程序与数据从辅存调入主存是由程序员自己安排的，程序员必须花费很大精力和时间把大程序预先分成块，确定好这些程序块在辅存中的位置和装入主存的地址，而且还要预先安排好程序运行时，各块如何和何时调入调出。现代计算机主存储器容量已达几十兆字节，甚至达到几百兆字节，但是程序对存储容量的要求也提高了，因此仍存在存储空间的分配问题。

操作系统的形成和发展使得程序员尽可能摆脱主存和辅存之间的地址定位，同时形成了支持这些功能的辅助硬件，通过软件、硬件结合，把主存和辅存统一成了一个整体，如图 5-31 所示。这时，由主存-辅存形成了一个存储层次，即存储系统。主存-辅存层次解决了存储器的大容量要求和低成本之间的矛盾，从整体看，其速度接近于主存的速度，其容量则接近于辅存的容量，而每位平均价格也接近于廉价慢速的辅存平均价格。

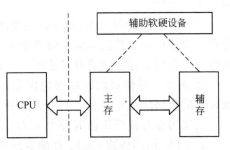

图 5-31 主存-辅存层次结构

5.6.2 虚拟存储器的基本概念

(1) 什么叫虚拟存储器

虚拟存储器（virtal memory）是建立在主存-辅存物理结构基础之上，由附加硬件装置及操作系统存储管理软件组成的一种存储体系，它将主存和辅存的地址空间统一编址，形成一个庞大的存储空间。在这个大空间里，用户自由编程，完全不必考虑程序在主存是否装得下，或者放在辅存的程序将来在主存中的实际位置。编好的程序由计算机操作系统装入辅助存储器，程序运行时，附加的辅助硬件机构和存储管理软件会把辅存的程序一块块自动调入主存由 CPU 执行，或从主存调出。用户感觉到的不再是处处受主存容量限制的存储系统，而是像具有一个容量充分大的存储器。因为实质上 CPU 仍只能执行调入主存的程序，所以这样的存储体系称为虚拟存储器。

(2) 虚地址和实地址

虚拟存储器的辅存部分也能让用户把其像内存一样使用，用户编程时指令地址允许涉及辅存大小的空间范围，这种指令地址称为虚地址（即虚拟地址），或叫逻辑地址，虚地址对应的存储空间称为虚存空间，或叫逻辑空间。而实际主存储器单元的地址则称为实地址（即主存地址），或叫物理地址，实地址对应的是主存空间，亦称物理空间。显然，虚地址范围要比实地址大得多。

虚拟存储器的用户程序以虚地址编址并存放在辅存里，程序运行时，CPU 以虚地址访问主存，由辅助硬件找出虚地址和物理地址的对应关系，判断由这个虚地址指示的存储单元的内容是否已装入主存，如果在主存，CPU 就直接执行已在主存的程序；如果不在主存，就要进行辅存内容向主存的调度，这种调度同样以程序块为单位进行。计算机系统存储管理软件和相应的硬件把欲访问单元所在的程序块从辅存调入主存，且把程序虚地址变换成实地址，然后再由 CPU 访问主存。在虚拟存储器程序执行中，各程序块在主存和辅存之间进行自动调度和地址变换，主存-辅存形成一个统一的有机体，对于用户是透明的。由于 CPU 只对主存操作，虚拟存储器的存取速度主要取决于主存而不是慢速的辅存，同时又具有辅存的容量和接近辅存的成本。

(3) 虚拟存储器和 Cache 存储器

虚拟存储器和主存-Cache 存储器是两个不同存储层次的存储体系。在概念上两者有不少相同之处：它们都把程序划分为一个个数据块，运行时都能自动地把数据块从慢速存储器向快速存储器调度，数据块的调度都采用一定的替换策略，新的数据块将淘汰最不活跃的旧数据块以提高继续运行时的命中率，新调入的数据块须按一定的映像关系变换地址后，才能确定其在存储器的位置等。但是，由主存-辅存组成的虚拟存储器和主存-Cache 存储器亦有很多不同之处。

① Cache 存储器采用与 CPU 速度匹配的快速存储元件弥补了主存和 CPU 之间的速度差距，而虚拟存储器虽然最大限度地减少了慢速辅存对 CPU 的影响，但它的主要功能是用来弥补主存和辅存之间的容量差距，具有提供大容量和程序编址方便的优点。

② 两个存储体系均以数据块作为存储层次之间基本信息的传送单位，Cache 存储器每次传送的数据块是定长的，只有几十字节，而虚拟存储器数据块划分方案很多，有页、段等，长度均在几百至几百 K 字节左右。

③ CPU 访问快速 Cache 存储器的速度比访问慢速主存快 5～10 倍。虚拟存储器中主存的速度要比辅存快 100～1000 倍以上。

④ 主存-Cache 存储体系中 CPU 与 Cache 和主存都建立了直接访问的通道。一旦不命中时，CPU 就直接访问主存并同时向 Cache 调度信息块，从而减少 CPU 等待的时间。而辅助存储器与 CPU 之间没有直接通路，一旦在主存不命中时，只能从辅存调块到主存。因为辅存的速度相对 CPU 的差距太大，调度需要毫秒级时间，因此，CPU 一般改换执行另一个程序，等到调度完成后才返回原程序继续工作。

⑤ Cache 存储器存取信息的过程、地址变换和替换策略全部用硬件实现，所以，对各类程序员均是透明的。而主存-辅存层次的虚拟存储器基本上是由操作系统的存储管理软件并辅助一些硬件来进行数据块的划分和主存-辅存之间的调度，所以对设计存储管理软件的系统程序员来说，它是不透明的；而对广大用户，因为虚拟存储器提供了庞大的逻辑空间可以任意使用，所以对应用程序员是透明的。

5.6.3 页式虚拟存储器

以页为基本信息传送单位的虚拟存储器称为页式虚拟存储器。不同类型的计算机，其页面大小的设置也不等，一般一页包括 512B～几 KB，通常是 2 的整数幂。页式虚拟存储器的主存和虚拟存储空间划分成大小相等的页，主存空间地址从 0 页开始按页顺序编号。假设内存容量为 64K，地址长 16 位，每页有 2^{11}（2K）字节，主存划分成 32 页，如图 5-32 所示。

实地址低 11 位编码从全为 0 开始到全为 1 为止，正好指示一页的存储范围，称为页内地址，页内地址描述存储单元在一页内的序号。实地址的高 5 位编码从 00000～ 11111，正好与所在主存的页顺序号一致，称为实页号。所以页式虚拟存储器的实地址

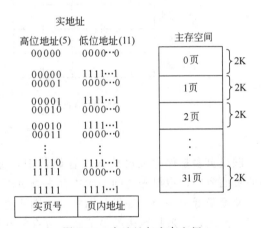

图 5-32　实地址与主存空间

由两部分组成：实页号＋页内地址。页内地址的长度由页面的大小而定，实页号的长度则取决于主存的容量。

采用页式虚拟存储器的计算机，编写程序时，用户使用虚地址，程序由操作系统装到辅存中。虚拟空间也按页划分，故虚地址由虚页号和页内地址两部分组成。因为主存、虚存的页面大小一致，所以实地址和虚地址的页内地址部分的长度一致。由于虚存空间要比主存大得多，所以虚页号要比实页号地址长。CPU 访问主存时送出的是程序虚地址。计算机必须判断该地址的存储内容是否已在主存里，如果不在的话，需要将所在页的内容按存储管理软件的规定调入指定的主存页后才能被 CPU 执行；如果在的话，就要找出在主存的哪一页。为此，通常需要建立一张虚地址页号与实地址页号的对照表，记录程序的虚页面调入主存时被安排在主存中的位置，这张表叫页表（page table）。

页表是存储管理软件根据主存运行情况自动建立的，对程序员完全透明。内存中有固定的区域存放页表。每个程序都有一张页表，如图 5-33（a）。页表按虚页号顺序排列，页表的长度等于该程序的虚页数。每一虚页的状态占据页表中一个存储字，叫页表信息字。页表信息字的主要内容有：装入位、修改位、替换控制位、其它位、实页号等。装入位是 1 时表示该虚页的内容已从辅存调入主存，页面有效；为 0 时则相反，表示页面无效，即主存中尚未调入这一页。修改位记录虚页内容在主存中是否被修改过，如果修改过，这页在主存被新页

覆盖时要把修改的内容写回到虚存去。替换控制位与替换策略有关，比如采用前述 LRU 替换策略时，替换控制位就可以用作计数位，记录这页在主存时被 CPU 调用的历史，反映这页在主存的活跃程度。实页号指示管理软件将该虚页分配在主存的位置，即实地址页号。页表信息字中还可以根据要求设置其它控制位。

　　根据图 5-33（a）程序 A 的页表设置可知，程序 A 占据 4 页虚存空间，0～3 号虚页将在主存中第 1、3、8、4 页定位，如图 5-33（b）所示。虚页在实存空间的分布不一定是连续的，可以在主存任意页面定位。页表确定了程序虚页地址在实存空间的定位关系，根据页表就可以完成虚地址和实地址之间的转换。

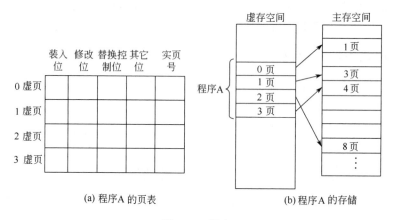

(a) 程序A 的页表　　　　　(b) 程序A 的存储

图 5-33　页表

　　假设页表是保存或已调入主存储器中，那么，CPU 在访问存储器时，首先要查页表，即使页面命中，也得先访问一次主存去查页表，然后再访问主存才能取得数据，这就相当于主存速度降低了一半。如果页面失效，则要进行页面替换和页面修改，访问主存的次数就更多了。因此，一般把页表的最活跃部分存放在快速存储器中组成快表，这是减少时间开销的一种方法。此外，在一些影响工作速度的关键部分也可以引入硬件的支持。

　　页式虚拟存储器每页长度固定且可以顺序编号，页表设置很方便，程序运行时只要主存有空页就能进行页调度，操作简单，开销少，所以页式虚拟存储器得到广泛应用。另一方面由于页长度固定，程序不可能正好是页面的整数倍，使最后一页的零头无法利用而造成浪费。同时，机械的划页无法照顾程序内部的逻辑结构，几乎不可能出现一页正好是一个逻辑上独立的程序段，指令或数据跨页的状况会增加查页表次数和页面失效的可能性，这是页式虚拟存储器欠缺之处。

5.6.4　段式虚拟存储器

　　现在程序编制大都采用模块化设计方法，一个复杂的程序按其逻辑功能分解成一系列相互关联且功能独立的简单模块，一个程序的执行过程是从一个功能模块转到另一功能模块执行的过程。段式虚拟存储器是适应模块化程序的一种虚拟存储器，它的存储空间不是机械的按固定长度的页划分，而是随程序的逻辑结构而定，每一段是一个程序过程模块或一个子程序或一个数组、一张表格等，程序员把所需的段连接起来就组成一个完整的程序。显然，在这里，每一段长度不相等。段式虚拟存储器的段分布如图 5-34 所示。此时，程序仍在虚拟空间编址，但段地址各自从 0 开始且可以装入主存的任意位置。如段 2，其虚地址从 0～3K，段长为 3K，放在实存地址 11K 起始的单元内。同样，段虚地址向实地址的映像关系需要有一张段表指示。段表放在主存中，其主要内容有段号、段起点、装入位、段长、其它等，如表 5-7 所示。段号是程序分段的序号，也是段功能名称的代号，一般有其程序上的逻辑含义，相邻段并非一定是顺序执行的段号。段起点指明该段在实存空间的起始位置。装入位的含义与页表的相同，为 1 时表示此段已装入主存，为 0 则表示尚未装入。段长指出段程序模块的长度以便到实存选择合适的定位空间。此外，段表同样由存储管理软件设置，地址变换时，从段表中取到段的实存起始地址，再与原虚存中段内地址部分相结合就可形成主存的实地址。

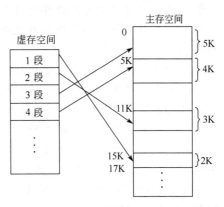

图 5-34　段虚拟存储器段分布图

表 5-7　段表

段号	段起点	装入位	段长	其它
1	15K	1	2K	
2	11K	1	3K	
3	0	1	5K	
4	5K	1	4K	

段式虚拟存储器因段与程序功能模块相对应，模块可以独立编址，使得大程序的编制可以多人分段并行工作，比不分段从头到尾的编程方法要节省很多时间，且容易检查错误。程序按逻辑功能分段，各有段名，便于程序段公用且按段调度可以提高命中率，以上是段虚拟存储器的优点。但由于段虚拟存储器每段占据的存储空间较大，且长度各不相等，虚页调往主存时，主存空间的分配工作比较复杂，段与段之间的存储空间常常不好利用而造成浪费，这是段式虚拟存储器的不足之处。

5.6.5　段页式虚拟存储器

段页式虚拟存储器是段式虚拟存储器和页式虚拟存储器的结合。在这种方式中，把程序按逻辑单位分段后，再把每段分成固定大小的页，程序对主存的调入调出是按页面进行的，但它又可以按段实现共享和保护。

在段页式虚拟存储系统中，每道程序是通过一个段表和一组页表来进行定位的。段表中的每个表目对应一个段，每个表目有一个指向该段页表的起始地址（页号）及该段的控制保护信息。由页表指明该段各页在主存中的位置以及是否已装入、已修改等标志。CPU 访问时，段表指示每段对应的页表地址，每一段的页表确定页在实存空间的位置，最后与页内地址拼接确定 CPU 要访问的单元物理地址。

段页式虚拟存储器综合了段式和页式结构的优点，是一种较好的虚拟存储体系结构。目前，大中型机一般都采用这种段页式存储管理方式。

习题与思考题

5-1. 存储器的哪一部分用来存储程序指令及像常数和查找表一类的固定不变的信息？哪一部分用来存储经常改变的数据？

5-2. 术语"非易失性存储器"是什么意思？PROM 和 EPROM 分别代表什么意思？

5-3. 微型计算机中常用的存储器有哪些？它们各有何特点，分别适用于哪些场合？

5-4. 现代计算机中的存储器系统采用了哪三级分级结构，主要用于解决存储器中存在的哪些问题？

5-5. 试比较静态 RAM 和动态 RAM 的优缺点。

5-6. 计算机的电源掉电后再接电时（系统中无掉电保护装置），存储在各类存储器中的信息是否仍能保存？试从各类存储器的基本原理来分析说明。

5-7. 什么是存储器的位扩充和字扩充方式？它们分别用在什么场合？

5-8. 要用 64K×1 的芯片组成 64K×8 的存储器需要几片芯片？要用 16K×8 的芯片组成 64K×8 的存储器需要几片芯片？

5-9. 试画出容量为 4K×8 的 RAM 硬件连线图（CPU 用 8088，RAM 用 2114），要求 RAM 地址区从 0400H 开始，并写出各芯片的地址分配范围。

5-10. 试画出容量为 12K×8 的 ROM 硬件连线图（CPU 用 8088，EPROM 用 2716），并写出各芯片的地址分配范围。

5-11. 在上题的基础上，若要求 ROM 地址区从 1000H 开始，硬件设计该如何修改？并写出各芯片的地址分配范围。若要求 ROM 地址区从 C000H 开始，硬件设计又该如何修改？并写出各芯片的地址分配范围。

5-12. 一台 8 位微机系统（CPU 为 8088）需扩展内存 16K，其中 ROM 为 8K，RAM 为 8K。ROM 选用 EPROM2716，RAM 选用 2114，地址空间从 0000H 开始，要求 ROM 在低地址，RAM 在高地址，连续存放。试画出存储器组构图，并写出各芯片的地址分配范围。

5-13. 试画出容量为 32K×8 的 ROM 连接图（CPU 用 8088，ROM 地址区从 8000H 开始），并写出各芯片的地址分配范围（EPROM 用 8K×8 的 2764，地址线为 $A_0 \sim A_{12}$，数据线为 $O_0 \sim O_7$，片选引脚为 $\overline{CE}$，输出允许引脚为 $\overline{OE}$）。

5-14. 什么是高速缓冲存储器？在微机中使用高速缓冲存储器的作用是什么？

5-15. 何谓高速缓冲存储器的命中？试说明直接映像、全相联映像、组相联映像等地址映像方式的基本工作原理。

5-16. 什么是虚拟存储器？它的作用是什么？

第6章

输入输出接口技术

本章学习指导　　本章微课

6.1　I/O 接口概述

6.1.1　接口的功能及其作用

(1) 为什么要用接口电路

要构成一个实际的微型计算机系统，除了微处理器以外，还必须有各种扩展部件和输入/输出接口电路，这些扩展部件包括存储器、中断控制器、DMA 控制器、定时/计数器等。而输入/输出接口电路通常包括并行接口、串行接口、专用接口等，利用这些接口电路，微处理器可以接收外部设备送来的信息或将信息发送给外部设备，从而实现 CPU 与外界的通信。

为什么外部设备一定要通过接口电路和主机总线相连呢？这就需要分析一下外部设备的输入/输出操作和存储器读/写操作的不同。存储器功能单一，品种有限，其存取速度基本上可以和 CPU 的工作速度相匹配，这些就决定了存储器可以通过总线和 CPU 相连，即通常说的直接将存储器挂在系统总线上。但是，外部设备的功能却是多种多样的，可以是单一的输入设备或输出设备，也可以既作为输入设备又作为输出设备，还可作为检测设备或控制设备。从信息传输的形式来看，一个具体的设备，它所使用的信息可能是数字式的，也可能是模拟式的。而非数字式信号则必须经过转换才能送到计算机总线。从信息传输的方式来看，有些外设的信息传输是并行的，有些外设的信息传输是串行的。串行设备只能接收和发送串行信息，而 CPU 却只能接收和发送并行信息。这样，就必须通过接口完成串行信息与并行信息的相互转换，才能实现外设与 CPU 之间的通信。除此之外，外设的工作速度通常也比 CPU 的速度要低得多，而且各种外设的工作速度又互不相同，这也要求通过接口电路对输入/输出过程起一个缓冲和联络的作用。

因此，为了使 CPU 能适应各种各样的外设，就需要在 CPU 与外设之间增加一个接口电路，由它完成相应的信号转换、速度匹配、数据缓冲等功能，以实现 CPU 与外设的连接，完成相应的输入输出操作。值得注意的是，加入 I/O 接口以后，CPU 就不再直接对外设进行操作，而是通过接口来完成，也就是说，CPU 通过对接口的操作来间接地实现对外设的操作。

(2) 接口的功能

简单地说，一个接口的基本作用是在系统总线和 I/O 设备之间架起一座桥梁，以实现

CPU 与 I/O 设备之间的信息传输。为完成以上任务，一个接口应具备如下功能（对于一个具体的接口来说，未必全部具备这些功能，但必定具备其中的几个）。

① 寻址功能。首先，接口要能区分选择存储器和选择 I/O 的信号，此外，要对外部送来的片选信号进行识别，以便判断当前本接口是否被访问以及要访问接口中的哪个寄存器。

② 输入/输出功能。接口要根据送来的读/写信号决定当前进行的是输入操作还是输出操作，并且随之能从总线上接收从 CPU 送来的数据和控制信息，或者将数据或状态信息送到总线上。

③ 数据转换功能。接口不但要从外设输入数据或者将数据送往外设，并且要把 CPU 输出的并行数据转换成能被外设所接收的格式（如串行格式）；或者反过来，把从外设输入的信息转换成 CPU 可以接收的格式。

④ 联络功能。当接口从总线上接收一个数据或者把一个数据送到总线上以后，能发一个就绪信号，以通知 CPU，数据传输已经完成，从而准备进行下一次传输。

⑤ 中断管理功能。作为中断控制器的接口，应该具有发送中断请求信号和接收中断响应信号的功能，而且还应具有发送中断类型码的功能。此外，如果总线控制逻辑中没有中断优先级管理电路，那么，接口还应该具有中断优先级管理功能。

⑥ 复位功能。接口应能接收复位信号，从而使接口本身以及所连的外设重新启动。

⑦ 编程功能。一个接口可以根据需要工作于不同的方式，并且可以用软件来决定其工作方式，设置有关的控制信号。为此，一个接口应该具有可编程的功能。当前，几乎所有的大规模集成电路接口芯片都具有这个功能。

⑧ 错误检测功能。在接口设计中，常常要考虑对错误的检测问题。如传输错误和覆盖错误等，如果发现有错，则对状态寄存器中的相应位进行置位以便提供给 CPU 查询。除此之外，一些接口还可根据具体情况设置其它的检测信息。

6.1.2　接口的分类

和许多事物的分类一样，依据不同，分类结果就不同。对接口的分类可以从以下几个方面划分。

(1) 按数据传输的基本方式分类

数据通信（传输）的基本方式可分为并行通信和串行通信。与之对应的接口就有并行接口和串行接口。

并行通信是指利用多条数据传输线将一个数据（如一个字节）的各位同时传输。这种方式的特点是传输速度高，接口电路较为简单，但是当传输距离较远且位数较多时，将使通信线路变得复杂，通信成本提高，因此它适合传输距离较近、传输速度要求较高的场合。如 CPU 子系统与显示适配器之间采用的是并行通信，因此显示适配器是一个并行接口。

串行通信是指利用一条数据传输线，把数据一位一位地顺序传输。这种方法的特点是通信线路简单、通信成本低、通信距离较远，但它的通信速度低，接口电路较并行通信复杂。因此这种方式特别适合远距离、允许慢速传输的场合。在计算机与终端、计算机与计算机之间常采用串行通信。串行通信是构成计算机网络的基础。

至于在应用中是采用并行接口还是串行接口，这主要取决于外设的要求。例如，并行打印机用并行接口，串行打印机用串行接口，两者不能通用。

(2) 按主机访问 I/O 设备的控制方式分类

可分为程序控制传输接口、中断传输接口和 DMA 接口等。前面已经提到，一个接口可能具有多种传输功能，如程序控制传输中的条件传输接口就涵盖了无条件传输接口的功能，中断传输接口则涵盖了程序查询传输接口的功能，而 DMA 接口一般包含有中断机制，亦可作为中断传输接口。

(3) 按接口的总线标准来分类

可分为 ISA 总线接口、EISA 总线接口、PCI 总线接口、MCA 接口、STD 总线接口和 AGP 接口等。

另外还可以按照时序控制方式、应用对象或者几种分类方法相结合来分类等。

最后还必须说明一点，有的接口仅有硬件逻辑，而有的接口还包括与之相关的软件，如驱动程序、初始化程序等。这些驱动程序有的放在接口的 ROM 中，有的则在系统主板上的 ROM 中。在计算机系统中，对接口的访问可以由用户直接编程进行，也可以通过 DOS 调用和 BIOS 调用来实现。利用系统调用来对接口进行操作，使用者无须详细了解接口的硬件逻辑，也可以掩盖可能发生变化的硬件细节。

6.1.3　I/O 接口与系统的连接

(1) CPU 与 I/O 设备之间的信号

为了说明 CPU 和外设之间的数据传送方式，应该先了解 CPU 和输入/输出设备之间传输的信号有哪些。通常，CPU 和输入/输出设备之间传输的信号有以下几类。

① 数据信息。CPU 和外部设备交换的基本信息是数据，数据通常为 8 位或 16 位。数据信息大致分为如下两种形式。

a. 数字量。是指由键盘、磁盘机、卡片机等输入的信息，包括表示开关的闭合和断开、电机的运转和停止、阀门的打开和关闭等的开关量，或者主机送给打印机、磁盘机、显示器及绘图仪的信息，它们都是以二进制形式或是以 ASCII 码表示的数据及字符，通常是 8 位的。

b. 模拟量。如果一个微机系统是用于控制的，那么，多数情况下的输入信息是现场连续变化的物理量，如温度、湿度、位移、压力、流量等。这些物理量一般通过传感器先变成电压或电流，再经过放大。这样的电压和电流仍然是连续变化的模拟量，而计算机无法直接接收和处理它们，要经过模拟量往数字量（A/D）的转换，才能送入计算机。反过来，计算机输出的数字量要经过数字量到模拟量的转换（D/A），才能用于控制现场。

上面这些数据信息，其传输方向通常是双向的，一般是由外设通过接口传递给系统，或由系统通过接口传递给外设。

② 状态信息。状态信息反映了当前外设所处的工作状态，是由外设通过接口传往 CPU 供其查询。如用准备好（READY）信号来表明待输入的数据是否准备就绪；用忙（BUSY）信号表示输出设备是否处于空闲状态等。

③ 控制信息。控制信息是由 CPU 通过接口传送给外设的，CPU 通过发送控制信息控制外设的工作，如启动和停止等。

一般来说，数据信息、状态信息和控制信息各不相同，应该分别传送。但在微型计算机系统中，CPU 通过接口和外设交换信息时，只有输入指令（IN）和输出指令（OUT），所以，状态信息、控制信息也被看成是一种广义的数据信息，即状态信息作为一种输入数据，而控制信息则作为一种输出数据，它们都是通过数据总线来传送的。但在接口电路中，这三种信息要分别进入不同的寄存器。具体地说，CPU 送往外设的数据或者外设送往 CPU 的数据存放在接口的数据寄存器中，从外设送往 CPU 的状态信息存放在接口的状态寄存器中，而 CPU 送往外设的控制信息则要存放到接口的控制寄存器中。

（2）I/O 端口

主机通过接口与外设进行信息交换，在接口中必须有可供主机直接访问的、可以实现信息缓冲的寄存器（也叫锁存器）或硬件逻辑（如三态门）。这就是所谓的 I/O 端口。

在接口电路中，按端口寄存器存放信息的物理意义划分，端口可分为以下 3 类。

① 数据端口。数据端口用来存放 CPU 要输出到外设的数据或者外设送给 CPU 的数据。这些数据是主机和外设之间交换的最基本信息。数据端口主要起缓冲的作用。

② 状态端口。状态端口存放反映外设当前工作状态的信息。每种状态用 1 位表示，每个外设可以有几个状态。CPU 读取这些状态信息，以查询外设当前的工作情况。接口电路状态端口中最常用的状态位有以下几种。

a. 忙碌位（BUSY）：对输出设备，用忙信号表示输出设备是否能够接收新的输出信息。若忙（BUSY=1），则不能接收，否则（BUSY=0，即闲）可以接收。

b. 准备就绪位（READY）：对输入设备，用准备好（READY）信号表示输入设备是否做好了输入准备。若已做好了输入准备，即准备好了一个输入信息供 CPU 读取，则 READY=1；若还没有做好输入准备，则 READY=0，CPU 不能读取。

③ 控制端口。控制端口也称为命令端口，存放 CPU 向接口发出的各种命令字和控制字，以便控制接口或设备的动作。如主机送出的启动或停止输入/输出设备工作的信息，具体随设备要求和外设与主机连接的不同而不同。

显然，数据信息、状态信息和控制信息的性质不同，作用也不同，按理应该分别传输。但是在 8086/8088 微机系统中，CPU 通过接口和外设交换数据时只有输入和输出两种指令（即 IN 和 OUT 指令），也就是说这三种信息都是通过数据总线传输的（状态信息作为输入数据，控制信息作为输出数据）。为了区分这三种不同的信息，需要把它们送到不同的端口，从而起到不同的作用。

事实上，主机并不能区分不同性质的端口，主机对哪一个端口进行读写操作完全取决于所执行 I/O 指令的端口地址，这一点是每一个编写输入/输出程序的人员应十分清楚的。

对 I/O 接口部件来讲，其内部包含一组寄存器，当 CPU 与外设之间进行数据传输时，不同的信息进入不同的寄存器，一般称这些寄存器为 I/O 端口，每个端口有一个端口地址。数据端口对来自 CPU 和内存的数据或者送往 CPU 和内存的数据起缓冲作用；状态端口用来存放外部设备或者接口部件本身的状态；控制端口用来存放 CPU 发出的命令，以便控制接口和设备的动作。一般来讲，数据端口可读可写，状态端口只读不写，而控制端口是只写不读。计算机主机和外部设备通过这些接口部件的 I/O 端口进行沟通。

有些计算机对内存和 I/O 端口统一进行编址，因而只有一个统一的地址空间，这样，所有能够访问内存空间的指令也都能访问 I/O 端口。而 8086/8088 系统属于另外一种类型。在该系统中，通常建立两个地址空间：一个为内存地址空间，一个为 I/O 地址空间。通过控制总线的 $\overline{\text{IO}}/\text{M}$（8086）或 $\text{IO}/\overline{\text{M}}$（8088）来确定 CPU 到底要访问内存空间还是 I/O 空间。为确保控制总线发出正确的信号，系统提供了专用的输入（IN）/输出（OUT）指令。

（3）**接口与系统总线的连接**

由于接口电路位于 CPU 与外设之间，因此，它必须同时满足 CPU 和外设信号的要求。从结构上看，可以把一个接口分为两个部分：一部分用来和 I/O 设备相连，另一部分用来和系统总线相连。与 I/O 设备相连的部分与设备的传输要求和数据格式有关，因此，不同的接口，其结构互不相同，如串行接口和并行接口的差别就很大。但是，与系统总线相连的部分，其结构则非常类似，因为它们面对的是同一总线。

图 6-1 是一个典型的 I/O 接口和系统总线的连接图。为了支持接口逻辑，连接时通常有总线收发器和相应的逻辑电路，其中，逻辑电路把相应的控制信号翻译成联络信号，如果接口部件内部带有总线驱动电路且驱动能力足够时，则可以省去总线收发器。另外，系统中还必须有地址译码器，以便将总线提供的地址码翻译成对接口的片选信号，同时，一般还要用 1～2 位低位地址结合读/写信号来实现对接口内部端口的寻址。

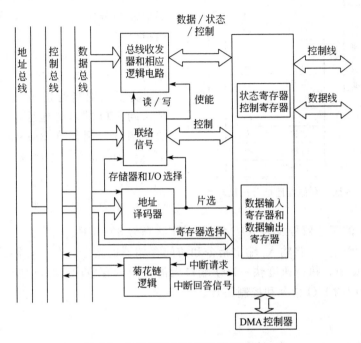

图 6-1　I/O 接口与系统总线的连接示意

6.1.4　I/O 端口的编址方法

主机在进行输入/输出操作时必须对端口进行区分，即对哪个端口进行操作。为此必须像对待存储器那样给每一个端口分配一个地址。为它们分配地址的方式就称为编址方式，常见的编址方式有存储器统一编址和端口独立编址两种。

(1) 存储器统一编址

存储器统一编址是把一个端口当成一个存储器单元对待，主机访问端口与访问存储器完全一样。例如要把 BL 的内容送到地址为 PORT1 的端口，可用下述指令实现。

```
MOV [PORT1],BL
```

采用这种编址方式的计算机的寻址空间是内存容量和端口个数的总和。假设某 CPU 的寻址空间是 1MB，如果采用存储器统一编址方式，则 CPU 所能寻址内存的最大容量为 1MB 减去寻址端口所占用的地址个数。

这种方式的优点是：不需要专用的 I/O 指令，使指令系统简化；另外存储器操作的指令较为丰富，与端口独立编址方式相比，对端口的操作更加灵活。缺点是：I/O 端口占用了存储单元的地址空间。

另外，对外设的操作指令一般比较简单，并不需要复杂的寻址方式，寻址方式复杂反而会影响传输速度。因此存储器统一编址方式常被用于一些小系统中。

端口地址	端口	备注
0000	**	可直接寻址
0001	**	
⋮	⋮	
00FE	**	
00FF	**	
0100	**	必须DX间接寻址
0101	**	
⋮	⋮	
FFFE	**	
FFFF	**	

存储器地址	存储单元
00000	**
00001	**
⋮	⋮
000FE	**
000FF	**
00100	**
00101	**
⋮	⋮
0FFFE	**
0FFFF	**
10000	**
10001	**
⋮	⋮
FFFFE	**
FFFFF	**

（64K，1M）

图6-2　端口地址、存储器地址分配比较图

（2）端口独立编址

该编址方式是把 I/O 端口看成独立于存储器的 I/O 空间，8086/8088 等微处理器习惯上采用这种寻址方式来访问外设。图 6-2 给出了 8086/8088 系统中端口和存储器地址的分配情况。在这种方式下通过专用指令 IN 和 OUT 来访问端口。

由于 I/O 地址线和存储器地址线是共用的，因此两者只能分时使用这一组地址线，为了区别当前是访问存储器的地址还是访问 I/O 端口的地址，一般要设置专用的控制线。例如在 8086CPU 中由信号线 $\overline{IO}/M$ 来区分：当执行存储器操作指令时，$\overline{IO}/M$ 线为高电平；当执行输入/输出指令时 $\overline{IO}/M$ 为低电平，此时地址就只对端口有效。8088CPU 的区分信号线为 IO/$\overline{M}$，其操作状态与 8086CPU 相反。

这种方式的优点是：将输入/输出指令和访问存储器的指令区分开，因此程序的可读性好；I/O 指令长度短，执行速度快；I/O 端口无需占用内存空间；I/O 地址译码电路简单。缺点是：需要专门的 I/O 指令和控制信号。

6.2　输入/输出数据的传输控制方式

输入/输出操作对一台计算机来讲是必不可少的。由于外设的工作速度相差很大，对接口的要求也不尽相同，因此，对 CPU 来讲，输入/输出数据的传输控制方式是一个较复杂的问题，应根据不同的外设要求选择不同的传输控制方式以满足数据传输的要求。一般来说，CPU 与外设之间传输数据的控制方式有三种：即程序方式、中断方式和 DMA 方式。这三种控制方式控制传输的机制各不相同，但要完成输入输出操作都需要有相应接口电路的支持，对应不同的控制方式，其接口电路的复杂程度和工作过程也各不相同。

6.2.1　程序方式

程序方式是指用程序来控制进行输入输出数据传输的方式。很显然，这是一种软件控制方式。根据程序控制的方法不同，又可分为无条件传送方式和条件传送方式，其中后者亦称为查询方式。

（1）无条件传送方式

当利用程序来控制 CPU 与外设交换信息时，如果可以确信外设总是处于准备好的状态，不需要用任何状态查询，就可以直接进行信息传输，这种方式称为无条件传送方式。

无条件传送方式下的程序设计比较简单，由于一般很难保证外设在每次传送时都准备好，因此该方法的应用场合也很少，一般只能用在一些简单外设的操作上，如开关、七段数码管显示等。这种方式所需的硬件接口电路也很简单，如图6-3所示。

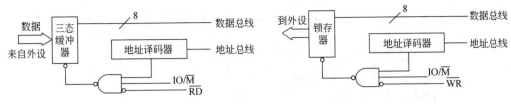

图 6-3　无条件传送方式接口电路

输入时需加缓冲器，该缓冲器由地址译码信号和 $\overline{RD}$ 信号选中。当外设将输入数据送入缓冲器以后，CPU 通过一条 IN 指令即可得到该数据，完成一次输入操作。输出时需加锁存器，由地址译码信号和 $\overline{WR}$ 信号作为锁存器的打入信号，当 CPU 通过一条 OUT 指令输出数据时，该数据被打入锁存器，然后输出至输出设备，这样就完成了一次输出操作。

(2) 条件传送方式

条件传送方式也称为查询方式，它也是一种软件控制方式，但适用的场合较前者要多得多。一般外设在传输数据的过程中都可以提供一些反映其工作状态的状态信号。如对输入设备来讲，它需提供准备好（READY）信号，READY＝1 表示输入数据准备好，反之未准备好。对输出设备来讲，则需提供忙（BUSY）信号，BUSY＝1 表示其正在忙，不能接收 CPU 送来的数据，只有当 BUSY＝0 时才表示其空闲，这时 CPU 可以启动它进行输出操作。

查询式传输即用程序来查询设备的相应状态（对输入设备就是查询 READY，对输出设备就是查询 BUSY），若状态不符合传输要求则等待，只有当状态信号符合要求时，才能进行相应的传输。根据接口电路的不同，状态信号的提供一般有两种方式。对简单接口电路，可以直接将状态信号接至数据线的某位，通过对该位的检测即可得到相应的状态。对专用或通用接口芯片（如 Intel 8251A 等），则可通过读该芯片的状态字，检测状态字的某些位即可得到相应的状态。

① 程序流程。下面以输入为例，给出查询式传输的程序流程（图 6-4）。输出的情况亦相同，只是将查询 READY 信号变成查询 BUSY 信号，读者可自己思考。

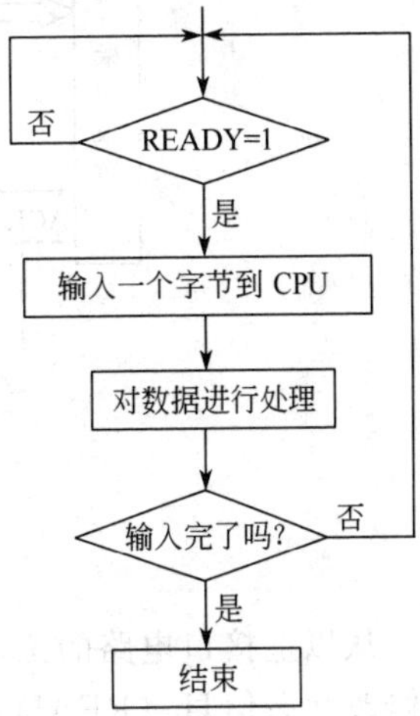

② 接口电路。输入的接口电路见图 6-5。下面简单分析一下该接口电路是如何工作的。从输入设备将数据送入锁存器，发选通信号开始。该选通信号作为 D 触发器的 CLK，使其输出为高，该输出信号经三态缓冲器送至数据线的某位，这就是 READY 信号（此时 READY＝1）。CPU 通过一条 IN 指令进行查询，打开三态缓冲器，读入 READY，经分析后得知输入数据已准备好，然后就可通过一条 IN 指令将数据缓冲器打开，读入输入数据（如果经分析后得知输入数据未准备好，就需要继续进行查询，在 CPU 进行查询时，外设继续准备数据），同时清除 D 触发器，即使 READY＝0。这样，就完成了一次输入操作。这里应注意的是，CPU 两次执行 IN 指令所指向的地址是不同的，一次指向状态端口，一次指向数据端口。

图 6-4　查询式输入程序流程

输出接口电路的工作见图 6-6。由于输出操作与输入操作工作的主动方不同（前者为 CPU，后者为外设），因此，输出接口电路的工作分析，从 CPU 执行一条 OUT 指令，产生选通信号，将输出数据送到锁存器开始。该选通信号的作用有两个：一个是作为输出锁存器的打入信号；另一个是作为 D 触发器的 CLK，使其输出为 1。D 触发器输出的 1 在用来通知

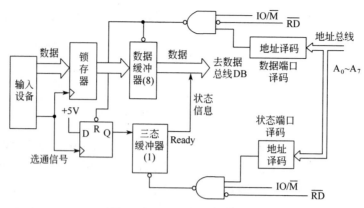

图 6-5　查询式输入接口电路

外设取数的同时，又经过三态缓冲器接至数据线的某位作为查询信号（BUSY）。这时，CPU 通过一条 IN 指令读状态即可了解外设是否忙（此时 BUSY＝1），以便决定是否可以输出下一个数据。另外，当输出设备从锁存器中取走数据以后，会发出回答信号 ACK，该信号清除 D 触发器，使 BUSY＝0，CPU 查询到此信号后，即可开始输出下一个数据。在这里也需注意，CPU 用 OUT 指令和 IN 指令进行操作时，应指向不同的端口，前者为数据端口，后者为状态端口。

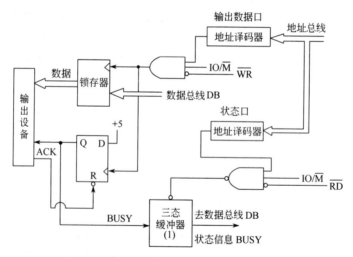

图 6-6　查询式输出接口电路

从以上接口电路的工作过程中不难看出，由于接口电路会根据输入/输出的具体操作自动修改状态信息（READY、BUSY），因此，只要接口电路设计合理，工作正常，CPU 总能查询到相应的状态，而不至于死机。

【例 6-1】　要求采用查询方式从某输入设备上输入一组 60 个数据送缓冲区 BUFF，接口电路如图 6-5 所示，其中 READY 状态接至数据总线的 D_0 位。若缓冲区已满，则输出提示信息 "BUFFER OVERFLOW"，然后结束。设该设备的启动地址为 FCH，数据端口地址为 F8H，状态端口地址为 FAH。
　　程序如下：

```
DATA        SEGMENT
```

```
     MESS1  DB  'BUFFER  OVERFLOW','$ '
     BUFF  DB  60 DUP(?)
DATA  ENDS
CODE  SEGMENT
  ASSUME  CS:CODE,DS:DATA
START:MOV  AX,DATA
      MOV    DS,AX
      MOV    BX,OFFSET BUFF          ;送缓冲区指针
      MOV    CX,60                   ;送计数初值
      OUT    0FCH,AL                 ;启动设备
WAIT1:IN  AL,0FAH                    ;查询状态,若为 0,则等待
      TEST   AL,01H
      JZ     WAIT1
      IN     AL,0F8H                 ;输入数据
      MOV    [BX],AL
      INC    BX
      LOOP   WAIT1                   ;检测缓冲区是否满,不满再输入
      MOV    DX,OFFSET  MESS1        ;缓冲区满,输出提示字符串
      MOV    AH,09H
      INT    21H
      MOV    AH,4CH
      INT    21H
CODE  ENDS
      END    START
```

【例 6-2】　如果要求采用查询方式将缓冲区 BUFF 开始的 60 个数据从某设备上输出，接口电路如图 6-6 所示，其中 BUSY 状态接至数据总线的 D_7 位。同样设该设备的启动地址为 FCH，数据端口地址为 F8H，状态端口地址为 FAH。

　程序如下：

```
DATA       SEGMENT
  BUFF  DB  60 DUP('3')
DATA  ENDS
CODE  SEGMENT
  ASSUME  CS:CODE,DS:DATA
START:MOV  AX,DATA
      MOV    DS,AX
      MOV  BX,OFFSET  BUFF       ;送缓冲区指针
      MOV  CX,60                 ;送计数初值
      OUT  0FCH,AL               ;启动设备
WAIT1:IN     AL,0FAH             ;查询状态,若为 1,则等待
      TEST   AL,80H
```

```
        JNZ    WAIT1
        MOV    AL,[BX]
        OUT    0F8H, AL              ;输出一个数据
        INC    BX
        LOOP   WAIT1
        MOV    AH,4CH
        INT    21H
CODE  ENDS
        END   START
```

③ 优先级问题。前面讲到的查询程序都是仅对一台设备进行的，当系统较大、设备较多时，CPU 须对多台设备进行查询服务，这时就出现了一个问题，即究竟先为哪台设备服务，这就是设备的优先级问题。一般来讲，为了保证每台设备都有被查询服务的可能，系统可以采用轮流查询的方法来解决。流程图见图 6-7（以三台设备为例）。

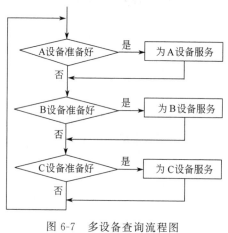

图 6-7 多设备查询流程图

经分析可知，这时，先查询到的设备具有较高的优先级，可以得到较早的服务，而后查询到的设备则具有较低的优先级。因此，在处理对多设备的查询时，一般要先查询速度较快、实时性要求较高的设备，后查询速度较慢、实时关系不大的设备。当然，也可以通过程序设计的技巧来改变这种优先级，如采用加标记的方法等。有兴趣的读者可以参考有关资料。

查询方式使用方便，系统开销也不大，对设备不多且实时响应要求不高的小系统是很适宜的。不足之处是，如果要查询的设备较多，则排在查询链后面的设备将不能得到较快的响应。

6.2.2 中断方式

(1) 为什么要用中断方式

从查询式的传输过程可以看出，它的优点是硬件开销小，使用起来比较简单。但在此方式下，CPU 需不断地读取设备的状态字和检测状态字，若设备未准备好，则需等待，这无疑会占用 CPU 的大量工作时间，降低 CPU 的工作效率，尤其是当系统中有多台设备时，对某些设备的响应就比较慢，从而影响整个系统响应的实时性。这样，就提出了一个问题，能否使 CPU 从重复的查询工作中解放出来，只有当设备提出需要服务的时候才为其服务，而在其它情况下只需要做自己的工作就行。这就是所谓的中断方式。

中断传送方式是外设在 CPU 的工作过程中，使其停止执行当前程序，而转去执行一个为外设的数据输入/输出服务的程序，即中断服务子程序。中断服务子程序执行完以后，CPU 又返回到原来的程序去继续执行，其过程示意图见图 6-8。因而在这种方式下，

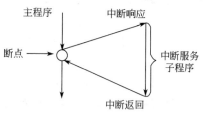

图 6-8 中断方式的工作流程图

CPU 无需花大量的时间去查询外设的工作状态，当外设准备好时，它会主动向 CPU 发出请求，CPU 只需具有检测中断请求，进行中断响应，并能正确中断返回的功能就行。在这个过程中，将引起中断的原因或发出中断请求的设备称为中断源，中断源可以有许多种，如：I/O 设备、实时时钟、系统故障、定时时间到、软件设置等。

　　加入中断系统以后，CPU 与外设处在并行工作的情况（即它们可以同时各自做不同的工作），因此，大大提高了 CPU 的工作效率，尤其是对多设备且实时响应要求较高的系统来说，中断方式确是一种较好的工作方式，也是当前计算机处理输入输出的主流控制方式。

　　(2) 中断接口电路

　　要分析中断处理的过程，首先要看中断方式下的接口电路，图 6-9 给出了输入方式下的中断接口电路（输出方式亦类似）。

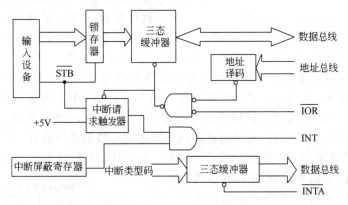

图 6-9　中断方式输入的接口电路

　　输入设备用 $\overline{STB}$ 将输入数据打入锁存器，同时使中断请求触发器置 1，此时，若该中断源没有被屏蔽，即中断屏蔽寄存器的输出为 1，则接口向 CPU 发出中断请求 INT。CPU 接到中断请求信号以后，若其内部的允许中断标志为 1，则在当前指令执行完进入中断响应，发 $\overline{INTA}$ 信号，此时，中断源将其中断类型码送至系统数据总线。CPU 收到中断类型码以后，即可进入中断服务子程序，通过一条 IN 指令将三态缓冲器打开，读入输入数据，同时清除中断请求触发器。有关中断处理的更详细内容，将在下一节具体结合 8086/8088 的中断系统再讨论 。

　　(3) 中断优先级

　　与前面讲过的查询方式类似，当系统中有多台设备（即多个中断源）同时提出中断请求时，就有先响应谁的问题，也就是如何确定优先级的问题。一般来讲，CPU 总是先响应具有较高优先级的设备。解决优先级问题的方法一般有三种：软件查询法、简单硬件方式和专用硬件方式。

　　① 软件查询法。软件查询法只需有简单的硬件电路支持。如系统中有 A、B、C 三台设备，可以将这三台设备的中断请求信号相"或"以后作为系统的中断请求发向 CPU，如图 6-10

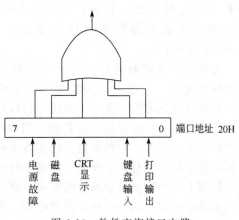

图 6-10　软件查询接口电路

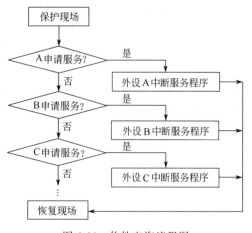

图 6-11 软件查询流程图

所示（有 5 个中断源的情况）。这时，由于 A、B、C 三台设备中只要至少有一台设备提出中断请求，就可以向 CPU 发中断请求。因此，当 CPU 进入中断服务子程序后仍不能唯一确定中断源，还必须再用软件查询的方式来确定中断源并提供相应的服务。该查询软件的设计思想同前述的查询方式，查询的先后顺序就给出了相应设备的中断优先级，即先查的设备具有较高的优先级，后查的设备具有较低的优先级。一般来讲，是先查速度较快的或是实时性要求较高的设备，流程图如图 6-11 所示。

软件查询方式简单易行，适合于小系统，尤其是中断源数量较少时。但由于软件查询速度慢，相对来说效率较低，对于中断源多的系统，该方法不可取。

② 简单硬件方式。下面以链式中断优先权排队电路为例。它的基本设计思想是：将所有的设备连成一条链，最靠近 CPU 的设备优先级最高，离 CPU 越远的设备优先级越低。当链上有设备提出中断请求时，该请求信号可以被 CPU 接收，CPU 若满足条件可以响应，则发出中断响应信号。该响应信号沿着这条链先到达优先级别高的设备。若级别高的设备发出了中断请求，则在它接到中断响应信号的同时，封锁该信号使其不能往后传输，这样，就使得其后较低级设备的中断请求不能得到响应。只有等它的中断服务结束之后，才开放中断响应，这时才允许为低级设备服务。

这种方式下的硬件电路不是很复杂，如图 6-12 所示，也很容易实现。但缺点是链不能太长，否则链尾的设备就可能总是得不到服务。

③ 专用硬件方式。采用软件查询法或链式中断优先权排队电路虽然都能解决中断优先级的问题，但它们或多或少都有一定的局限性。目前，微机上用得比较多的还是可编程中断控制器芯片，如 Intel 8259A。

可编程中断控制器作为专用的中断优先权管理电路，一般可以接收多级中断请求，它可以对这多级中断请求的优先权进行排队，从中选出级别最高的中断请求，将其传给 CPU。它还设有中断屏蔽字寄存器，用户可以通过编程设置中断屏蔽字，从而改变原有的中断优先级。另外，中断控制器还支持中断的嵌套。中断的嵌套是指，当 CPU 正在为一个中断源服务时，又有一个新的中断请求打断当前的中断服务，从而进入一个新中断服务的情况（原则上只允许高级中断打断低级中断）。

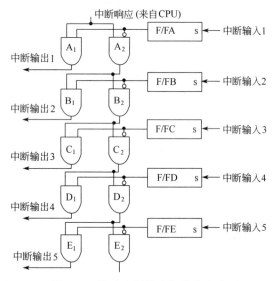

图 6-12 链式中断优先权排队电路

系统中采用可编程中断控制器以后，硬件的连线也发生了改变。这时，CPU 的 INT 和 $\overline{\text{INTA}}$ 引脚不再与中断接口电路相连，而是与中断控制器相连，来自外设的中断请求信号通过中断控制器的中断请求输入引脚 IR_i 进入中断控制器。CPU 发出 $\overline{INTA}$ 信号以后，由中断控制器将选中的级别最高的中断源中断类型码送出，使 CPU 可以据此转向相应的中断服务子程序。整个电路示意如图 6-13 所示。

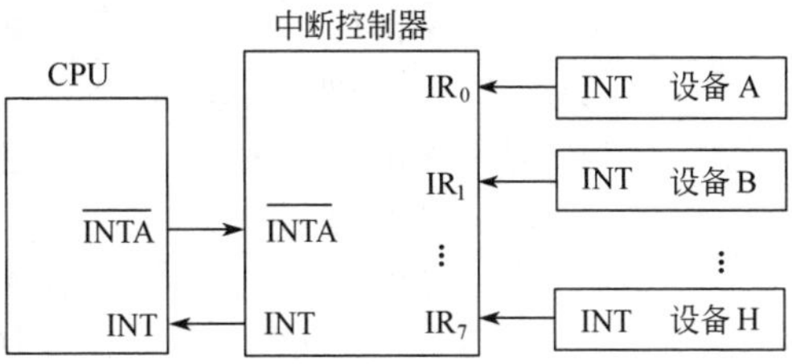

由于中断控制器芯片可以通过编程来设置或改变其工作方式，因此使用起来方便灵活。

图 6-13　中断控制器的系统连接示意

（4）中断响应

中断响应是指 CPU 中止当前程序的运行，根据中断源提供的信息，找到中断服务子程序的入口地址，转去执行中断服务子程序的过程。这个过程一般是由计算机的硬件自动完成的，其具体动作如下。

- 判断是否满足中断响应的条件，如：IF 标志是否为 1，当前指令是否执行完等。
- 保护断点。内容包括被中断的主程序的返回地址、状态寄存器的值等现场信息。
- 找到要响应的中断源的中断服务子程序的入口地址，将其装入 CS：IP，从而实现转移。

（5）中断服务子程序

CPU 响应中断以后，就会中止当前的程序，转去执行一个中断服务子程序，以完成为相应设备的服务。中断服务子程序的一般结构如图 6-14 所示，其中保护现场的工作可以由一系列的 PUSH 指令来完成，目的是保护那些与主程序中有冲突的寄存器（如 AX、BX、CX 等），如果中断服务子程序中所使用的寄存器与主程序中所使用的寄存器等没有冲突的话，这一步骤可以省略。开中断由 STI 指令实现，目的是实现中断的嵌套。恢复现场的工作可以由一系列的 POP 指令完成，是与保护现场对应的，但要注意数据恢复的次序，以免混乱。返回一定是使用中断返回指令 IRET，而不能使用一般的子程序返回指令 RET，因为 IRET 指令除了能恢复断点地址外，还能恢复中断响应时的标志寄存器的值，而这后一个动作是 RET 指令不能完成的。

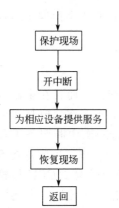

图 6-14　中断服务子程序的流程图

【例 6-3】　在出租车计价系统中，需要统计车轮转动的圈数。假设已有一个外部电路，车轮每转一圈就可以输出一个脉冲，根据计价规则，车轮每转 120 圈，要通知 CPU 进行一次计价更新。现在要求，将计数通道的输出作为中断源向 CPU 发出的中断请求，每计完 120 圈后产生中断，编制完成具体计价计算更新的中断服务子程序。

分析：根据题目要求，在计完一个单价后会产生中断，在中断服务子程序中可实现具体计价计算的更新。

中断服务子程序如下（假设目前的计价金额和单价分别存在 SUM 和 VAL 单元中）：

```
INTSTART:  PUSH  AX          ;保护现场
           MOV   AX, SUM      ;取目前的计价金额
           ADD   AX, VAL      ;增加一个单价
           MOV   SUM, AX      ;保存新的计价金额
           CALL  SHOW         ;转去显示新的计价金额
```

```
        MOV  AL,00010000B      ;重新初始化,开始下一轮计算
        OUT  CPORT, AL
        MOV  AL, 120
        OUT  TD0PORT, AL
        POP  AX                ;恢复现场
        IRET                   ;中断返回
```

这里要强调中断服务子程序与一般子程序之间的差别。一是调用方式不同。一般子程序是通过执行 CALL 指令来调用的,因此,用户很清楚主程序在什么时候转向了子程序。而中断服务子程序是由硬件自动实现转移,其转移的过程和时间用户是看不到的,为此,要实现正确的中断响应,用户必须事先做好很多准备,如接口连接、中断服务子程序定位、标志设置、优先权分配等。二是返回方式不同。一般子程序是通过执行 RET 或 RET N 指令来返回的。而中断服务子程序是通过执行 IRET 指令来返回的。

综上所述可知,中断方式的工作是通过中断源发中断请求信号与 CPU 进行联系的,中断处理的工作过程可分为五大步骤:即中断请求、中断判优、中断响应、中断服务和中断返回。值得注意的是,不同的计算机在这些步骤的具体实现方法上各有不同,本书后面会结合 8086/8088CPU 的情况进行详细介绍。

6.2.3 DMA 方式

程序方式和中断方式都可以用来控制完成 CPU 与外设之间的信息交换,而且在中断方式下,由于 CPU 与外设之间可以并行工作,因此大大提高了 CPU 的工作效率。但是在中断方式下,仍然是通过 CPU 执行程序来实现数据传送的。CPU 每执行一次中断服务子程序,可以完成一次数据传输,但在此期间,一系列的保护(恢复)现场的工作,也要花费不少 CPU 的时间,这些工作又往往是与数据传输无直接关系的,这无疑又影响了 CPU 传输的效率,尤其是在外设的传输速率很高(如磁盘),或要进行大量的数据块传输时,上述因素的影响则更加明显。这样就提出了另一种控制方式——DMA(direct memory access),即直接存储器存取。在 DMA 方式下,外部设备利用专门的接口电路直接和存储器进行高速数据传送,而不需要经过 CPU,数据传输的速度基本上取决于外设和存储器的速度,传输效率大大提高。当然,由此也带来了设备上的开销,即需要有专门的控制电路来取代 CPU 控制数据传输,这种设备称为 DMA 控制器。DMA 方式大大提高了数据传输的效率,被广泛应用于软盘,硬盘等外设的数据传输控制中。

一般来说,完成一次 DMA 传输的主要步骤如下。

① 当外设准备就绪时,它向 DMA 控制器发 DMA 请求,DMA 控制器接到此信号后,经过优先级排队(如需要的话),向 CPU 发 DMA 请求(送至 CPU 的 HOLD 引脚)。

② CPU 在完成当前总线周期后会立即对 DMA 请求做出响应。CPU 的响应包括两个方面:一方面将控制总线、数据总线和地址总线置高阻,另一方面将有效的 HLDA 信号加到 DMA 控制器上,以此来通知 DMA 控制器,CPU 已经放弃了对总线的控制权。

③ DMA 控制器收到 HLDA 信号后,即取得了总线控制权。这时,它往地址总线上发送地址信号(指出本次数据传输的位置),同时,发出相应的读/写信号(决定是进行输入还是输出操作)。

④ 每传送一个字节,DMA 控制器会自动修改地址寄存器的内容,以指向下一个要传送的字节。同时,修改字节计数器的内容,判别本次传输是否结束。

⑤ 当字节计数器的值达到计数终点时，DMA 过程结束。DMA 控制器通过使 HOLD 信号失效，撤销对 CPU 的 DMA 请求。CPU 收到此信号，一方面使 HLDA 无效，另一方面又重新开始控制总线，实现正常的运行。

图 6-15 给出了输入情况下的 DMA 工作电路，DMA 的工作流程如图 6-16 所示。

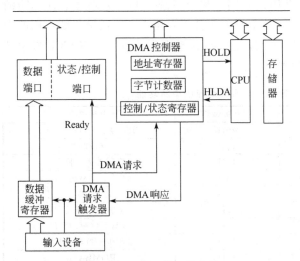

图 6-15　DMA 的工作电路

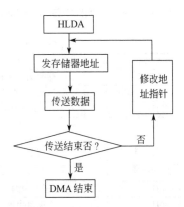

图 6-16　DMA 的工作流程图

从以上 DMA 方式传输的主要步骤中，不难看出，此时的 DMA 控制器充当了 CPU 的角色，要想完成 DMA 传输的控制工作，它的内部必须有控制寄存器、状态寄存器、地址寄存器、字节计数器等功能部件，有能发送读/写信号，以及向 CPU 发 HOLD 请求并接收 HLDA 响应的功能。本章第 5 节将详细介绍可编程的 DMA 控制器芯片 Intel 8237A。

6.3　8086/8088 的中断操作

6.3.1　中断分类与中断类型码

引起中断的原因或发出中断请求的设备称为中断源，中断源可以有许多种，如：I/O 设备、实时时钟、系统故障、软件设置等，在以 8086/8088 为 CPU 的系统中，它将所有的中断分成了两类，即硬件中断和软件中断。

硬件中断也称为外部中断，是由外部硬件电路产生的，如打印机、键盘等。硬件中断又可分为两种，一种是可屏蔽中断，另一种是不可屏蔽中断。其中不可屏蔽中断请求由 NMI 引脚输入，它不受标志寄存器中中断允许标志 IF 的影响，只要有请求，总是能被 CPU 响应，因此，它的优先级别高于可屏蔽中断。不可屏蔽中断一般都是用来处理紧急情况，如存储器奇偶校验错、I/O 通道奇偶校验错、系统掉电等事件。硬件中断中的绝大部分属可屏蔽中断，可屏蔽中断请求由 INTR 引脚输入，受标志寄存器中中断允许标志 IF 的影响，也就是说，只有当 IF＝1 时，系统才可能响应可屏蔽中断。同时，这类中断也受中断屏蔽字的影响，凡是已被屏蔽的中断源，即使有中断请求产生，CPU 也不予以响应，这样，用户就可以通过写中断屏蔽字的方法来改变中断的优先级。由于可屏蔽中断源数量较多，一般是通过优先级排队电路（如 8259A）进行控制，从多个中断源中选出一个最高级别的中断请求送 CPU 处理。

软件中断是根据某条指令的执行、中间的运算结果或者对标志寄存器中某个标志的设置而产生，它与硬件电路无关。常见的软件中断如除数为 0（由计算结果引起）、溢出（由 INTO 指令引起），或由 INT n 指令产生。

为了更好地区分不同的中断源，8086/8088CPU 为每个中断源分配了一个中断类型码，中断类型码的范围为 0～255。根据中断类型码的不同，整个系统一共可处理 256 种不同的中断。这 256 种不同的中断也有不同的分工，其中有一部分为专用中断或已被系统占用的中断，这些中断原则上是用户不能使用的，否则会发生一些意想不到的故障。PC/XT 机中部分中断类型码所对应的中断功能如表 6-1 所示。

表 6-1 PC/XT 机部分中断类型码及其对应的中断功能

中断类型码	中断功能	中断类型码	中断功能
0H	除数为 0 中断	10H	CRT 显示 I/O 驱动程序
1H	单步中断	11H	设备检测
2H	NMI 中断	12H	存储器大小检测
3H	断点中断	13H	硬盘 I/O 驱动程序
4H	溢出中断	14H	RS-232I/O 驱动程序
5H	打印中断	15H	盒式磁带机处理
6H、7H	保留	16H	键盘 I/O 驱动程序
8H	电子钟定时中断	17H	打印机 I/O 驱动程序
9H	键盘中断	18H	ROMBASIC
AH	保留的硬件中断	19H	引导（BOOT）
BH	串行通信(COM2)	1AH	一天的时间
CH	串行通信(COM1)	1BH	用户键盘 I/O
DH	硬盘中断	1CH	用户定时器时标
EH	软盘中断	1DH	CRT 初始化参数
FH	并行打印机中断	1EH	磁盘参数
		1FH	图形字符集

在这些中断类型码中，0H～4H 是专用中断，8H～FH 是硬件中断，5H 和 10H～1AH 是基本外设的 I/O 驱动程序和 BIOS 中调用的有关程序，1BH 和 1CH 由用户设定，1DH～1FH 指向三个数据区。中断类型码 20H～3FH 由 DOS 操作系统使用，用户可以调用其中的 20H～27H 号中断，40H～FFH 号中断可以由用户程序安排使用。

6.3.2 中断向量与中断向量表

系统处理中断有五大步骤，即中断请求、中断判优、中断响应、中断服务和中断返回，在这些步骤中，最主要的一步是如何在中断响应时能够根据不同的中断源进入相应的中断服务子程序。8086/8088 系统采用向量式中断的处理方法来解决该问题。在向量式中断的处理方法中，将每个中断服务子程序的入口地址（32 位）称为一个中断向量，把系统中所有的中断向量按照一定的规律排列成一个表，这个表就称为中断向量表。当中断源发出中断请求，CPU 决定响应中断后，即可查找中断向量表，从中找出该中断源的中断向量并将其装入 CS：IP，即可转入相应的中断服务子程序。

8086/8088 中断系统中的中断向量表的排列规则是：中断向量表位于内存 0 段 0000～03FFH 的存储区内，各中断向量按其中断类型码的大小顺序从低地址到高地址依次存放。每个中断向量占四个单元，其中低地址的两个单元存放中断服务子程序入口地址的偏移量（IP），低位在前，高位在后。高地址的两个单元存放中断服务子程序入口地址的段地址（CS），也是低位在前，高位在后。图 6-17 给出了中断类型码与中断向量所在位置之间的对应关系。

了解了中断向量表的构造及其排列的规律以后，用户就可以很方便地计算出对应某个中断类型码的中断向量在整个中断向量表中的位置。假设某个中断源的中断类型码为 N，将 N 左移两位，即 $N \times 4$，为该中断源的中断向量在中断向量表中起始位置的偏移地址，段地址为 0。系统初始化时，可以通过软件编程的方式将其中断服务子程序的入口地址依次存放在从这儿开始的连续 4 个单元中（先放 IP，后放 CS）。例如，某设备的中断类型码为 40H，则中断向量存放的起始位置的偏移地址为 $40H \times 4 = 100H$，设其中断服务子程序的入口地址为 4530：2000H，则在 0000：0100H ～ 0000：0103H 这四个单元中应依次装入 00H、20H、30H、

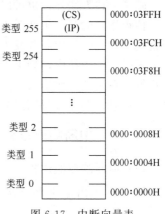

图 6-17　中断向量表

45H。中断发生后，CPU 可以获得相应的中断类型码，经过计算就会自动找到这个位置，取出存放在这里的中断向量，并依次装入 IP 和 CS，从而实现转入相应的中断服务子程序。

从以上分析可知，在向量式中断的处理过程中，有两个问题很重要：一个是如何拿到中断类型码；另一个是如何将中断向量定位到中断向量表中。其中第一个问题将在下一节结合8259A 芯片来介绍；第二个问题的解决方法有很多，比较简单的一种方法是通过 DOS 系统调用来完成。调用时要求：AL = 中断类型码，DS：DX = 中断服务子程序入口地址的段地址和偏移地址，调用号 = 25H。

【例 6-4】 在上一节的例 6-3 中，编写了如下的中断服务子程序：

```
INTSTART:    PUSH  AX                ;保护现场
             MOV   AX, SUM           ;取目前的计价金额
             ADD   AX, VAL           ;增加一个单价
             MOV   SUM, AX           ;保存新的计价金额
             CALL  SHOW              ;转去显示新的计价金额
             MOV   AL,00010000B      ;重新初始化,开始下一轮计算
             OUT   CPORT, AL
             MOV   AL, 120
             OUT   TD0PORT, AL
             POP   AX                ;恢复现场
             IRET                    ;中断返回
```

假设此时系统分配给该中断源的中断类型码为 60H，以下程序就可以完成中断向量的装入（要求将此程序段放在主程序的开始部分）。

```
PUSH DS                      ;保存当前数据段寄存器的值
MOV  DX,SEG  INTSTART        ;取中断服务子程序入口的段地址
MOV  DS,DX
MOV  DX,OFFSET  INTSTART     ;取中断服务子程序入口的偏移地址
MOV  AL,60H                  ;送中断类型码
MOV  AH,25H
INT  21H
POP  DS                      ;恢复当前数据段寄存器的值
```

除了上述方法外，也可以利用 MOV 指令直接进行传送。

值得注意的是，中断系统开始工作以后，其中断响应的过程对用户来讲是不透明的，也就是说，什么时候中断源发中断请求，CPU 何时转向中断服务子程序都是随机的、自动的，在 8086/8088 系统中，如果没有事先在中断向量表中装入正确的中断向量或装的位置不对，都将导致系统的工作错误，且这种错误有时是很难发现的。因此，在使用中断方式进行输入输出控制时，对此要特别重视。

6.3.3　中断响应过程与时序

(1) 中断响应的过程

图 6-18 给出了 8086/8088CPU 中断响应的流程图。

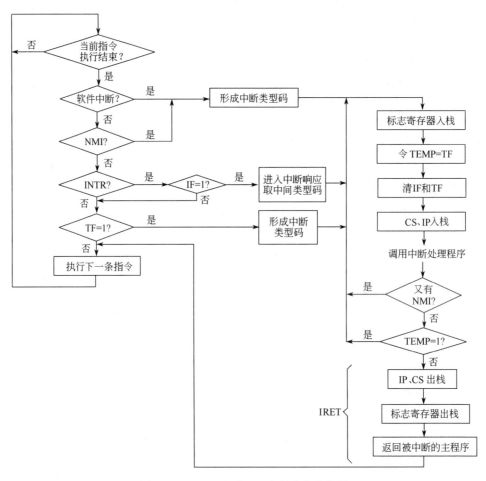

图 6-18　8086/8088CPU 中断响应流程图

从图 6-18 中可以看出，8086/8088CPU 响应中断的次序是：软件中断→NMI→INTR→单步。其中，只有在可屏蔽中断的情况下才判 IF＝1，才需要从中断源取中断类型码，而在其余几种中断的情况下都没有这个动作，这是因为它们不受 IF 的影响，且它们的中断类型码都是固定的，因此，只需形成即可。对 INTR 即可屏蔽的中断请求，8086/8088CPU 在进入中断响应后，从它的 $\overline{\text{INTA}}$ 引脚连续发两个负脉冲，中断源在接到第二个 $\overline{\text{INTA}}$ 负脉冲以后，通过数据线将它的中断类型码发送给 CPU。

收到这个中断类型码（或形成中断类型码）以后，8086/8088CPU 做如下动作：

① 将中断类型码放入暂存器保存。

② 将标志寄存器的内容压入系统堆栈，以保护中断发生时的状态。

③ 将 IF 和 TF 标志清为 0。

将 IF 清为 0 的目的是防止在中断响应的同时又来别的中断，从而引起系统混乱。而将 TF 清为 0 是为了防止 CPU 以单步方式执行中断服务子程序。这里要特别提醒，因为 CPU 在中断响应时自动关闭了允许中断标志（IF＝0），因此用户如要进行中断嵌套（即允许新的中断打断当前正在服务的中断）时，必须在自己的中断服务子程序中用开中断指令 STI 来重新设置 IF，否则系统将不支持中断嵌套。

④ 保护断点。断点指的是在响应中断时，主程序当前指令下面的一条指令的地址。因此保护断点的动作是将当前 IP 和 CS 的内容压入系统堆栈，这个动作是为了以后能正确地返回主程序。

⑤ 根据取到的（或形成的）中断类型码，在中断向量表中找出相应的中断向量，将其分别装入 IP 和 CS，即可自动转向中断服务子程序。

关于中断的嵌套：在执行中断服务子程序的过程中，若有 NMI 的请求，则 CPU 总是可以响应的。当然，如果在这个中断处理子程序中设立了开中断指令，则对 INTR 的请求也可以响应。

单步中断一般用在调试程序的过程中，它由单步标志 TF＝1 引起，CPU 每执行一条指令中断一次，显示出当时各寄存器的内容，供用户参考。当进入单步中断响应时，CPU 自动清除 TF，在中断返回后，由于恢复了中断响应时的标志寄存器的值，因此 TF＝1，这样 CPU 执行完一条指令之后又可以进入单步中断，直到程序将 TF 改为 0 为止。

⑥ 最后弹出 IP 和 CS，弹出标志寄存器的值，实现返回断点的工作是由 IRET 指令完成的。所以，为了能实现正确地返回，在中断服务子程序的末尾一定要用一条 IRET 指令。

（2）可屏蔽中断响应的时序

中断操作是 8086/8088CPU 的基本操作之一。8086/8088CPU 的可屏蔽中断响应要占用两个总线周期，图 6-19 给出了 8086/8088 可屏蔽中断响应总线周期的时序。

8086/8088CPU 要求中断请求 INTR 信号是一个电平信号，并且要维持 2 个时钟周期。这是因为 CPU 是在一条指令的最后一个时钟周期 T 采样 INTR，进入中断响应以后，它在第一个中断响应总线周期仍需采样 INTR，以确信是一个有效的中断请求。另外，从时序图中也可以看

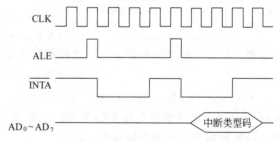

图 6-19　8086/8088 可屏蔽中断响应总线周期

到，中断源在第二个 INTR 有效时送来的中断类型码是通过数据总线的低 8 位传送的，这点对 8086 来讲尤为重要。因为 8086 的对外数据线有 16 根。这就意味着外设（指中断源或中断控制器）的硬件连线中的数据线只能挂在 16 位数据总线的低 8 位上，不能是别的连接方式，否则出错。

当 8086/8088CPU 工作在最小模式时，中断响应信号由它的 $\overline{\text{INTA}}$ 引脚发出。当它工作在最大模式时，则是通过 $\overline{S_2}$、$\overline{S_1}$、$\overline{S_0}$ 的组合来完成。在两个中断响应总线周期中，地址/数据总线、地址/状态线和 $\overline{\text{BHE}}/S_7$ 均为浮空，而 M/$\overline{\text{IO}}$ 则为低电平。

6. 4　可编程中断控制器 Intel 8259A

6. 4. 1　8259A 的结构及主要功能

(1) 8259A 的主要功能

前面讲到中断优先级的处理时，曾提到有专用硬件方式来进行这项工作，Intel 8259A 就是这样的中断优先级管理电路芯片，它具有如下主要功能。

① 在有多个中断请求时，8259A 能判别中断源的中断优先级，一次可以向 CPU 送出一个最高级别的中断请求信号。

② 一片 8259A 可以管理 8 级中断，并且，在不增加任何其它电路的情况下，可以多片 8259A 级联，形成对多于 8 级的中断请求的管理。最多可以用 9 片 8259A 来构成 64 级的主从式中断管理系统。

③ 可以通过编程，使 8259A 工作在不同的工作方式下，使用起来灵活方便。

④ 单电源＋5V，NMOS 工艺制造。

(2) 8259A 的引脚信号及功能

Intel 8259A 为双列直插式封装，28 个引脚，引脚图见图 6-20。下面分别介绍这些引脚的名称及其功能。

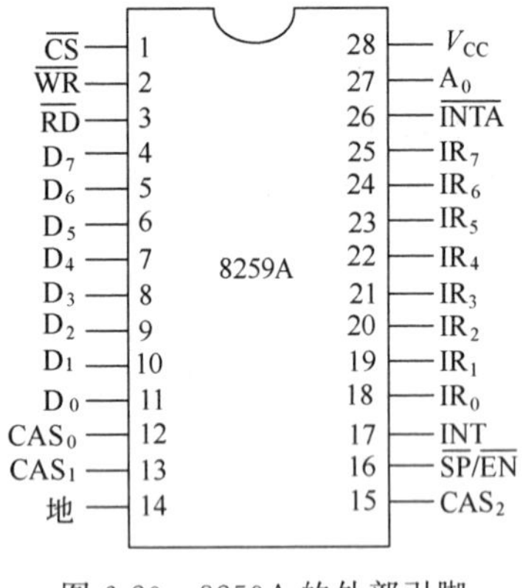

图 6-20　8259A 的外部引脚

- $D_0 \sim D_7$：数据线，双向，用来与 CPU 交换数据。
- INT：中断请求，输出信号，由 8259A 传给 CPU，或由从 8259A 传给主 8259A。
- $\overline{INTA}$：中断响应，输入信号，来自 CPU。在中断响应总线周期，当第二个 $\overline{INTA}$ 有效时，8259A 将选中的最高级别中断请求的中断类型码通过数据线传给 CPU。
- $IR_0 \sim IR_7$：中断请求输入，由中断源传给 8259A。8259A 默认的中断优先级为 $IR_0 > IR_1 > \cdots > IR_7$，用户可以根据需要通过编程来改变它。当有多片 8259A 级联时，从片的 INT 引脚与主片的 IR_i 相连。

- $CAS_0 \sim CAS_2$：级联信号。对主片来讲，这三个信号是输出信号，由它们的不同组合 000～111，分别确定是连在哪个 IR_i 上的从片工作。对从片来讲，这三个信号是输入信号，以此判别本从片是否被选中。

- $\overline{SP}/\overline{EN}$：从设备编程/允许缓冲器，双向。作输入信号使用时，即为 $\overline{SP}$，作为主设备/从设备的选择控制信号。当 $\overline{SP}=1$ 时，该 8259A 在系统中作主片；当 $\overline{SP}=0$ 时，该 8259A 则在系统中作从片。当该引脚作输出信号使用时，即为 $\overline{EN}$，作为允许缓冲器接收发送的控制信号。

$\overline{SP}/\overline{EN}$ 引脚的使用根据 8259A 工作方式的不同而变化，详细内容在下面编程部分再介绍。

- A_0：内部寄存器的选择，输入信号。8259A 规定，当 $A_0=0$ 时，对应的寄存器为 ICW_1、OCW_2 和 OCW_3；当 $A_0=1$ 时，对应的寄存器为 $ICW_2 \sim ICW_4$ 和 OCW_1。对

8086CPU 来讲，由于 8259A 的 $D_0 \sim D_7$ 接在 16 位数据线的低 8 位上，则 A_0 一般与地址线的 A_1 相连，以保证 8086 得到的均为偶地址。而对 8088CPU 来讲，则可将 A_0 直接与地址线的 A_0 相连。

- $\overline{\text{CS}}$：片选信号，输入。一般来自地址译码器的输出，作为 CPU 对 8259A 的选择信号。
- $\overline{\text{RD}}$：读信号，输入。来自 CPU 的 $\overline{\text{IOR}}$。
- $\overline{\text{WR}}$：写信号，输入。来自 CPU 的 $\overline{\text{IOW}}$。

(3) 8259A 的内部结构

图 6-21 是 8259A 的内部结构框图，其主要模块的功能如下。

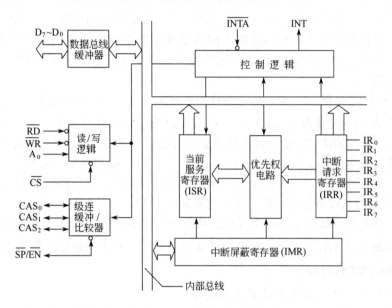

图 6-21 8259A 的内部结构

① 中断请求寄存器（IRR）。这是一个 8 位的寄存器，用来接收来自 $IR_0 \sim IR_7$ 上的中断请求信号，并在 IRR 的相应位置位。中断源产生中断请求的方式有两种：一种是边沿触发方式，即中断请求是通过 IR_i 的输入信号从低电平向高电平的跳变产生的；另一种是电平触发方式，即中断请求是通过 IR_i 的输入信号保持高电平来产生的。用户可根据需要通过编程来设置。

② 中断优先权裁决电路。它在中断响应期间，可以根据控制逻辑规定的优先权级别和 IMR 的内容，对 IRR 中保存的所有中断请求进行优先权排队，将其中优先权级别最高的中断请求位送入 ISR，表示要为其进行服务。

③ 当前服务寄存器（ISR）。这也是一个 8 位的寄存器，它用来存放当前正在处理的中断请求，也是通过其相应位的置位来实现的。在中断嵌套方式下，可以将其内容与新进入的中断请求的优先级别进行比较，以决定是否能进行嵌套。ISR 的置位是在中断响应的第一个 $\overline{\text{INTA}}$ 有效时完成的。

④ 中断屏蔽寄存器（IMR）。IMR 是一个 8 位的寄存器，用来存放中断屏蔽字，它是由用户通过编程来设置的。当 IMR 中第 i 位置位时，就屏蔽了来自 IR_i 的中断请求，也就是说，禁止了来自 IR_i 的中断请求进入中断服务。这样，用户就可以根据需要设置 IMR 的值，

开放所需要的中断，屏蔽不需要的中断，或者通过这种选择来改变已有的中断优先级。

⑤ 控制逻辑。在 8259A 的控制逻辑电路中，有一组初始化命令字寄存器（4 个，对应 $ICW_1 \sim ICW_4$）和一组操作命令字寄存器（3 个，对应 $OCW_1 \sim OCW_3$），这 7 个寄存器均可由用户根据需要通过编程来设置。控制逻辑可以按照编程所设置的工作方式来管理 8259A 的全部工作。

这 7 个寄存器通过不同的端口进行访问，其中，ICW_1、$OCW_2 \sim OCW_3$ 通过 $A_0 = 0$ 的端口访问，而 $ICW_2 \sim ICW_4$、OCW_1 通过 $A_0 = 1$ 的端口访问。

⑥ 数据总线缓冲器。这是一个 8 位的双向、三态缓冲器，用作 8259A 与系统数据总线的接口，用来传输初始化命令字、操作命令字、状态字和中断类型码。

⑦ 读/写控制逻辑。接收来自 CPU 的读/写命令，完成规定的操作。具体动作由片选信号 $\overline{CS}$、地址输入信号 A_0，以及读（$\overline{RD}$）和写（$\overline{WR}$）信号共同控制。当 CPU 对 8259A 进行写操作时，它控制将写入的数据送相应的命令寄存器中（包括初始化命令字和操作命令字），当 CPU 对 8259A 进行读操作时，它控制将相应的寄存器的内容（IRR、ISR、IMR）输出到数据总线上。

⑧ 级联缓冲器/比较器。这个功能部件用在级联方式的主-从结构中，用来存放和比较系统中各 8259A 的从设备标志（ID）。与此相关的是三条级联线 $CAS_0 \sim CAS_2$ 和 $\overline{SP}/\overline{EN}$，其中 $CAS_0 \sim CAS_2$ 是 8259A 相互间连接用的专用总线，用来构成 8259A 的主-从式级联控制结构，编程时设定的从 8259A 的从设备标志保存在级联缓冲器中。系统中全部 8259A 的 $CAS_0 \sim CAS_2$ 对应端互连，在中断响应期间，主 8259A 把所有申请中断的从设备中优先级最高的从 8259A 的从设备标志（ID）输出到级联线 $CAS_0 \sim CAS_2$ 上，从 8259A 收到这个从设备标志后，就与自己级联缓冲器中保存的从设备标志相比较，若相等则说明本片被选中。这样，在后续的 $\overline{INTA}$ 有效期间，被选中的从设备就把中断类型码送上数据总线。

(4) 8259A 的工作过程

下面以单片 8259A 为例来叙述其工作过程。

① 中断源通过 $IR_0 \sim IR_7$ 向 8259A 发中断请求，使得 IRR 的相应位置位。

② 若此时 IMR 中的相应位为 0，即该中断请求没有被屏蔽，则进入优先级排队。8259A 分析这些请求，若条件满足，则通过 INT 向 CPU 发中断请求。

③ CPU 接收到中断请求信号后，如果满足条件，则进入中断响应，通过 $\overline{INTA}$ 引脚发出连续两个负脉冲。

④ 8259A 收到第一个 $\overline{INTA}$ 时，做如下动作：

• 使 IRR 的锁存功能失效（目的是防止此时再来中断导致中断响应的错误），到第二个 $\overline{INTA}$ 时恢复有效。

• 使 ISR 的相应位置位，表示已为该中断请求服务。

• 使 IRR 相应位清 0。

⑤ 8259A 在收到第二个 $\overline{INTA}$ 时，做如下动作：

• 送中断类型码，中断类型码由用户编程和中断请求引脚的编码共同决定，详见编程部分。

• 如果 8259A 工作在中断自动结束方式，则此时清除 ISR 的相应位。

这里要说明一点，若 8259A 是工作在级联方式下，并且从 8259A 的中断请求级别最高，则在第一个 $\overline{INTA}$ 脉冲结束时，主 8259A 将从设备标志 ID 送到 $CAS_0 \sim CAS_2$ 上，在第二

个 $\overline{\text{INTA}}$ 脉冲有效期间，由被选中的从 8259A 将中断类型码送上数据总线。

6.4.2　8259A 的编程

8259A 是一个可编程的芯片，对 8259A 的编程涉及两类命令字：一类是初始化命令字，通过这些字使 8259A 进入初始状态，这些字必须在 8259A 进入操作之前设置；另一类是操作命令字，在 8259A 经过初始化并进入操作以后，用这些字来控制 8259A 执行不同方式的操作，这些字可以在初始化以后的任何时刻写入 8259A。

下面分别介绍初始化命令字 $\text{ICW}_1 \sim \text{ICW}_4$ 和操作命令字 $\text{OCW}_1 \sim \text{OCW}_3$。

(1) 初始化命令字

① 初始化命令字 1（ICW_1）。ICW1 必须写入 $A_0 = 0$ 的端口地址，其中 $D_4 = 1$ 是 ICW_1 的标志位。

A_0	D_7	D_6	D_5	D_4	D_3	D_2	D_1	D_0
0	×	×	×	1	LTIM	×	SNGL	IC4

- D_0（IC4）：用来指出后面是否使用 ICW_4。若使用 ICW_4，则 $D_0 = 1$，反之为 0。对 8086/8088 系统来讲，后面必须设置 ICW_4，因此这位为 1。

- D_1（SNGL）：用来指出系统中是否只有一片 8259A。若仅有一片，则 $D_1 = 1$，反之为 0。

- D_3（LTIM）：用来设定中断请求信号的触发形式。当 $D_3 = 1$ 时，表示为电平触发方式。此时 IR_i 的输入信号为高电平即可进入 IRR；当 $D_3 = 0$ 时，表示为边沿触发方式，此时 IR_i 的输入信号由低到高的跳变被识别而送入 IRR。在两种触发方式下，IR_i 的输入高电平在置位 IRR 的相应位后都仍要保持，直到中断被响应为止。

- D_2 和 $D_5 \sim D_7$ 在 8086/8088 系统中不用，用户编程时可写入任意值。

② 初始化命令字 2（ICW_2）。ICW_2 必须写入 $A_0 = 1$ 的端口地址，它用来设置中断类型码，其高 5 位即 $T_3 \sim T_7$ 为中断类型码的高 5 位，低 3 位无意义，用户编程时可写入任意值。

A_0	D_7	D_6	D_5	D_4	D_3	D_2	D_1	D_0
1	T_7	T_6	T_5	T_4	T_3	×	×	×

8259A 形成的中断类型码由两部分组成，高 5 位来自用户设置的 ICW_2，低 3 位为中断输入引脚 IR_i 的编码 i，由 8259A 自动插入。也就是说，当用户设置了 ICW_2 以后，来自各中断请求引脚的中断源的中断类型码也就唯一地确定了。表 6-2 给出了来自各中断请求引脚的中断源的中断类型码与 ICW_2 及引脚编号的关系。

表 6-2　中断类型码与 ICW_2 及引脚编号的关系

中断类型码	D_7	D_6	D_5	D_4	D_3	D_2	D_1	D_0
IR_0	T_7	T_6	T_5	T_4	T_3	0	0	0
IR_1	T_7	T_6	T_5	T_4	T_3	0	0	1
IR_2	T_7	T_6	T_5	T_4	T_3	0	1	0
IR_3	T_7	T_6	T_5	T_4	T_3	0	1	1
IR_4	T_7	T_6	T_5	T_4	T_3	1	0	0
IR_5	T_7	T_6	T_5	T_4	T_3	1	0	1
IR_6	T_7	T_6	T_5	T_4	T_3	1	1	0
IR_7	T_7	T_6	T_5	T_4	T_3	1	1	1

例如，初始化时写入 $ICW_2=4DH$，则来自 $IR_0 \sim IR_7$ 各引脚的中断源的中断类型码就分别为 48H、49H、…、4FH。反之，如果系统要求来自 $IR_0 \sim IR_7$ 各引脚的中断源的中断类型码为 80H～87H，在初始化时写入的 ICW_2 高 5 位就应该是 10000B，而低 3 位则任意，如可以写入 80H 或 85H 等，但不能写入 88H（因为这样高 5 位就是 10001B 了），这样不符合要求（对应 $IR_0 \sim IR_7$ 各引脚的中断源的中断类型码为 88H～8FH）。

③ 初始化命令字 3（ICW_3）。ICW_3 只有当系统中有多片 8259A 时才有意义，也就是说，只有当前面写入的 ICW_1 的 $D_1=0$ 时才需送此字。ICW_3 必须写入 $A_0=1$ 的端口地址，且对主片和从片编程时的定义不同。

对主片来讲，ICW_3 格式如下：

A_0	D_7	D_6	D_5	D_4	D_3	D_2	D_1	D_0
1	IR_7	IR_6	IR_5	IR_4	IR_3	IR_2	IR_1	IR_0

每一位对应一个中断请求引脚，哪条 IR_i 引脚上连接有从片，则相应 ICW_3 的 D_i 位为 1，反之为 0。因此，主片的 ICW_3 是用来指出该片的哪条引脚连接的是从设备。例如，主片的 IR_0 和 IR_5 引脚上连接有从片，则该主片的相应 ICW_3 应为 00100001B。

对从片来讲，ICW_3 的格式如下：

A_0	D_7	D_6	D_5	D_4	D_3	D_2	D_1	D_0
1	×	×	×	×	×	ID_2	ID_1	ID_0

$ID_0 \sim ID_2$ 是从设备标志 ID 的编码，它等于该从设备 INT 端所连接主片的 IR_i 引脚的编码 i。例如，某从片连在主片的 IR_3，则该从片的 ICW_3 低 3 位即为 011B。因此，从片的 ICW_3 是用来指出本片连在主片的哪一个引脚。ICW_3 的高 5 位无用，可写入任意值。

④ 初始化命令字 4（ICW_4）。ICW_4 必须写入 $A_0=1$ 的端口地址，其中 $D_5 D_6 D_7=000$ 是 ICW_4 的标志位。

A_0	D_7	D_6	D_5	D_4	D_3	D_2	D_1	D_0
1	0	0	0	SFNM	BUF	M/S	AEOI	μPM

- D_0（μPM）：CPU 类型选择。在 8086/8088 系统中，μPM=1。
- D_1（AEOI）：指出是否为中断自动结束方式。若选用中断自动结束方式，则 $D_1=1$。在这种方式下，当第二个 $\overline{INTA}$ 脉冲到来时，ISR 的相应位会自动清除。如果设置 $D_1=0$，则不用中断自动结束方式，这时必须在程序的适当位置（一般是在中断服务子程序中）使用中断结束命令（见 OCW_2），使 ISR 中的相应位复位，从而结束中断。
- D_2（M/S）：在缓冲方式下有效，由于在缓冲方式下不能由 $\overline{SP/EN}$ 来指明本片是主片还是从片，因此，需用此位来指出本片是主片（$D_2=1$）还是从片（$D_2=0$）。
- D_3（BUF）：用来指出本片是否工作在缓冲方式，并由此决定了 $\overline{SP/EN}$ 的功能。$D_3=1$ 表示 8259A 工作在缓冲方式（经缓冲器与总线相连）；反之，8259A 工作在非缓冲方式（直接与总线相连）。
- D_4（SFNM）：用来指出本片是否工作在特殊的全嵌套方式。若是，则 $D_4=1$；反之，$D_4=0$。

全嵌套方式是最常用的优先级嵌套方式，若没有设置其它优先级方式的话，则按以下优先级处理，即 $IR_0 > IR_1 > \cdots > IR_7$，以此决定是否能进入中断嵌套。而特殊的全嵌套方式仅用在级联系统中的主片上，可以实现对同级中断请求的嵌套，以确保对同一个从设备的不同 IR_i 输入的中断能按优先级进入中断嵌套（此时的从片仍采用一般全嵌套方式），实现真正的完全嵌套的优先级结构。

(2) 初始化程序流程

对 8259A 的初始化必须按照如图 6-22 所示的流程进行。从初始化流程图中可以看出，此时需送几个初始化命令字 $ICW_1 \sim ICW_4$，它们的写入顺序是有要求的，同时对写入的端口地址也有要求。8259A 通过写入次序、端口地址及各初始化命令字的标志位来区别它们，从而实现了一个端口地址可对应多个写入内容，有效地减少了芯片引脚的数目。

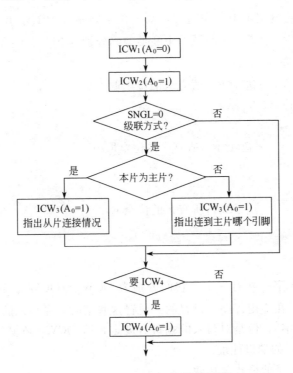

图 6-22　8259A 初始化流程图

值得注意的是，当系统中有多片 8259A 工作于级联方式时，对每片 8259A 均要单独编程，其中主片和从片的 ICW_3 的格式及功能均不相同，应视具体硬件的连接方式而定。

【例 6-5】 一个 CPU 为 8088 的系统采用一片 8259A 作中断控制器，要求这片 8259A 工作在全嵌套方式，不用中断自动结束方式，不用缓冲方式，中断请求信号为边沿触发方式。

该 8259A 的两个端口地址分别为 20H 和 21H，试完成初始化程序。

分析：确定 ICW_1 为 $\times\times\times 10\times 11B$。

确定 ICW_2：系统没有规定中断类型码，由用户自定，本题定为 10110000B。此时，8 个中断源的中断类型码分别为 B0H～B7H。

确定 ICW_4 为 $00000\times 01B$。

```
MOV  AL,13H        ;送 ICW1,所有×的位全取 0
OUT  20H,AL
MOV  AL,0B0H       ;送 ICW2,即中断类型码的高 5 位
OUT  21H,AL
MOV  AL,01H        ;送 ICW4,所有×的位全取 0
OUT  21H,AL
```

【例 6-6】　一个 CPU 为 8088 的系统采用 8259A 作中断控制器，在这片 8259A 的 IR_1 和 IR_6 引脚上接有中断请求。要求这片 8259A 工作在全嵌套方式，采用中断自动结束方式，不用缓冲方式，中断请求信号为边沿触发方式，中断类型码为 69H 和 6EH。该 8259A 的两个端口地址分别为 FF20H 和 FF21H，试完成初始化程序。

分析：确定 ICW_1 为 ×××10×11B。

确定 ICW_2：系统规定了中断类型码，高 5 位必须是 01101B，ICW_2 应送 01101×× ×B。此时，IR_1 和 IR_6 引脚上中断源的中断类型码分别为 01101001B 和 01101110B。

确定 ICW_4 为 00000×11B。

```
MOV  AL,13H      ;送 ICW₁,所有×的位全取 0
MOV  DX,0FF20H
OUT  DX,AL
MOV  AL,68H      ;送 ICW₂,所有×的位全取 0
MOV  DX,0FF21H
OUT  DX,AL
MOV  AL,03H      ;送 ICW₄,所有×的位全取 0
OUT  DX,AL
```

(3) 操作命令字

8259A 的操作命令字一共有三个，它们分别为 $OCW_1 \sim OCW_3$。这些字是在 8259A 完成初始化以后，由用户在应用程序中设置的。设置这些字时，在写入的次序上没有严格要求（这不同于初始化命令字），但是对写入的端口有规定，即 OCW_1 必须写入 $A_0 = 1$ 的端口地址，其余要写入 $A_0 = 0$ 的端口地址。

下面分别介绍这些字的格式及功能。

① 操作命令字 1（OCW_1）。OCW_1 必须写入 $A_0 = 1$ 的端口地址。

A_0	D_7	D_6	D_5	D_4	D_3	D_2	D_1	D_0
1	M_7	M_6	M_5	M_4	M_3	M_2	M_1	M_0

OCW_1 即为中断屏蔽字，用来设置 8259A 的屏蔽操作。$M_7 \sim M_0$ 代表 8 个屏蔽位，分别用来控制 $IR_7 \sim IR_0$ 输入的中断请求信号。如果某位 M_i 为 1，则屏蔽相应 IR_i 输入的中断请求；如果某位 M_i 为 0，则清除屏蔽，允许相应 IR_i 的中断请求信号进入优先级排队。

② 操作命令字 2（OCW_2）。OCW_2 必须写入 $A_0 = 0$ 的端口地址，且要求 $D_4 D_3 = 00$。

OCW_2 用来控制中断结束、优先权循环等操作。与这些操作有关的命令和方式控制大都以组合格式使用 OCW_2，而不完全是按位来设置的。下面先介绍有关位的定义，然后再说明一下组合格式。

A_0	D_7	D_6	D_5	D_4	D_3	D_2	D_1	D_0
0	R	SL	EOI	0	0	L_2	L_1	L_0

• D_7（R）：优先权循环控制位。$D_7 = 1$ 表示为循环优先权方式，反之为固定优先权方式。

在固定优先权方式下，中断优先级排序是 $IR_0 > IR_1 > \cdots > IR_7$，即来自 IR_0 的中断优先级最高，来自 IR_7 的中断优先级最低。而在循环优先权方式下，优先级的队列是在变化的，刚刚服务过的中断请求的优先级降为最低，例如，目前的优先权队列是 $IR_0 > IR_1 > \cdots > IR_7$，而来自 IR_3 的中断刚刚被服务过，则优先权队列变为 $IR_4 > IR_5 > \cdots > IR_0 > IR_1 > IR_2 > IR_3$。初始时可以是 IR_7 级别最低，也可由 $L_2 \sim L_0$ 的编码来确定（此时要求 $D_6 = 1$）。

• D_6（SL）：用来指定 $L_2 \sim L_0$ 是否有效。$D_6 = 1$ 时，OCW_2 的低 3 位即 $L_2 \sim L_0$ 有效，反之无效。

• D_5（EOI）：中断结束命令。$D_5 = 1$ 表示中断结束，它可以使 ISR 中最高优先权的位复位，也可以使由 $L_2 \sim L_0$ 的编码确定的 ISR 中的相应位复位（此时要求 $D_6 = 1$）。当系统中不采用中断自动结束方式时，就需用此位的置位来对 ISR 的相应位清 0，从而结束中断。采用中断自动结束方式时，$D_5 = 0$。

• $D_2 \sim D_0$（$L_2 \sim L_0$）：这三位对应的二进制编码有 8 个，即 000～111，它们的作用有两个：在中断结束命令中（EOI=1），用来指出清除的是 ISR 的哪一位（此时即为特殊的 EOI 命令）；另外可以用来指出循环优先权初始时哪个中断级别最低。注意：只有在 $D_6 = 1$ 时，它们才起作用。

表 6-3 给出了 OCW_2 中各位的组合情况

表 6-3　OCW_2 中各位的组合

R	SL	EOI	$L_2 \sim L_0$	功能
0	0	1	无用	一般的 EOI 命令
0	1	1	给出清除的 ISR 某位的编码	特殊的 EOI 命令
1	0	1	无用	循环优先级的一般 EOI 命令
1	1	1	给出循环优先级初始时最低优先级的引脚编码	循环优先级的特殊 EOI 命令
1	0	0	无用	设置循环优先级命令
0	0	0	无用	设置固定优先级命令
1	1	0	给出循环优先级初始时最低优先级的引脚编码	设置循环优先权命令
0	1	0	无用	无效操作

这里要说明的是：凡是没有通过 $L_2 \sim L_0$ 来指出编码的 EOI 命令，均是清除 ISR 中优先权级别最高的位，凡是没有通过 $L_2 \sim L_0$ 来指出编码的循环优先权方式，其初始时均按 $IR_0 > IR_1 > \cdots > IR_7$ 的优先权队列处理。

③ 操作命令字 3（OCW_3）。OCW_3 必须写入 $A_0 = 0$ 的端口地址，且要求 $D_4 D_3 = 01$、$D_7 = 0$。它主要用来控制 8259A 的中断屏蔽、查询和读寄存器等操作。

A_0	D_7	D_6	D_5	D_4	D_3	D_2	D_1	D_0
0	0	ESMM	SMM	0	1	P	RR	RIS

• D_6（ESMM）：特殊屏蔽方式允许位，$D_6 = 1$ 即允许特殊屏蔽方式。

• D_5（SMM）：特殊屏蔽方式位，只有当 $D_6 = 1$ 时这位才起作用。

若 $D_6 D_5 = 11$，则 8259A 进入特殊屏蔽方式。这时，8259A 允许任何未被屏蔽（即 IMR 中相应位为 0）的中断请求产生中断，而不管这些中断请求优先权的高低（一般情况下，只有较高级的中断才能打断当前中断）。若 $D_6 D_5 = 10$，则恢复原来的屏蔽方式。

• D_2（P）：查询方式位。$D_2 = 1$ 设置为中断查询方式，即用软件查询的方式而不是中断向量方式来实现对中断源的服务，一般用在多于 64 级中断的场合。$D_2 = 0$ 即不处于查询方式。

在查询方式下，CPU 要先关中断，然后向 8259A 发出一个查询命令（此命令对 8259A 来讲相当于 $\overline{\text{INTA}}$ 信号），接着执行一条输入指令，产生一个读信号送 8259A，8259A 收到这个信号后，使当前中断服务寄存器中的某一位置位（若有中断请求的话），并送出一个查询字供 CPU 查询。CPU 可通过读 $A_0 = 0$ 的端口地址得到该查询字。

查询字格式为：

D_7	D_6	D_5	D_4	D_3	D_2	D_1	D_0
I	×	×	×	×	W_2	W_1	W_0

其中，I 为有无中断请求标志。I=1 表示有中断请求，这时 $W_2 \sim W_0$ 给出最高级别的中断请求的二进制编码；I=0 表示无中断请求。

- D_1（RR）：读寄存器命令字。$D_1 = 1$ 时允许读 ISR 和 IRR 寄存器，前提是 D_2 必须为 0，即不处于查询方式。

- D_0（RIS）：读 ISR 和 IRR 的选择位，它必须和 D_1 位结合起来使用。当 $D_1 D_0 = 10$ 时，允许读 IRR 的内容；当 $D_1 D_0 = 11$ 时，允许读 ISR 的内容。对 8259A 内部寄存器的读出方式同读查询字一样，CPU 先送一个操作命令字（即读出命令），然后用一条输入指令去读，对 ISR 和 IRR 的读出要对 $A_0 = 0$ 的端口地址操作。不论在什么情况下，读 $A_0 = 1$ 的端口地址均可得到 IMR 的内容。

【例 6-7】 8086/8088CPU 要完成读取 IRR 和 IMR 的值，分别送寄存器 BL 和 BH 的工作。可编制如下程序：

```
MOV  AL,00001010B
OUT  PORT0,AL   ;写 OCW3,指出要读 IRR 寄存器的值,PORT0 为偶地址
IN   AL,PORT0   ;读 IRR 寄存器的值,PORT0 为偶地址
MOV  BL,AL
IN   AL,PORT1   ;读 IMR 寄存器的值,PORT1 为奇地址
MOV  BH,AL
```

6.4.3 8259A 的级联

所谓级联，就是在微型计算机系统中以一片 8259A 与 CPU 相连，这个 8259A 又与下一层的多达 8 片 8259A 相连。与 CPU 相连的 8259A 称为主设备或主片，其余的 8259A 称为从设备或从片。从设备的 INT 输出端接到主设备的 IR_i 输入端，由从设备输入的中断请求通过主设备向 CPU 申请中断。主设备的三条级联线 $CAS_0 \sim CAS_2$ 与从设备的对应端相连，用来选择从设备。由此可见，在具有主-从结构的级联方式下，系统最多可处理 64 级中断。

在级联结构中，所有 8259A 的 $CAS_0 \sim CAS_2$ 互连，但是对主设备来讲，它们为输出信号，而对从设备来讲，它们为输入信号。在 CPU 的中断响应周期里，主设备通过这三根线发出已确定要响应的优先级最高的从设备标志（ID），被选中的从设备把中断类型码送上数据总线。图 6-23 给出了一个由三片 8259A 组成的级联系统。在这个级联系统中，各中断源的优先级别从高到低依次为：主片的 $IR_0 \sim IR_3$、从片 1 的 $IR_0 \sim IR_7$、主片的 $IR_5 \sim IR_6$、从片 2 的 $IR_0 \sim IR_7$。

级联系统中的所有 8259A 都必须进行各自独立的编程，以便设置各自的工作状态。这时，作为主设备的 8259A 须设置为特殊的全嵌套方式。因为在全嵌套方式下，当来自从设备的中断被 CPU 响应，进入中断服务时，主设备中的 ISR 的相应位就被置位，这时，来自

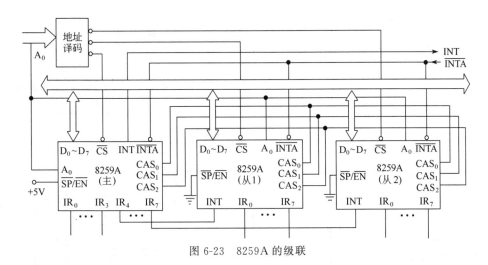

图 6-23　8259A 的级联

同一从设备中的具有较高优先级的中断请求就不能再通过主 8259A 向 CPU 申请中断。为了避免这个问题的发生，主 8259A 必须工作在特殊的全嵌套方式。这种方式与一般的全嵌套方式相比，有两点不同。

① 当来自某个从设备的中断请求进入服务时，主设备的优先权控制逻辑不封锁这个从设备，从而使再次来自该从设备的具有较高优先级的中断请求能被主设备识别而进入中断嵌套，并向 CPU 发中断请求。

② 中断服务结束时，必须用软件来检查被服务的中断是否是该从设备中唯一的一个中断请求。为此，要先向从设备发一个一般的中断结束 EOI 命令，清除已完成服务的 ISR 中的相应位。然后再读出 ISR 的内容，检查其是否为全 0。若为全 0，则向主设备发一个中断结束 EOI 命令，清除与从设备相对应的 ISR 中的相应位，表示已为这个从设备服务完。反之，则不向主设备发 EOI 命令，使其仍能接收来自同一从设备的中断请求。

【例 6-8】　某系统 CPU 为 8088，使用两片 8259A 管理中断，从片 8259A 接主片的 IR_4，主片的 IR_2 和 IR_5 有外部中断引入，从片 IR_0 和 IR_3 上也分别有外设中断引入。主片 IR_2 的中断类型码为 62H，中断响应时显示"Main Int 2"。从片 IR_0 的中断类型码为 40H，中断响应时显示"Int 0"。中断请求信号以边沿触发，采用非自动结束 EOI，非缓冲方式，主片采用特殊全嵌套方式。主片地址为 40H～41H，从片地址为 60H～61H，试完成：

a. 给出地址译码表，完成 CPU 与 8259A 的连接；

b. 分别写出主 8259A 和从 8259A 的初始化程序；

c. 完成主片 IR_2 和从片 IR_0 的中断服务子程序设计；

d. 完成中断向量设置程序。

a. 根据两片 8259A 的端口地址，译码表如表 6-4 所示，硬件连接如图 6-24 所示。

表 6-4　译码表

IO/$\overline{M}$	A_{15} A_{14} A_{13} A_{12}	A_{11} A_{10} A_9 A_8	C B A A_7 A_6 A_5 A_4	A_3 A_2 A_1 A_0	$\overline{y_i}$	端口地址	芯片
1	0 0 0 0	0 0 0 0	0 1 0 0	0 0 0 ×	$\overline{y_4}$	40H～41H	8259A 主片
1	0 0 0 0	0 0 0 0	0 1 1 0	0 0 0 ×	$\overline{y_6}$	60H～61H	8259A 从片

b. 对主片来讲，确定初始化命令字和屏蔽字如下。

ICW_1：×××10×01B。ICW_2：01100×××B。ICW_3：00010000B。ICW_4：00010×

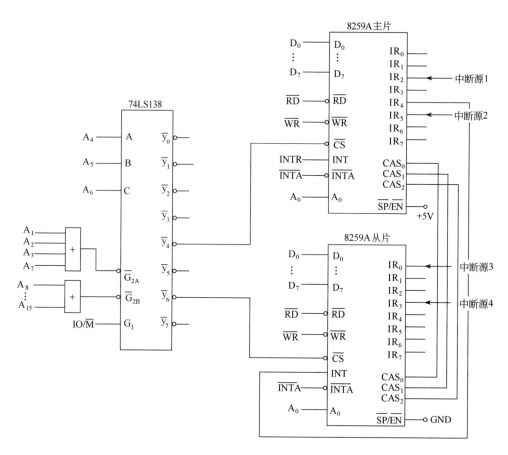

图 6-24　硬件连接

01B。OCW$_1$：11001011B（开放 IR$_2$、IR$_4$ 和 IR$_5$）。

对从片来讲，确定初始化命令字和屏蔽字如下。

ICW$_1$：×××10×01B。ICW$_2$：01000×××B。ICW$_3$：×××××100B。ICW$_4$：00000×01B。OCW$_1$：11110110B（开放 IR$_0$ 和 IR$_3$）。

主片 8259A 的初始化程序如下（所有×的位全取 0）：

```
MOV     AL,11H      ;ICW₁,A₀=0
OUT     40H,AL
MOV     AL,60H      ;ICW₂,A₀=1
OUT     41H,AL
MOV     AL,10H      ;ICW₃,A₀=1
OUT     41H,AL
MOV     AL,11H      ;ICW₄,A₀=1
OUT     41H,AL
MOV     AL,0CBH     ;OCW₁,A₀=1,
OUT     41H,AL
```

从片 8259A 的初始化程序为（所有×的位全取 0）：

```
        MOV     AL,11H          ;ICW₁,A₀＝0
        OUT     60H,AL
        MOV     AL,40H          ;ICW₂,A₀＝1
        OUT     61H,AL
        MOV     AL,04H          ;ICW₃,A₀＝1
        OUT     61H,AL
        MOV     AL,01H          ;ICW₄,A₀＝1
        OUT     61H,AL
        MOV     AL,0F6H         ;OCW₁,A₀＝1
        OUT     61H,AL
```

c. 主片 IR_2 的中断服务子程序如下：

```
MEG1 DB 'Main Int 2$ '
INT_IR2:
    STI
    PUSH DX
    PUSH AX
    MOV DX,OFFSET MEG1
    MOV AH,09H
    INT 21H
    MOV AL,20H
    OUT 40H,AL
    POP AX
    POP DX
    CLI
    IRET
```

从片 IR_0 的中断服务子程序如下：

```
MEG2 DB 'Int 0$ '
INT_IR0: STI
    PUSH DX
    PUSH AX
    MOV DX,OFFSET MEG2
    MOV AH,09H
    INT 21H
    MOV AL,60H
    OUT 60H,AL
    MOV AL,0BH
    OUT 60H,AL
IN AL,60H ;ISR
    TEST AL,0FFH
    JNZ L1
```

```
    MOV AL,64H
    OUT 40H,AL
L1: POP AX
    POP DX
    CLI
    IRET
```

d. 主片 IR_2 的中断向量设置程序如下：

```
    CLI
    PUSH DS
    MOV DX,SEG INT_IR2
    MOV DS,DX
    MOV DX,OFFSET INT_IR2
    MOV AH,25H
    MOV AL,62H
    INT 21H
    POP DS
```

从片 IR_0 的中断向量设置程序如下：

```
    PUSH DS
    MOV DX,SEG INT_IR0
    MOV DS,DX
    MOV DX,OFFSET INT_IR0
    MOV AH,25H
    MOV AL,40H
    INT 21H
    POP DS
    STI
```

6.4.4　8259A 的工作方式小结

通过对 8259A 的初始化命令字及操作命令字的学习，我们对 8259A 的工作方式已经有了一个初步的认识。下面对 8259A 的工作方式进行一个简单的分类归纳小结。

(1) 引入中断请求的方式

8259A 提供了两种引入中断请求的方式：一种是电平触发方式，由 ICW_1 的 $D_3 = 1$ 决定；另一种是边沿触发方式，由 ICW_1 的 $D_3 = 0$ 决定。

(2) 中断屏蔽方式

利用写 OCW_1 可以对 $IR_0 \sim IR_7$ 的任一中断请求进行屏蔽，已经被屏蔽的中断请求就不能进入优先级管理电路进行优先级排队，即不能进入中断响应。

当 OCW_3 的 $D_6 D_5 = 11$ 时，8259A 处于特殊屏蔽方式。此时只要 CPU 允许中断，就可以响应任何非屏蔽中断，中断优先级不再起作用。

(3) 中断嵌套方式

8259A 提供了两种中断嵌套方式。一种是全嵌套方式，由 ICW$_4$ 的 D$_4$＝0 决定。这是一种最常用的方式，此时中断源的中断优先级排队顺序为 IR$_0$＞IR$_1$＞…＞IR$_7$，允许高级中断打断低级中断。另一种是特殊的全嵌套方式，由 ICW$_4$ 的 D$_4$＝1 决定。在这种方式下，优先级队列排序虽然还是 IR$_0$ 最高，IR$_7$ 最低，但它允许同级中断打断同级中断，主要用在级联系统中的主片，因为只有这种方式才能保证来自同一从片的中断请求都能进入中断响应，并保持相应的中断优先级。

(4) 中断优先级的规定

由 OCW$_2$ 的 D$_7$ 决定 8259A 是工作在循环优先权方式（D$_7$＝1）还是固定优先权方式（D$_7$＝0）。

固定优先权方式规定 IR$_0$ 优先级最高，IR$_7$ 的优先级最低。而循环优先权方式则规定刚刚服务过的中断源的优先级别变为最低，从而实现优先级循环轮转。在这种方式下，初始的优先级队列可以采用系统的默认值（即 IR$_0$＞IR$_1$＞…＞IR$_7$），也可由 OCW$_2$ 的 D$_6$＝1 与 D$_2$～D$_0$ 的编码来联合设定。

(5) 中断结束方式

8259A 有两种中断结束的方式。一种是中断自动结束方式，由 ICW$_4$ 的 D$_1$＝1 设置，此时在第二个 $\overline{\text{INTA}}$ 有效期间，8259A 可以自动清除 ISR 的相应位，从而结束中断。另一种是非中断自动结束方式，由 OCW$_2$ 的 D$_5$＝1 设置。用户可在中断服务子程序的适当位置写入该命令来实现对 ISR 的相应位（默认是对应当前优先级别最高的位或由 OCW$_2$ 的 D$_6$＝1 和 D$_2$～D$_0$ 的编码来联合决定是哪一位）进行清除，以结束中断。

(6) 缓冲方式及其主/从片设置

当 8259A 进行级联时，一般采用缓冲方式，由 ICW$_4$ 的 D$_3$＝1 决定。此时 $\overline{\text{SP/EN}}$ 引脚作为输出信号，用作缓冲器的使能。因此，需用 ICW$_4$ 的 D$_2$＝1 或 D$_2$＝0 来确定本片是主片还是从片。

(7) 查询方式

当系统中断源多于 64 个时可采用查询方式，它的特点是用软件查询的方式提供中断响应。要求先送使 OCW$_3$ 的 D$_2$＝1 的查询命令，然后令 CPU 关中断，最后，读 A$_0$＝0 的端口地址得到查询字，即可实现中断响应。

(8) 读 8259A 的状态

8259A 中的寄存器 IRR、ISR 和 IMR 的内容均可由用户读出。当用户要读 IRR 或 ISR 的内容时，先要写入 OCW$_3$，由 D$_1$D$_0$＝10 或 11 决定读出的是 IRR 的值还是 ISR 的值，然后通过一条输入指令读 A$_0$＝0 的端口地址即可。而当用户要读 IMR 的内容时，无需写入 OCW$_3$，直接用一条输入指令去读 A$_0$＝1 的端口地址即可。

6.4.5 8259A 的应用举例

8259A 的性能优越，许多微机都采用它来作中断控制器。从 8086/8088 到 80286、80386，均直接采用单片 8259A 或两片 8259A 的级联来工作，486 机虽然采用了集成技术，但芯片内部仍相当于两片 82C59 的级联。

【例 6-9】 有一 CPU 为 8088 的系统，其中断控制器 8259A 与系统的硬件连接如图 6-25 所示。

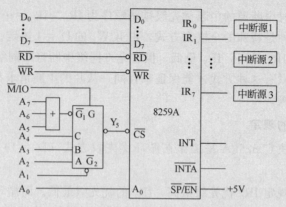

图 6-25 中断控制器 8259A 系统的硬件连接

试回答：

① 假设没用的位全部置 0，这片 8259A 的端口地址是什么？

② 要求对应中断源 1～中断源 3 的中断类型码分别为 68H、6CH 和 6FH，则各中断源应分别接在 8259A 的哪个引脚上？此时，ICW_2 的值应是什么？

③ 此时的 INT 和 $\overline{INTA}$ 两个引脚应分别接在系统总线的哪一根上？

分析：① 端口地址：$A_7\ A_6\ A_5\ A_4\ A_3\ A_2\ A_1\ A_0$

              0 0 0 1 0 1 0 0   偶地址

              0 0 0 1 0 1 0 1   奇地址

② 68H 即 01101000B，因此中断源 1 应接在 IR_0；6CH 即 01101100B，因此中断源 2 应接在 IR_4，6FH 即 01101111B，因此中断源 3 应接在 IR_7。此时，ICW_2 的值可为 01101 ×××B，其中，××× 可为任意值。

③ 此时的 INT 和 $\overline{INTA}$ 两个引脚应分别接在系统控制总线的 INTR 和 $\overline{INTA}$。

思考：① 如果此时的 CPU 为 8086，则译码电路该如何修改？端口地址又是什么？

② 如果将 8253 通道 2 的定时输出作为中断源 2，则 8253 的哪个引脚要接至 8259A 的中断请求输入端？

【例 6-10】 一片 8259A 的 IR_0、IR_2、IR_5 引脚上接有中断源的中断请求，三个中断服务子程序的入口地址分别为：段地址同为 4000H，偏移地址依次为 2640H、5670H 和 8620H，要求中断请求信号为边沿触发，固定优先级，采用中断自动结束方式，一般全嵌套，非缓冲方式。试完成中断向量表的设置以及 8259A 的初始化（假设端口地址为 0FF0H 和 0FF1H，CPU 为 8088）。

分析：选定中断类型码为 80H、82H、85H。

确定 ICW_1 为 ×××10×11B，ICW_2 为 10000×××B，ICW_4 为 00000×11B，OCW_1 为 11011010B（开放 IR_0、IR_2 和 IR_5）。

主程序如下。

```
CLI                    ;关中断,设置中断向量
PUSH  DS               ;保护 DS 的值
```

```
MOV   DX, 4000H      ;送中断向量的段地址(对应 IR₀)
MOV   DS, DX
MOV   DX, 2640H      ;送中断向量的偏移地址
MOV   AL,80H         ;送中断类型码
MOV   AH, 25H
INT   21H            ;系统调用
MOV   DX, 4000H      ;送中断向量的段地址(对应 IR₂)
MOV   DS, DX
MOV   DX, 5670H      ;送中断向量的偏移地址
MOV   AL,82H         ;送中断类型码
MOV   AH, 25H
INT   21H            ;系统调用
MOV   DX, 4000H      ;送中断向量的段地址(对应 IR₅)
MOV   DS, DX
MOV   DX, 8620H      ;送中断向量的偏移地址
MOV   AL,85H         ;送中断类型码
MOV   AH, 25H
INT   21H            ;系统调用
POP   DS             ;恢复 DS 的值
MOV   AL,13H         ;对 8259A 初始化,所有×的位全取 0
MOV   DX, 0FF0H      ;ICW₁,A₀＝0
OUT   DX,AL
MOV   AL,80H         ;ICW₂,A₀＝1
MOV   DX, 0FF1H
OUT   DX,AL
MOV   AL,03H         ;ICW₄,A₀＝1
OUT   DX,AL
MOV   AL,0DAH        ;OCW₁,A₀＝1
OUT   DX,AL
STI                  ;开中断
```

【例 6-11】 有一个小型控制系统,CPU 选用 8088、8259A 作为中断控制器,8253 作为定时器。要求 8253 通道 0 的输出作为中断请求接在 8259A 的 IR_7,中断类型码为 47H,每隔 1s 向 CPU 发一次中断请求,在显示器上输出一行提示信息,即"This is a interrupt!",其工作时钟频率为 10kHz。试完成相应程序,包括主程序和中断服务子程序(设 8259A 的端口地址为 20H 和 21H,8253 的端口地址为 30H～33H)。

分析:对 8253,选用方式 3,计数初值为 $N=1\times10k=10000$,控制字为 00110110B。

对 8259A,采用边沿触发、一般全嵌套、中断自动结束、固定优先权。确定 ICW_1 为 $\times\times\times10\times11B$,$ICW_2$ 为 $01000\times\times\times B$,$ICW_4$ 为 $00000\times11B$,OCW_1 为 01111111B(开放 IR_7)。

主程序如下。

```
        CLI                         ;关中断,设置中断向量
        PUSH  DS                    ;保护 DS 的值
        MOV   DX, SEG INT8253       ;送中断向量的段地址
        MOV   DS, DX
        MOV   DX, OFFSET INT8253    ;送中断向量的偏移地址
        MOV   AL, 47H               ;送中断类型码
        MOV   AH, 25H               ;系统调用
        INT   21H                   ;将中断向量存到 0000:11DH 开始的存区
        POP   DS                    ;恢复 DS 的值
        MOV   AL,13H                ;8259A 初始化,ICW₁,A₀=0
        OUT   20H,AL
        MOV   AL,47H                ;ICW₂,A₀=1
        OUT   21H,AL
        MOV   AL,03H                ;ICW₄,A₀=1
        OUT   21H,AL
        MOV   AL,7FH                ;OCW₁,A₀=1
        OUT   21H,AL
        MOV   AL,36H                ;8253 初始化,写控制字
        OUT   33H,AL
        MOV   AX,10000              ;送计数初值
        OUT   30H,AL
        MOV   AL,AH                 ;
        OUT   30H,AL
        STI                         ;开中断
AGAIN:  HLT                         ;等待中断
        JMP  AGAIN
```

中断服务子程序如下。

```
INT8253:  PUSH  AX                 ;保护现场
          PUSH  DX
          LEA   DX, MESS           ;系统调用,显示提示信息(设存放在 MESS 开始的存区)
          MOV   AH, 9
          INT   21H
          POP   DX                 ;恢复现场
          POP   AX
          IRET
```

在主程序运行的过程中，对芯片初始化以后，就在 HLT 指令处等待中断，只要 8253 的定时时间到，就可通过 IR₇ 向 8259A 发中断请求，8259A 再向 CPU 发中断请求，CPU 响应中断后，8259A 送出中断类型码 47H，CPU 经计算后到 0000：011CH 开始的存区取出已存放好的中断向量，转向中断服务子程序，输出一个提示信息，中断返回后，在主程序中

经 JMP 指令转向 HLT 指令，再次等待 8253 的下一个中断请求。此过程循环往复。

6.5　可编程 DMA 控制器 Intel 8237A

6.5.1　8237A 的编程结构与主要功能

DMA 方式是 CPU 与外设之间传送数据的一种控制方式，它适用于高速外设及大量数据块传输的场合。这时，外设与存储器之间的数据传送不再经过 CPU，而是在 DMA 控制器的控制下直接进行。Intel 8237A 就是一种高性能的可编程 DMA 控制器芯片（DMAC），可以用来控制实现存储器到外部设备、外部设备到存储器及存储器到存储器之间的高速数据传送，最高数据传送速率可达 1.6MB/s。

(1) 8237A 的主要功能

① 有 4 个独立的 DMA 传输通道，每个通道有独立的地址寄存器和字节计数器，每次传送的最大数据块长度为 64K 字节。

② 每个通道有 4 种工作模式：单字节传输、数据块传输、请求传输、级联模式。

③ 每个通道的 DMA 请求有不同的优先权，可以是固定的，也可以是循环的。

④ 8237A 可以级联以扩大通道数，最多可以由 5 片 8237A 级联形成对 16 个 DMA 传输通道的管理。

⑤ 可编程。

(2) 8237A 的编程结构

8237A 的编程结构如图 6-26 所示。从图中可以看出，8237A 的内部共有 4 个独立的 DMA 通道，每个通道内包含有一组 5 个寄存器，它们的作用如下。

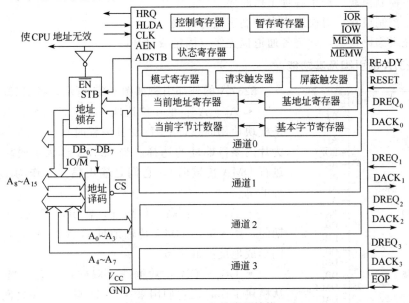

图 6-26　8237A 的编程结构

① 16 位的基地址寄存器。用来存放本通道 DMA 传输时的地址初值，由 CPU 在对 8237A 初始化编程时写入，在 8237A 的工作过程中其内容不变化。

② 16 位的当前地址寄存器。用来存放本通道 DMA 传输过程中的当前地址值，初始化编程时自动装入基地址寄存器的值。在进行 DMA 传输时，每传输一个字节就自动修改其值（增量/减量），以决定下次传输字节的存储器地址。CPU 可用 IN 指令分两次读出该寄存器的内容，以了解当前的工作情况。在自动预置方式下，每次 DMA 传输结束，还可根据基地址寄存器的值自动重新装入。

③ 16 位的基本字节寄存器。用来存放本次 DMA 传输的字节数的初值（初值应比实际传输的字节数少 1），由 CPU 在对 8237A 初始化编程时写入，在 8237A 的工作过程中其内容不变化。

④ 16 位的当前字节计数器。用来存放本通道 DMA 传输过程中的当前字节数，初始化时自动装入基本字节计数器的值。在进行 DMA 传输时，每传输一个字节，计数器就自动减 1，当计数器的值由 0 减到 FFFFH 时，产生一个计数结束信号 $\overline{EOP}$。CPU 亦可用 IN 指令分两次读出该计数器的内容。

⑤ 8 位的模式寄存器。用来存放本通道的模式字。该模式字由 CPU 在对 8237A 初始化编程时写入，以选择本通道的工作模式。

除了每个通道的 5 个寄存器外，8237A 还有一组寄存器是 4 个通道共用的，它们的作用如下。

① 8 位的控制寄存器。用来存放控制字。该控制字由 CPU 在对 8237A 初始化编程时写入，用来设定 8237A 的一些具体操作（如时序、启动/停止等）。

② 8 位的状态寄存器。用来存放 8237A 的状态信息，由 8237A 提供给 CPU 查询。这些信息包括：哪些通道有 DMA 请求，哪些通道计数完等。

③ 8 位的暂存寄存器。在进行存储器到存储器传送时，用来保存传送的数据。所传送的最后一个字节的内容可由 CPU 读出。

除了上述寄存器外，8237A 内部还有三个基本控制模块。

① 时序控制模块：产生各种工作时序。

② 命令控制模块：对模式字和控制字进行译码。

③ 优先级编码模块：确定各通道优先级（固定或循环）。

(3) 8237A 的引脚及其功能

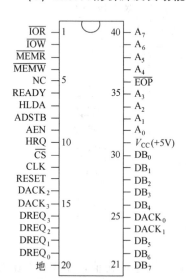

图 6-27　8237A 的外部引脚

8237A 的外部引脚如图 6-27 所示，各引脚的功能如下。

• $A_0 \sim A_3$：低 4 位地址，双向，三态。当 8237A 作为从模块使用时（即 CPU 对其编程时），它们是输入信号，作为片内端口地址的选择。当 8237A 作为主模块使用时（即进行 DMA 传输时），它们是输出信号，作为 DMA 传输地址的 $A_0 \sim A_3$。

• $A_4 \sim A_7$：高 4 位地址，输出，三态。在 DMA 传输期间，用来输出 DMA 传输地址的 $A_4 \sim A_7$，与 $A_0 \sim A_3$ 共同形成地址的低字节。

• $DB_0 \sim DB_7$：数据线，双向，三态。当 8237A 作为从模块工作时，它们用来在 CPU 与 8237A 之间传送控制信息、状态信息和地址信息。当 8237A 作为主模块工作时，它们用来传送 DMA 传输地址的高字节。

• $\overline{IOW}$：I/O 端口写控制，双向，三态，低电平有效。当 8237A 作为从模块工作时，它为输入信号（来自 CPU），控制 CPU 向 8237A 的内部寄存器写值（编程写入）。当 8237A 作为主模块工作时，它为输出信号（发向 I/O 口），用来控制将数据总线上的数据写入 I/O 口。

- $\overline{IOR}$：I/O 端口读控制，双向，三态，低电平有效。当 8237A 作为从模块工作时，它为输入信号（来自 CPU），控制 CPU 读取 8237A 内部寄存器的值。当 8237A 作为主模块工作时，它为输出信号（发向 I/O 口），控制将来自 I/O 口的数据送上系统数据总线。

- $\overline{MEMR}$、$\overline{MEMW}$：存储器读、写控制，三态，输出，低电平有效。在 DMA 传送期间，由该信号控制对存储器的读、写操作。

- ADSTB：地址选通，输出，高电平有效。在 DMA 传送期间，由该信号锁存通过 $DB_0 \sim DB_7$ 送出的高位地址 $A_8 \sim A_{15}$。

- AEN：地址允许，输出，高电平有效。该信号使外部地址锁存器中的内容送上系统地址总线，与经 $A_0 \sim A_7$ 输出的低 8 位地址共同形成 16 位传输地址。同时，AEN 还使与 CPU 相连的地址锁存器失效，禁止来自 CPU 的地址码送上地址总线，以保证地址总线上的信号来自 DMA 控制器。

- $\overline{CS}$：片选，输入，低电平有效。在非 DMA 传送期间，CPU 利用该信号对 8237A 寻址。该引脚通常与地址译码器的输出相连接。

- RESET：复位，输入，高电平有效。复位有效时，将清除 8237A 的控制、状态、请求、暂存及先/后触发器，同时置位屏蔽寄存器。复位后，8237A 处于空闲周期状态。

- READY：准备好，输入，高电平有效。当 DMA 工作期间遇上慢速内存或 I/O 接口时，可由它们提供 READY 信号，使 8237A 在传输过程中插入 S_W 等待状态，以便适应慢速内存或外设。

- HRQ：保持请求信号，输出，高电平有效。由 8237A 发给 CPU，作为系统的 DMA 请求信号。

- HLDA：保持响应信号，输入，高电平有效。由 CPU 发给 8237A，作为 HRQ 的响应信号，表示已将系统总线控制权交给 8237A。

- $DREQ_0 \sim DREQ_3$：4 个通道的 DMA 请求输入信号，其有效电平可由程序设定。此信号来自 I/O 口，分别对应 4 个通道的外设请求。8237A 默认的优先级别是 $DREQ_0$ 优先级最高，而 $DREQ_3$ 优先级最低，用户也可以通过编程改变其优先级。DREQ 在应答信号 DACK 有效之前必须保持有效。

- $DACK_0 \sim DACK_3$：4 个通道的 DMA 响应输出信号，其有效电平也可由程序设定。此信号用以告诉外设，其发出的 DMA 传输请求已被批准并开始实施。

- $\overline{EOP}$：DMA 传输结束，双向。作为输入信号时，DMA 过程被强制结束。作为输出信号时，当通道计数结束时发出，表示 DMA 传输结束。不论什么情况，当 $\overline{EOP}$ 有效时，都会使 8237A 的内部寄存器复位。在 $\overline{EOP}$ 端不用时，应通过数千欧的电阻接到高电平上，以免由它输入干扰信号。

- CLK：时钟输入，用来控制 8237A 的内部操作并决定 DMA 的传送速率。

从以上 8237A 的内部结构和引脚功能可以看出，8237A 只能提供 16 位的存储器地址，因此所能控制传输的数据块最大长度为 64K。为了形成 20 位或多于 20 位的物理地址，必须有一个专门的部件来产生高位地址，这就是页面寄存器。当 8237A 控制进行 DMA 传输时，相应的控制信号可以打开页面寄存器，使事先写入的本次传输的高位地址即页面地址输出，与 8237A 送出的低 16 位地址共同形成存储单元的物理地址（如图 6-28 所示）。需要时，

CPU 也可以直接对页面寄存器的相应端口地址进行写入，修改页面地址，从而控制越段的 DMA 操作。

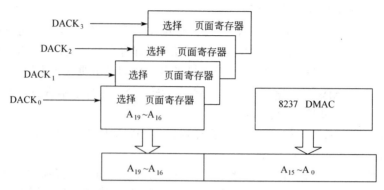

图 6-28 利用页面寄存器产生存储器地址示意

6.5.2 8237A 的编程

作为一个可编程的芯片，8237A 在使用之前也需要进行初始化编程，对 8237A 的编程涉及以下内容。

(1) 模式字

模式字用来指定所使用的通道及通道的工作模式，在初始化时要写入对应通道的模式寄存器中。模式字的格式如图 6-29 所示。

- $D_1 D_0$：用来选择要写入的通道。
- $D_3 D_2$：用来选择传输类型。

8237A 的 DMA 传输一共有三种类型：读、写和校验传输。读传输是将数据从存储器传送到 I/O 设备，此时 8237A 发出 $\overline{MEMR}$ 和 $\overline{IOW}$ 信号。写传输是将数据从 I/O 设备写到存储器，此时，8237A 发出 $\overline{IOR}$ 和 $\overline{MEMW}$ 信号。而校验传输则是一种伪传输，它只是用来对读传输功能和写传输功能进行校验，并不进行真正的读写操作。此时，8237A 也产生地址信号并发出 $\overline{EOP}$ 信号，但不产生相应的 I/O 设备和存储器的读写信号。

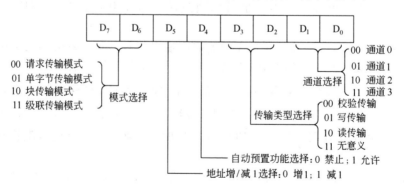

图 6-29 8237A 的模式字

- D_4：决定该通道是否进行自动预置。若允许进行自动预置，则当通道完成一次 DMA 操作，接收到 $\overline{EOP}$ 信号后，它能自动将基地址寄存器和基本字节寄存器的内容重新装入当前地址寄存器和当前字节计数器，这样，不必通过 CPU 干预，就能进入下一次

DMA 操作。

・ D_5：决定每传输一个字节后当前地址寄存器内容的修改方式。D_5 等于 1 为地址加 1 修改，反之为地址减 1 修改。

・ $D_7 D_6$：用来选择工作模式。8237A 一共有 4 种工作模式：单字节传输模式、块传输模式、请求传输模式和级联传输模式。

单字节传输模式：在这种模式下，8237A 每传输一个字节后，当前字节计数器的值减 1，当前地址寄存器的值加 1/减 1（由 D_5 决定）后，就释放系统总线（不考虑此时的 DREQ 是否有效）。接着测试 DREQ 端，若有效则再次发 DMA 请求，进入下一个字节的 DMA 传输。

块传输模式：在这种模式下，8237A 可以连续进行多个字节的传输，只有当字节计数器的值减为 FFFFH，产生一个有效的 $\overline{EOP}$ 或从外部得到一个有效的 $\overline{EOP}$ 脉冲时，8237A 才释放系统总线。

请求传输模式：在这种模式下，8237A 每次可以传输多个字节数据，直到当前字节计数器的值减为 FFFFH，或外界有一个有效的 $\overline{EOP}$ 结束脉冲，或 DREQ 变为无效时结束。若为后一种原因引起的 DMA 结束，则 8237A 释放总线后继续检测 DREQ 引脚，一旦 DREQ 变为有效电平，则继续进行 DMA 传输。这样，就可以通过控制 DREQ 为有效或无效，把一批数据分成几次传输。

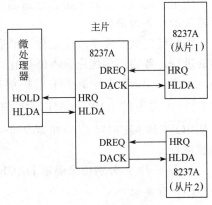

图 6-30　8237A 级联方式示意图

级联传输模式：在这种模式下，可以将几片 8237A 级联在一起，构成主从式 DMA 系统，扩大系统的 DMA 通道数。最多可由 5 片 8237A 级联来管理 16 级 DMA 通道。

多片 8237A 的级联类似于前述的 8259A 的级联，其中一片 8237A 为主片，其余为从片，从片的 HRQ 作为主片的 DREQ，主片相应的 DACK 则作为从片的 HLDA。在整个主从式系统中，主片的 HRQ 和 HLDA 与 CPU 相连（如图 6-30 所示）。值得注意的是，此时主片和从片均应单独进行编程，并分别设置为级联模式。

(2) 控制字

控制字写入 8237A 的控制寄存器，用来控制对 8237A 的操作。控制字的格式如图 6-31 所示。

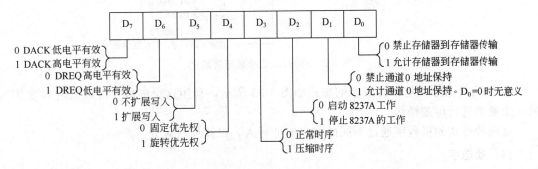

图 6-31　8237A 的控制字

- D_0：选择是否允许进行存储器到存储器的操作，这种存储器之间的传送方式能以最小的程序工作量与最短的时间将数据从存储器的一个区域传送到另一区域。此时规定通道 0 放源地址，通道 1 放目的地址，采用数据块传输模式。由通道 0 送出源存储器地址和 $\overline{\text{MEMR}}$ 控制信号，将选中的数据读到 8237A 的暂存寄存器中，接着通道 1 送出目的地址，送出 $\overline{\text{MEMW}}$ 控制信号和暂存寄存器的数据，将数据写入目的地址。

- D_1：用以规定在存储器到存储器的传送方式下，通道 0 中存放的源地址是否保持不变，这一位只有在 $D_0 = 1$ 时才有效。若此时 $D_1 = 1$，则通道 0 在整个传送过程中保持同一地址，这样可以把同一数据写到一组存储单元中。

- D_2：8237A 的启动控制位。

- D_3：控制选择 8237A 的工作时序，其中压缩时序不能用在存储器到存储器的传送方式下，有关时序的详细内容见 6.5.3 节。

- D_4：优先权控制位。8237A 有 4 个独立通道，当同时有多个通道提出 DMA 请求时，就存在着优先权的问题。与 8259A 类似，8237A 有两种优先级方案可供选择。

  固定优先级：此时规定各通道的优先级是固定的，即通道 0 的优先级最高，依次降低，通道 3 的优先级最低。

  循环优先级：规定刚刚工作过的通道优先级变成最低，依次循环。这样，随着 DMA 操作的进行，各通道的优先级不断变化。

- D_5：用于选择是否采用扩展写信号。在正常时序时，有些速度较慢的外设是利用 8237A 送出的 $\overline{\text{IOW}}$ 和 $\overline{\text{MEMW}}$ 信号的下降沿产生 READY 信号的。如选用扩展写，可使 $\overline{\text{IOW}}$ 和 $\overline{\text{MEMW}}$ 信号加宽 2 个时钟周期，从而使 READY 信号早些到来，提高传输速度。

- D_7、D_6：分别用来确定 DACK 和 DREQ 引脚的有效电平。

(3) 屏蔽字

与中断屏蔽类似，8237A 也允许通过编程写入屏蔽字的方式来对相应通道的 DMA 请求进行屏蔽。8237A 的屏蔽字有两种形式。

① 单通道屏蔽字。这种屏蔽字的格式如图 6-32 所示，利用这个屏蔽字，每次只能选择一个通道进行，$D_2 = 1$ 表示禁止该通道接收 DREQ 请求，反之允许该通道接收 DREQ 请求。

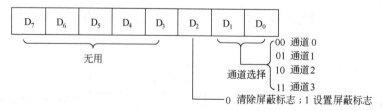

图 6-32 8237A 的单通道屏蔽字

② 综合屏蔽字。这种屏蔽字的格式如图 6-33 所示，利用这个屏蔽字可以同时对 8237A 的 4 个通道进行屏蔽操作。

这两种形式的屏蔽字通过不同的端口地址写入，以此加以区分。

(4) 状态字

状态字存放在状态寄存器中，其内容反映了 8237A 各通道的工作状态，由 8237A 自动

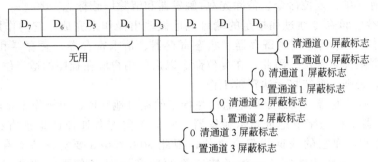

图 6-33 8237A 的综合屏蔽字

提供。CPU 可以通过 IN 指令读出其内容进行查询，从而得知 8237A 的工作状况，如哪个通道计数已达到计数终点，哪个通道有 DMA 请求尚未处理。状态字的格式如图 6-34 所示。

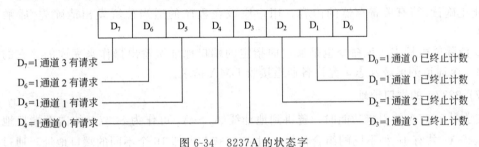

图 6-34 8237A 的状态字

(5) 请求标志

由 8237A 的编程结构（见图 6-26）可知，每个通道的内部都有一个请求标志触发器，它的作用是用来设置 DMA 的请求标志。对 8237A 来讲，DMA 的请求可以来自两个方面。一个是由硬件产生，通过 DREQ 引脚输入。另一个是通过对每个通道的 DMA 请求标志的置位在软件控制下产生，就如同外部 DREQ 请求一样。8237A 请求寄存器的格式如图 6-35 所示，这种由软件产生的 DMA 请求只用于通道工作在数据块传送模式且不可屏蔽。

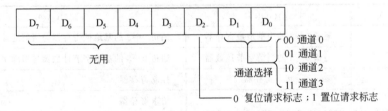

图 6-35 8237A 的请求寄存器

(6) 软件命令

对 8237A 的编程，除了送前述的一些模式字、控制字、请求标志和屏蔽标志以外，还可以通过执行一些特殊的软件命令来完成某个指定的功能，这些软件命令不同于前述的一些字格式，它不是通过对某个寄存器的某一位置位/复位来完成指定功能，而是由指定的端口地址再加上相应的读/写操作来控制完成相应的功能。它们有一个共同的特点是：虽然使用了输入输出指令，但不使用数据总线上的数据，也就是说，与此时输入输出的数据大小无关。

软件命令有三条：复位命令、清除先/后触发器和清除屏蔽标志。

① 复位命令。该命令通过往指定的端口地址做输出操作来完成。它的作用相当于硬件的 RESET 信号，用来清除控制寄存器、状态寄存器、请求寄存器、暂存器和内部的先/后触发器，并把屏蔽标志置位。因此，在复位命令以后，用户应在程序的适当位置清除有关通道的屏蔽标志，否则，系统将无法正常工作。

② 清除先/后触发器。该命令也是通过往指定的端口地址做输出操作来完成的。

先/后触发器也称为字节地址指示触发器。8237A 内部各通道的地址寄存器和字节计数器均是 16 位的，而它的数据线仅有 8 位，因此 8086/8088 要对这些寄存器进行读/写时，必须通过两次操作才能完成。为了按正确的顺序访问寄存器中的高字节和低字节，CPU 首先要使用清除先/后触发器的命令来清除 8237A 内部的先/后触发器。当先/后触发器为 0 时，CPU 读/写这些寄存器的低 8 位；然后，先/后触发器会自动置 1，CPU 第二次读/写的是这些寄存器的高 8 位；读/写完以后，先/后触发器又恢复为 0。因此，为了CPU 能正确读/写有关寄存器的内容，用户应该在程序的适当位置发出清除先/后触发器的命令。

③ 清除屏蔽标志。该命令也是通过向指定的端口地址做输出操作来完成的。它的作用是清除 4 个通道的屏蔽标志，允许各通道接收 DMA 请求。

(7) 8237A 的端口地址

在学习 8237A 的引脚功能时，曾讲到地址线 $A_3 \sim A_0$ 可作为 8237A 的内部端口地址选择。$A_3 \sim A_0$ 共有 16 种不同的组合信号，对应 8237A 内部 16 个不同的端口地址，通过对这些端口地址进行读/写操作，可以实现不同的功能。表 6-5 给出了 8237A 的内部端口地址及其对应的操作。

对表 6-5，作如下说明。

① 对 4 个通道来讲，当前地址寄存器和当前字节计数器的内容可以分两次读出（即用两条连续的 IN 指令），在读之前应先清除先/后触发器。

② 对 4 个通道的基地址寄存器和当前地址寄存器的写入，以及对基本字节计数器和当前字节计数器写入的具体方法和要求同①。

表 6-5 8237A 的内部端口地址及对应操作

端口地址($A_3 \sim A_0$)	读($\overline{IOR}$)	写($\overline{IOW}$)
0、2、4、6	通道 0～3 的当前地址寄存器	通道 0～3 的基地址寄存器与当前地址寄存器
1、3、5、7	通道 0～3 的当前字节计数器	通道 0～3 的基本字节计数器与当前字节计数器
8	状态寄存器	控制寄存器
9	—	请求寄存器
AH	—	单通道屏蔽标志
BH	—	模式寄存器
CH	—	清除先/后触发器命令
DH	暂存器	复位命令
EH	—	清除屏蔽标志命令
FH	—	综合屏蔽标志

③ 暂存器里保存的是在存储器到存储器之间传输的数据，但对暂存器的读出操作是在这种传输结束之后。此时，读出的是本次传输最后一个字节的内容。

④ 再次强调：复位命令、清除先/后触发器命令和清除屏蔽标志命令只与此时写入的端口地址有关，而与写入的数据无关，而其它操作不仅与端口地址有关，同时也与读出/写入的数据有关。

(8) 8237A 的初始化

8237A 作为可编程芯片，在使用之前必须对它进行初始化，其初始化编程的流程如图 6-36 所示。

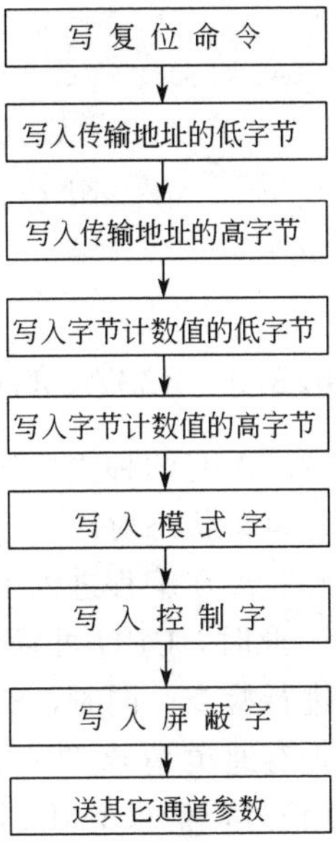

① 写入复位命令，用来清除其内部寄存器及先/后触发器。

② 写入基地址寄存器和当前地址寄存器，先写入低 8 位，后写入高 8 位。

③ 写入当前字节计数和基本字节计数器，写入值为传送的字节数减 1。同样，先写入低 8 位，后写入高 8 位。

④ 写入模式字。用来指定通道的工作方式。

⑤ 写入控制字。用来设置具体的操作，启动 8237A 开始工作。

⑥ 写入屏蔽字。用来将相应通道开放。

下面通过一个具体的例子来看 8237A 的编程应用。

图 6-36 8237A 的初始化流程

【例 6-12】假设要利用 8237A 通道 0 的单字节写模式，由外设输入一个数据块到内存，数据块长度为 8K，内存区首地址为 2000H，采用地址加 1 变化，不进行自动预置。外设的 DREQ 与 DACK 均为低有效，普通时序，固定优先级。试完成 8237A 的初始化程序（设端口地址为 10H~1FH）。

分析：确定模式字为 01000100B，控制字为 010000×0B，单通道屏蔽字为××××0000B，计数器初值为 1FFFH。

初始化程序如下：

```
MOV  AL,00H
OUT  1DH,AL        ;写复位命令
MOV  AL,00H
OUT  10H,AL        ;写通道 0 基地址和当前地址寄存器的低 8 位
MOV  AL,20H
OUT  10H,AL        ;写通道 0 基地址和当前地址寄存器的高 8 位
MOV  AL,0FFH       ;计数器初值为 1FFFH
OUT  11H,AL        ;写通道 0 当前字节和基本字节计数器的低 8 位
MOV  AL,1FH
OUT  11H,AL        ;写通道 0 当前字节和基本字节计数器的高 8 位
MOV  AL,44H
OUT  IBH,AL        ;写入模式字
MOV  AL,40H
OUT  18H,AL        ;写入控制字,启动 8237A 工作
MOV  AL,00H
OUT  1AH,AL        ;通道 0 去除屏蔽
```

初始化完成以后,可以编写如下的应用程序。

```
WAIT1:IN  AL,18H      ;读入状态字
       AND  AL,01H      ;判通道 0 的 DMA 传输是否结束
       JZ   WAIT1       ;未结束则等待
       …                ;已结束则执行后续程序
```

6.5.3 8237A 的操作时序

8237A 有两种主要的操作周期,即空闲周期和工作周期,每个操作周期由若干个状态组成,每种状态对应一个完整的时钟周期。

8237A 在编程进入工作状态之前,或虽已编程但没有有效的 DMA 请求时,进入空闲周期 S_I。此时,CPU 可以对它进行编程,把数据写入其内部寄存器,或读出其内部寄存器的内容进行检查。同时,8237A 在空闲周期的每一个时钟周期都采样通道的 DREQ 线,以确定是否有通道请求 DMA 服务。当检测到某一通道有 DMA 请求时,8237A 向 CPU 发出 HRQ 信号,请求 DMA 服务,同时进入工作周期的 S_0 状态。当 CPU 的 HLDA 信号到达以后,8237A 开始进入 DMA 传输。

一个完整的 DMA 传输有 4 个工作状态,即 S_1、S_2、S_3 和 S_4。如果是慢速的存储器或外设,则可在 S_3 和 S_4 之间插入等待状态 S_W,以满足速度的匹配。S_W 状态的插入靠检测 READY 引脚是否有效来决定。8237A 还可采用压缩时序工作,此时可将传输时间压缩至两个状态,但在使用上有一定的限制。

有关 8237A 操作时序的详细内容可参考相关资料。

6.5.4 DMA33/66/100 简介

DMA 传输方式在微型计算机中最成功的应用当属带 DMA 控制器的高速硬盘。最早出现的硬盘接口类型即大家所熟悉的 IDE(intelligent drive electronics 或 integrated drive electronics),其本意是把控制器与盘体集成在一起的硬盘驱动器,作为最早的 PC 机接口标准之一,IDE 接口是 1989 年由 Imprimus、Western Digital 与 Compaq 三家公司确立的。现在个人电脑中使用的硬盘大多数都与 IDE 兼容,只需用一根电缆将它们与主板或接口卡连接起来即可。把盘体与控制器集成在一起的做法减少了硬盘接口的电缆数目与长度,数据传输的可靠性也得到了增强,硬盘的制造也变得更容易。对用户而言,硬盘的安装更为方便。

IDE 标准支持 1 或 2 块硬盘,并且是 16 位的接口。1996 年,ATA(advanced technology attachment)增强型接口,即 ATA-2(EIDE,enhanced IDE)正式确立,它是对 ATA 的扩展,其增加了 2 种 PIO 和 2 种 DMA 模式,把最高传输率提高到了 16.7MB/s,是老 IDE 接口类型的 3~4 倍;同时它引进了 LBA 地址转换方式,突破了旧 BIOS 固有 504MB 的限制,支持最高可达 8.1GB 的硬盘。

为了能得到更高传输率的接口,各生产商又联合推出了 Multiword DMA Mode3 接口,它也叫 UltraDMA,它的突发数据传输率达到了 33.3MB/s,这是 ATA-2 接口具有的最大突发数据传输率的两倍。它还在总线占用上引入了新的技术,使用 PC 的 DMA 通道减少了 CPU 的处理负荷,同时为了保障数据在高速传输时的完整性及可靠性,又引入了 CRC(cyclic redundancy check,循环冗余校验)的技术。此接口类型使用 40 引脚的接口电缆,并且向下兼容。

在 Ultra ATA/33 标准后推出的是 Ultra ATA/66 接口,它由昆腾公司提出,并得到英

特尔公司的支持。遵循接口类型发展的规则（即向更快、更稳定的方向发展），Ultra ATA/66 的突发数据传输率达到 66.7MB/s。由于它具有这么高的传输率，原来为 5MB/s 数据传输率设计的 40 引脚接口电缆已不能满足 ATA/66 的需求，因此在 Ultra ATA/66 的接口电缆中增加了 40 根地线，以减小数据传输时的电磁干扰。目前市场上的主流接口类型仍为 Ultra ATA/66（Ultra DMA66），而且目前生产的大部分硬盘均支持此接口。

随着硬盘的容量越来越大，速度越来越快，硬盘和 PC 主板之间的接口需要处理更快的速度。2000 年 6 月，昆腾公司宣布推出 ATA/100（DMA-100 或 UltraDMA100）硬盘，该产品采用了通用的 IDE 接口，其数据传输速率可达 100MB/s。

习题与思考题

6-1. 接口电路的主要作用是什么？它的基本结构如何？

6-2. 说明接口电路中控制寄存器与状态寄存器的功能。为什么它们通常可共用一个端口地址？

6-3. CPU 寻址外设端口的方式通常有哪两种？试说明它们各自的优缺点。

6-4. CPU 与外设之间的数据传输控制方式有哪几种？何谓程序控制方式？它有哪两种基本方式？分别用流程图的形式描述其处理过程。

6-5. 采用查询方式将数据区 DATA 开始的 100 个字节数据在 FCH 端口输出，设状态端口地址为 FFH，状态字的 D_0 位为 1 时表示外设处于忙状态。试编写查询程序。

6-6. 何谓中断优先级？它对于实时控制有什么意义？有哪几种控制中断优先级的方式？

6-7. 什么叫 DMA 传送方式？其主要步骤是什么？试比较 DMA 传输、查询式传输及中断方式传输之间的优缺点和适用场合？

6-8. 什么是中断向量？中断向量表的功能是什么？已知中断源的中断类型码分别是 84H 和 FAH，它们所对应的中断向量分别为 2000H：1000H、3000H：4000H，这些中断向量应放在中断向量表的什么位置？如何存放？编程完成中断向量的设置。

6-9. 试结合 8086/8088CPU 可屏蔽中断的响应过程，说明向量式中断的基本处理步骤。

6-10. 在中断响应总线周期中，第一个 $\overline{\text{INTA}}$ 脉冲向外部电路说明什么？第二个 $\overline{\text{INTA}}$ 脉冲呢？

6-11. 中断处理的主要步骤有哪些？试说明每一步的主要动作。

6-12. 如果 8259A 按如下配置：不需要 ICW_4，单片，中断请求边沿触发，则 ICW_1 的值为多少？如要求产生的中断类型码在 70H～77H 之间，则 ICW_2 的值是多少？

6-13. 在上题中，假设 8259A 的端口地址为 00H 和 01H，采用中断自动结束，固定优先级，完成对该 8259A 的初始化。

6-14. 如果 8259A 用在 80386DX 系统中，采用一般的 EOI，缓冲模式，作为主片，采用特殊全嵌套方式，则 ICW_4 的值是什么？

6-15. 如果 OCW_2 等于 67H，则允许何种优先级策略？为什么？

6-16. 某系统中 CPU 为 8088，外接一片 8259A 作为中断控制器，五个中断源分别从 $\text{IR}_0 \sim \text{IR}_4$ 以脉冲方式引入系统，中断类型码分别为 48H～4CH，中断服务子程序入口的偏移地址分别为 2500H、4080H、4C05H、5540H 和 6FFFH，段地址均是 2000H，允许它们以非中断自动结束方式、固定优先级工作，试完成：

① 画出硬件连接图，写出此时 8259A 的端口地址；

② 编写 8259A 的初始化程序（包括对中断向量表的设置）。

6-17. 某系统中设置两片 8259A 级联使用，从片接至主片的 IR_2，同时，两片芯片的 IR_3 上还分别连接了一个中断源，要求电平触发，普通 EOI 结束。编写全部的初始化程序（端口地址可自定）。

6-18. 设 8253 的通道 2 工作在计数方式，外部事件从 CLK_2 引入，通道 2 计满 500 个脉冲向 8086CPU 发出中断请求，CPU 响应这一中断后重新写入计数值，开始计数，以后保持每 2s 向 CPU 发出一个中断请求。假设条件如下：

① 外部计数事件频率为 1kHz；

② 中断类型码为 54H。

试完成硬件连接图并编写完成该任务的全部程序（包括芯片的初始化、中断向量的设置、中断服务子程序）。

6-19. DMA 控制器 8237A 的主要功能是什么？其单字节传输方式与数据块传输方式有什么不同？

6-20. 某 8088 系统中使用 8237A 完成从存储器到存储器的数据传送，已知源数据块首地址的偏移地址值为 1000H，目标数据块首地址的偏移地址值为 2050H，数据块长度为 1KB，地址增量修改。试编写初始化程序（端口地址分别为 00H～0FH）。

6-21. 某 8088 系统中使用 8237A 通道 0 完成从存储器到外设端口的数据传送任务（数据块传输方式），若已知芯片的端口地址分别为 EEE0H～EEEFH，要求通过通道 0 将存储器中偏移地址为 1000H～10FFH 的内容传送到显示器输出，DREQ、DACK 均为低有效，固定优先级。试编写初始化程序。

第 7 章
可编程定时器/计数器
Intel 8253

在计算机系统中往往需要一些时钟，以便实现定时控制或延迟控制，如定时扫描、定时中断、定时检测、定时刷新、系统日历时钟以及音频发生等。对外部事件进行记录也是各种微机应用系统所常用的，因此也往往需要一些计数器。而定时功

本章学习指导　　本章微课

能通常是通过计数来实现的，当计数器的输入脉冲为固定频率的信号时，计数就具有了定时功能，因此一般定时器和计数器融为一体。

实现定时的方法可分为软件定时和硬件定时两种。软件定时的优点是不需要增加硬件设备，且定时时间改变灵活，只要改变定时子程序的执行时间即可；缺点是 CPU 执行延时程序将增加 CPU 的时间开销，会降低 CPU 的效率，也不容易提供多作业环境，因此软件定时一般用于 CPU 定时等待做某件事情的场合，即延时。

硬件定时又分为不可编程硬件定时和可编程硬件定时。对不可编程的硬件定时方法，可采用定时器 555，外接定时部件（电阻和电容）构成。这种定时方式的优点是电路比较简单，定时期间不占用 CPU 资源；缺点是虽然通过改变电阻、电容值可实现定时时间在一定范围内的改变，但是定时值不好设定，工作过程中较易受外界干扰，特别是定时值和定时范围不便由程序控制和改变，使其在计算机系统中应用不方便。由此就产生了可编程定时电路。

可编程定时/计数器是为了方便计算机系统的设计和应用而研制的，很容易和系统总线连接。它综合了软件定时和硬件定时的双重优点，定时时间可以很容易地通过软件来设置和改变，定时过程通过硬件实现，当定时时间到时可输出时间到信号，由于定时器/计数器一般具有连续工作的功能，所以可以输出速率波，并具有分频功能，因此它可以满足各种不同的定时和计数要求，在各种计算机系统的设计中得到了广泛的应用。

8253 是 Intel 系列的可编程定时器/计数器（programmable interval timer，PIT），8254 是它的改进型。8253 广泛应用于 PC 系列，提供系统定时和系统发声源等，在其它领域也常被用于定时、计数和信号发生。

7.1　8253 的功能与编程结构

7.1.1　8253 的主要功能

8253 是一个采用 NMOS 工艺、由单一＋5V 电源供电、24 条引脚的双列直插式封装的

芯片。该芯片的主要功能如下。

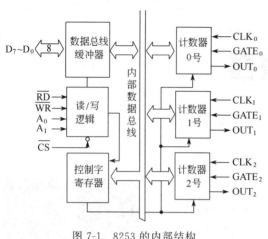

图 7-1　8253 的内部结构

① 有 3 个独立的 16 位计数器。

② 每个计数器都可以按二进制或二-十进制（BCD 码）计数。

③ 每个通道的计数频率可达 2MHz。

④ 每个计数器都具有 6 种不同的工作方式，可通过编程选择。

⑤ 每个计数器的计数初值都可以通过编程设置。

⑥ 所有的输入/输出都与 TTL 兼容。

7.1.2　8253 的内部结构

8253 的内部结构如图 7-1 所示，主要由以下部分组成。

① 数据总线缓冲器。这是 8253 与 CPU 数据总线连接的 8 位、双向、三态缓冲器。CPU 用输入输出指令对 8253 进行读写的所有信息都是通过该缓冲器传送的，内容包括：

- CPU 在初始化编程时写入 8253 的控制字。
- CPU 向 8253 的某一通道写入的计数值。
- CPU 从某一个通道读取的计数值。

表 7-1　端口地址

A_1	A_0	端口	A_1	A_0	端口
0	0	通道 0	1	0	通道 2
0	1	通道 1	1	1	控制端口

② 读/写控制逻辑。这是 8253 内部操作的控制部分。它接收输入的信号（$\overline{\text{CS}}$、$\overline{\text{WR}}$、$\overline{\text{RD}}$、A_1、A_0），以实现片选、内部通道选择（见表 7-1）以及对相关端口的读/写操作。

③ 控制字寄存器。在对 8253 进行初始化编程时，该寄存器存放由 CPU 写入的控制字，由此控制字来决定所选中通道的工作方式。此寄存器只能写入不能读出。

④ 计数器 0、计数器 1、计数器 2。这是三个独立的计数器/定时器通道，各自可按不同的工作方式工作。

每个通道内部均包含一个 16 位计数初值寄存器、一个 16 位减法计数器和一个 16 位锁存器。其中，计数初值寄存器用来存放初始化编程时由 CPU 写入的计数初值。减法计数器从计数初值寄存器中获得计数初值，进行减法计数，当预置值减到 0 或 1（视工作方式而定）时，OUT 输出端的输出信号将有所变化。正常工作时，锁存器中的内容随减法计数器的内容而变化，当有通道锁存命令时，锁存器便锁定当前内容以便 CPU 读取，CPU 可用输入指令读取任一计数器的当前计数值，通道锁存器中的内容被 CPU 读走之后，就自动解除锁存继续随减法计数器而变化。

值得注意的是，这些 16 位的寄存器也可以当 8 位的寄存器使用，此时仅有低 8 位有效。

7.1.3　8253 的引脚功能

8253 是具有 24 个引脚的双列直插式集成电路芯片，其引脚分布如图 7-2 所示。8253 芯片的 24 个引脚除电源及接地引脚外，按功能可分为两组：一组面向三总线即数据总线、控制总线和地址总线，另一组面向外部操作。

面向三总线的引脚信号如下。

• $D_0 \sim D_7$：双向、三态数据线，用来与系统的数据总线连接，传送控制信息、数据信息及状态信息。

• $\overline{RD}$：读控制信号输入引脚，低电平有效。有效时表示 CPU 要读取 8253 中某个通道计数器的当前值。

• $\overline{WR}$：写控制信号输入引脚，低电平有效。有效时表示 CPU 要对 8253 中某个通道计数器写入计数初值或向控制寄存器写入控制字。

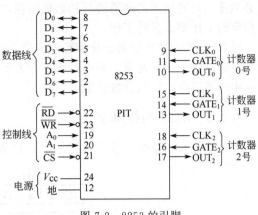

图 7-2 8253 的引脚

• A_1、A_0：芯片内部端口地址信号输入引脚，它们的组合用以选择 8253 芯片的通道及控制字寄存器，一般可直接接至系统地址总线的 A_1、A_0 位。

• $\overline{CS}$：片选控制信号输入引脚，低电平有效，有效时 CPU 可以对该片 8253 进行操作。该引脚一般接至高位地址译码器的某一输出。

$\overline{RD}$、$\overline{WR}$、$\overline{CS}$ 以及 A_1、A_0 引脚的组合决定了 CPU 对 8253 各个通道及控制寄存器的读/写操作，具体情况如表 7-2 所示。

表 7-2 8253 的操作选择

$\overline{CS}$	$\overline{RD}$	$\overline{WR}$	A_1	A_0	寄存器选择和操作
0	1	0	0	0	写入计数器 0
0	1	0	0	1	写入计数器 1
0	1	0	1	0	写入计数器 2
0	1	0	1	1	写入控制寄存器
0	0	1	0	0	读计数器 0
0	0	1	0	1	读计数器 1
0	0	1	1	0	读计数器 2
0	0	1	1	1	无操作(3 态)
1	×	×	×	×	禁止(3 态)
0	1	1	×	×	无操作(3 态)

面向外部操作的引脚信号有三组，每一组对应一个通道。由于三个通道的对外操作引脚完全一样，因此以一组为例来介绍。

• CLK：通道的计数脉冲输入引脚。8253 规定，加在 CLK 引脚的输入计数脉冲信号的频率不得高于 2MHz，即计数脉冲的周期不能小于 500ns。

• GATE：门控信号输入引脚。这是控制计数器工作的一个外部信号，其作用与选中的工作方式有关。一般情况下，当 GATE 引脚为低（无效）时，通常都是禁止计数器工作的；只有当 GATE 引脚为高时，才允许计数器工作。

• OUT：标志通道定时/计数操作特点的输出信号引脚，输出信号的波形由通道的工作方式确定。用户可用此输出信号触发其它电路工作。

7.2 8253 的初始化编程

8253 作为一个可编程的芯片，用户在使用时，除了要完成它与系统的硬件连接以外，还必须逐一对要使用的通道进行初始化编程，只有软硬件设计全部正确以后，芯片才能按用户指定的工作要求进行工作。

对 8253 某一通道的初始化编程涉及两个内容：首先向控制端口写入通道控制字，由此控制字确定选中哪个通道、采用什么工作方式和计数方式、如何写入计数初值等内容；然后向选中的通道端口写入计数初值。

7.2.1 8253 的控制字

控制字要写入控制端口即 $A_1 A_0$ 等于 11 的端口，其格式如图 7-3 所示。

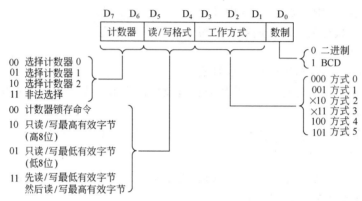

图 7-3 8253 的控制字

• 计数器选择（$D_7 D_6$）。由这两位的编码决定当前选择的是哪一个计数器工作。当 $D_7 D_6$ 等于 00、01、10 时分别选中计数器 0、计数器 1 和计数器 2，$D_7 D_6 = 11$ 为非法选择。

• 数据读/写格式（$D_5 D_4$）。$D_5 D_4$ 的编码决定了对选中通道的数据读/写方式。

一种是要对选中的通道写入计数初值。当计数初值小于 255 时，可以选择采用 8 位计数，令 $D_5 D_4 = 01$，这样，在控制字写入后，再通过一条写指令就可以完成将计数初值写入选中的通道，此时写入的数据进入通道计数器的低 8 位，高 8 位自动置 0。如果计数初值较大，就要选择采用 16 位计数，这又分成两种情况：当计数初值的低 8 位为全 0 时，可令 $D_5 D_4 = 10$，这样，在控制字写入后，再通过一条写指令将计数初值的高 8 位写入选中的通道，此时写入的数据进入通道计数器的高 8 位，低 8 位就自动为 0，从而形成一个完整的 16 位计数值；对一般情况，可令 $D_5 D_4 = 11$，这样，在控制字写入后，再通过两条写指令将计数初值写入选中的通道，第一条指令将计数初值的低 8 位写入通道计数器的低 8 位，第二条指令将计数初值的高 8 位写入通道计数器的高 8 位，从而形成一个完整的 16 位计数值。

另一种是要读取当前通道计数值，令 $D_5 D_4 = 00$，这样，在控制字写入后，8253 就将选中通道的当前计数值送入锁存器，用户可以通过两条读指令将计数值读出，第一条指令读出的是计数值的低 8 位，第二条指令读出的是计数值的高 8 位。

• 工作方式（$D_3 D_2 D_1$）。由这三位的编码决定选中通道的工作方式。通常取 $D_3 D_2 D_1 = 000 \sim 101$ 时分别对应方式 0～方式 5。

• 数制选择（D_0）。8253 的每个通道有两种计数方式：一种是按二进制计数，另一种是按二-十进制（即 BCD 码方式）计数。$D_0 = 0$ 表示按二进制计数，这时，写入的计数初值的范围为 0000H～FFFFH，其中 0000H 是最大值，代表 65536。$D_0 = 1$ 表示按二-十进制（即 BCD 码方式）计数，这时，写入的计数初值（要求是 BCD 码形式）的范围为 0000～9999，其中，0000 是最大值，代表 10000。

7.2.2　8253 的计数初值

8253 的计数初值（也叫时间常数）是决定计数次数的。如果是工作于计数方式，初值就是计数值；如果工作于定时方式，根据输出信号的不同，计算方法可分为两种情况。

① 当输出信号为连续的周期波时，假设计数器输入信号 CLK 的频率为 f_{CLK}，要求 OUT 端输出信号的频率为 f_{OUT}，则计数初值 $N = f_{CLK} / f_{OUT}$。

② 当定时/计数器工作在一次性有效的定时方式时，如希望的定时时间为 T，则计数初值 $N = f_{CLK} \times T$。

不论输出何种波形，由于 8253 的每一通道都是 16 位的，那么在二进制计数方式下，一个通道的最大计数次数为 65536 次（10000H 次），在二-十进制计数方式下的最大计数次数为 10000 次，而对应这两种最大计数次数的计数初值 N 都是 0。这是因为 8253 的计数器是先做减 1 计数，后判是否回 0（计数次数到）的。当初值为 0 时减 1 以后为 16 位的最大值（二进制时为 FFFFH，十进制时为 9999），再到 0 表示计数次数到，所以初值为 0 时达最大计数次数（16 位表示的最大值加 1）。

7.2.3　8253 的初始化编程

对 8253 某一通道的初始化编程需要以下两步。

① 向控制端口写入通道控制字，指定选中的通道并规定通道的工作方式等信息。

② 根据控制字的规定，向选中的通道端口写入计数初值。

- 若控制字规定只写低 8 位，则写入的为计数值的低 8 位，高 8 位自动置 0。
- 若控制字规定只写高 8 位，则写入的为计数值的高 8 位，低 8 位自动置 0。
- 若控制字规定要分两次写入 16 位计数值，则先写入低 8 位，再写入高 8 位。

值得注意的是，如果要使用一片 8253 的多个通道，则对每一个通道都要单独进行初始化编程。其中控制字都是写入控制端口，而计数初值则要分别写入不同的通道端口地址。

【例 7-1】 若选用通道 0，工作在方式 1，按二进制计数，计数值为 5080。设端口地址为 F8H～FBH，试完成初始化编程。

分析：根据题目给的信息，可以确定通道控制字为 00110010B；计数初值为 5080。

初始化程序段为：

```
MOV  AL,32H
OUT  0FBH,AL      ;控制字写入控制口
MOV  AX,5080      ;二进制形式的数据
OUT  0F8H,AL      ;先写低 8 位,写入通道 0
MOV  AL,AH
OUT  0F8H,AL      ;后写高 8 位,写入通道 0
```

在上题中，如果要求用通道 1，采用二-十进制计数，计数初值和工作方式不变，完成初始化程序。

分析：确定通道控制字为 01110011B。

初始化程序段为：

```
MOV  AL,73H
OUT  0FBH,AL      ;控制字写入控制口
MOV  AL,80H       ;BCD 码形式的数据
OUT  0F9H,AL      ;先写低 8 位,写入通道 1
```

```
MOV   AL,50H    ;BCD 码形式的数据
OUT   0F9H,AL   ;后写高 8 位,写入通道 1
```

【例 7-2】 若对一片 8253 同时选用两个通道工作,其中通道 0 工作在方式 0,计数值为 65536。通道 2 工作在方式 5,计数值为 127,设端口地址为 00H～03H,完成初始化编程。

分析:对于通道 0,确定通道控制字为 00110000B,计数初值为 0。对于通道 2,确定通道控制字为 10011010B。

初始化程序段为:

```
MOV   AL,30H
OUT   03H,AL    ;控制字写入控制口
MOV   AX,0      ;二进制形式的数据
OUT   00H,AL    ;先写低 8 位,写入通道 0
MOV   AL,AH
OUT   00H,AL    ;后写高 8 位,写入通道 0
MOV   AL,9AH
OUT   03H,AL    ;控制字写入控制口
MOV   AL,127    ;二进制形式的数据
OUT   02H,AL    ;只写低 8 位,写入通道 2
```

此时,对通道 0 的初始化也可以用下列程序完成:

```
MOV   AL,20H    ;采用 16 位计数,只写高 8 位,低 8 位自动置 0
OUT   03H,AL    ;控制字写入控制口
MOV   AL,0      ;二进制形式的数据
OUT   00H,AL    ;只写高 8 位,写入通道 0
```

7.2.4 8253 的计数器读操作

8253 任一通道的当前计数值,CPU 都可用输入指令读取。由于 8253 的通道计数器是 16 位的,要分两次读至 CPU,为避免在 CPU 的两次读出过程中,由于计数器的瞬间变化而造成的读出数据错误,在进行读出操作前必须对相应通道进行锁存,锁存的办法有两种。

① 利用 GATE 信号使计数过程暂停。

② 向 8253 的控制口写入一个令通道锁存器锁存的控制字。8253 的每一个通道都有一个输出锁存器(16 位),平时,它的值随通道计数器的值变化,当向通道写入锁存的控制字时,它把计数器的当前值锁存。接着 CPU 就可以通过 IN 指令分两次从通道端口读取锁存器中的值,先读出的是低 8 位,后读出的是高 8 位。当对计数器重新编程或 CPU 读取了计数值后,则自动解除锁存状态,锁存器的值又随计数器的值变化。

【例 7-3】 若 8253 的端口地址为 FFF0H～FFFF3H,要读取通道 1 的 16 位计数值送 CX 寄存器。

分析:控制字为 0100×××B。

程序段为:

```
MOV   AL,40H    ;计数器 1 的锁存命令
MOV   DX,0FFF3H
OUT   DX,AL     ;写入控制字寄存器
```

```
MOV   DX,0FFF1H
IN    AL,DX          ;读低 8 位
MOV   CL,AL          ;存于 CL 中
IN    AL,DX          ;读高 8 位
MOV   CH,AL          ;存于 CH 中
```

7.3　8253 的工作方式

8253 共有 6 种工作方式，各工作方式下的工作状态是不同的，输出的波形也不同，其中门控信号的作用比较灵活，但无论是按哪种方式工作，均需遵守下列原则。

• 控制字写入控制字寄存器后，所有的控制逻辑电路立即复位，OUT 输出进入初始状态。

• 写入计数初值后，须经过时钟信号 CLK 的一个上升沿和一个下降沿之后，减 1 计数器才开始工作。

• 通常在时钟信号的上升沿时，8253 采样 GATE 信号。GATE 信号有电平触发和边沿触发两种（方式 0、方式 4 为电平触发，方式 1、方式 5 为边沿触发，方式 2、方式 3 可为两者之一）。在边沿触发时，GATE 信号可为很窄的脉冲信号；而在电平触发时，GATE 信号须保持一定宽度。

• 减 1 计数器的减 1 动作发生在 CLK 信号的下降沿。

一般可以把 8253 的 6 种工作方式分成三类：方式 0 和方式 4 是一类（软件触发方式），方式 1 和方式 5 是一类（硬件触发方式），方式 2 和方式 3 是一类（周期性信号方式）。

(1) 方式 0 和方式 4

方式 0 的基本工作波形如图 7-4 所示，方式 4 的基本工作波形如图 7-5 所示。

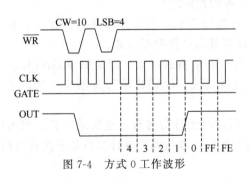

图 7-4　方式 0 工作波形

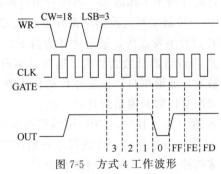

图 7-5　方式 4 工作波形

对照这两个工作波形，不难看出这两种工作方式的相同之处。

① 当控制字写入控制字寄存器，接着再写入计数初值后，通道开始减 1 计数，要求此时 GATE 信号一直保持高电平。

② 计数器只计一遍。当计数到 0 后，通道并不自动恢复计数初值重新计数，只有在用户重新编程写入新的计数值后，通道才开始新的计数，因此我们称其为软件触发方式。

③ 通道是在写入计数值后的下一个时钟脉冲才将计数值装入计数器开始计数。因此，如果设置计数初值为 N，则输出信号 OUT 是在 $N+1$ 个 CLK 周期后才有变化。

④ 在计数过程中，可由门控信号 GATE 控制暂停。当 GATE=0 时，计数暂停，OUT 输出不变，当 GATE 变高后继续接着计数。

⑤ 在计数过程中可以改变计数值。若是 8 位计数，在写入新的计数值后，计数器将立即按新的计数值重新开始计数。如果是 16 位计数，在写入第一个字节后，计数器停止计数，在写入第二个字节后，计数器按照新的计数值开始计数，即改变计数值是立即有效的。

这两种工作方式的不同之处如下。

① 当控制字写入控制字寄存器后，OUT 输出的初始状态不同。方式 0 是由高电平变低电平，而方式 4 则是由低电平变高电平。

② 计数到 0 时 OUT 输出的变化不同。方式 0 是使 OUT 输出变高并保持不变，等待下次软件触发；方式 4 则是使 OUT 输出一个 CLK 的负脉冲后变高并保持不变，等待下次软件触发。

由于方式 0 和方式 4 工作波形的特点，使用时，它们通常用来产生对设备的启动信号或向 CPU 发出的请求信号。

(2) 方式 1 和方式 5

方式 1 的基本工作波形如图 7-6 所示，方式 5 的基本工作波形如图 7-7 所示。

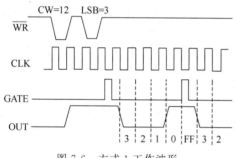

图 7-6　方式 1 工作波形

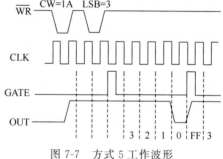

图 7-7　方式 5 工作波形

对照这两个工作波形，不难看出这两种工作方式的相同之处。

① 当控制字写入控制字寄存器，接着再写入计数初值后，通道并不开始计数，只有在 GATE 信号触发以后，通道才开始减 1 计数，因此称其为硬件触发方式。

② 当计数器计数到 0 后，通道并不自动恢复计数初值重新计数，但是如果 GATE 信号再次触发，通道则自动恢复计数初值重新计数。也就是说，GATE 信号每触发一次，通道就自动恢复计数初值重新计数一次。

③ 在计数过程中，CPU 可编程改变计数值，但这时的计数过程不受影响，只有当再次有 GATE 信号触发时，计数器才开始按新输入的计数值计数，即改变计数值是下次有效的。

这两种工作方式的不同之处如下。

① 虽然当控制字写入控制字寄存器后，OUT 输出的初始状态相同，但在 GATE 触发以后，OUT 输出的状态不同，方式 1 是由高电平变低电平，而方式 5 则保持为高电平。

② 计数到 0 时 OUT 输出的变化不同。方式 1 是使 OUT 输出变高并保持不变，等待下次硬件触发；方式 5 则是使 OUT 输出一个 CLK 周期的负脉冲后变高并保持不变，等待下次硬件触发。

如果再仔细观察一下可以发现，在得到有效的触发条件以后，方式 0 和方式 1 的工作波形一样，方式 4 和方式 5 的工作波形一样。不同的是，方式 0 和方式 4 是通过编程写入计数初值来触发，而方式 1 和方式 5 是通过 GATE 引脚的触发脉冲来触发的，这也是所说的软件触发和硬件触发。

(3) 方式 2 和方式 3

方式 2 的基本工作波形如图 7-8 所示，方式 3 的基本工作波形如图 7-9 所示。这是 8253 六种工作方式中唯一两种可以产生连续周期性输出波形的工作方式。

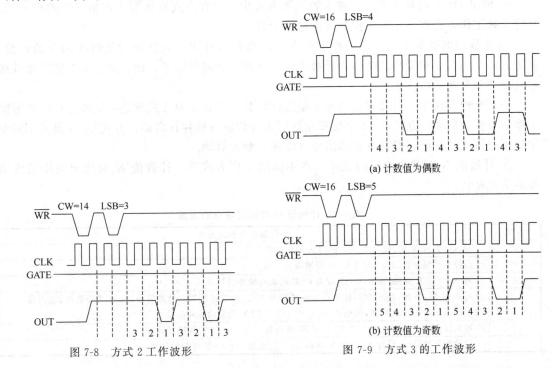

图 7-8　方式 2 工作波形

图 7-9　方式 3 的工作波形

对照这两个工作波形，不难看出这两种工作方式的相同之处。

① 当控制字写入控制字寄存器后，OUT 输出的初始状态相同都是由低变高。接着再写入计数初值后，通道开始减 1 计数，要求此时 GATE 信号一直保持高电平。

② 当计数到 1 或 0 后，通道会自动恢复计数初值重新开始计数，从而产生连续周期性输出波形，如果设置计数初值为 N，则周期为 N 个 CLK。

③ 在计数过程中，可由门控信号 GATE 控制停止计数。当 GATE＝0 时，停止计数，OUT 输出变高，当 GATE 变高后，计数器将重新装入计数初值开始计数。

④ 在计数过程中可以改变计数值，如果此时 GATE 维持为高电平，这对正在进行的计数过程没有影响，但在计数到 1 或 0 后，通道自动恢复计数初值重新开始计数时，将按新的计数值计数。但如果此时 GATE 出现上升沿，那么，在下一个 CLK 周期，新的计数值将被装入计数器开始计数。

这两种工作方式的不同之处如下。

① 方式 2 当计数器减到 1 时，输出 OUT 变低，经过一个 CLK 周期后恢复为高，且计数器开始重新计数。如果计数初值为 N，则输出波形为 $N-1$ 个 CLK 周期为高电平，一个 CLK 周期为低电平。

② 方式 3 输出为方波，但情况也有所不同。

若计数值为偶数，则输出为标准方波，$N/2$ 个 CLK 周期为高电平，$N/2$ 个 CLK 周期为低电平。如果计数值 N 是奇数，则输出有 $(N+1)/2$ 个 CLK 周期为高电平，$(N-1)/2$ 个 CLK 周期为低电平，即 OUT 为高电平将比其为低电平多一个 CLK 周期时间。

由于方式 2 和方式 3 工作波形的特点，使用时，它们通常用作脉冲速率发生器或方波速率发生器。

8253有六种不同的工作方式，它们的特点各不相同，因而应用的场合也就不同。下面对8253的工作方式进行小结。

① 输出OUT的初始状态。在6种工作方式中，只有方式0在写入控制字后输出为低，其它5种工作方式都是在写入控制字后输出为高。

② 计数器的触发方式。任一种工作方式，都是只有在写入计数初值后才能开始计数，其中方式0、2、3和4都是在写入计数值后，计数过程就开始了，而方式1和5则需要外部触发脉冲触发才开始计数。

在这6种方式中，只有方式2和3是连续计数，其它4种方式都是一次性计数，要继续工作需要重新启动，方式0、4由编程重新写入计数值（软件）启动，方式1、5虽然不需要重新编程写入计数值，但要由外部信号（硬件）触发启动。

③ 计数值N与输出波形的关系。在不同的工作方式下，计数值N对输出波形的影响如表7-3所示。

表7-3 计数值 N 与输出波形的关系

方式	N 与输出波形的关系
0	写入计数值 N 后,经过 $N+1$ 个 CLK 周期输出变高
1	门控信号触发后,经过 N 个 CLK 周期输出变高
2	每 N 个 CLK 脉冲,输出一个宽度为 CLK 周期的脉冲信号
3	写入 N 后,当 N 为偶数时,输出高低电平均为 $N/2$ 个 CLK 周期的脉冲信号;当 N 为奇数时,输出高电平为 $(N+1)/2$ 个 CLK 周期,低电平为 $(N-1)/2$ 个 CLK 周期的脉冲信号
4	写入计数值 N 后,经过 N 个 CLK 周期,输出宽度为一个 CLK 周期的脉冲
5	门控信号触发后,经过 N 个 CLK 周期,输出宽度为一个 CLK 周期的脉冲

④ 门控信号的作用。GATE输入信号总是在CLK输入时钟的上升沿被采样。在方式0、4中，GATE输入是电平起作用。在方式1、5中，GATE输入是上升沿起作用，在方式2、3中，GATE信号的上升沿和电平都可以起作用。

在不同的工作方式下，门控输入信号GATE对8253通道工作的影响如表7-4所示。

表7-4 门控输入信号 GATE 对 8253 通道的影响

方式	GATE 信号		
	低或变为低	上升沿	高
0	禁止计数	—	允许计数
1	—	启动计数	—
2	禁止计数并立即使输出为高	重新装入计数值,启动计数	允许计数
3	禁止计数并立即使输出为高	重新装入计数值,启动计数	允许计数
4	禁止计数	—	允许计数
5	—	启动计数	—

⑤ 在计数过程中改变计数值。8253在不同的工作方式下都可以在计数过程中重新写入计数值，但新的计数值在什么时候起作用，则取决于不同的工作方式，具体如表7-5所示。表中的立即有效是指写入计数值后的下一个CLK脉冲以后，新的计数值就开始起作用。

表7-5 计数过程中改变计数值的结果

方式	改变计数值	方式	改变计数值
0	立即有效	3	外部触发后或计数到 1 后有效
1	外部触发有效	4	立即有效
2	外部触发后或计数到 1 后有效	5	外部触发后有效

⑥ 计数到 0 后计数器的状态。对于方式 0、1、4、5，计数器计到 0 后，都继续倒计数，只有方式 2 和方式 3 是计数器自动重新装入计数值继续计数。

7.4　8253 的应用

【例7-4】　在以 8088CPU 为核心的系统中，扩展一片 8253 芯片，要求通道 0 每隔 2ms 输出一个负脉冲，其工作时钟频率为 2MHz，设端口地址为 20H～23H，完成通道初始化。

分析：首先选择工作方式。题目要求的输出波形是

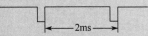

经分析选择方式 2。

计算计数初值：设定时时间为 t，通道时钟频率为 f，计数初值为 N，则 $N = t \times f$。代入计算得

$$N = 2ms \times 2MHz = 2 \times 10^{-3} \times 2 \times 10^{6} = 4000$$

确定控制字为 00110100B。

初始化程序如下：

```
MOV  AL,34H
OUT  23H,AL    ;控制字写入控制口
MOV  AX,4000   ;二进制形式的数据
OUT  20H,AL    ;先写低 8 位,写入通道 0
MOV  AL,AH
OUT  20H,AL    ;后写高 8 位,写入通道 0
```

【例7-5】　在以 8088CPU 为核心的系统中，扩展一片 8253 芯片，要求通道 0 对外部脉冲进行计数，计满 400 个脉冲后向 CPU 发出一个中断请求，同时要求使用通道 2 输出 20Hz 的方波，通道的工作时钟为 2MHz，8253 的端口地址为 98H～9BH，试完成系统软、硬件设计。

分析：根据系统需求，需要 8253 完成两个功能：一个是计数，一个是输出方波。通道 0 用来计数，通道 2 用来进行方波输出，3-8 译码器为芯片提供片选译码。8253 的端口地址为 98H～9BH，输入时钟为 2MHz。根据上述要求，可得端口地址译码表各通道地址如表 7-6 所示。

表 7-6　译码表

IO/$\overline{M}$	A_{15} A_{14} A_{13} A_{12}	A_{11} A_{10} A_9 A_8	C B A A_7 A_6 A_5 A_4	A_3 A_2 A_1 A_0	$\overline{y}_i$	端口地址	芯片
1	0　0　0　0	0　0　0　0	1　0　0　1	1　0　×　×	$\overline{y}_6$	98H～9BH	8253
				1　0　0　0		98H	0# 通道
				1　0　0　1		99H	1# 通道
				1　0　1　0		9AH	2# 通道
				1　0　1　1		9BH	控制端口

　　根据周期的情况，这里采用通道 2 实现定时输出，由于 8253 的时钟信号是 2MHz，可得计数初值为 $N=2\times1000000/20=100000>65536$，超出了 16 位的计数范围，也就是说，一个通道无法完成这样长的定时工作。

　　为此，可以采用多个通道共同完成，第一级通道的输出 OUT 作为第二级通道的 CLK 输入，第二级通道的 OUT 作为第三级通道的 CLK 输入，……，最后一级的 OUT 作为最终的输出结果。其中前几级通道均采用方式 3，最后一级通道采用满足题目要求的工作方式。究竟需要多少级则取决于计算出的 N 的大小。可以将 N 分解成几个数的乘积，每一个数均小于 65536，有几个数就需要几个通道，每个数就是相应通道的计数初值。

　　这里采用通道 1 和通道 2 串联，通道 1 的输出 OUT_1 连接通道 2 的 CLK_2，通道 2 的输出 OUT_2 即为要求输出的方波。门控信号接高电平。硬件连接如图 7-10 所示。至此，硬件设计完成。

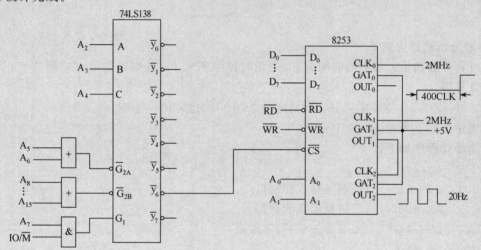

图 7-10　硬件设计

　　软件设计包括 2 个部分，即脉冲计数和产生方波。

　　对于计数，首先选择工作方式。题目要求的输出波形是

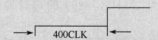

　　经分析选择方式 0。计数初值为 400。确定控制字为 0011 0000B。

初始化程序：

```
MOV  AL,30H
OUT  9BH,AL   ;控制字写入控制口
MOV  AX,400   ;二进制形式的数据
OUT  98H,AL   ;先写低 8 位,写入通道 0
MOV  AL,AH
OUT  98H,AL   ;后写高 8 位,写入通道 0
```

　　对于定时，根据上述分析，可以把 N 分解成 $N=100\times1000$，因此需要两个通道：通道 1 采用方式 3，计数初值为 100；通道 2 采用方式 3，计数初值为 1000。

　　此时芯片的端口地址为 98H～9BH，通道 1 控制字为 01010110B，通道 2 控制字为 10110110B。

初始化程序：

```
MOV  AL,56H
OUT  9BH,AL    ;控制字写入控制口
MOV  AL,100    ;二进制形式的数据
OUT  99H,AL    ;只写低 8 位,写入通道 1
MOV  AL,0B6H
OUT  9BH,AL    ;控制字写入控制口
MOV  AX,1000   ;二进制形式的数据
OUT  9AH,AL    ;先写低 8 位,写入通道 2
MOV  AL,AH
OUT  9AH,AL    ;后写高 8 位,写入通道 2
```

如果本例采用 8086CPU，则相应的硬件设计应如何修改？

7.5　其它定时/计数芯片

(1) Intel 8254 简介

8254 是 8253 的改进型，因此它的操作方式以及引脚与 8253 完全相同。它的改进主要反映在两个方面。

① 8254 的 计 数 频 率 更 高。8254 可由直流（0Hz）至 6MHz，8254-2 可高达 10MHz。

② 8254 多了一个读回命令（写入至控制字寄存器），其格式如图 7-11 所示。

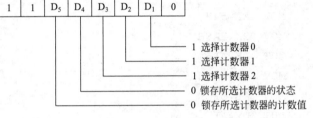

图 7-11　8254 的读回命令

这个命令可以令三个通道的计数值都锁存（在 8253 中要三个通道的计数值都锁存，需写入三个命令）。

另外，8254 中每个计数器都有一个状态字可由读回命令令其锁存，然后由 CPU 读取。状态字的格式如图 7-12 所示。

输出	无效计数值	RW$_1$	RW$_0$	M$_2$	M$_1$	M$_0$	BCD

图 7-12　8254 的计数器状态字

其中 $D_5 \sim D_0$ 为写入此通道的控制字的相应部分。D_7 反映该计数器的输出引脚，输出（OUT）为高电平，$D_7 = 1$；输出为低电平，$D_7 = 0$。D_6 反映时间常数寄存器中的计数值是否已写入计数单元中。当向通道写入控制字及计数值后，状态字节中的 $D_6 = 1$；只有当计数值已写入计数单元后，$D_6 = 0$。

(2) 高集成度的外围芯片

最后需要指出，在 386/486 及以上档次的微机系统中已经不使用单个的 Intel 8253/8254 及本书其它章节提到的 Intel 8259、Intel 8237、Intel 8255、Intel 8251 等芯片，而是采用高集成度的外围芯片。此类芯片中典型的有 Intel 公司生产的 82380、82357、82C206 等等。

82380 芯片是专门为 80386 系统设计的高性能 32 位 DMA 控制器，它具有 8 个独立的可编程通道，允许使用 80386 的全部 32 位总线宽度。由于采用 32 位接口，使得系统的输入/

输出速度提高了 5～10 倍。另外，8253 和 80386 的紧密耦合，大大减少了外部逻辑电路。

82380 实际上是一个多功能的接口器件，除包含 DMA 控制器之外，还包含如下功能的外围电路：系统复位逻辑、20 级可编程中断控制器、4 个 16 位可编程定时器、可编程等待状态控制电路、DRAM 刷新控制电路、内部总线判优和控制电路。

82380 可以工作在主方式或从方式。当系统复位时，DMA 控制器进入缺省的从方式，这时系统把它看成输入/输出接口器件。在从方式下，82380 监视 80386 的状态，按照需要解释指令，完成接口功能。当 82380 执行 DMA 传送时，它作为总线主控制器在主方式下工作。

82C206 芯片的内部集成有相当于 Intel 8254、Intel 8237、MC146818（RT/CMOS RAM）、Intel 8259 等功能的电路，它在微机系统中的应用更为广泛。

习题与思考题

7-1. 试比较硬件定时电路与软件定时方法的优缺点。

7-2. 试说明 8253 的内部结构包括哪几个主要功能模块。

7-3. 8253 芯片共有几种工作方式？每种工作方式各有什么特点？

7-4. 若 8253 的某一计数器用于输出方波，该计数器应工作在＿＿＿＿。若该计数器的输入频率为 1MHz，输出方波频率为 5kHz，则计数初值应设为＿＿＿＿。

7-5. 分析下面的程序将使 8253 的哪个通道输出何种波形？

```
MOV   AL,54H
MOV   DX,2AFH
OUT   DX,AL
MOV   DX,2ADH
MOV   AL,0F0H
OUT   DX,AL
```

7-6. 若选用 8253 通道 2，工作在方式 1，按二进制计数，计数值为 5432。设端口地址为 D8H～DBH，完成初始化编程。如果计数值改为 65536 呢？如果此时又增选 8253 通道 0，工作在方式 0，按 BCD 码计数，计数值为 2000，再完成对通道 0 的初始化编程。

7-7. 某微机系统与 CRT 通信中，采用异步方式，利用 8253 芯片的通道 1 产生发送和接收时钟，时钟频率为 50KHz。设 8253 通道 1 的 CLK_1＝1.2288MHz，端口地址为 80H～83H，试写出 8253 的初始化程序。

7-8. 某系统中 CPU 为 8088，外接一片 8253 芯片，要求通道 2 提供一个定时启动信号，定时时间为 10ms，通道 2 的工作时钟频率为 2MHz。同时在通道 0 接收外部计数事件输入，计满 100 个输出一个负脉冲。试完成硬件连线和初始化程序。

7-9. 在出租车计价系统中，需要统计车轮转动的圈数。假设已有一个外部电路，车轮每转一圈就可以输出一个脉冲，根据计价规则，车轮每转 120 圈，要通知 CPU 进行一次计价更新。现在系统拟采用 8253 作为计数器使用，CPU 采用 8086，试完成硬件设计和 8253 的初始化（外部电路仅标明输出端即可，无需设计具体电路。无需进行 CPU 方面的具体计价计算，仅通知 CPU 即可）。

7-10. 现在要用一片 8253 进行脉宽测量，欲测量的脉宽大约是 1ms。此时，欲测量的脉冲信号可接在 8253 相应通道的哪个引脚？采用什么工作方式？试完成测量所需的硬件和软件设计（假设提供有两路时钟信号可以使用：1MHz 和 10kHz）。

第8章
可编程并行接口芯片 Intel 8255A

本章学习指导　　本章微课

8.1　并行接口概述

接口是外部设备与 CPU 之间的桥梁。当 CPU 要输出信息到外部设备或从外部设备中输入数据时，CPU 不能将信息直接输出到外部设备，应通过各种接口实现 CPU 与外部设备之间的数据交换。

根据接口与外部设备之间数据线的数目，数据传送分为串行传送和并行传送。串行传送指通过 1 根数据线逐位传送数据。并行传送是用几根线同时并行传输数据，一般并行传送的数据线为 1 根以上，多至上百根数据线。微机中常用的并行数据线有 4 位、8 位和 16 位等。并行接口传送速度快，多用在实时、高速的场合。并行接口适用于距离较近的数据传输，而用于长距离传输有两个问题：一是并行干扰大，另一个是线路成本太高。

并行接口又分为可编程和不可编程两种。不可编程并行接口由纯硬件电路组成，如锁存器和缓冲器都属于并行输入/输出接口，可直接输入/输出，电路比较简单。可编程并行接口电路提供了可编程工作方式寄存器、命令寄存器和状态寄存器，通过程序对这些寄存器设置和查询，实现对并行接口的控制。因此，可编程并行接口设置灵活，可适应各类并行接口的需要，大多计算机系统中的并行接口都是这类接口。

可编程并行接口通常具有以下几个方面的功能。

① 数据缓冲、锁存功能。并行接口以字节为单位传送数据。当从外部设备输入数据时，输入数据存放在并行接口的数据输入端口中，CPU 可直接访问数据输入端口；当 CPU 向外部设备输出数据时，CPU 把数据输出到输出端口，接口控制将输出端口的数据锁存到与外设连接的数据线上。

② 查询工作状态功能。并行接口每交换一个字节数据，既要按照 CPU 输入/输出指令将交换的数据存放到数据缓冲器中，又要兼顾与外部设备速度匹配。用程序查询接口线路上信号电平（读接口内部的状态寄存器）来确定外设状态，根据外部设备的空闲或繁忙状态决定数据输入/输出。工作状态寄存器是并行接口中很重要的寄存器。

③ 选择数据传输方式功能。并行接口一般能适应 CPU 与外部设备之间的多种传输数据方式，如直接输入/输出数据传输方式、查询输入/输出数据传输方式、中断数据传输和

DMA 数据传输方式。而这些数据传输方式的选择一般是通过编程予以确定的。

④ 控制命令功能。有些是由 CPU 向并行接口的端口输出命令，通过编程直接控制并行接口上引脚信号，以表达接口的控制命令，如中断请求响应、DMA 请求响应等；有些是接口与外部设备之间的挂钩信号等。

⑤ 并行接口编程端口。并行接口中有各种端口，通过对端口的编程可实现对接口的管理和控制。每一个并行接口中都有多个可编程控制的输入/输出端口，通过对并行接口上地址线和片选线的控制，实现对各个端口的寻址和输入/输出操作。

具备并行接口的外部设备种类繁多，如图 8-1 所示，有打印机、扫描仪、硬盘和 CD-ROM 等。通过电缆将外部设备与计算机连接起来，用并行接口来实现外设与 CPU 之间的数据交换。并行接口用查询、中断和 DMA 等多种数据传输方式传送数据，但并行接口与 CPU 之间的传输不是同步的，它起着中转、匹配、缓冲、传递等作用。

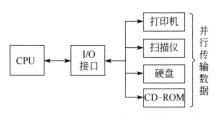

图 8-1　CPU、I/O 接口和外部设备

8.2　8255A 概述

Intel 8255A 是一个为微型机系统设计的通用可编程并行接口芯片，它的外部信号完全与 Intel 公司的 CPU 兼容和匹配，无须增加辅助电路即可实现并行接口的功能；在与外部设备之间进行并行数据传输时，可采用直接、查询和中断三种数据传输方式。因此，它通用性强，使用灵活，传输效率高，适用于键盘、打印机和数据采集设备等各种场合。

Intel 8255A 是一种功能完备的通用性并行接口，它的基本功能如下。

① 具有 3 组共 24 个独立的输入/输出引脚，每个引脚可编程控制。

② 具有简单输入/输出、可选择单向输入/输出和双向输入/输出 3 种可选择的工作方式。

③ 可实现与 CPU 之间的直接、查询和中断三种数据传输方式。

④ 输入与输出电平与 TTL 电平兼容，每次输出电流最大可达 4.0mA，若与 8MHz 时钟以上的 CPU 配合，需要增加等待周期。

⑤ 单一电源 5V，是双列直插式的 40 引脚电路。

8.2.1　8255A 的编程结构

8255A 是一个 40 引脚的双列直插式芯片，图 8-2 给出了 8255A 的内部编程结构图。从图中可以看到，8255A 由以下几部分组成。

(1) 三个数据端口 A、B、C

对 8255A 来讲，这三个端口均可看作 I/O 口（或称 I/O 传输通道），但它们的结构和功能稍有不同。

- A 口：一个独立的 8 位 I/O 口，它的内部有对数据输入/输出的锁存功能。

- B 口：一个独立的 8 位 I/O 口，它与 A 口的差别在于，对输入的数据不锁存，仅有对输出数据的锁存功能。

- C 口：在 8255A 中，C 口的使用比较灵活，它在不同工作方式下的作用不同。C 口可以看作一个独立的 8 位 I/O 口，也可以看作两个独立的 4 位 I/O 口（这时，这两个 4 位口分别与 A 口和 B 口合为一组来控制使用），还可以用作 A 口和 B 口的联络控制信号。从它的内部结构来看，也是仅对输出数据进行锁存，而对输入数据无锁存功能。

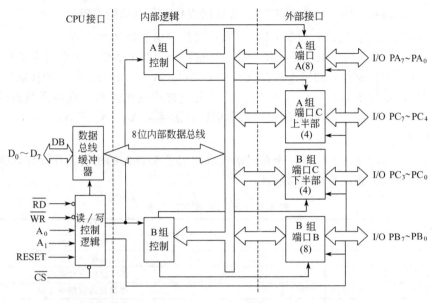

图 8-2　8255A 的内部编程结构

(2) A 组和 B 组的控制电路

这是两组用于控制 8255A 工作的电路，其内部设有控制寄存器，可以根据 CPU 送来的编程命令来控制 8255A 的工作方式，也可以根据编程命令来对 C 口的指定位进行置/复位的操作。整个控制任务分成两组进行，其中 A 组控制电路用来控制 A 口及 C 口高 4 位（$PC_4 \sim PC_7$），而 B 组控制电路则用来控制 B 口及 C 口的低 4 位（$PC_0 \sim PC_3$）。

(3) 数据总线缓冲器

这是一个 8 位的双向三态缓冲器。作为 8255A 与系统总线连接的界面，输入/输出的数据、CPU 的编程命令以及外设通过 8255A 传送的工作状态等信息，都是通过它来传输的。

(4) 读/写控制逻辑

读/写控制逻辑电路负责管理 8255A 的数据传输过程。它接收片选信号 $\overline{CS}$ 及系统读信号 $\overline{RD}$、写信号 $\overline{WR}$、复位信号 RESET，还有来自系统地址总线的端口地址选择信号 A_0 和 A_1。通过这些信号的组合得到对 A 组部件和 B 组部件的控制命令，并将这些命令送给两组控制部件来控制 8255A 的具体操作。

8.2.2　8255A 的引脚功能

8255A 作为一个通用的 I/O 接口芯片，它的作用是在 CPU 与外设之间架起一座信息传输的桥梁，它在系统中的位置也是位于 CPU 与外设之间，由此决定了它的引脚信号可以分为两组：一组是面向 CPU 的信号，一组是面向外设的信号。

(1) 面向 CPU 的引脚信号及功能

- $D_0 \sim D_7$：8 位，双向，三态数据线，用来与系统数据总线相连。
- RESET：复位信号，高电平有效，输入，用来清除 8255A 的内部寄存器，并置 A

口、B 口、C 口均为输入方式。

- $\overline{CS}$：片选，输入，用来决定芯片是否被选中，通常与高位地址译码器的输出相连。
- $\overline{RD}$：读信号，输入，控制 8255A 将数据或状态信息送给 CPU。
- $\overline{WR}$：写信号，输入，控制 CPU 将数据或控制信息送到 8255A。
- A_1、A_0：内部端口地址的选择，输入。这两个引脚上的信号组合决定了对 8255A 内部的哪一个端口进行操作。8255A 内部共有 4 个端口：A 口、B 口、C 口和控制口，可以根据这两个引脚的信号组合是 00、01、10、11 来分别选中这些端口。在与系统总线连接时，应根据 CPU 是 8086 还是 8088 来决定这两个引脚分别接至 A_2、A_1 或 A_1、A_0，以保证数据存取操作正确。

$\overline{CS}$、$\overline{RD}$、$\overline{WR}$、A_1、A_0 这几个信号的组合决定了 8255A 的所有具体操作，表 8-1 给出了这些组合情况及其相应操作的功能。

表 8-1 8255A 的操作功能表

$\overline{CS}$	$\overline{RD}$	$\overline{WR}$	A_1	A_0	操作	数据传送方式
0	0	1	0	0	读 A 口	A 口数据→数据总线
0	0	1	0	1	读 B 口	B 口数据→数据总线
0	0	1	1	0	读 C 口	C 口数据→数据总线
0	1	0	0	0	写 A 口	数据总线数据→A 口
0	1	0	0	1	写 B 口	数据总线数据→B 口
0	1	0	1	0	写 C 口	数据总线数据→C 口
0	1	0	1	1	写控制口	数据总线数据→控制口

从表 8-1 中可以看出，对 8255A 来讲，控制口是只写不读的，也就是说，凡是涉及对控制口地址进行读操作（IN）都是非法的。同时注意，凡是对 A、B、C 口进行读操作，都意味着通过 8255A 做输入（IN）操作，而进行写操作则意味着做输出（OUT）操作。

(2) 面向外设的引脚信号及功能

- $PA_0 \sim PA_7$：A 口数据信号，双向，用来连接外设。
- $PB_0 \sim PB_7$：B 口数据信号，双向，用来连接外设。
- $PC_0 \sim PC_7$：C 口数据信号，双向，用来连接外设或者作为控制信号。

8.2.3 8255A 的工作方式

8255A 一共有三种工作方式，分别称为方式 0、方式 1、方式 2，用户可以通过编程来设置。在不同的工作方式下，三个 I/O 口的组合情况不尽相同，其输入输出的控制方式也不相同，由此，形成了 8255A 使用灵活的特点。

在不同的工作方式下，8255A 三个输入/输出端口的排列示意图如图 8-3 所示。

(1) 方式 0

方式 0 是一种简单的输入/输出方式，所对应的数据传输控制方式为程序方式。当选用 8255A 方式 0 作为无条件传输的接口电路时，A、B、C 三个口均可作为独立的输入/输出口，由 CPU 用简单的 I/O 指令来进行读/写。当选用 8255A 方式 0 作为查询式接口电路时，由于没有规定固定的用于应答的联络信号，原则上可用 A、B、C 三个口的任一（或多）位充当查询信号（但通常都是选用 C 口承担，这和 C 口的编程有关），通过对这些位的读/写操作（或单一的置位/复位功能）来输出一些控制信号或接收一些状态信号。这时，其余 I/O 口仍可作为独立的端口和外设相连，同样由 CPU 用简单的 I/O 指令来进行读/写。

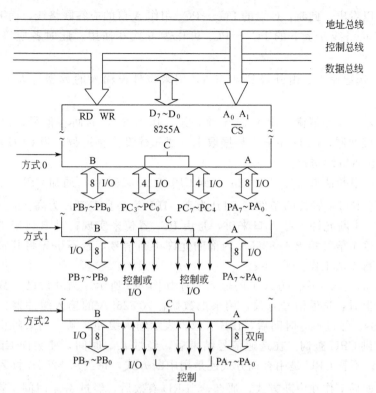

图 8-3　8255A 输入/输出端口排列示意图

(2) 方式 1

方式 1 是一种选通 I/O 方式，所对应的数据传输控制方式一般为中断方式。在这种方式下，A 口和 B 口仍作为两个独立的 8 位 I/O 数据通道，可单独连接外设，通过编程分别设置它们为输入或输出。而 C 口则要有 6 位（分成两个 3 位）分别作为 A 口和 B 口的应答联络信号，其余 2 位仍可工作在方式 0，通过编程设置为输入或输出。

使用 8255A 方式 1 工作时，最需要引起注意的是 C 口的使用。对应 A 口或 B 口方式 1 的输入/输出，C 口提供的应答联络信号的引脚均是固定的，这些引脚的功能也是固定的（详见图 8-4、图 8-6），用户不能通过编程的方式来改变它们。

① 方式 1 的输入组态和应答信号的功能。图 8-4 给出了 8255A 的 A 口和 B 口方式 1 的输入组态。

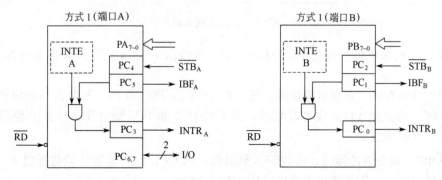

图 8-4　方式 1 输入组态

从图中可以看出，此时，C 口的 $PC_3 \sim PC_5$ 用作 A 口的应答联络线，而 $PC_0 \sim PC_2$ 则作用 B 口的应答联络线，余下的 $PC_6 \sim PC_7$ 可作为方式 0 使用。此时各应答联络线的功能如下。

• $\overline{STB}$：选通输入。由外设到 8255A，用来将外设输入的数据打入 8255A 的输入缓冲器。

• IBF：输入缓冲器满。由 8255A 到外设，作为 $\overline{STB}$ 的回答信号，说明数据已送至 8255A 的输入缓冲器，CPU 还未将数据取走，通知外设停止送数。当 CPU 将数取走以后，IBF 失效，外设可继续送数。

• INTR：中断请求信号。由 8255A 到 CPU（或 8259A），通知 CPU 从 8255A 的输入缓冲器中取数。INTR 置位的条件是 $\overline{STB}$ 为高，IBF 为高且 INTE 为高。

• INTE：中断允许。对 A 口来讲，是由 PC_4 置位来实现；对 B 口来讲，则是由 PC_2 置位来实现。这个信号相当于 8255A 内部的允许中断信号，若不事先将其置位，则 8255A 的方式 1 输入将无法工作。

② 方式 1 的输入时序。方式 1 的输入时序如图 8-5 所示。当外设已将数据送至 8255A 的端口数据线上时，选通信号有效，用来把数据输入 8255A 的输入缓冲器，选通信号的宽度至少为 500ns。经过 t_{SIB} 时间后，IBF 有效，表示输入缓冲区满，用来阻止外设输入新的数据，也可提供 CPU 查询。在选通信号结束后，经过 t_{SIT} 时间，便会向 CPU 发出中断请求信号 INTR。不管 CPU 是用查询方式还是用中断方式，每当从 8255A 读入数据，都会发出 $\overline{RD}$ 信号。如果工作在中断方式，那么，当 $\overline{RD}$ 有效后，经过 t_{RIT} 时间，就将中断请求信号清除。而 $\overline{RD}$ 信号结束后，数据已读到 CPU 的内部寄存器中，经过 t_{RIB} 时间，IBF 变低，从而开始下一个数据输入过程。

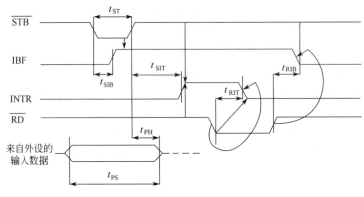

图 8-5　方式 1 输入时序

③ 方式 1 的输出组态和应答信号功能。图 8-6 给出了 8255A 的 A 口和 B 口方式 1 的输出组态。

从图中可以看出，在输出操作时，是 C 口的 PC_3、PC_6 和 PC_7 充当 A 口的应答联络线，而 $PC_0 \sim PC_2$ 仍作为 B 口的应答联络线，余下的 PC_4 和 PC_5 则可作为方式 0 使用。此时，各应答联络线的功能如下。

• $\overline{OBF}$：输出缓冲器满。由 8255A 到外设，当 CPU 已将要输出的数据送入 8255A 的输出缓冲器时有效，用来通知外设可以从 8255A 取数。

• $\overline{ACK}$：响应信号。由外设到 8255A，作为对 $\overline{OBF}$ 的响应信号，表示外设已将数据

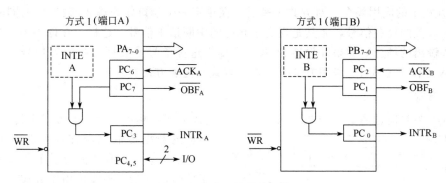

图 8-6　方式 1 的输出组态

从 8255A 的输出缓冲器中取走。

　　• INTR：中断请求信号。由 8255A 到 CPU（或 8259A），通知 CPU 向 8255A 的输出缓冲器中送数。INTR 置位的条件是 $\overline{ACK}$ 为高，$\overline{OBF}$ 为高且 INTE 为高。

　　• INTE：中断允许。其作用同方式 1 的输入，不同的是对 A 口来讲，由 PC_6 的置位来实现，对 B 口仍是由 PC_2 的置位来实现。

　　④ 方式 1 的输出时序。方式 1 的输出时序如图 8-7 所示。方式 1 的输出通常采用中断方式，CPU 在响应中断后，便往 8255A 输出数据，同时使 $\overline{WR}$ 信号有效。$\overline{WR}$ 信号的上升沿，一方面清除中断请求信号 INTR，表示 CPU 已响应中断，经过 t_{WB} 时间，数据就已出现在端口的输出缓冲器中；另一方面使 $\overline{OBF}$ 有效，通知外设来取数据。当外设取走数据后，便发回一个 $\overline{ACK}$。该信号一方面使 $\overline{OBF}$ 失效，表示数据已取走，当前输出缓冲区为空；另一方面，又使 INTR 有效，再次向 CPU 发中断申请，从而开始一个新的输出过程。

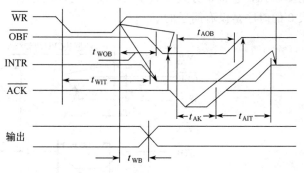

图 8-7　方式 1 的输出时序

　　⑤ 方式 1 的状态字。8255A 的状态字为查询提供状态标志位，如 IBF、$\overline{OBF}$、INTE、INTR。例如，由于 8255A 不能直接提供中断类型码，当 8255A 采用中断方式（查询）时，CPU 通过读状态字中的 $INTR_A$ 和 $INTR_B$ 来确定是由端口 A 或者端口 B 产生的中断，实现查询中断。状态字含义如图 8-8 所示。

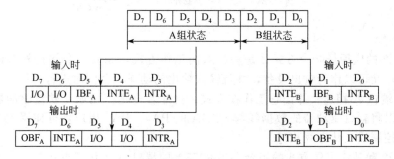

图 8-8　方式 1 的状态字

⑥ 方式 1 的应用场合 对方式 1 来讲，在规定一个端口作为输入/输出口的同时，也自动规定了有关的控制信号，尤其是规定了相应的中断请求信号。这样，在许多采用中断方式进行输入输出的场合，如果外设能为 8255A 提供选择信号或数据接收应答信号，那么，常使 8255A 工作于方式 1。采用方式 1 工作比方式 0 更加方便有效。

(3) 方式 2

方式 2 为双向选通 I/O 方式，只有 A 口才有此方式，相当于双向的方式 1 传输，因此，对应的数据传输控制方式一般也为中断方式。这时，C 口有 5 根线用作 A 口的应答联络信号，其余 3 根线可用作方式 0 的输入输出，也可用作 B 口方式 1 的应答联络信号。

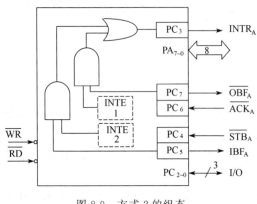

图 8-9 方式 2 的组态

① 方式 2 的组态。图 8-9 给出了方式 2 的组态，从图中可以看出，它实际上就是方式 1 的输入与输出方式的组合。此时，C 口的 $PC_3 \sim PC_7$ 充当 A 口的应答联络线，而 $PC_0 \sim PC_2$ 仍可作为 B 口的应答联络线，或作为方式 0 使用。各同名应答联络信号的功能也与方式 1 相同，这里就不再重复介绍。

② 方式 2 的时序。方式 2 的工作时序见图 8-10，它也是方式 1 的输入和输出时序的组合，了解了方式 1 的工作过程以后，分析方式 2 的时序是没有问题的。

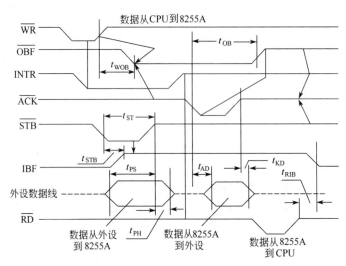

图 8-10 方式 2 的工作时序

③ 方式 2 的应用场合。方式 2 是一种双向工作方式，如果一个并行外部设备既可以作为输入设备，又可以作为输出设备，并且输入输出的动作不会同时进行，那么，将这个外设和 8255A 的端口 A 相连，并使它工作在方式 2 就非常合适。比如，软盘驱动器就是这样一个外设，可以将软盘驱动器的数据线与 8255A 的 $PA_7 \sim PA_0$ 相连，再使用 $PC_7 \sim PC_3$ 和软盘驱动器的控制线、状态线相连。

④ 方式 2 和其它工作方式的组合。当 8255A 的端口 A 工作于方式 2 时，由于 C 口此时要有 5 条线固定作为 A 口的应答联络信号，仅留下 $PC_0 \sim PC_2$ 可以使用，而这三条线又恰

好可以提供端口 B 工作在方式 1 时所需要的应答联络信号，所以，此时的端口 B 可以工作在方式 1 的输入或输出状态。如果端口 B 不是工作在方式 1，而是工作在方式 0，则 C 口的 $PC_0 \sim PC_2$ 也可以工作在方式 0，且它们都既可作为输入口，也可作为输出口。

⑤ 方式 2 的状态字。方式 2 的状态字是端口 A 方式 1 下输入和输出状态的组合。状态字中有两位中断允许位，$INTE_1$ 是输出中断允许，$INTE_2$ 是输入中断允许。中断请求位合并使用 $INTR_A$。方式 2 的状态字如图 8-11 所示。

D_7	D_6	D_5	D_4	D_3	D_2	D_1	D_0
OBF_A	$INTE_1$	IBF_A	$INTE_2$	$INTR_A$	I/O	I/O	I/O

图 8-11 方式 2 的状态字

8.2.4 8255A 的初始化编程

前面介绍了 8255A 的三种工作方式，了解了在不同的工作方式下 8255A 各端口的具体动作是不同的。那么，如何去设置这些工作方式，并使 8255A 处于正常工作状态，顺利完成与外设的信息交换呢？这就需要对 8255A 进行初始化编程。通过初始化可以设置 8255A 的 I/O 端口处于不同的工作方式，进行不同工作方式的组合，还可以通过初始化设置某些引脚的状态，以便完成特定的控制功能。

对 8255A 的初始化编程涉及两个内容：一个是写控制字，用来设置工作方式等信息；另一个是写按位置位/复位的控制字，用来使 C 口的指定位设置为高电平/低电平，这个功能也称为 C 口的单一置位/复位功能。

(1) 控制字

控制字要写入 8255A 的控制口，写入控制字之后，8255A 才能按指定的工作方式工作。8255A 的控制字格式与各位的功能如图 8-12 所示。

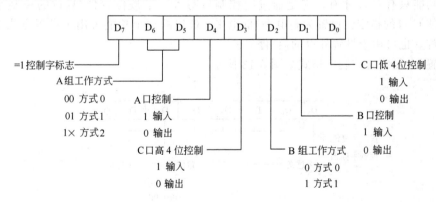

图 8-12 8255A 的控制字格式

- D_7：固定是 1，作为控制字的标志位。
- $D_6 D_5$：用于设置 A 组的工作方式。A 组包括 A 口和 C 口的 $PC_4 \sim PC_7$。当 $D_6 D_5 = 01$ 时，A 组工作在方式 1，由 A 口方式 1 的组态可知，此时，D_3 位的值仅能用来设置 C 口的 PC_6、PC_7（对应 A 口输入）或 C 口的 PC_4、PC_5（对应 A 口输出）的工作状态。当 $D_6 D_5 = 1 \times$ 时，A 组工作在方式 2，由 A 口方式 2 的组态可知，此时，D_4 和 D_3 两位的值都没有意义。
- D_4：设置 A 口是作输入还是作输出。

- D_3：设置 C 口的 $PC_4 \sim PC_7$ 是作输入还是作输出。
- D_2：用于设置 B 组的工作方式。B 组包括 B 口和 C 口的 $PC_0 \sim PC_3$。当 $D_2 = 1$ 时，B 组工作在方式 1，由 B 口方式 1 的组态可知，此时，D_0 位的值没有意义。
- D_1：设置 B 口是作输入还是作输出。
- D_0：设置 C 口的 $PC_0 \sim PC_3$ 是作输入还是作输出。

【例 8-1】 某系统要求使用 8255A 的 A 口方式 0 输入，B 口方式 0 输出，C 口高 4 位方式 0 输出，C 口低 4 位方式 0 输入。编写初始化程序（假设控制口地址存放在 CPORT）。

分析：确定控制字为 10010001B，即 91H。

初始化程序为：

```
MOV  AL,91H
OUT  CPORT,AL
```

【例 8-2】 若系统要求 8255A 的 A 口方式 0 输出，B 口方式 0 输出，C 口高 4 位方式 0 输入。编写初始化程序（假设控制口地址为 10FFH）。

分析：确定控制字为 1000100×B。这时，D_0 的取值是任意的，因为题目没有使用 C 口低 4 位，若取这位为 0，则控制字为 88H。

初始化程序为：

```
MOV  AL,88H
MOV  DX,10FFH
OUT  DX,AL
```

(2) C 口的按位置位/复位功能

这个功能只有 C 口才有，它是通过向控制口写入一个按位置位/复位的控制字来实现的，用来使 C 口的指定位设置为高电平/低电平。C 口的这个功能可用于设置方式 1/方式 2 的中断允许，也可用于设置外设的启/停等。

按位置位/复位的控制字格式如图 8-13 所示。

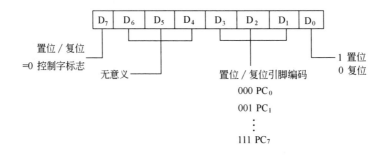

图 8-13 C 口的按位置位/复位控制字格式

- D_7：固定是 0，作为 C 口的按位置位/复位控制字的标志位。
- $D_6 \sim D_4$：无意义。
- $D_3 \sim D_1$：其编码指出要置位/复位的是 C 口的哪一根线。
- D_0：确定对指定引脚是置位（设置高电平）还是复位（设置低电平）。

【例 8-3】 若系统要求 8255A 的 A 口工作于方式 2，B 口以方式 1 输出。编写初始化程序（假设 8255A 的端口地址为 04H～07H）。

分析：确定控制字为 $11\times\times\times10\times$B。这时，共有 4 位的取值是任意的。其中，$D_0$ 和 D_3 是由于此时 C 口用作应答联络线，是无法用编程来改变的（原因见前述）；D_4 位是由于 A 口方式 2 是双向（即可同时输入/输出），此位的编程已失去意义；D_5 位则是由控制字本身格式决定的。

A 口方式 2 要求使 PC_4 和 PC_6 置位来开放两个中断，B 口方式 1 要求使 PC_2 置位来开放中断，需要确定相应的按位置位/复位的控制字。

PC_4 置位的控制字为 $0\times\times\times1001$B。PC_6 置位的控制字为 $0\times\times\times1101$B。PC_2 置位的控制字为 $0\times\times\times0101$B。

初始化程序如下（以上控制字中不用的位均置 0）：

```
MOV  AL,0C4H
OUT  07H,AL   ;设置工作方式
MOV  AL,09H
OUT  07H,AL   ;PC4 置位,A 口输入允许中断
MOV  AL,0DH
OUT  07H,AL   ;PC6 置位,A 口输出允许中断
MOV  AL,05H
OUT  07H,AL   ;PC2 置位,B 口输出允许中断
```

值得注意的是，虽然控制字和 C 口单一置位/复位的控制字都是写入控制口，但它们的作用是不同的，使用中须区别对待。

8.3 8255A 的应用

作为一个 8 位的可编程并行接口芯片，8255A 被许多小型微机应用系统广泛选用。本节以三种最常用的外部设备即小键盘、LED 显示器、微型打印机为例，介绍 8255A 的应用。

(1) 作为小键盘接口

首先，要分析一下小键盘的结构和工作原理。图 8-14 中的虚线框内部分为一个 4×4 的矩阵式键盘结构。在这种结构下，行线和列线都排成矩阵形式，每个键均处在行和列的交叉点上，这样，每个键的位置就可由它所在的行号和列号唯一确定。对键盘的处理主要是解决以下三个问题：

① CPU 如何识别是否有键按下；

② 如果有键按下，如何确定是哪一个键按下；

③ 对应按下的不同键，如何转到相应的程序去执行。

其中，①是最关键的一步。目前，常用两种方法来解决这个问题：一种是行扫描法，一种是行反转法。下面以后者为例来介绍。

图 8-14 给出了采用行反转法的键盘接口电路，其工作过程如下：将行线接至一

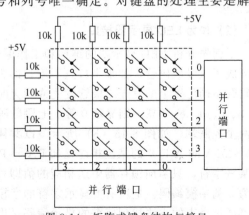

图 8-14 矩阵式键盘结构与接口

个并行口，工作于输出方式，将列线也接至一个并行口，工作于输入方式。CPU 先通过输出端口往各行线上送低电平，然后读入列值，若发现输入的值不全是 1，说明某列有键按下（但不能确定按键所在的行），则立即通过编程对两个并行口重新初始化，使接行线的端口改为输入方式，接列线的端口改为输出方式，并将刚读入的列值从此时的输出端口重新输出，这时，重新读入的行值必定能指出按键在哪一行，并可根据两次读入的列值和行值唯一确定出按键所在的位置。最后，通过分支程序即可转去进行按键功能的处理。

【例 8-4】 采用 8255A 为接口芯片与一个 4×4 的小键盘相连（接口电路如图 8-14 所示），其中 A 口的低 4 位与行线相连，B 口的低 4 位与列线相连，均工作在方式 0，假设该 8255A 的端口地址是 10H～13H。试完成键盘扫描程序。

分析：采用行反转法处理。确定控制字：1000×01×B（A 口出 B 口入）、1001×00×B（A 口入 B 口出）。

程序段如下：

```
        MOV  AL,82H   ;8255A 初始化,A 口方式 0 输出
        OUT  13H,AL    ;B 口方式 0 输入
LL:     MOV  AL,00H
        OUT  10H,AL    ;A 口输出全 0 进行扫描
        IN   AL,11H    ;从 B 口输入
        AND  AL,0FH    ;取列值
        CMP  AL,0FH
        JZ   LL        ;列值为全 1,无键按下,等待
        MOV  BL,AL     ;有键按下,保存列值
        MOV  AL,90H    ;8255A 重新初始化,A 口方式 0 输入
        OUT  13H,AL    ;B 口方式 0 输出
        MOV  AL,BL
        OUT  11H,AL    ;将保存的列值从 B 口输出进行扫描
        IN   AL,10H    ;从 A 口输入
        AND  AL,0FH    ;取行值
        MOV  BH,AL     ;保存行值
```

这时，按键所对应的行、列值保存在 BX 中，可以通过循环移位来确定是哪个键并继续进行后续处理。

（2）作为 LED 显示器接口

下面先分析 LED 显示器的结构和工作原理。将 8 个发光二极管按一定的位置排列起来就形成了八段数码管，如果小数点不用，即为常说的七段数码管，如图 8-15（a）所示。当数码管不同位置上的发光二极管发光或熄灭时，其不同的组合就形成了一位字符的显示，如 a、b、c、d、e、f 亮，则显示 0 等。七段数码管有共阴（阳）极两种连接方式，有位控和段控两个控制端，如图 8-15（b）所示。以共阴极连接为例，将七段数码管的每段与锁存器（如 8255A 的 A 口）的某位相连，如 $PA_0 \sim PA_7$ 分别对应 a～h，当位控端为 0 时，如要显示某一字符，只需向锁存器中送相应的值即可，如送 0110 1101 即 6DH，则显示 5，6DH 就称为 5 的字模编码。把所有要显示字符的字模编码组成一个表，称为字模表或显示编码表，就可通过查表的方法找到所需的显示编码送出显示。

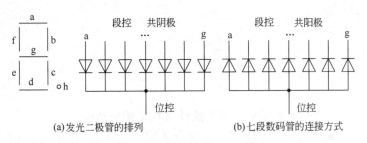

图 8-15 LED 显示器结构

【例 8-5】 在某系统中，CPU 选用 8088，通过一片 8255A 与 8 位开关和一个 LED 显示器（共阴极）相连，将开关低 4 位输入的十进制数（BCD 码）在 LED 显示器上显示输出。试完成软硬件设计。

分析：开关和 LED 显示器都是简单设备，不需要查询，因此，选用 8255A 的 A 口作为 LED 显示器段控接口（对输出数据可以锁存），方式 0 输出；选用 B 口作为开关接口，方式 0 输入；选用 C 口的 PC_0 作为 LED 显示器位控接口。

硬件设计如图 8-16 所示。

确定控制字：$1000 \times 010B$。确定 PC_0 复位：$0 \times \times \times 0000B$。确定端口地址：00001000B 即 08H，A 口；00001001B 即 09H，B 口；00001010B 即 0AH，C 口；00001011B 即 0BH，控制口。

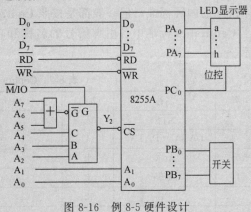

图 8-16 例 8-5 硬件设计

程序设计如下：

```
DATA  SEGMENT
  BCD-LED  DB  3FH,06H,…,6FH   ;分别对应 0~9 的 LED 显示编码
DATA  ENDS
CODE  SEGMENT
    ASSUME  CS:CODE,DS:DATA
START:MOV  AX,DATA
    MOV  DS,AX
    MOV  AL,82H              ;8255A 初始化,A 口方式 0 输出,B 口方式 0 输入
    OUT  0BH,AL             ;
NEXT:IN  AL,09H              ;从 B 口输入开关值
    AND  AL,0FH             ;取出低 4 位
    LEA  BX,BCD-LED         ;转换表的表头送 BX
    XLAT                    ;查表转换得到显示编码
    OUT  08H,AL             ;送 A 口显示输出(段控)
    MOV  AL,00H;
    OUT  0BH,AL             ;使 PC₀ 复位,即使位控有效
```

```
    JMP  NEXT
    MOV  AX,4C00H
    INT  21H
CODE  ENDS
    END START
```

思考：① 如果 CPU 改为 8086，则软硬件设计要如何修改？

② 如果要从开关接收两位数字（高 4 位开关输入高位），并在两个 LED 显示器上显示两位数字，则软硬件设计要如何修改？

(3) 作为微型打印机接口

目前绝大多数微型打印机和主机之间都采用并行接口方式，其并行接口信号虽然还没有一个统一的国际标准，但一般都是按照 Centronics 标准来定义插头和插座的引脚。表 8-2 列出了 Centronics 标准中各引脚信号的名称和功能，按此标准进行数据传输的时序如图 8-17 所示。

表 8-2 Centronics 标准引脚信号

引脚	名称	方向	功能
1	$\overline{STB}$	入	数据选通,有效时接收数据
2~9	$DATA_1 \sim DATA_8$	入	数据线
10	$\overline{ACK}$	出	响应信号,有效时准备接收数据
11	BUSY	出	忙信号,有效时不能接收数据
12	PE	出	纸用完
13	SLCT	出	选择联机,指出打印机不能工作
14	AUTOLF	入	自动换行
31	INIT	入	打印机复位
32	ERROR	出	出错
36	SLCTIN	入	有效时打印机不能工作

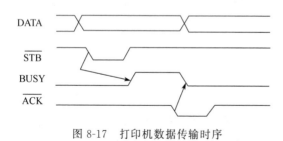

图 8-17 打印机数据传输时序

由图 8-17 可以看出，打印机工作的流程是：主机将要打印的数据送上数据线，然后使选通信号 $\overline{STB}$ 有效，打印机将数据读入，同时使 BUSY 为高，通知主机停止送数。这时，打印机内部对读入的数据进行处理，处理完以后使 $\overline{ACK}$ 有效，同时使 BUSY 失效，通知主机可以发下一个数据。

【例 8-6】 利用 8255A 的 A 口方式 0 与微型打印机相连，将内存缓冲区 BUFF 中的字符打印输出。试完成相应的软硬件设计（CPU 为 8088）。

分析：由打印机的工作时序可知，8255A 要能提供选通信号并接收忙信号，为此，考虑分别由 PC_0 充当打印机的选通信号，通过对 PC_0 的置位/复位来产生选通。同时，由 PC_7 来接收打印机发出的 BUSY 信号作为能否输出数据的查询。

硬件设计如图 8-18 所示。

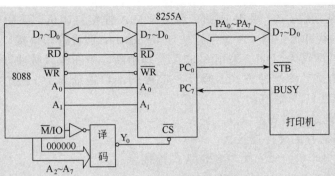

图 8-18　例 8-6 硬件设计图

由硬件连线可以分析出，8255A 的 4 个端口地址分别为 00H、01H、02H、03H。
确定控制字为 10001000B，即 88H。

确定 PC_0 置位：$0\times\times\times0001B$，即 01H。PC_0 复位：$0\times\times\times0000$，即 00H。

在以上分析的基础上，编制程序如下：

```
DATA  SEGMENT
  BUFF  DB  'This is a print program! ','$ '
DATA  ENDS
CODE  SEGMENT
    ASSUME  CS:CODE,DS:DATA
START:MOV  AX,DATA
      MOV  DS,AX
      MOV  SI,OFFSET  BUFF
      MOV  AL,88H       ;8255A 初始化,A 口方式 0,输出
      OUT  03H,AL       ;C 口高位方式 0 输入,低位方式 0 输出
      MOV  AL,01H;
      OUT  03H,AL       ;使 PC₀ 置位,即令选通无效
WAIT0: IN  AL,02H       ;读 C 口
      TEST  AL,80H      ;检测 PC₇ 是否为 1 即是否忙
      JNZ  WAIT0        ; 为忙则等待
      MOV  AL,[SI]
      CMP  AL,'$ '      ;是否结束符
      JZ  DONE          ; 是则结束
      OUT  00H,AL       ;不是结束符,则从 A 口输出
      MOV  AL,00H
      OUT  03H,AL
      MOV  AL,01H
      OUT  03H,AL       ;产生选通信号
      INC  SI           ;修改指针,指向下一个字符
      JMP  WAIT0
DONE: MOV  AH,4CH
      INT 21H
CODE  ENDS
      END  START
```

【**例 8-7**】 某系统 CPU 采用 8088，利用 8255A 连接打印机，采用中断方式将 DA-TA_BUF 开始的缓冲区中的 100 个字符从打印机输出（假设打印机接口仍采用 Centronics 标准），中断类型码为 8DH。采用 8259A 管理中断，中断源以脉冲方式引入系统，采用中断自动结束方式，非缓冲方式。假设 8255A 的端口地址为 70H～73H，8259A 的端口地址为 78H 和 79H，试完成：

① 给出端口地址译码表。

② CPU 与各芯片的硬件连接。

③ 8255A 与打印机、8255A 与 8259A 的连接。

④ 8259A、8255A 的初始化程序。

⑤ 8259A 的中断向量设置程序。

⑥ 打印主程序和中断服务子程序。

解： ① 假设使用 3-8 译码器，根据芯片的端口地址，可得端口地址译码表如表 8-3 所示。

表 8-3　端口地址译码表

IO/$\overline{M}$	A_{15} A_{14} A_{13} A_{12}	A_{11} A_{10} A_9 A_8	C A_7 A_6 A_5 A_4	B A A_3 A_2 A_1 A_0	$\overline{y}_i$	端口地址	芯片
1	0　0　0　0	0　0　0　0	0　1　1　1	0　0　×　×	$\overline{y}_4$	70H～73H	8255A
1	0　0　0　0	0　0　0　0	0　1　1　1	1　0　0　×	$\overline{y}_6$	78H、79H	8259A

② 由于两个芯片的数据线都具有三态功能，可以直接连接 CPU 的数据总线；读写控制信号的逻辑与 CPU 的读写控制信号符合，可以直接相连；片内地址选择用的 A_1、A_0 可以直接连；片选信号根据端口地址译码表，连接 3-8 译码器获得。CPU 与各芯片的连接如图 8-19 所示。

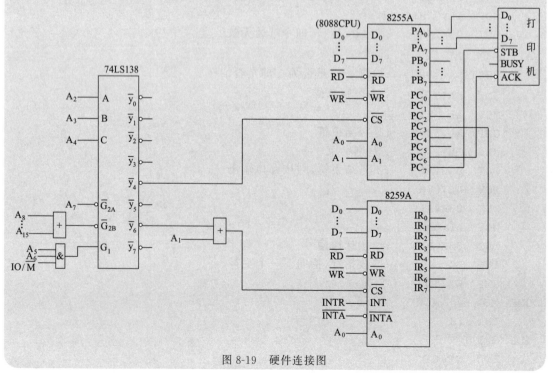

图 8-19　硬件连接图

③ 选用 8255A 的 A 口连接打印机，根据 Centronics 标准，可以将打印机接口的 $\overline{ACK}$ 输出连接到 8255A 的 PC$_6$ 作为 A 口的 $\overline{ACK}$，而打印机接口的选通信号由 PC$_7$ 承担。8255A 的中断请求信号 INTR（PC$_3$）接至系统中断控制器 8259A 的 IR$_5$，硬件连线如图 8-19 所示。

④ 8255A 的控制字为 1010×××0，即 A0H。

PC$_6$ 置位：　×××1101，即 0DH（允许 8255A 的 A 口输出中断）。

8255A 的初始化程序如下：

```
MOV  AL,0A0H
OUT  73H,AL          ;设置 8255A 的控制字
MOV  AL,0DH
OUT  73H,AL          ;使 8255A 的 A 口输出允许中断
```

8259A 的初始化程序如下：

```
MOV  AL,13H
OUT  78H,AL
MOV  AL,8DH
OUT  79H,AL
MOV  AL,03H
OUT  79H,AL
MOV  AL,0DFH
OUT  79H,AL
```

⑤ 8259A 的中断向量设置程序如下：

```
PUSH  DS
XOR   DX,SEG  ROUTINTR
MOV   DS,DX
MOV   DX,OFFSET  ROUTINTR
MOV   AL,8DH
MOV   AH,25H
INT   21H            ;送中断向量
POP   DS
```

⑥ 打印主程序如下：

```
      LEA  DI,DATA_BUF    ;设置地址指针
      MOV  AL,[DI]
      OUT  70H,AL         ;在主程序中输出第一个字符
      INC  DI
      MOV  CX,99          ;设置计数器初值
      STI                 ;开中断
NEXT: HLT                 ;等待中断
      LOOP  NEXT          ;修改计数器的值,指向下一个要输出的字符
      HLT
```

中断服务子程序如下：

```
ROUTINTR:MOV AL,[DI]
```

```
OUT  70H,AL      ;从 A 口输出一个字符
INC  DI          ;修改地址指针
IRET             ;中断返回
```
思考：如果 CPU 换成 8086，需要做哪些修改？

【例 8-8】 交通灯控制系统设计：假设采用 8088CPU 设计一个十字路口交通灯控制系统，具体要求如下：南北向、东西向有红、绿、黄灯各一个，给定控制周期为南北红灯 30s，同时东西绿灯 27s，黄灯 3s；然后切换为东西红灯 30s，同时南北绿灯 27s，黄灯 3s。试完成系统软、硬件设计。

分析：根据系统需求，需要定时器 8253 进行定时，8259A 管理定时中断，8255A 连接信号灯，3-8 译码器为这些芯片提供片选译码。假设 8253 的端口地址为 80H～83H，8259A 的端口地址为 84H、85H，8255A 的端口地址为 88H～8BH。假设 8253 的输入时钟为 1MHz，8259A 采用边沿触发，中断类型码为 75H，非缓冲方式，中断自动结束。根据上述要求，可得端口地址译码表如表 8-4 所示。

表 8-4 端口地址译码表

$IO/\overline{M}$	A_{15}	A_{14}	A_{13}	A_{12}	A_{11}	A_{10}	A_9	A_8	C A_7	A_6	A_5	A_4	B A_3	A_2	A A_1	A_0	$\overline{y_i}$	端口地址	芯片
1	0	0	0	0	0	0	0	0	1	0	0	0	0	0	×	×	$\overline{y_0}$	80H～83H	8253
1	0	0	0	0	0	0	0	0	1	0	0	0	0	1	0	×	$\overline{y_1}$	84H、85H	8259A
1	0	0	0	0	0	0	0	0	1	0	0	0	1	0	×	×	$\overline{y_2}$	88H～8BH	8255A

根据端口地址译码表，可以完成 CPU 与各芯片的连接，如图 8-20 所示。

根据给定的中断类型码 75H，可知中断请求引脚应该连接 8259A 的 IR_5 引脚。根据周期的情况，这里采用定时 1s 的方式来实现交通信号的控制，由于 8253 的时钟信号是 1MHz，可得计数初值为 $N=1\times1000000=1000000>65536$，因此一个通道解决不了，需要两个通道串联来实现 1s 的定时。这里采用通道 0 和通道 1 串联，硬件连接如图 8-20 所示，通道 0 的输出 OUT0 连接通道 1 的 CLK_1，通道 1 的输出 OUT_1 作为中断请求信号。门控信号接高电平。

由于南北向的灯是同步的，东西向的灯也是同步的，因此可以并联在一起，这样只需要 6 个输出引脚来控制。这里采用发光二极管来模拟交通灯，输出高电平时灯亮，输出低电平时灯灭。采用 8255A 的 A 端口连接灯，PA_6 连接南北向红灯，PA_5 连接南北向绿灯，PA_4 连接南北向黄灯，PA_2 连接东西向红灯，PA_1 连接东西向绿灯，PA_0 连接东西向黄灯，如图 8-20 所示。至此，硬件设计完成。

软件设计包括 3 个接口芯片的初始化程序、灯控的主程序、中断服务子程序、中断向量装入程序。

8253 初始化程序如下：

```
MOV  AL,36H
OUT  83H,AL
MOV  AX,1000
OUT  80H,AL
MOV  AL,AH
```

```
OUT   80H,AL
MOV   AL,72H
OUT   83H,AL
MOV   AX,1000
OUT   81H,AL
MOV   AL,AH
OUT   81H,AL
```

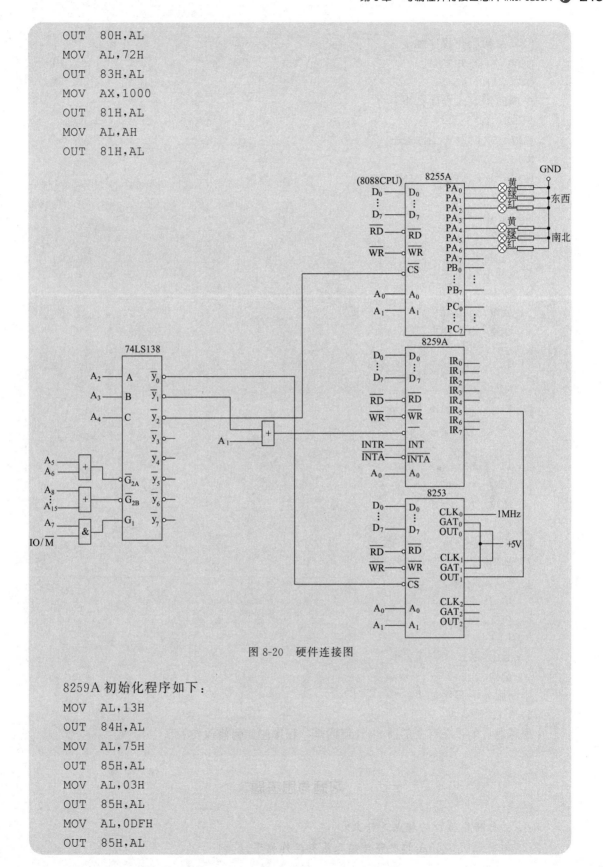

图 8-20　硬件连接图

8259A 初始化程序如下：

```
MOV   AL,13H
OUT   84H,AL
MOV   AL,75H
OUT   85H,AL
MOV   AL,03H
OUT   85H,AL
MOV   AL,0DFH
OUT   85H,AL
```

8255A 初始化程序如下：

```
MOV  AL,80H
OUT  8BH,AL
```

中断向量装入程序如下：

```
PUSH  DS
MOV   DX,SEG INT_1S
MOV   DS,DX
MOV   DX,OFFSET INT_1S
MOV   AL,75H
MOV   AH,25H
INT   21H
POP   DS
```

灯控的主程序如下：

```
L0:MOV  CX,27
   MOV  AL,42H
   OUT  88H,AL
L1:HLT
   LOOP L1
   MOV  CX,3
   MOV  AL,41H
   OUT  88H,AL
L1:HLT
   LOOP L1
   MOV  CX,27
   MOV  AL,24H
   OUT  88H,AL
L1:HLT
   LOOP L1
   MOV  CX,3
   MOV  AL,14H
   OUT  88H,AL
L1:HLT
   LOOP L1
   JMP  L0
```

中断服务子程序如下：

```
INT_1S:IRET
```

思考题：如果在灯变的前 3s 让灯闪烁，程序应如何修改？

习题与思考题

8-1. 并行传输接口的特点是什么？

8-2. 简要说明 8255A 的内部结构及基本工作原理。

8-3. 简述 8255A 方式 1 的基本功能。

8-4. 8255A 的方式选择控制字和 C 口置 1/置 0 控制字都是写到控制端口的，它们是由什么来区分的？

8-5. 如规定 8255A 并行接口芯片的地址为 FFF0H～FFF3H，试将它连接到 8088 的系统总线上。

8-6. 试分析 8255A 方式 0、方式 1 和方式 2 的主要区别，并分别说明它们适合于什么应用场合。

8-7. 当 8255A 的 A 口工作在方式 2 时，其端口 B 和端口 C 各适合什么样的工作方式？写出此时各种不同组合情况的控制字。

8-8. 若 8255A 的端口 A 定义为方式 0，输入；端口 B 定义为方式 1，输出；端口 C 的上半部定义为方式 0，输出。试编写初始化程序（端口地址为 80H～83H）。

8-9. 假设一片 8255A 的使用情况如下：通过 A 口读取开关的状态，并将开关的状态输出至与 B 口相连的发光二极管显示，此时连接的 CPU 为 8086。试完成 8255A 与系统总线的连接并确定此时的端口地址，编写初始化程序和应用程序。

8-10. 在一个 CPU 为 8088 的系统中，通过两片 8255A 分别与一个 4×4 的小键盘（方式 0）以及一个微型打印机（方式 1）相连，接收键盘输入的十六进制数并将其在打印机上打印输出（要求中断类型码是 95H）。试完成：

① 系统的硬件设计；

② 此时中断请求应接在 8259A 的哪个引脚？

③ 此时两片 8255A 的端口地址各是什么？

④ 编写主程序（含初始化、送中断向量、键盘处理等）和中断服务子程序。

第 9 章
串行通信与可编程接口芯片 8251A

本章学习指导　　本章微课

9.1　串行通信基础

由前述可知，并行通信是指利用多条数据传输线将多位数据同时传送，其特点是传输速度快，但当距离较远，数据位数又多时，会导致通信线路复杂且成本高，因此，这种传输方式仅适用于短距离通信。串行通信是指利用一条传输线将数据一位位地顺序传送，其特点是通信线路简单，从而大大降低成本，特别适用于远距离通信，但缺点是传输速度慢。串行通信广泛用于计算机与鼠标、绘图仪、传真机、键盘等外部设备之间的信息传送，以及计算机与计算机之间的通信，是构成计算机网络通信的基础。

尽管串行通信使设备之间的连线减少了，但也随之带来一些如串行数据与并行数据的相互转换等问题，这使得串行通信比并行通信较为复杂。

9.1.1　串行通信方式

由于串行通信是远距离通信，因此，首先要解决通信双方的同步问题，通常采用两种方式，即同步通信（SYNC）与异步通信（ASYNC）。

(1) 异步通信

异步通信以一个字符为传输单位，通信中两个字符间的时间间隔是不固定的，然而同一个字符中两个相邻位间的时间间隔是固定的。异步通信在计算机数据传输中用得较多，它的控制电路比较简单，适用于传输数据量较小的系统。

异步串行通信常用的数据格式如图 9-1 所示，规定有起始位、数据位、奇偶校验位、停止位、空闲位等，其中各位的意义如下。

图 9-1　异步串行通信的数据格式

① 起始位：一个逻辑 0 信号，表示传输字符的开始。

② 数据位：数据位的个数可以是 5～8 不等，构成一个要传输的字符，通常采用 ASCII 码，从最低位开始传送，靠时钟定位。

③ 奇偶校验位：用来校验数据传送的正确性。

④ 停止位：一个字符数据的结束标志，可以是 1 位、1.5 位、2 位的高电平。

⑤ 空闲位：处于逻辑 1 状态，表示当前线路上没有数据传送。

值得注意的是关于波特率的问题，它是衡量数据传送速率的指标，表示每秒传送的二进制位数。例如数据传送速率为 120 字符/s，每个字符为 10b，则其传送的波特率为 $10 \times 120 = 1200b/s = 1200$ 波特。在这里，波特率和有效数据位的传送速率并不一致，上述 10 位中，真正有效的数据位只有 7 位，所以，有效数据位的传送速率只有 $7 \times 120 = 840b/s$。

异步通信要求对发送的每一个字符都要按以上格式封装，字符之间允许有不定长度的空闲位。传送开始后，接收方不断检测传输线，当在一系列的 1 之后检测到一个 0，就确认一个字符开始，于是以位时间（1/波特率）为间隔移位接收规定的数据位和奇偶校验位，拼装成一个字符，这之后应接收到规定的停止位 1，若没有收到即为帧出错。只有既无帧出错，又无奇偶校验错，才算正确地接收到一个字符。

（2）同步通信

同步通信以一个帧为传输单位，每个帧中包含有多个字符。在通信过程中，每个字符间的时间间隔是相等的，而且每个字符中各相邻位间的时间间隔也是固定的。

| 同步字符 | 数据块 | 同步字符 |
| 数据1 | 数据2 | … | 数据 n | 校验字符1 | 校验字符2 |

图 9-2　同步串行通信的数据格式

同步通信的数据格式如图 9-2 所示。它以数据块为传送单位，每个数据块由一个字符序列组成，每个字符取相同的位数，字符之间是连续的，没有空隙。在数据块的前面置有 1～2 个同步字符，作为帧的边界和通知对方接收的标志。数据块的后面是校验字符，用于校验数据传输中是否出现了差错。在进行数据传输时，发送方和接收方要保持完全同步，即使用同一时钟来触发双方移位寄存器的移位操作。

9.1.2　数据传送方式

在串行通信中，根据数据传送方向的不同，有以下三种传送方式，如图 9-13 所示。

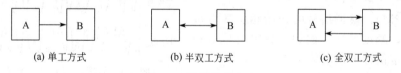

(a) 单工方式　　　　(b) 半双工方式　　　　(c) 全双工方式

图 9-3　数据传送方式

（1）单工方式

这种方式只允许数据按照一个固定的方向传送，即一方只能作为发送方，另一方只能作为接收方。

（2）半双工方式

此方式下数据能从 A 站传送到 B 站，也能从 B 站传送到 A 站，但每次只能有一个站发送，另一个站接收，不能同时在两个方向上传送，通信双方只能轮流进行发送和接收。

（3）全双工方式

此方式下允许通信双方同时进行发送和接收。这时，A 站在发送的同时也可以接收，B

站亦同。全双工方式相当于把两个方向相反的单工方式组合在一起，因此它需要两条传输线。

9.1.3 信号传输方式

根据传输线上信号形式的不同，通常分为基带传输和频带传输。

(1) 基带传输

基带传输是在传输线路上直接传输不加调制的二进制信号，如图 9-4 所示。它要求传输线的频带较宽，传输的数字信号是矩形波。由于线路中存在着电感、电容及漏电感、漏电容等分布参数，矩形波通过传输线后会发生畸变、衰减和延迟，而导致传输的错误，信号的频率越高，传输的距离越远，这种现象则越严重，因此基带传输方式仅适宜于近距离和速度较低的通信。

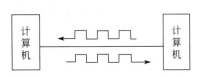

图 9-4 数字信号传输的示意图

(2) 频带传输

频带传输方式又称为载波传输方式，在传输线路上传输的是经调制后的模拟信号。

远距离通信通常是利用电话线来传输，而电话线的频带在 $300\sim3400\mathrm{Hz}$ 之间。由于频带不宽，用它来直接传输数字信号时，就会出现畸变失真，但用它来传送一个频率为 $1000\sim2000\mathrm{Hz}$ 的模拟信号时，则失真较小。为此，在长距离通信时，发送方要用调制器把数字信号转换成模拟信号，接收方则要用解调器将接收到的模拟信号再转换成数字信号，这就是信号的调制解调。实现调制和解调任务的装置称为调制解调器（MODEM）。采用频带传输时，通信双方各接一个调制解调器，将数字信号寄载在模拟信号（载波）上加以传输。因此，这种传输方式也称为载波传输方式。常用的调制方式有三种，即调幅、调频和调相，其波形分别如图 9-5 所示。

调幅（AM）：模拟信号的振幅随着数字信号变化。例如，数字信号 0 无模拟输出，数字信号 1 有模拟输出。

调频（FM）：模拟信号的频率随着数字信号变化，幅度不变。例如，数字信号 0 频率是 f_1，数字信号 1 频率是 f_2。

调相（PM）：模拟信号的初始相位随着数字信号变化，幅度不变。例如，数字信号 0 相位是 $0°$，数字信号 1 相位是 $90°$。

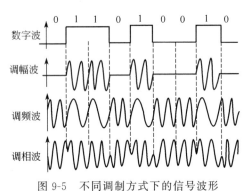

图 9-5 不同调制方式下的信号波形

9.1.4 串行接口标准

串行接口标准指的是计算机或终端（数据终端设备 DTE）的串行接口电路与调制解调器 MODEM 等（数据通信设备 DCE）之间的连接标准。在计算机网络中，由它构成网络的物理层协议。

RS-232C 标准是与 TTY 规程有关的接口标准，也是目前普遍采用的一种串行通信标准，它是美国电子工业协会于 1969 年公布的数据通信标准。该标准定义了数据终端设备 DTE 与数据通信设备 DCE 之间的连接器形状、连接信号的含义及其电压信号范围等参数。

RS-232C 是一种标准接口，它是一个 D 型插座，采用 25 芯引脚或 9 芯引脚的连接器，如图 9-6 所示。微机之间的串行通信是按照 RS-232C 标准所设计的接口电路实现的。如果使用一根电话线进行通信，那么计算机和 MODEM 之间的连线及通信原理如图 9-7 所示。

① 信号线。虽然 RS-232C 标准规定接口有 25 根连线且其中的绝大部分信号线均已定义使用，但在一般的微机串行通信中，只有以下 9 个信号经常使用，这些引脚及其功能分别如下。

• TxD（第 2 脚）：发送数据线，由计算机到 MODEM。计算机通过此引脚发送数据到 MODEM。

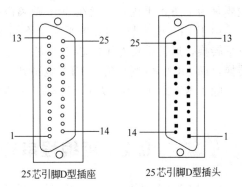

图 9-6 RS-232C 标准接口的连接器

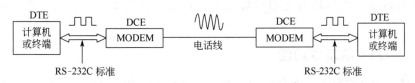

图 9-7 计算机通过 RS-232C 进行通信原理图

• RxD（第 3 脚）：接收数据线，由 MODEM 到计算机。MODEM 将接收下来的数据通过此引脚送到计算机或终端。

• $\overline{RTS}$（第 4 脚）：请求发送，由计算机到 MODEM。计算机通过此引脚通知 MODEM，要求发送数据。

• $\overline{CTS}$（第 5 脚）：允许发送，由 MODEM 到计算机。MODEM 认为可以发送数据时，通过此引脚发出 $\overline{CTS}$ 作为对 $\overline{RTS}$ 的回答，然后计算机才可以发送数据。

• $\overline{DSR}$（第 6 脚）：数据装置就绪（即 MODEM 准备好），由 MODEM 到计算机。该信号有效时表示调制解调器可以使用（即表明 MODEM 已打开并已工作在数据模式下），该信号有时直接接到电源上，这样当设备连通时即有效。

• CD（第 8 脚）：载波检测（接收线信号测定器），由 MODEM 到计算机。当此信号有效时，表示 MODEM 已接收到通信线路另一端 MODEM 送来的信号，即它与电话线路已连接好。

如果通信线路是交换电话的一部分，则至少还需如下两个信号。

• RI（第 22 脚）：振铃指示，由 MODEM 到计算机。MODEM 若接到交换台送来的振铃呼叫信号，就发出该信号来通知计算机或终端。

• $\overline{DTR}$（第 20 脚）：数据终端就绪，由计算机到 MODEM。计算机收到 RI 信号以后，就发出 $\overline{DTR}$ 信号到 MODEM 作为回答，以控制它的转换设备，建立通信链路。

• GND（第 7 脚）：地。

② 逻辑电平。RS-232C 标准采用 EIA 电平，即规定 1 的逻辑电平在 $-3 \sim -15V$ 之间，规定 0 的逻辑电平在 $3 \sim 15V$ 之间，高于 15V 或低于 $-15V$ 的电压被认为无意义，介于 3V 和 $-3V$ 之间的电压也无意义。

对于 TxD、RxD 这两根数据信号线，EIA 的逻辑 1 和 0 就表示数字信号的 1 和 0。但对 $\overline{RTS}$、$\overline{CTS}$、$\overline{DSR}$、$\overline{DTR}$、CD 等控制状态信号线，则恰好是 EIA 的逻辑 0 为信号的有效状态，即开关的接通（ON）状态，此时电平值为 $3 \sim 15V$。RS-232C 采用这样的逻辑电平标准主要是为了防止干扰,一般在 30m 距离内可以进行正常信号传输。

由于 EIA 电平与 TTL 电平完全不同,因此,为了与 TTL 器件连接,必须进行相应的电平转换,通常采用专用的芯片来完成这项任务。MC1488 可完成 TTL 电平到 EIA 电平的转换,而 MC1489 则可完成 EIA 电平到 TTL 电平的转换。

除了 RS-232C 标准以外,还有一些其它的通用串行接口标准,如 RS-422、RS-485 等。

9.2 可编程串行接口芯片 Intel 8251A

Intel 8251A 是 Intel 公司专门设计的通用可编程串行同步和异步收发器(USART),可用作 CPU 与串行外部设备的接口电路,由 CPU 编程以完成实际的串行通信,USART 从 CPU 接收并行数据,然后转换成串行数据发送;也可接收串行数据流,把它转换成数据给 CPU。

9.2.1 8251A 的基本功能

8251A 是一种可编程串行通信接口芯片,用来完成 CPU 和外部设备(或调制解调器)之间的连接,它有下列基本功能。

① 通过编程,可以工作在同步方式,也可以工作在异步方式。在同步方式下,波特率为 0~64000b/s;在异步方式下,波特率为 0~19200b/s。

② 在同步方式下,每个字符可以用 5、6、7 或 8 位来表示,并且内部能自动检测同步字符,从而实现同步。除此之外,8251A 也允许在同步方式下增加奇/偶校验位进行校验。

③ 在异步方式下,每个字符也可以用 5、6、7 或 8 位来表示,时钟频率为传输波特率的 1、16 或 64 倍,用 1 位作为奇/偶校验。此外,8251A 在异步方式下能自动为每个数据增加 1 个启动位,并能根据编程为每个数据增加 1 个、1.5 个或 2 个停止位。同时,可以检查假启动位,自动检测和处理终止字符。

④ 全双工的工作方式,其内部提供具有双缓冲器的发送器和接收器。

⑤ 提供出错检测,具有奇偶、溢出和帧错误等校验电路。

9.2.2 8251A 的内部结构

8251A 的内部结构如图 9-8 所示。由结构图可看出,8251A 的内部包含有发送器、接收器、数据总线缓冲器、读/写控制电路和调制解调控制电路等五大部分。

(1) 发送器

发送器由发送缓冲器和发送控制电路两部分组成。当发送器中发送缓冲器已空,即可接收数据时,由发送控制电路向 CPU 发出 TxRDY 有效信号,如果 CPU 与 8251A 之间采用中断方式交换信息,那么 TxRDY 可作为向 CPU 发出的中断请求信号,此时,CPU 可向 8251A 输出数据。CPU 送出的数据经数据总线缓冲器并行输入锁存到发送缓冲器中。如果采用异步方式传输,则由发送控制电路在其首尾加上起始位和停止位,经移位寄存器从数据输出线 TxD 逐位串行输出,其发送速率取决于 TxC 端收到的发送时钟频率。如果采用同步方式传输,则在发送数据之前,发送器将自动送出 1~2 个同步字符(对应内同步方式)或在收到有效的同步信号(对应外同步方式)后,才逐位串行输出数据。当发送器中的数据发送完,由发送控制电路向 CPU 发出 TxE 有效信号,表示发送器中移位寄存器已空。因此,发送缓冲器和发送移位寄存器构成发送器的双缓冲结构。

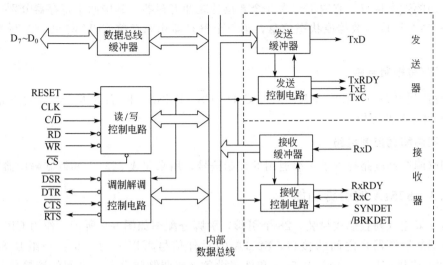

图 9-8　8251A 的内部结构框图

(2) 接收器

接收器由接收缓冲器和接收控制电路组成。接收移位寄存器用来从 RxD 引脚上接收串行数据，按照相应格式转换成并行数据后存入接收缓冲器。而接收控制电路则配合接收缓冲器工作，管理有关接收的所有功能。

当 8251A 工作在异步方式并准备接收一个字符时，在 RxD 线上检测低电平，将检测到的低电平作为起始位，并启动接收控制电路中的一个内部计数器进行计数，计数脉冲就是8251A 的接收器时钟脉冲。当计数进行到相应于半个数位传输时间（比如时钟脉冲为波特率的 16 倍，则计到第 8 个脉冲）时，再对 RxD 线进行检测，如果此时仍为低电平，则确认收到一个有效的起始位。于是，8251A 开始进行常规采样，数据进入接收移位寄存器完成字符装配，并进行奇偶校验，然后，送入接收缓冲器，同时向 CPU 发出 RxRDY 信号，表示已经收到一个可用的数据，通知 CPU 来取数。如果 CPU 与 8251A 之间采用中断方式交换信息，那么 RxRDY 可作为向 CPU 发出的中断请求信号。

在内同步接收方式下，8251A 首先搜索同步字符。具体地说，8251A 监测 RxD 线，每当 RxD 线上出现一个数据位时，就把它接收下来并送入移位寄存器，然后与同步字符寄存器的内容进行比较，如果两者不相等，则接收下一位数据。当两个寄存器的内容相等时，8251A 的 SYNDET 引脚就升为高电平，表示同步字符已经找到，同步已经实现。如采用双同步方式，还继续检测此后输入移位寄存器的内容是否与第二个同步字符寄存器的内容相同，如果相同，则认为同步已经实现。

在外同步情况下，是通过在同步输入端 SYNDET 加一个高电平来实现同步的，只要SYNDET 端一出现高电平，8251A 就会立刻脱离对同步字符的搜索过程，只要此高电平能维持一个接收时钟周期，8251A 便认为已经完成同步。

实现同步之后，接收方和发送方就开始进行数据的同步传输。这时，接收器利用时钟信号 RxC 对 RxD 线进行采样，并把收到的数据位送到移位寄存器中。每当收到的数据位达到规定的一个字符的数位时，就将移位寄存器的内容送到数据输入寄存器中，并且在 RxRDY引脚上发出一个信号，表示收到了一个字符，通知 CPU 来取数。

(3) 数据总线缓冲器

数据总线缓冲器是 8251A 与 CPU 之间进行交换信息的必经之路，或者说它是 CPU 与

8251A 之间的数据接口。它内部包含 3 个 8 位的缓冲寄存器，其中两个寄存器分别用来存放 CPU 从 8251A 读取的数据或状态信息，第三个寄存器用来存放 CPU 向 8251A 写入的数据或控制字。

（4）读/写控制电路

读/写控制电路用来接收 $\overline{WR}$、$\overline{RD}$、$C/\overline{D}$、$\overline{CS}$、RESET 和 CLK 信号，由这些信号的组合来控制 8251A 的操作。

（5）调制解调控制电路

调制解调控制电路提供了一组通用的控制信号，用来完成 8251A 和调制解调器的连接。

9.2.3　8251A 的引脚功能

8251A 采用双列直插式封装，28 个引脚，引脚分配图如图 9-9 所示。作为 CPU 和外部设备（或调制解调器）之间的接口，8251A 的对外信号可以分为三组：一组是 8251A 和 CPU 之间的连接信号，一组是 8251A 和外部设备（或调制解调器）之间的连接信号，一组是电源与时钟信号。图 9-10 给出了 8251A 与 CPU 及外部设备之间的连接示意图。

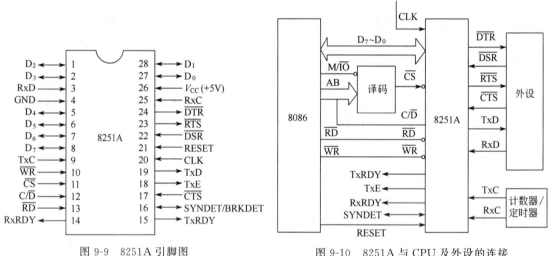

图 9-9　8251A 引脚图　　　　　　图 9-10　8251A 与 CPU 及外设的连接

（1）8251A 和 CPU 之间的连接信号

• $D_0 \sim D_7$：8 位，三态，双向数据线，通过它们，8251A 与系统的数据总线相连。

• $\overline{RD}$：读信号，低电平时，用来通知 8251A，CPU 当前正在从 8251A 读取数据或者状态信息。

• $\overline{WR}$：写信号，低电平时，用来通知 8251A，CPU 当前正在往 8251A 写入数据或者控制信息。

• $\overline{CS}$：片选信号，通常来自高位地址的译码。当其有效时，CPU 选中 8251A 进行操作。

• $C/\overline{D}$：控制/数据信号，通常来自低位地址，用作 8251A 内部端口的选择，以区分当前读/写的是数据还是控制信息或状态信息。当 $C/\overline{D}$ 为低电平时，对应数据口，对其读写的是数据；当 $C/\overline{D}$ 为高电平时，对应控制口，对其写入的是 CPU 对 8251A 的控制命令，读取的是 8251A 当前的状态信息。

由此可知，$\overline{\text{RD}}$、$\overline{\text{WR}}$、C/$\overline{\text{D}}$ 这 3 个信号的组合，决定了 8251A 的具体操作，它们的关系如表 9-1 所示。

表 9-1　$\overline{\text{CS}}$、$\overline{\text{RD}}$、$\overline{\text{WR}}$、C/$\overline{\text{D}}$ 及其编码和相应的操作

$\overline{\text{CS}}$	C/$\overline{\text{D}}$	$\overline{\text{RD}}$	$\overline{\text{WR}}$	相应的操作
0	0	0	1	CPU 从 8251A 输入数据
0	0	1	0	CPU 往 8251A 输出数据
0	1	0	1	CPU 读取 8251A 的状态
0	1	1	0	CPU 往 8251A 写入控制命令

• TxRDY：发送器准备好信号，用来通知 CPU，当前 8251A 已做好发送准备，可以往 8251A 传输数据。TxRDY 既可作为中断请求信号，也可作为查询信号。当 8251A 从 CPU 得到一个字符后，TxRDY 便恢复为低电平。TxRDY 为高电平的条件是：$\overline{\text{CTS}}$ 为低电平，而 TxEN 为高电平，且发送缓冲器为空。

• TxE：发送器空信号，高电平有效，表示 8251A 的一个发送动作已完成。当 8251A 从 CPU 得到一个字符后，TxE 便成为低电平。需要指出的是，在同步方式下，由于不允许字符之间有空隙，当 CPU 来不及往 8251A 输出字符时，则 TxE 变为高电平，这时，发送器将在输出线上插入同步字符来填补传输间隙。

• RxRDY：接收器准备好信号，用来通知 CPU，当前 8251A 已经从外部设备或调制解调器接收到一个字符，等待 CPU 来取走。与 TxRDY 类似，在中断方式下，RxRDY 可用来作为中断请求信号；在查询方式下，RxRDY 可用来作为查询信号。当 CPU 从 8251A 读取一个字符后，RxRDY 便恢复为低电平。

• SYNDET：同步检测信号，只用于同步方式。该引脚既可以工作在输入状态，也可以工作在输出状态，这取决于 8251A 是工作在内同步方式还是外同步方式。当 8251A 工作在内同步方式时，SYNDET 作为输出端，当 8251A 检测到了所要求的同步字符时有效，用来表明 8251A 当前已经达到同步。当 8251A 工作在外同步方式时，SYNDET 作为输入端，从这个输入端进入的一个正跳变，会使 8251A 在 RxC 的下一个下降沿时开始装配字符。这种情况下，SYNDET 的高电平状态最少要维持一个 RxC 周期。芯片复位时，SYNDET 变为低电平。

（2）8251A 与外部设备之间的连接信号

• $\overline{\text{DTR}}$：数据终端准备好信号，由 8251A 送往外设，低电平时有效。CPU 可以通过控制命令使 $\overline{\text{DTR}}$ 有效，从而通知外部设备，CPU 当前已经准备就绪。

• $\overline{\text{DSR}}$：数据设备准备好信号，由外设送往 8251A。该信号低电平时有效，用来表示当前外设已经准备好。当 $\overline{\text{DSR}}$ 端出现低电平时，8251A 状态寄存器的第 7 位自动置 1，CPU 可以通过读状态寄存器的操作，实现对该信号的检测。

• $\overline{\text{RTS}}$：请求发送信号，由 8251A 送往外设，低电平时有效，表示 CPU 已经做好发送准备。CPU 可以通过编程命令使 $\overline{\text{RTS}}$ 变为有效电平。

• $\overline{\text{CTS}}$：允许发送信号，是对 $\overline{\text{RTS}}$ 的响应，由外设送往 8251A。只有当 $\overline{\text{CTS}}$ 为低电平时，8251A 才能执行发送操作。

以上 4 个信号是 8251A 提供的 CPU 和外设之间的联络信号。实际使用时，通常只有 $\overline{\text{CTS}}$ 必须为低电平，其它 3 个信号引脚可以悬空不用。当外设只要一对联络信号时，则选

其中任何一组，既可用 $\overline{DTR}$ 和 $\overline{DSR}$，也可用 $\overline{RTS}$ 和 $\overline{CTS}$，不过，仍要满足使 $\overline{CTS}$ 在某个时候得到低电平。只有当某个外设所要求的联络信号比较多时，才有必要将 4 个信号都用上，这时，可以构成两个层次的联络，每两个信号组成一对，实际上这种情况用得比较少。

- TxD：发送器数据输出信号。由 8251A 送往外设。
- RxD：接收器数据输入信号。由外设送往 8251A。

(3) 时钟、电源和地

- CLK：8251A 芯片的工作时钟输入，用来产生芯片的内部时序，要求 CLK 的频率在同步方式下大于 TxC /RxC 的 30 倍，在异步方式下，则要大于 TxC /RxC 的 4.5 倍。
- TxC、RxC：发送器时钟输入、接收器时钟输入，分别用来控制发送字符、接收字符的速度。在同步方式下，它们的频率等于字符传输的波特率；在异步方式下，它们的频率可以为字符传输波特率的 1 倍、16 倍或者 64 倍，具体倍数取决于 8251A 编程时指定的波特率因子。

在实际使用时，RxC 和 TxC 往往连在一起，由同一个外部时钟电路或 CLK 分频后提供；CLK 则由另一个频率较高的外部时钟电路来提供。

- V_{CC}：电源输入。
- GND：地。

9.2.4 8251A 的初始化编程

8251A 是一个可编程的通用串行接口芯片，利用它串行传输数据之前，必须对它进行初始化。8251A 的编程涉及三个字：方式选择控制字（也称为模式字）、操作命令控制字（也称为控制字）和状态字。下面分别加以说明。

(1) 方式选择控制字（模式字）

方式选择控制字要写入控制端口，用来确定 8251A 的工作方式、数据格式、校验方法等，方式选择控制字的格式如图 9-11 所示。

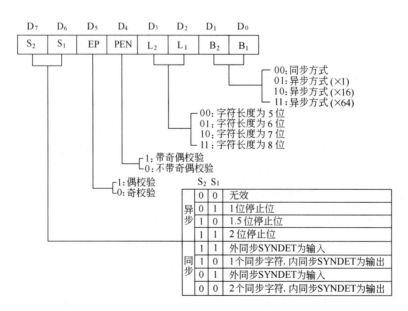

图 9-11　方式选择控制字的格式

- D_1、D_0：用来确定 8251A 是工作于同步方式还是异步方式。如果是异步方式则可由 D_1D_0 的取值来确定传送速率，×1 表示输入的时钟频率与波特率相同；×16 表示时钟频率是波特率的 16 倍，×64 表示时钟频率是波特率的 64 倍。因此通常称 1、16、64 为波特率系数，它们之间存在着如下关系：

$$发送/接收时钟频率＝发送/接收波特率×波特率系数$$

- D_3、D_2：用来定义数据字符的长度，每个字符可为 5、6、7 或 8 位。
- D_4：用来定义是否允许带奇偶校验。当 $D_4＝1$ 时，由 D_5 位定义是采用奇校验还是偶校验。
- D_5：用来定义是采用奇校验还是偶校验。当 $D_5＝1$ 时，采用偶校验；反之采用奇校验。
- D_7、D_6：这两位在同步方式和异步方式时的定义是不相同的。在异步方式时，通过它们的不同编码来定义停止位的长度（1、1.5 或 2 位）；而在同步方式时，则通过它们的不同编码来定义是外/内同步，以及单/双同步。

（2）操作命令控制字（控制字）

操作命令控制字也要写入控制端口，其作用是使 8251A 处于某种工作状态，以便接收或发送数据。操作命令控制字的格式如图 9-12 所示。

- D_0（TxEN）：允许发送。$D_0＝1$ 则允许发送，反之则不允许发送。8251A 规定，只有当 TxEN=1 时，发送器才能通过 TxD 线向外部发送数据。
- D_1（DTR）：数据终端准备就绪。$D_1＝1$ 表示终端设备已准备好，反之表示终端设备未准备好。
- D_2（RxE）：允许接收。$D_2＝1$ 允许接收，反之则不允许接收。8251A 规定，只有当 RxE=1 时，接收器才能通过 RxD 线从外部接收数据。
- D_3（SBRK）：发送终止字符。$D_3＝1$，强迫 TxD 为低电平，输出连续的 0 信号。
- D_4（ER）：错误标志复位。$D_4＝1$，使状态寄存器中的错误标志（PE/OE/FE）复位。

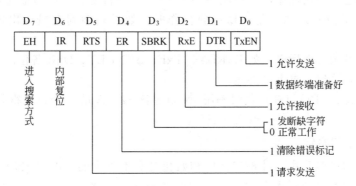

图 9-12　操作命令控制字的格式

- D_5（RTS）：请求发送。$D_5＝1$，使 8251A 的 $\overline{RTS}$ 输出引脚有效，表示 CPU 已做好发送数据准备，请求向调制解调器或外设发送数据。
- D_6（IR）：内部复位。$D_6＝1$，迫使 8251A 内部复位重新进入初始化。
- D_7（EH）：外部搜索方式。该位只对同步方式有效。$D_7＝1$，表示开始搜索同步字符。

(3) 状态字

8251A 执行命令进行数据传送后的状态存放在状态寄存器中，通常称其为状态字。CPU 通过读控制口就可读入状态字进行分析和判断，了解 8251A 的工作状况，以便决定下一步该怎么做。状态字的格式如图 9-13 所示。

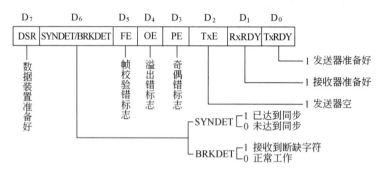

图 9-13 状态字的格式

- D_0（TxRDY）：发送准备好标志，它与引脚 TxRDY 的含义有些区别。TxRDY 状态标志为 1 只反映当前发送器已空，而 TxRDY 引脚为 1 的条件，除发送数据缓冲器已空外，还要求 $\overline{CTS}=0$ 和 TxEN=1，也就是说它们存在下列关系：

$$\text{TxRDY 引脚端}=(\text{TxRDY 状态位}=1)\text{且}(\overline{CTS}=0)\text{且}(\text{TxEN}=1)$$

- D_3（PE）：奇偶错标志位。PE=1，表示产生了奇偶错，但它不中止 8251A 的工作。
- D_4（OE）：溢出错标志位。OE=1，表示当前产生了溢出错，即 CPU 还没来得及将上一个字符取走，下一个字符又来了。虽然它不中止 8251A 继续接收下一个字符，但上一个字符将丢失。
- D_5（FE）：帧校验错标志位，只对异步方式有效。FE=1，表示未检验到停止位，但它不中止 8251A 的工作。

上述三个标志允许用操作命令控制字中的 ER=1 进行复位。在传输过程中，由 8251A 根据传输情况自动设置。尤其是在做接收操作时，如果查询到有错误出现，则该数据应放弃。

状态字中的其余几个标志，如 RxRDY、TxE、SYNDET、DSR 各位的状态与芯片相应引脚的状态相同，这里不再重复讲述。

需要指出的是，CPU 可在任何时刻用 IN 指令读 8251A 的控制口获得状态字，在 CPU 读状态期间，8251A 将自动禁止改变状态位。

(4) 8251A 的初始化

作为可编程的接口芯片，对 8251A 的初始化是必不可少的。由于 8251A 仅有一个控制端口，而对它的初始化要写入至少两个不同的控制字，为此，8251A 对它的初始化过程进行了如下约定，凡是使用 8251A 的程序员都必须遵守这个约定。

① 芯片复位以后，第一次往控制端口写入的是方式选择控制字即模式字。

② 如果模式字中规定了 8251A 工作在同步方式，那么，CPU 接着往控制端口输出的 1 个或 2 个字节就是同步字符，同步字符被写入同步字符寄存器。

③ 不管是在同步方式还是在异步方式下，接下来由 CPU 往控制端口写入的是操作命令控制字即控制字。如果规定是内部复位命令，则转去对芯片复位，重新初始化。否则，进入应用程序，通过数据端口传输数据。

8251A 的初始化流程如图 9-14 所示。

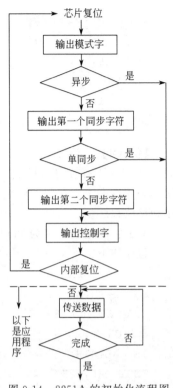

图 9-14 8251A 的初始化流程图

【例 9-1】 设 8251A 工作在异步模式，波特率系数（因子）为 16，每字符 7 个数据位，偶校验，2 个停止位，发送、接收允许，设端口地址为 00E0H 和 00E2H。试完成初始化程序。

分析：确定模式字为 11111010B，即 FAH；控制字为 00110111B，即 37H。

初始化程序如下：

```
MOV  AL,0FAH        ;送模式字
MOV  DX,00E2H
OUT  DX,AL          ;异步方式,每字符 7 个数据
                     位,偶校验,2 个停止位
MOV  AL,37H          ;设置控制字,使发送、接收允
                     许,清除错误标记,使 RTS、
                     DTR 有效
OUT  DX,AL
```

【例 9-2】 设 8251A 的端口地址为 50H 和 51H，采用内同步，全双工方式，2 个同步字符（设同步字符为 16H），偶校验，每字符 7 个数据位。试完成初始化程序。

分析：确定模式字为 00111000B，即 38H；控制字为 10010111B，即 97H。

初始化程序段如下：

```
MOV  AL,38H         ;设置模式字,使 8251A 处于同步模式,用 2 个同步字符,
OUT  51H,AL         ; 每字符 7 个数据位,偶校验
MOV  AL,16H
OUT  51H,AL         ;送同步字符 16H
OUT  51H,AL
MOV  AL,97H         ;设置控制字,使发送器和接收器启动,并设置其它有关信号
OUT  51H,AL         ;启动搜索同步字符
```

9.2.5 8251A 应用举例

【例 9-3】 某系统 CPU 采用 8088，通过 8251A 进行通信，端口地址为 80H 和 81H。假设 8251A 工作在异步模式，波特率因子为 64，每字符 8 个数据位，偶校验，1.5 个停止位。采用查询方式发送 BUFFER 开始的 200 个数据。试完成初始化程序和发送程序。

分析：确定模式字为 10111111B，即 BFH；控制字为 00110111B，即 37H。

程序如下：

```
MOV  AL,0BFH
OUT  81H,AL
LEA  SI,BUFFER
MOV  CX,200
L:  IN  AL,81H        ;读控制口取出状态字
```

```
TEST  AL,01H            ;查 D0 是否为 1,即数据准备好了吗
JZ    L                 ;未准备好,则等待
MOV   AL,[SI]           ;取数据
OUT   80H,AL            ;输出数据
INC   SI                ;修改地址指针
LOOP  L                 ;检查是否发送够 200 个
```

【例 9-4】 某系统 CPU 采用 8088,通过 8251A 进行通信,端口地址为 40H 和 41H。假设 8251A 工作在异步模式,波特率因子为 16,每字符 7 个数据位,偶校验,2 个停止位。采用查询方式接收 200 个数据,并存放于 BUFFER 开始的内存中。试完成初始化程序和接收程序。

分析:确定模式字为 11111010B,即 FAH;控制字为 00110111B,即 37H。

程序如下:

```
      MOV   AL,0FAH
      OUT   41H,AL
      LEA   SI,BUFFER
      MOV   CX,200
L:    IN    AL,41H        ;读控制口取出状态字
      TEST  AL,02H        ;查 D1 是否为 1,即数据准备好了吗
      JZ    L             ;未准备好,则等待
      TEST  AL,38H        ;数据已准备好,但有错误吗?
      JNZ   ERR           ;有错,则转出错处理
      IN    AL,40H        ;无错,输入数据
      MOV   [SI],AL       ;保存数据
      INC   SI            ;修改地址指针
      LOOP  L             ;检查是否接收够 200 个
      ERR:  ...           ;出错处理
```

【例 9-5】 某系统 CPU 采用 8088,通过 8251A 进行通信。利用 8253 的通道 0 产生的方波提供给 8251A 作为发送器和接收器的时钟信号(波特率因子为 16,传输波特率为 800b/s)。工作时钟频率为 1.6MHz。要求 8251A 工作在半双工异步方式,每字符 8 个数据位,偶校验,1 个停止位,波特率因子为 16,采用中断方式发送 DAT 开始的 100 个字节的数据,中断类型码为 5CH。利用 8259A 管理中断,中断源以脉冲方式引入系统,采用中断自动结束方式、非缓冲方式。假设 8251A 的端口地址为 40H 和 41H,8259A 的端口地址为 42H 和 43H,8253 的端口地址为 44H~47H,试完成:

① 给出端口地址译码表。

② CPU 与各芯片的硬件连接。

③ 8253 与 8251A、8251A 与 8259A 的连接。

④ 8253、8259A、8251A 的初始化程序。

⑤ 8259A 的中断向量设置程序。

⑥ 数据发送主程序和中断服务子程序。

解：①假设使用 3-8 译码器，根据三个芯片的端口地址，可得端口地址译码表如表 9-2 所示。

表 9-2　端口地址译码表

IO/$\overline{M}$	A_{15} A_{14} A_{13} A_{12}	A_{11} A_{10} A_9 A_8			C	B	A					$\overline{y_i}$	端口地址	芯片
			A_7	A_6	A_5	A_4	A_3	A_2	A_1	A_0			
1	0　0　0　0	0　0　0　0	0	1	0	0	0	0	0	×	$\overline{y_0}$	40H、41H	8251A
1	0　0　0　0	0　0　0　0	0	1	0	0	0	0	1	×	$\overline{y_0}$	42H、43H	8259A
1	0　0　0　0	0　0　0　0	0	1	0	0	0	1	×	×	$\overline{y_1}$	44H～47H	8253

②由于三个芯片的数据线都具有三态功能，可以直接连接 CPU 的数据总线；读写控制信号的逻辑与 CPU 的读写控制信号符合，可以直接相连；片内地址选择用的 A_1、A_0 可以直接连，片选信号根据端口地址译码表，连接 3-8 译码器获得。CPU 与各芯片的连接如图 9-15 所示。

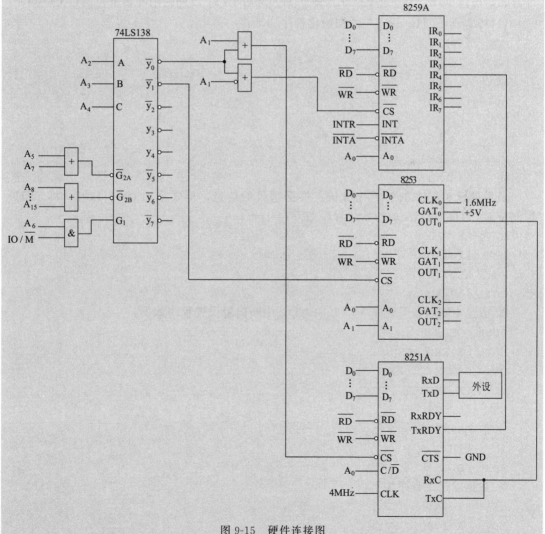

图 9-15　硬件连接图

③ 8253 的通道 0 给 8251A 提供发送器和接收器的时钟信号，因此，8253 的 OUT_0 连接 8251A 的 TxC 和 RxC 引脚。中断类型码为 5CH，因此 8251A 的 TxRDY 引脚连接 8259A 的 IR_4 引脚，如图 9-15 所示。

④ 首先进行 8253 的初始化分析。方波，选择方式 3，因此控制字为 00110110B，即 36H。计数初值为 $N=1.6×1000000/(16×800)=125$。初始化程序如下：

```
MOV  AL,36H
OUT  47H,AL
MOV  AX,125
OUT  44H,AL
MOV  AL,AH
OUT  44H,AL
```

然后进行 8259 的初始化分析。中断源以脉冲方式引入，单片，所以 ICW_1 为 00010011B，即 13H；中断类型码为 5CH，因此 ICW_2 为 5CH；采用中断自动结束、非缓冲方式，所以 ICW_4 为 00000011B，即 03H。屏蔽 INT_4 以外的中断请求，所以 OCW_1 为 11101111B，即 EFH。8259A 的初始化程序如下：

```
MOV  AL,13H
OUT  42H,AL
MOV  AL,5CH
OUT  43H,AL
MOV  AL,03H
OUT  43H,AL
MOV  AL,0EFH
OUT  43H,AL
```

最后进行 8251A 的初始化分析。根据题目的信息，模式字为 01111110B，即 7EH；控制字为 37H。8251A 的初始化程序如下：

```
MOV  AL,7EH
OUT  41H,AL
MOV  AL,37H
OUT  41H,AL
```

⑤ 假设中断服务子程序入口为 SEND，中断向量设置程序如下：

```
PUSH DS
MOV  DX,SEG  SEND
MOV  DS,DX
MOV  DX,OFFSET  SEND
MOV  AL,5CH
MOV  AH,25H
INT  21H
POP  DS
```

⑥ 数据发送主程序如下：

```
    LEA  SI,DAT
    MOV  CX,100
L1: HLT
```

```
        INC SI
        LOOP L1
中断服务子程序如下：
        SEND:MOV   AL,[SI]
              OUT   40H,AL
              IRET
```

【例 9-6】 通过 8251A 实现相距较远的两台微型计算机相互通信的系统连接简化框图如图 9-16 所示。这时，利用两片 8251A 通过标准串行接口 RS-232C 实现两台 8086 微机之间的连接，采用异步工作方式，实现半双工的串行通信（注意，RS-232 口一方的 TxD 和 RxD 分别与另一方的 RxD 和 TxD 相连，一方的 $\overline{RTS}$ 和 $\overline{CTS}$ 分别与另一方的 $\overline{CTS}$ 和 $\overline{RTS}$ 相连）。

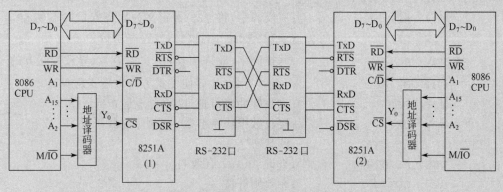

图 9-16 两台微型计算机相互通信的系统连接简化框图

分析：设系统采用查询方式控制传输过程。可将一方定义为发送方［如 8251A（1）］，另一方定义为接收方［如 8251A（2）］。发送端的 CPU 每查询到 TxRDY 有效，则向 8251A 并行输出一个字节数据；接收端的 CPU 每查询到 RxRDY 有效，则从 8251A 并行输入一个字节数据并检测是否正确。在半双工的情况下，如果还允许发送方接收数据、接收方发送数据的话，则对发送方来讲，可在查询过 TxRDY（发送数据）后再查询 RxRDY（接收数据）；而对接收方来讲，则要在查询过 RxRDY（接收数据）后再查询 TxRDY（发送数据）。这样一个发送和接收的过程一直进行到全部数据传送完毕为止。

根据硬件连线可以分析出此时两片 8251A 的端口地址都是 0000H、0002H。假设采用异步方式，每字符 8 个数据位，1 位停止位，偶校验，波特率系数为 64。8251A（1）一方定义为发送方，8251A（2）一方定义为接收方。

对发送方：确定模式字为 01111111B，确定控制字为 00000001B。

对接收方：确定模式字为 01111111B，确定控制字为 00110100B（要求 RTS 位为 1）。

发送端程序如下：

```
STT: MOV   DX,0002H
     MOV   AL,7FH           ;写模式字,
     OUT   DX,AL            ;将 8251A 定义为异步方式,每字符 8 位数据,1 位停
     MOV   AL,01H           ;止位,偶校验,取波特率系数为 64
     OUT   DX,AL            ;写控制字,允许发送
     MOV   DI,发送缓冲区首地址  ;设置地址指针
     MOV   CX,发送数据块字节数  ;设置计数器初值
```

```
NEXT:IN    AL,DX            ;读状态字
     TEST  AL,01H           ;查询 TxRDY 有效吗
     JZ    NEXT             ;无效则等待
     MOV   DX,0000H
     MOV   AL,[DI];         ;有效时,向 8251A 输出一个字节数据。
     OUT   DX,AL
     INC   DI               ;修改地址指针
     MOV   DX,0002H         ;修改端口地址
     LOOP  NEXT             ;未传输完,则继续下一个
     HLT
```

接收端程序如下:

```
SRR: MOV   DX,0002H
     MOV   AL,7FH           ;写模式字,将 8251A 定义为异步方式,8 位数据,
     OUT   DX,AL            ;1 位停止位,偶校验,波特率系数为 64
     MOV   AL,34H           ;写控制字,允许接收,使 RTS 有效(导致发送方的
     OUT   DX,AL            ;CTS 有效,从而使发送方可以发送数据)
     MOV   DI               ;接收缓冲区首地址,设置地址指针
     MOV   CX               ;接收数据块字节数,设置计数器初值
CONT: IN   AL,DX            ;读状态字
     TEST  AL,02H           ;查询 RxRDY 有效吗
     JZ    CONT             ;无效则等待
     TEST  AL,38H           ;有效时,进一步查询是否有奇偶校验等错误
     JNZ   ERR              ;有错时,转出错处理
     MOV   DX,0000H
     IN    AL,DX            ;无错时,输入一个字节到接收数据块
     MOV   [DI],AL
     INC   DI               ;修改地址指针
     MOV   DX,0002H         ;修改端口地址
     LOOP  CONT             ;未传输完,则继续下一个
     HLT
ERR: CALL  ERR-OUT          ;调用出错处理子程序
     ...
```

值得注意的是,发送程序是在与 8251A (1) 相连的计算机上执行,而接收程序是在与 8251A (2) 相连的计算机上执行。

思考:如果还要求发送方能同时接收数据,接收方也能同时发送数据的话,则发送端程序和接收端程序该如何修改?

习题与思考题

9-1. 计算机数据通信方式分为_____和_____,其中_____方式又分为_____通信和_____通信两种通信协议方式。

9-2. 串行通信有 3 种数据传送方式，即＿＿＿＿＿＿＿，＿＿＿＿＿＿＿和＿＿＿＿＿＿。

9-3. 串行通信中调制的作用是＿＿＿＿＿＿＿＿＿，解调的作用是＿＿＿＿＿＿＿＿＿。

9-4. 判断：RS-232 的信号电平规范同 TTL 兼容。（　　　）

9-5. 判断：串行通信只需要一根导线。（　　　）

9-6. 已知异步串行通信的帧信息为 0011000101B，其中包括 1 位起始位、1 位停止位、7 位 ASCII 码数据位和 1 位校验位。此时传送的字符是＿＿＿＿＿，采用的是＿＿＿＿＿＿校验，校验的状态为＿＿＿。

9-7. 若某终端以 2400b/s 的速率发送异步串行数据，发送 1 位需要多少时间？假设一个字符包含 7 个数据位、1 个奇偶校验位，1 个停止位，发送 1 个字符需要多少时间？

9-8. 8251A 控制线引脚 C/$\overline{D}$=0，$\overline{RD}$=0，$\overline{CS}$=0 时，8251A 工作在方式（　　　）。

A. CPU 从 8251A 读数据　　　　　　　　B. CPU 从 8251A 读状态

C. CPU 写数据到 8251A　　　　　　　　D. CPU 写命令到 8251A

9-9. 在异步传送中，CPU 了解 8251A 是否做好接收一个字符数据的方法是（　　　）。

A. CPU 响应 8251A 的中断请求　　　　B. CPU 通过查询请求信号 RTS

C. CPU 通过程序查询 RxD 接收线状态　　D. CPU 通过程序查询 RxRDY 信号状态

9-10. 若 8251A 以 9600b/s 的速率发送数据，波特率因子为 16，发送时钟 TxC 的频率是多少？

9-11. 要求 8251A 工作于异步方式，波特率因子为 16，具有 7 个数据位，1 个停止位，偶校验，控制口地址为 32H。试完成对 8251A 的初始化。

9-12. 要求 8251A 工作于内同步方式，采用双同步，具有 7 个数据位，奇校验，控制口地址为 31H，同步字符为 16H。试完成对 8251A 的初始化。

9-13. 试编写程序段，用异步串行输入方式输入 1000 个数据，存放到内存 BUF 开始的单元中。要求使 8251A 工作在异步方式，波特率因子为 16，数据长度为 7 位，偶校验，2 个停止位。设 8251A 的端口地址为 80H 和 81H，采用查询方式实现数据传输。

9-14. 串行通信和并行通信有什么异同？它们各自的优缺点是什么？

9-15. 什么是异步通信和同步通信？其数据格式有什么区别？分别使用在什么场合？

9-16. 串行通信中数据传送可采用哪几种工作方式？各有什么特点？

9-17. 串行通信中信号传输方式有几种？各有什么特点？

9-18. 在数据传输中为什么要使用调制解调器？试画出一个调频的波形，说明调制和解调的原理。

9-19. RS-232C 的最基本数据传送引脚是哪几根？

9-20. 为什么要在 RS-232C 与 TTL 之间加电平转换器件？如何实现？

9-21. 在串行传输中，若工作于异步方式，每个字符传送格式为数据位 8 位，偶校验，停止位 1 位，如其波特率为 4800b/s，则每秒最多能传输的字符数是多少？

9-22. 已知异步通信接口的帧格式由 1 个起始位、7 个数据位、1 个奇偶校验位和 1 个停止位组成。当该接口每分钟传送 3600 个字符时，试计算其波特率。

9-23. 设将 100 个 8 位二进制数据采用异步串行传输，波特率为 2400b/s。其帧格式为 1 位起始位、8 位数据位、1 位偶校验位、2 位停止位，试计算传输完毕所需时间。

9-24. 8251A 内部有哪些寄存器？分别举例说明它们的作用和使用方法。

9-25. 8251A 内部有哪几个端口？它们的作用分别是什么？

9-26. 8251A 的引脚分为哪几类？分别说明它们的功能。

9-27. 8251A 的控制/状态端口地址为 52H。设置模式字：异步方式，字符用 7 位二进制数，带 1 个偶校验位，1 位停止位，波特率因子为 16。设置控制字：要求清除出错标志，并启动发送器和接收器，使数据端准备好。试编写其初始化程序。

9-28. 串行通信和并行通信有什么异同？它们各自的优缺点是什么？

9-29. 基带传输与频带传输有何不同？常用的调制方式有哪几种？

9-30. 简单分析 8251A 的发送与接收过程。

9-31. 某系统 CPU 采用 8088，通过 8251A 进行通信。利用 8253 的通道 1 产生的方波提供给 8251A 作为发送器和接收器的时钟信号（波特率因子为 64，传输波特率为 1200b/s）。工作时钟频率为 2MHz。要求 8251A 工作在半双工异步方式，每字符 7 个数据位，偶校验，1.5 个停止位，波特率因子为 64，采用中断方式接收 100 个字节的数据，并存放于从 BUFF 开始的存区，中断类型码为 9DH。利用 8259A 管理中断，中断源以脉冲方式引入系统，采用中断自动结束方式、非缓冲方式。假设 8251A 的端口地址为 80H 和 81H，8259A 的端口地址为 8AH 和 8BH，8253 的端口地址为 84H～87H，试完成：

① 假设端口只使用地址引脚 $A_0 \sim A_7$，给出端口地址译码表。

② CPU 与各芯片的硬件连接。

③ 8251A 与 8259A、8253 与 8251A 的连接。

④ 8253、8259A、8251A 的初始化程序。

⑤ 8259A 的中断向量设置程序。

⑥ 数据接收主程序和中断服务子程序。

9-32. 综合设计题：试设计一个系统，定时通过串口接收信息，并利用发光二极管显示信息，具体要求如下：一台微机系统（CPU 为 8088）需扩展内存 24K，其中 ROM 为 8K，RAM 为 16K。ROM 选用 4K×8 位的 EPROM2732 芯片，RAM 选用 8K×8 位的 6264 芯片，地址空间从 4000H 开始，要求 RAM 在低地址，ROM 在高地址，地址连续。外接 8253、8259A、8255A 和 8251A 各一片。要求 8253 的端口地址为 48H、49H、4AH、4BH，8255A 的端口地址为 4CH、4DH、4EH、4FH，8259A 的端口地址为 50H、51H，8251A 的端口地址为 52H、53H。要求 8253 通道 0 每隔 20ms 提供一个定时信号给 8259A 作为中断请求信号，中断类型码为 92H；通道 2 产生的方波提供给 8251A 作为发送器和接收器的时钟信号；工作时钟频率为 1MHz。要求 8251A 工作在半双工异步方式，每字符 8 个数据位，偶校验，2 个停止位，波特率因子为 1，传输波特率为 2400b/s。通过 8255A 的 A 口与发光二极管连接，利用 8253 通道 0 产生的定时信号，采用中断方式接收串行数据，并送去控制 8 个发光二极管（接收的数据为 1 的点亮对应位的二极管）。要求 8259A 作为中断控制器，中断源以脉冲方式引入系统，采用中断自动结束方式、非缓冲方式，要求在中断服务程序中完成二极管轮流点亮。试完成：

① 给出地址译码表，写出各芯片的地址范围（只用地址引脚 $A_0 \sim A_{15}$）。

② 完成 CPU 与存储芯片的硬件连接图（可增加其它辅助器件）。

③ 假设端口只使用地址引脚 $A_0 \sim A_7$，给出端口地址译码表。

④ 完成 CPU 与各芯片的硬件连接。

⑤ 完成 8253 与 8259A、8251A 的硬件连接。

⑥ 确定控制字和计数初值，完成 8253 初始化程序。

⑦ 补充完整 8255A 与发光二极管之间的硬件设计。

⑧ 编写 8259A 的初始化程序和中断向量的设置。

⑨ 完成 8255A 的初始化。

⑩ 完成中断服务子程序的编写。

⑪ 完成这片 8251A 的初始化及接收程序。

第10章 ▶▶
D/A、A/D 转换与接口技术

随着计算机技术的飞速发展，微型计算机的应用范围越来越广泛，除了一般的科学计算、办公自动化、银行业务、专家系统外，利用微机稳定可靠、体积小、功能全、性价比高等特点，使其在智能仪表、工业控制、医疗设备、家用电器、智力玩具等领域也得到了广泛应用。

微型计算机内部处理的是数字量，而在许多应用场合中需要处理的却不是数字量而是模拟量，如温度、压力、流量、浓度、速度、水位、距离等，这些非电的物理量必须经过适当的转换才能被微机所接收和处理，实现这一转换的过程称为 A/D（模/数）转换。反过来，由微机加工处理后的数字量，往往也需要再转换为模拟量才能送去控制外界行动（如开启设备等），实现这一转换的过程称为 D/A（数/模）转换。能够实现上述转换的器件称为 A/D 转换器和 D/A 转换器。

A/D 转换器和 D/A 转换器是把微型计算机的应用领域扩展到检测和过程控制的必要装置，是把微型计算机与生产过程、科学实验过程联系起来的重要桥梁。图 10-1 给出了 A/D 转换器和 D/A 转换器在微机检测和控制系统中的应用实例框图。

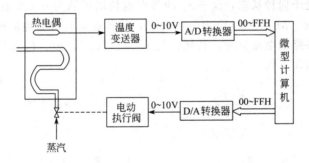

图 10-1 A/D 转换器、D/A 转换器应用示例

10.1 D/A 转换器的工作原理

图 10-2 给出了 D/A 转换器的基本结构框图，一个 D/A 转换器通常包含四个部分：电阻解码网络、权位开关、相加器和参考电源。D/A 转换的实质是将每一位数据代码按其权的数值变换成相应的模拟量，然后将代表各位的模拟量相加，即可获得与数字量相对应的模拟量。

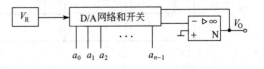

图 10-2 D/A 转换器基本结构框图

10.1.1 权电阻网络 D/A 转换器

权电阻网络 D/A 转换电路如图 10-3 所示，电路由权电阻网络、数据位切换开关、反馈电阻和运算放大器组成，由于运算放大器的虚短作用，权电阻网络的负载电阻可视作零（虚地）。当数据位 $a_i = 1$ 时，相应开关 S_i 接电源，否则接地。

根据反相加法放大器输入电流求和的特性，不难得出该电路的输出电压为

$$V_O = -I_\Sigma R_f = -\frac{2V_R R_f}{R}(a_n 2^{-1} + a_{n-1} 2^{-2} + \cdots + a_1 2^{-n}) \tag{10-1}$$

在实际应用中，一般取 $R_f = R/2$，代入后得出

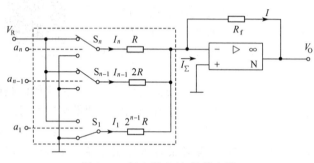

图 10-3 权电阻 D/A 转换电路

$$V_O = -V_R(a_n 2^{-1} + a_{n-1} 2^{-2} + \cdots + a_1 2^{-n}) \tag{10-2}$$

这时，当输入二进制代码 $a_n a_{n-1} \cdots a_1$ 为 $10\cdots0$ 时，输出电压 $V_O = -V_R/2$；当输入代码为 $11\cdots1$ 时，输出电压为 $V_O = -V_R(1 - 1/2^n)$；当输入代码为 $00\cdots0$ 时，输出电压为 0。由此可见，利用图 10-3 的电路可实现 D/A 转换。

10.1.2 *R*-2*R* T 型电阻网络 D/A 转换器

图 10-4 所示是一种实用且工作原理简明的 T 型电阻网络 D/A 转换电路。在该电路中，仍依靠运算放大器的虚短特性，使 *R*-2*R* T 型电阻网络的输出以短路方式工作。由图 10-4 可知，不论各开关处于何种状态，$S_n \sim S_1$ 的各点电位均可认为 0（虚地或实地）。这样，从右到左观察图中之 N、M、$\cdots$、C、B、A 各点，从各点向右看对地的电阻值均为 R；从左到右分析，可得出各路的电流分配，其规律是 $I_R/2$、$I_R/4$、$\cdots$、$I_R/2^{n-1}$、$I_R/2^n$，也满足按权分布的要求。从而可得

$$V_O = -\frac{V_R R_f}{R}(a_n 2^{-1} + a_{n-1} 2^{-2} + \cdots + a_1 2^{-n}) \tag{10-3}$$

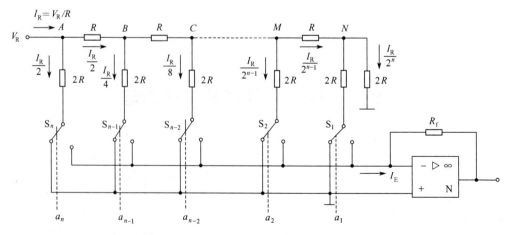

图 10-4 *R*-2*R* T 型电阻网络 D/A 转换电路

如取 $R_f = R$，式（10-3）与式（10-2）相同，因此，利用图 10-4 的电路也可实现 D/A 转换。

10.1.3　2^nR 电阻分压式 D/A 转换器

当用均等的 2^n 个电阻串联成一串对 V_R 进行分压时，就可得到 2^n 个分层的电压。如果再用 $n-2^n$ 译码器控制 2^n 个开关去选通这些分压器的分压端点，就可实现 n 位的 D/A 转换。图 10-5 给出了实现这种转换的一种电路结构（3 位转换）。在图中，8 个均等的电阻将 V_R 分成 1/8、2/8、…、8/8 倍，14 个开关连成树状开关网络，在 3 位二进制数码 a_1、a_2、a_3 以及 $\overline{a_1}$、$\overline{a_2}$、$\overline{a_3}$ 的控制下（$a_i = 1$ 时，奇数标号的开关合上；反之，偶数标号的开关合上），可完成选通各分压点以实现 D/A 转换的功能。

例如，当输入的 $a_1a_2a_3 = 010$ 时，对应的 $\overline{a_1}\,\overline{a_2}\,\overline{a_3} = 101$，这将使 S_2、S_3、S_5、S_8、S_{10}、S_{12}、S_{14} 各开关导通，其余开关断开，此时输出电压 $V_O = 2V_R/8$。当输入的 $a_1a_2a_3 = 101$ 时，输出电压 $V_O = 5V_R/8$。以此类推，在任何数字输入下，此电路均符合线性 D/A 转换的关系。

图 10-5 所示的 3 位 D/A 转换可以很容易地变换成 n 位 D/A 转换，此时所需要的电阻和模拟开关的数量较多，但实现并不困难。

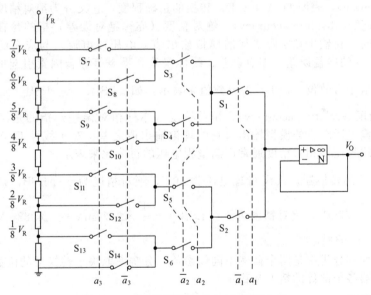

图 10-5　2^3R 电阻分压式 D/A 转换电路

10.1.4　集成化 D/A 转换器

集成 D/A 转换器按其制作工艺划分，目前有双极型和 CMOS 型两类。电阻网络有采用离子注入或扩散电阻条的，但高精度的 D/A 转换网络多采用薄膜电阻。高速双极型 D/A 转换器，目前大多采用不饱和晶体管电流模拟开关，其建立时间（稳定时间）可缩短到数十至数百纳秒。CMOS 型 D/A 转换器中采用 CMOS 模拟开关及驱动电路，虽然这种电路有制造容易、造价低的优点，但转换速度目前尚不如双极型的高。

除了上面介绍的几类 D/A 转换器结构之外，还有 F/V（频率/电压）等类型的转换器结构。

10.2　数/模转换器芯片及其接口技术

10.2.1　D/A 转换器的主要性能参数

用户在使用数据转换器件（A/D 转换器及 D/A 转换器）时，必须对转换器件的性能有正确的了解，这样才能选择一个合理的、适用的器件。影响 D/A（A/D）转换器性能的指标有许多，其中主要的性能指标如下。

(1) 分辨率

分辨率（resolution）表明了数/模转换器芯片（DAC）对模拟量的分辨能力，它是最低有效数据位（LSB）所对应的模拟量的值，确定了能由 D/A 产生的最小模拟量的变化。分辨率与转换器的位数相关，通常用转换器所对应的二进制数的位数来表示。如 8 位的 D/A（A/D）转换器的分辨率为 8 位，表示该器件对满量程电压的分辨能力为 $\frac{1}{256}$，如果满量程是 10V，则最小分辨单位为 10V/256≈39.1mV。增加转换的位数可以提高分辨率，如满量程仍是 10V，但转换位数为 10 位，则最小分辨单位为 10V/1024≈9.77mV。

(2) 精度

精度（accuracy）表明 D/A（A/D）转换的精确程度，它又分为绝对精度和相对精度。

① 绝对精度（absolute accuracy）。绝对精度（亦称绝对误差）指的是在数字输入端加有给定的代码时，在输出端实际测得的模拟输出值（电压或电流）与应有的理想输出值之差。它是由 D/A 的增益误差、零点误差、线性误差和噪声等综合因素引起的。绝对精度通常用数字量的最小有效位（LSB）的分数值来表示，如 $\pm$LSB、$\pm\frac{1}{2}$LSB、$\pm\frac{1}{4}$LSB 等。

② 相对精度（relative accuracy）。相对精度（亦称相对误差）指的是满量程值校准以后，任一数字输入所对应的模拟输出与它的理论输出值之差。对于线性 D/A 来说，相对精度就是它的非线性度。相对精度通常用满量程电压的百分比来表示。

例如，10 位的转换器，其满量程电压为 10V，绝对精度为 $\pm\frac{1}{2}$LSB，则最小分辨单位为 10V/1024≈9.77mV，绝对精度为 $\pm\frac{1}{2}$LSB＝$\pm\frac{1}{2}\times$9.77mV≈$\pm$4.88mV，相对精度为 4.88mV/10V≈0.048%。

注意：精度和分辨率是两个截然不同的参数。分辨率取决于转换器的位数，而精度则取决于构成转换器各个部件的精度和稳定性。

(3) 建立时间

建立时间（settling time）指的是在数字输入端发生满量程码的变化以后，D/A 的模拟输出稳定到最终值 $\pm\frac{1}{2}$LSB 时所需要的时间。当输出的模拟量为电流时，这个时间很短；如输出形式是电压，则它主要是输出运算放大器所需的时间。

除了以上三个主要技术参数以外，还有诸如线性误差和微分线性误差、温度系数、电源敏感度、输出电压一致性等参数。

10.2.2　D/A 转换器芯片 DAC0832

(1) DAC0832 的主要性能

DAC0832 是用 CMOS/Si-Cr 工艺制成的 8 位数/模转换芯片。数字输入端具有双重缓冲功能，可以双缓冲、单缓冲或直接输入，特别适合要求几个模拟量同时输出的场合，与微处理器接口很方便，主要特性如下。

- 分辨率：8 位。
- 建立时间：$1\mu s$。
- 增益温度系数：$20\times10^{-6}℃^{-1}$。
- 输入：TTL 电平。
- 功耗：20mW。

（2）DAC0832 的内部结构和引脚功能

① DAC0832 的内部结构。DAC0832 的内部结构及引脚框图如图 10-6 所示。从图中可以看出，0832 内部由三部分组成：输入寄存器、8 位的 D/A 转换器、片选及寄存器选择。

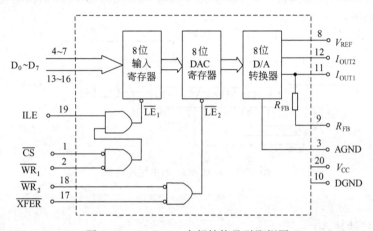

图 10-6　DAC0832 内部结构及引脚框图

- 输入寄存器。0832 内部有两级输入寄存器，分别称为输入寄存器和 DAC 寄存器。这两级寄存器均可单独控制，从而形成单缓冲连接、双缓冲连接和直通连接三种连接方式。
- D/A 转换器。这是一个 8 位的转换器，内部采用 $R\text{-}2R$ T 型电阻网络实现 D/A 转换。
- 片选及寄存器选择。接收外部输入的控制信号，通过简单的与门，实现对输入寄存器及 DAC 寄存器的控制。

② DAC0832 的引脚功能。DAC0832 共有 20 个引脚（见图 10-6），各引脚功能如下。

- $D_0\sim D_7$：8 位数字输入。D_0 为最低位。
- ILE：允许输入锁存。
- $\overline{CS}$：片选信号。
- $\overline{WR_1}$：写信号 1。在 $\overline{CS}$ 和 ILE 有效时，用它将数字输入并锁存于输入寄存器中。
- $\overline{XFER}$：传送控制信号。
- $\overline{WR_2}$：写信号 2。在 $\overline{XFER}$ 有效时，用它将输入寄存器中的数字传送到 8 位 DAC 寄存器中。
- I_{OUT1}：D/A 电流输出 1。它是逻辑电平为 1 的各位输出电流之和。
- I_{OUT2}：D/A 电流输出 2。它是逻辑电平为 0 的各位输出电流之和。
- R_{FB}：反馈电阻。该电阻被制作在芯片内，用作运算放大器的反馈电阻。
- V_{REF}：基准电压输入，可以超出 ±10V 范围。
- V_{CC}：电源电压，范围是 5～15V，最佳用 15V。
- AGND：模拟地。芯片模拟电路接地点。
- DGND：数字地。芯片数字电路接地点。

（3）DAC0832 的应用

① DAC0832 的单缓冲、双缓冲和直通输入 从图 10-6 可知，当 ILE 为高电平、$\overline{CS}$ 和 $\overline{WR_1}$ 同时为低电平时，使 $\overline{LE_1}$ 为 1，输入寄存器的输出随数据总线上的数据变化，当 $\overline{WR_1}$ 变高时，输入数据被锁存在输入寄存器中；当 $\overline{XFER}$ 和 $\overline{WR_2}$ 同时为低电平时，使 $\overline{LE_2}$ 为 1，DAC 寄存器的输出随它的输入变化，当 $\overline{WR_2}$ 变高时，将输入寄存器中的数据锁存在 DAC 寄存器中。这样，当对不同的引脚采用不同的连接方法时，就可以构成 0832 的不同输入方式。

图 10-7 给出了一种 0832 单缓冲的连接方式（一个端口地址控制输入寄存器，而 DAC 寄存器打开）。此时，仅需执行一条 OUT 指令就可以实现将 DATA 的值通过 0832 进行 D/A 转换。指令如下：

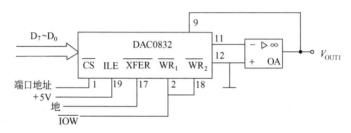

图 10-7　DAC0832 的单缓冲连接

```
MOV  AL, DATA
OUT  端口地址,AL
```

图 10-8 给出了一种 0832 双缓冲的连接方式（两个端口地址分别控制输入寄存器和 DAC 寄存器）。此时，需执行连续两条 OUT 指令才能实现将 DATA 的值通过 0832 进行 D/A 转换。指令如下：

```
MOV  AL, DATA
OUT 端口地址 1,AL
OUT 端口地址 2,AL
```

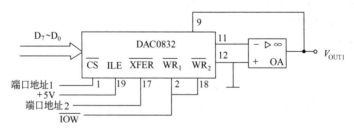

图 10-8　DAC0832 的双缓冲连接

此外，还可以实现将输入寄存器和 DAC 寄存器直接打开的直通连接方式（将 $\overline{CS}$ 和 $\overline{WR_1}$、$\overline{XFER}$ 和 $\overline{WR_2}$ 4 个引脚接地，将 ILE 引脚接高电平），但要注意的是，此时由于 0832 内部的寄存器都没有起作用，为保证转换结果的正确，一般需要外接缓冲器或锁存器。

② DAC0832 的模拟输出

a. 单极性工作。图 10-9 所示为单极性输出电路连接。V_{OUT} 的极性与 V_{REF} 极性相反，其数值由数字输入和 V_{REF} 决定 [见式 (10-1)]，对应输入数据 $a_n a_{n-1} \cdots a_1$ 从全 1 到全 0 的变化，输出 V_{OUT} 从 $-V_{REF}$ 变化到 0。

b. 双极性工作。图 10-10 所示为双极性输出电路连接，此时，在原输出端增加了一个加法器电路。假设运放 OA_1 的输出为 V_{OUT1}，则可推出

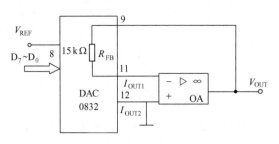

图 10-9 单极性工作输出接线图

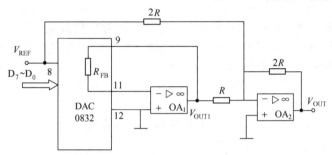

图 10-10 双极性工作输出接线图

$$V_{OUT} = -\left(\frac{V_{OUT1}}{R} + \frac{V_{REF}}{2R}\right) \times 2R = -(2V_{OUT1} + V_{REF}) \tag{10-4}$$

因为 $V_{OUT1} = -V_{REF}(a_n 2^{-1} + a_{n-1} 2^{-2} + \cdots + a_1 2^{-n})$，所以代入后得

$$V_{OUT} = V_{REF}(a_n 2^0 + a_{n-1} 2^{-1} + \cdots + a_1 2^{-(n-1)} - 1) \tag{10-5}$$

此时，对应输入数据 $a_n a_{n-1} \cdots a_1$ 从全 1 到全 0 的变化，输出 V_{OUT} 从 V_{REF} 经 0 变化到 $-V_{REF}$，从而实现双极性输出。

③ DAC0832 应用举例。作为 D/A 转换器，0832 经常用于产生各种波形以实现对外界的控制。

【例 10-1】 用一片 0832 采用单缓冲的连接方式，输出连续正向锯齿波。假设 CPU 为 8088，试完成软硬件设计。

分析：输出正向锯齿波，只需对应数据从 0 变化到 FFH，连续输出即可。

硬件电路设计如图 10-11 所示，经分析可知，此时的端口地址是 81H。

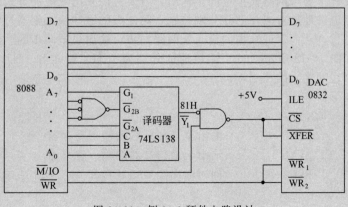

图 10-11 例 10-1 硬件电路设计

程序设计如下：

```
        MOV  AL, 0
AGAIN:OUT  81H,  AL
        INC  AL
        JMP  AGAIN
```

【例 10-2】 采用图 10-8 的连接方式，通过 0832 输出三角波，试完成相应的程序设计。设端口地址 1 为 00H，端口地址 2 为 02H。

分析：此时 0832 采用的是双缓冲连接。三角波可以通过一个正向锯齿波和另一个反向锯齿波的组合来实现，其中反向锯齿波的产生只需对应数据从 FFH 变化到 0，连续输出即可。需要注意的是，在三角波的两个顶点处（即对应数据为 0 和 FFH 处），要保证不能出现平台（即相应数据只能输出一次）。

程序如下：

```
        MOV  AL,0
UP:     OUT  00H,AL      ;从 0 开始输出正向锯齿波
        OUT  02H,AL
        INC  AL
        JNZ  UP
        DEC  AL          ;恢复最大值 FFH
DOWN:   DEC  AL          ;从 FEH 开始输出反向锯齿波
        OUT  00H,AL
        OUT  02H,AL
        JNZ  DOWN
        INC  AL
        JMP  UP          ;从 1 开始下一个波形
```

【例 10-3】 要求通过两片 0832 同步输出 0～3V 的正向锯齿波。设 0832 的满量程是 5V，完成软硬件设计。

分析：对 8 位的 D/A 转换，如果满量程是 5V，则每步转换所对应的模拟量是 $5V/256 \approx 19.5mV$，题目要求 3V 的输出所对应的数据量为 $3V/0.0195V \approx 153.8$。因此，本题的数据量输出范围是 0～154。

再看硬件设计。要求两路模拟量同步输出，就要考虑采用双缓冲方式连接，第一级缓冲输入通过两个端口地址对两片芯片分别控制，第二级的缓冲输入则通过一个端口地址同时对两片芯片进行，从而保证数据的输入是两路同步，输出也是同步的。

硬件连线如图 10-12 所示。三个端口地址分别为 10H、11H 和 12H，其中，12H 为两个芯片第二级缓冲输入的控制端口。

程序设计如下：

```
BEGIN:MOV  AL,0
NEXT: OUT  10H,AL        ;输出至 0832(1)的输入寄存器
        OUT  11H,AL        ;输出至 0832(2)的输入寄存器
        OUT  12H,AL        ;同时输出至 0832(1)和 0832(2)的 DAC 寄存器
        INC  AL
        CMP  AL,154
```

```
JBE    NEXT        ;未达到最大值则继续输出
JMP    BEGIN       ;开始下一个波形
```

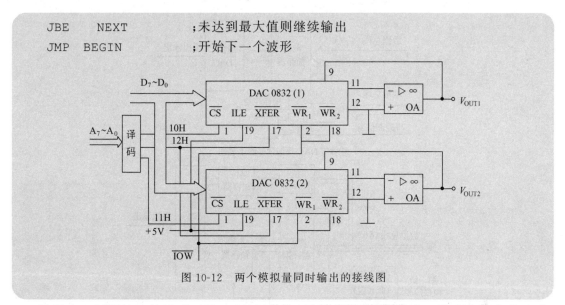

图 10-12　两个模拟量同时输出的接线图

除了以上例题给出的波形以外，利用 0832 还可以产生诸如方波、梯形波等多种波形，同时也可以利用延时的方法来改变波形的周期，对此留给读者思考。

10.2.3　数/模转换器芯片与微处理器接口时需注意的问题

D/A 转换器可以看作微处理器的一个输出设备，它与微处理器的接口问题实际上是与微处理器的地址、数据和控制总线的接口问题。接口的目的是使微处理器简单地执行输出指令就能建立一个给定的电压或电流输出。在设计这种接口时，需要对 D/A 转换器芯片作具体分析。只有当该种转换器芯片不需外加任何器件就可以直接接到微处理器的地址数据和控制总线，使微机可以简单地按外部设备来对待它时，才能认为真正是与该微处理器兼容。但实际上绝大多数转换器件都还需要配置一些用于地址译码、数据锁存和信号组合等方面的外加电路才能与微机协同工作。

D/A 转换器与微处理器接口除了电平匹配以外，首先要解决的是数据锁存问题。当微处理器送出一个数字信息给 D/A 转换器时，这个数据在数据总线上只出现很短暂的一段时间，为了保证 D/A 转换器能正确地完成转换，并在总线上数字信息消失以后能保持有稳定的模拟量输出，必须有一组锁存器用来保持住原输入的数字信息。有的 D/A 转换器如 0832 提供了数据锁存器，还有一些器件则不提供，这时，就要在接口设计中予以外加。可以充当外加锁存器的器件有 D 触发器（如 74LS373）、Intel8255 芯片等。对于 8 位的 D/A 转换器外加锁存器的连接如图 10-13（a）所示。

如果 D/A 转换器的位数多于微处理器数据总线的位数，则被转换的数据必须分几次送出，这就需要用多个锁存器分级锁存完整的数字数据。例如，当微处理器数据总线为 8 位，而 D/A 转换器为 12 位时，就需要采用如图 10-13（b）所示的接口。这里，采用了两级缓冲锁存，每一级用了两个锁存器。微处理器分两次送出一个完整的 12 位数据，先送低字节（8 位），再送高字节（4 位），然后，通过一次输出操作（输出的数据无用）来进行第二级锁存，因此一个完整的数据输出过程需要三步才能完成。这里要进行第二级锁存的目的是避免在低 8 位输入后，高 4 位未输入前这段时间的过渡数据使输出端出现短暂的错误输出。

图 10-14 所示是简化的两级缓冲结构，省掉了一个 4 位锁存器及有关的译码器，并使输入数据的过程由三步减为两步。

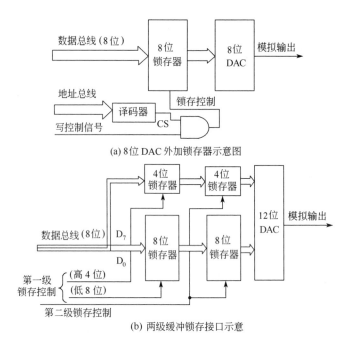

(a) 8 位 DAC 外加锁存器示意图

(b) 两级缓冲锁存接口示意

图 10-13　8 位 DAC 外加锁存器和两级缓冲锁存接口示意

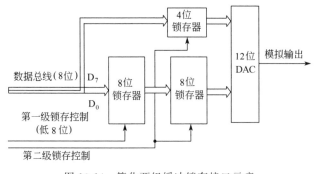

图 10-14　简化两级缓冲锁存接口示意

另外需要注意的问题是，为了确定数据是加给该 D/A 转换器的，还需要由地址译码器对地址译码得到片选信号 $\overline{CS}$ 和有关的读写控制信号。D/A 转换器的输出可以是电流信号也可以是电压信号，若是电流信号，须外加负载电阻或运算放大器转换成所需的电压，具体方法如前所述，这里不再重复。

10.3　模/数转换芯片及其接口技术

10.3.1　从物理信号到电信号的转换

A/D 转换器的作用是将模拟的电信号转换成数字信号。在将外界的物理量转换成数字量之前，必须先将物理量转换成电模拟量，这种转换是靠传感器完成的。传感器一般是指能够进行非电量和电量之间转换的敏感元件，物理量的多样性使得传感器的种类繁多，如温度传感器、湿度传感器、压力传感器、光电传感器、气敏传感器等。下面列举几种典型的传感器。

① 温度传感器。典型的温度传感器有热电偶和热敏电阻。热电偶是一种大量使用的温度传感器，利用热电势效应工作，室温下的典型输出电压为毫伏数量级。温度测量范围与热电偶的材料有关，常用的有镍铝-镍硅热电偶和铂铑-铂热电偶。热电偶的热电势-温度曲线一般是非线性的，需要进行非线性校正。热敏电阻是一种半导体新型感温元件，具有负的电阻

温度系数,当温度升高时,其电阻值减小。在使用热敏电阻作为温度传感器时,将温度的变化反映在电阻值的变化中,从而改变电流或电压值。

② 湿度传感器。湿度传感器大多利用湿度变化引起其电阻值或电容量变化的原理制成,即将湿度变化转换成电量变化。热敏电阻湿度传感器利用潮湿空气和干燥空气的热传导之差来测定湿度;氯化锂湿度传感器利用氯化锂在吸收水分之后,其电阻值发生变化的原理来测量湿度;高分子湿度传感器利用导电性高分子对水蒸气的物理吸附作用引起电导率变化的特性。

③ 气敏传感器。半导体气敏传感器是利用半导体与某种气体接触时电阻及功率函数变化这一效应来检测气体的成分或浓度的传感器。它可用于家用液化气泄漏报警、城市煤气、煤气爆炸浓度以及 CO 中毒危险浓度报警等。

④ 压电式和压阻式传感器。某些电解质(如石英晶体压电陶瓷),在一定方向上受到外力的作用而变形时,内部会产生极化现象,同时在其表面上产生电荷,而当外力去掉后,又重新回到不带电的状态,从而可以将机械能转变成电能,因此可以把压电式传感器看作一个静电荷发生器,也就是一个电容。利用这些介质可做成压电式传感器。

由于固体物理的发展,固体的各种效应已逐渐被人们所发现。固体受到作用力后,电阻率(或电阻)就要发生变化,这种效应称压阻式效应,利用它可做成压阻式传感器。

利用压电式或压阻式传感器可测量压力、加速度、载荷等,前者可测量频率从几赫至几十千赫的动态压力,如内燃机气缸、油管、过排气管压力、枪炮的膛压、航空发动机燃烧室压力等。

⑤ 光纤传感器。光纤传感器是 20 世纪 70 年代迅速发展起来的一种新型传感器。它具有灵敏度高、电绝缘性能好、抗电磁干扰、耐腐蚀、耐高温、体积小、重量轻等优点,可广泛用于位移、速度、加速度、压力、温度、液位、流量、水声、电流、磁场、放射性射线等物理量的测量。

由于光纤本身的传输特性受被测物理量的作用而发生变化,使光纤中波导光的属性(光强、相位、偏振态、波长等)被调制,因此,功能型光纤传感器不仅起传光作用,同时还是敏感元件,可分为光强调制型、相位调制型、偏振态调制型和波长调制型。

10.3.2 采样、量化与编码

要将电模拟量转换成数字量,一般要经过采样、量化和编码三个过程。

(1) 采样

被转换的模拟信号在时间上是连续的,它有无限多个瞬时值,而模/数转换过程总是需要时间的,不可能把每一个瞬时值都一一转换为数字量。因此,必须在连续变化的模拟量上按一定的规律(周期地)取出其中某一些瞬时值(样点)来代表这个连续的模拟量,这个过程就是采样(sample)。

采样是通过采样器实现的。采样器(电子模拟开关)在控制脉冲 $s(t)$ 的控制下,周期性地把随时间连续变化的模拟信号 $f(t)$ 转变为时间上离散的模拟信号 $f_s(t)$。

图 10-15 为采样过程中采样器的输入输出波形。从图中可以看到,只有在采样的瞬间才允许输入信号 $f(t)$ 通过采样器,其它时间则开关断开,无信号输出。采样器的输出 $f_s(t)$ 是一系列的窄脉冲,而脉冲的包络线与输入信号相同。在样点上采得的信号 $f_s(t)$ 的值和原始输入信号 $f(t)$ 在相应时间的瞬时值相同,因此,采样后的信号在量值上仍然是连续的。

由于非样点值都被舍掉了,我们自然要问,这样会不会丢失信息?输出信号能否如实地

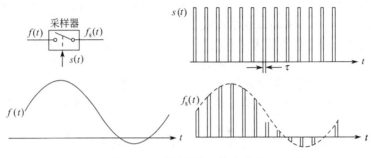

图 10-15 采样器输入输出波形

反映原始输入信号？奈奎斯特采样定理告诉我们：当采样器的采样频率 f_0 高于或至少等于输入信号最高频率 f_m 的两倍时（即 $f_0 \geq 2f_m$ 时），采样输出信号 $f_s(t)$（样品脉冲序列）能代表或能恢复成输入模拟信号 $f(t)$。这里，"最高频率"指的是包括干扰信号在内的输入信号经频谱分析后得到的最高频率分量。"恢复"指的是样品序列 $f_s(t)$ 通过截止频率为 f_m 的理想低通滤波器后能得到原始信号 $f(t)$。

在应用中，一般取采样频率 f_0 为最高频率 f_m 的 4～8 倍。有些简单模拟信号的频谱范围一般是已知的，如温度低于 1Hz，声音为 20～20000Hz，振动为几千赫兹。对于一些复杂信号就要用信号分析（傅氏变换）算出，或用测量仪器（频谱分析仪器）测得，也可用试验的方法选取最合适的 f_0。

(2) 量化

所谓量化，就是以一定的量化单位，把采样值取整，或者说，是把采样值取整为量化单位的整数倍。量化单位是输入信号的最大范围/数字量的最大范围，例如，把 0～10V 的模拟量转换成用 8 位二进制数表示的数字量，则量化单位就是 $10V/256 \approx 39.1mV$。如果采样值在 $0 \sim 39.1mV$ 之间，量化值是 00000001B；采样值在 $0 \sim 78.1mV$ 之间，量化值是 00000010B；以此类推。

量化过程有舍入问题，就必然会出现舍入误差，这个误差称为量化误差。

(3) 编码

量化得到的数值通常用二进制数表示，对有正负极性（双极性）的模拟量一般采用偏移码来表示，数据的最高位为符号位，数值为正时符号位是 1，反之为 0。例如，8 位的二进制偏移码 10000000 代表数值 0，00000000 代表负电压满量程，11111111 代表正电压满量程。

10.3.3 A/D 转换器的工作原理

模/数转换器的类型繁多，工作原理也各不相同。本小节以最有代表性的逐次逼近式 A/D 转换器为例，来说明 A/D 转换器的工作原理。图 10-16 为这种 A/D 转换器的原理框图。

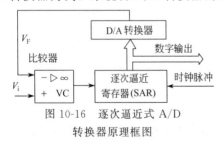

图 10-16 逐次逼近式 A/D
转换器原理框图

这种转换器的工作原理和用天平称量重物一样。在 A/D 转换中，输入模拟电压 V_i 相当于重物，比较器相当于天平，D/A 转换器给出的反馈电压 V_F 相当于试探码的总质量，而逐次逼近寄存器（SAR）相当于称量过程中人的作用。

A/D 转换是从高位到低位依次进行试探比较。初始时，逐次逼近寄存器内的数字被清为全 0。转换开始，先把 SAR 的最高位置 1（其余位仍为 0），经 D/A 转换后给出试探（反馈）电压 V_F，该电压被送入比较器中与输入电压 V_i 进行比较。如果 $V_F \leqslant V_i$，则所置的 1 被保留，否则被舍掉（复原为 0）。再置次高位为 1，构成的新数字再经 D/A 转换得到新的 V_F，该 V_F 与 V_i 进行比较，根据比较的结果决定次高位的留或舍。如此试探比较下去，直至最低位，最后得到转换结果数字输出。

图 10-17 为 4 位 A/D 转换过程示意图。每一次的试探量（反馈量）V_F 如图中粗线段所示，每次试探结果和数字输出如图中表所示。为了保证量化误差为 $\pm q/2$（q 是 $1/2^N$，N 为转换位数），比较器预先调整为当 $V_i = q/2$（这里 q 为 $1/32$）时，数字输出为 0001，如图中所示。

逐次逼近式 A/D 转换的特点是转换时间固定，它取决于位数和时钟周期，适用于变化过程较快的控制系统（每位转换时间为 $200 \sim 500\mathrm{ns}$，12 位需 $2.4 \sim 6\mu s$）。转换精度主要取决于 D/A 转换器和比较器的精度，可达 0.01%。转换结果也可以串行输出。这种转换器的性能适应大部分的应用场合，是应用最广泛的一种 A/D 转换器（占 90% 左右）。

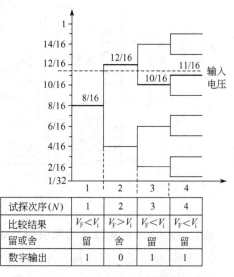

试探次序(N)	1	2	3	4
比较结果	$V_F < V_i$	$V_F > V_i$	$V_F < V_i$	$V_F < V_i$
留或舍	留	舍	留	留
数字输出	1	0	1	1

图 10-17　逐次逼近式 A/D 转换过程示意

10.3.4　A/D 转换器的性能参数和术语

A/D 转换器的性能参数和技术术语与 D/A 转换器的大同小异。

(1) 分辨率

分辨率表示 A/D 转换器对模拟输入的分辨能力，通常用二进制位数表示。定义同 D/A 转换器。

(2) 量化误差

量化误差是在 A/D 转换中由于整量化所产生的固有误差。对于舍入（四舍五入）量化法，量化误差在 $\pm$LSB/2 之间。这个量化误差的绝对值是转换器的分辨率和满量程范围的函数。

(3) 转换时间（conversion time）

转换时间指的是 A/D 转换器完成一次转换所需要的时间。

(4) 绝对精度和相对精度

定义同 D/A 转换器。

(5) 漏码（missed code）

如果模拟输入连续增加（或减小）时，数字输出不是连续增加（或减小）而是越过某一个数字，即出现漏码。漏码是由 A/D 转换器中使用的 D/A 转换器出现非单调性引起的。

10.3.5　A/D 转换器芯片 ADC0809

(1) ADC0809 的主要性能

ADC0809 是一个 8 通道的 A/D 转换器芯片（ADC），采用逐次逼近式的 A/D 转换，而且还提供模拟多路开关和联合寻址逻辑。它的主要特性如下。

- 分辨率为 8 位，零偏差和满量程误差均小于 LSB/2。
- 8 个模拟输入通道，有通道地址锁存。数据输出具有三态锁存功能。
- 转换时间为 $100\mu s$。
- 工作温度范围为 $-40\sim85℃$。
- 功耗为 15mW。
- 输入电压范围为 $0\sim5V$。
- 单一 5V 电源供电。

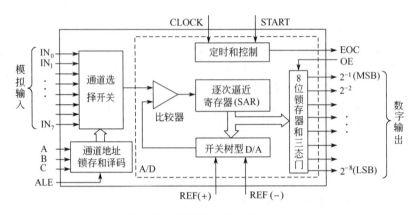

图 10-18 ADC0808/9 的原理框图

(2) ADC0809 的内部结构和引脚功能

① ADC0809 的内部结构。ADC0809 的内部结构框图如图 10-18 所示。从图中可以看出，0809 内部由三部分组成：通道选择、8 位的 A/D 转换器和定时与控制电路。

- 通道选择。包括一个树状通道选择开关和相应的地址锁存、译码电路。通道地址经锁存和译码以后，选中 8 个输入通道中的一个进入 A/D 转换。

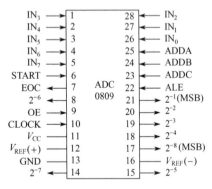

图 10-19 ADC0808/9 芯片的引脚图

- 8 位的 A/D 转换器。0809 内部采用逐次逼近式的 A/D 转换，其中开关树和 256kΩ 电阻阶梯一起，实现单调性的 D/A 转换，转换后的数据经数据锁存器和三态门输出。

- 定时与控制电路。具有控制启动转换和报告转换结束的功能。

② ADC0809 的引脚功能。图 10-19 给出了 ADC0809 芯片的引脚图，各引脚的功能说明如下。

- $IN_0\sim IN_7$：8 个模拟输入通道，每个通道输入电压范围为 $0\sim5V$。

- ADDA、ADDB、ADDC：模拟通道选择（亦称通道地址选择），输入信号，由这三个引脚的编码决定本次转换的模拟量来自哪个输入通道。具体对应关系见表 10-1。

- ALE：地址锁存允许，输入信号，当它有效时，将来自 ADDA～ADDC 的通道地址打入地址锁存译码器进行译码。

- START：启动转换，输入信号，要求持续时间在 200ns 以上，用来启动 A/D 转换。

表 10-1 ADC0809 通道选择

选中通道	地址			选中通道	地址		
	C	B	A		C	B	A
IN_0	L	L	L	IN_4	H	L	L
IN_1	L	L	H	IN_5	H	L	H
IN_2	L	H	L	IN_6	H	H	L
IN_3	L	H	H	IN_7	H	H	H

- EOC：转换结束，输出信号，当转换正在进行时为低电平，转换结束后自动跳为高电平，用于指示 A/D 转换已经完成且结果数据已存入锁存器。在系统中，这个信号可用作中断请求或查询信号。
- $2^{-1} \sim 2^{-8}$：8 位数字数据输出，来自具有三态输出能力的 8 位锁存器，可直接接到系统数据总线上。
- OE：允许数据输出，输入信号，该信号有效时，输出三态门打开，数据锁存器的内容输出到数据线上。
- V_{REF}（＋）、V_{REF}（－）：基准电压。基准电压 V_{REF} 根据 V_{CC} 确定，典型值为 V_{REF}（＋）＝V_{CC}，V_{REF}（－）＝0，V_{REF}（＋）不允许比 V_{CC} 正，V_{REF}（－）不允许比地电平负。
- V_{CC}：电源。
- CLOCK：时钟，要求频率范围为 $10kHz \sim 1MHz$（典型值为 $640kHz$），可由微处理器时钟分频得到。
- GND：地。

0809 的工作时序如图 10-20 所示。由 START 为高电平来启动转换，上升沿将片内 SAR 复位，真正转换从 START 的下降沿开始。在 START 上升沿之后的 $2\mu s$ 加 8 个时钟周期（不定），EOC 输出信号将变低，以指示转换操作正在进行中。EOC 保持低电平直至转换完成后再变为高电平，此时，转换后的数据已进入数据锁存器。当 OUTPUT ENABLE （即 OE）被置为高电平时，输出三态门打开，数据锁存器中的内容输出到数据总线上（CPU 可通过 IN 指令获取数据）。

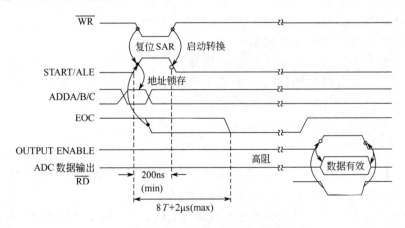

图 10-20 ADC0809 工作时序

③ ADC0809 的应用 下面通过几个例子来介绍 0809 的应用。

【例 10-4】 图 10-21 是 ADC0809 与 8088CPU 的接口电路，现在要求采用查询方式对模拟通道 IN_0 进行数据采集，采集到的 10 个数据存放在 BUFF 缓冲区中。

分析：首先从接口电路的设计中分析相关地址。

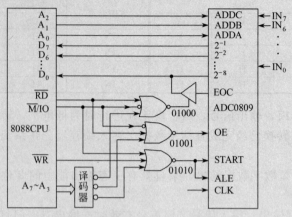

图 10-21　ADC0809 与 8088CPU 接口

A_7	A_6	A_5	A_4	A_3	A_2	A_1	A_0	
0	1	0	1	0	0	0	0	通道 0 地址
0	1	0	0	0	*	*	*	查询地址
0	1	0	0	1	*	*	*	读数据地址

另外，从接口电路的设计中还可以分析出，对 0809 的启动应采用 OUT 指令，但此时，仅关心输出的地址（50H），而输出什么数据对系统无影响。读转换后的数据通过 IN 指令完成，端口地址是 48H。而查询 EOC 状态则通过 IN 指令完成（查询最低位），端口地址是 40H。

程序设计如下：

```
      LEA   BX,BUFF
      MOV   CX,10
NEXT: OUT   50H,AL    ;选通 IN₀ 启动 A/D 转换
   W: IN    AL,40H    ;查询地址中不用的位取 0
      TEST  AL,01H    ;查询 EOC 状态
      JZ    W         ;转换未结束,等待
      IN    AL,48H    ;转换结束,读入数据(读数据地址中不用的位取 0)
      MOV   [BX],AL   ;存入缓冲区
      INC   BX
      LOOP  NEXT
```

【例 10-5】　在上题的基础上，若要求对 $IN_0 \sim IN_7$ 这 8 个模拟通道进行巡回数据采集，每一个通道各采样 100 个点，试编写相应程序。

分析：由于 ADDA～ADDC 接在地址线的最低位上，所以还是要先分析各通道地址。

A_7	A_6	A_5	A_4	A_3	A_2	A_1	A_0	
0	1	0	1	0	0	0	0	通道 0 地址 50H
0	1	0	1	0	0	0	1	通道 1 地址 51H

······

| 0 | 1 | 0 | 1 | 0 | 1 | 1 | 1 | 通道 7 地址 57H |

要完成对 8 个模拟通道进行巡回数据采集，就要一个通道一个通道地进行，每个通道完成以后，要修改相应的通道地址，8 个模拟通道巡回一遍以后，要从通道 0 重新开始。

程序设计如下：

```
        MOV   BX,OFFSET  BUFF      ;设置数据存储指针
        MOV   CX,100              ;设置计数初值
N:      MOV   DX,0050H
P:      OUT   DX,AL              ;选通一个通道,启动 A/D
W:      IN    AL,40H             ;输入 EOC 状态(查询地址中不用的位取 0)
        TEST  AL,01H             ;测试
        JZ    W                  ;转换未结束,等待
        IN    AL,48H             ;转换结束,读数据(读数据地址中不用的位取 0)
        MOV   [BX],AL            ;存数
        INC   BX                 ;修改存储地址指针
        INC   DX                 ;修改 A/D 通道地址
        CMP   DX,0058H           ;判断 8 个通道是否采集完
        JNZ   P                  ;未完,返回启动新通道
        LOOP  N                  ;100 个点是否采样完成,未完则返回再启动 IN0
                                 ;通道
        HLT                      ;8 个通道各 100 个点采样完成,暂停
```

【例 10-6】 图 10-22 是 ADC0809 与 8086CPU 的接口电路，现在要求采用中断方式对模拟通道 $IN_0 \sim IN_7$ 进行巡回数据采集，共采集到 80 个数据存放在 DATATAB 缓冲区中。试完成相应的主程序（包括 8259A 的初始化和设置中断向量）和中断服务子程序设计（假设 8259A 的端口地址是 20H 和 22H）。

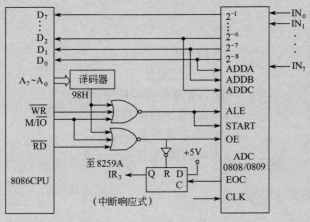

图 10-22　ADC0809 与 8086CPU 接口

分析：从接口电路图中可以看到，转换结束信号 EOC 通过 D 触发器经中断控制器 8259A 的 IR_3，将中断请求信号送到 8086CPU。通道地址选择 ADDA、ADDB、ADDC，分别接到数据总线的 D_0、D_1、D_2 上。

同例 10-1 类似，启动转换是通过一条 OUT 指令完成的，不同的是，此时不仅要关心启动地址（可以分析出是 98H），而且要关心所送数据的低 3 位，因为它们是本次启动的通道地址。

读转换后的数据则通过 IN 指令完成，端口地址仍是 98H。

采用中断方式的主程序段如下：

```
        MOV   AL,13H          ;8259A 初始化。ICW1,单片 8259,边沿触发
        OUT   20H,AL
        MOV   AL,70H          ;ICW2,设定中断类型码的高 5 位
        OUT   22H,AL
        MOV   AL,03H          ;ICW4,中断自动结束
        OUT   22H,AL
        MOV   AL,0F7H
        OUT   22H,AL          ;开放来自 IR3 的中断请求
        CLI
        PUSH  DS
        MOV   AX,0            ;中断向量表段基址
        MOV   DS,AX
        MOV   BX,OFFSET  XY   ;取中断服务子程序的偏移地址
        MOV   SI, SEG  XY     ;取中断服务子程序的段地址
        MOV   [01CCH],BX      ;存放中断向量的偏移地址
        MOV   [01CEH],SI      ;存放中断向量的段地址
        POP   DS             ;中断类型码 73H×4=01CCH
        STI                  ;开中断
        MOV   CX,10          ;送计数初值,每个通道采 10 个点,共 80 个点
        LEA   DI, DATATAB     ;设置数据缓冲区地址指针
PP:     MOV   BL,00H          ;设置通道地址初值
LL:     MOV   AL,BL
        OUT   98H,AL          ;启动 A/D
        HLT                  ;等待中断
        INC   BL             ;修改通道地址
        CMP   BL,08H          ;8 个通道是否转换完
        JNZ   LL             ;未完,返回启动新通道
        DEC   CX             ;80 个点是否采集完
        JNZ   PP             ;未完,返回通道 0
        HLT
```

中断服务子程序如下：

```
XY:PUSH  AX
    IN    AL,98H             ;读数据
    MOV   [DI],AL            ;存数据
    INC   DI
    POP   AX
    IRET
```

如果要求通过定时器 8253 定时（如 10ms）对 0809 进行数据采集，则软硬件设计该如何考虑，读者可思考。

10.3.6　模/数转换器芯片与微处理器接口需注意的问题

设计 A/D 芯片和微处理器间的接口时，必须考虑以下问题。

(1) A/D 芯片的数字输出特性

A/D 芯片与微处理器之间除了明显的电气相容性以外，对 A/D 的数字输出必须考虑的关键两点是：转换结果数据应由 A/D 芯片锁存；数据输出最好具有三态能力。一般来说，具有三态输出能力将使接口简化，如果芯片本身不提供这种功能，可以通过外接并行 I/O 接口（如 8255A），由该 I/O 接口实现。

(2) A/D 芯片和 CPU 间的时序配合问题

在设计 A/D 芯片和微处理器间的接口时，时序配合问题也是要解决的问题之一。A/D 转换器从接到启动命令到完成转换给出转换结果数据需要一定的时间，一般来说，快者需要几微秒，慢者需要几十至几百毫秒。通常最快的 A/D 转换时间都比大多数微处理器的指令周期长。为了得到正确的转换结果，必须根据要求解决好启动转换和读取结果数据这两步操作间的时间配合问题，解决这个问题的常用方法有如下几种

① 固定延时等待法。因大多数 A/D 转换器不提供片选逻辑电路，所以地址译码一般要由外电路来实现。A/D 转换器一般都被作为 I/O 设备来对待，微处理器对 A/D 转换器所占用的 I/O 口地址执行一条输出指令启动 A/D 转换，然后执行一个延时循环程序等待固定时间（这个时间应安排得比转换时间稍长些，以保证结果的正确性），延时结束后，用 IN 指令读出转换结果数据。

这种方法的优点是接口简单；缺点是等待时间较长，且在等待期间微处理器不能去做别的工作。

② 查询法。当读取转换结果数据的急迫性不是很高时，也可以采用查询的方法。上一节的例 10-1 和例 10-2 给出了实现这种方法的实例。

③ 中断响应法。采用固定延时等待法和查询法处理时序配合问题均占用了大量的 CPU 时间，牺牲了系统的工作效率，中断响应法则很好地解决了这个问题。

微处理器执行一条输出指令启动 A/D 转换以后，在等待转换完成期间，它可以继续执行其它任务。当转换完成时，A/D 转换器产生的状态信号 EOC 向微处理器申请中断，微处理器响应中断后，在中断服务子程序中执行一条输入指令以获得转换的结果数据。上一节的例 10-3 给出了实现的实例。

中断响应法的特点是：A/D 转换完成后，微处理器能立即得到通知，且无须花费等待时间，接口硬件简单；但在程序设计时要稍复杂些，必须根据 CPU 处理中断的方法进行，否则将达不到目的。

④ 双重缓冲法。在 A/D 转换器和微处理器之间加一个具有三态输出能力的锁存器，其接口方法如图 10-23 所示。A/D 转换器在每次转换结束后，能够在 EOC 的控制下自动重新启动；同时，它的数据输出锁存器的三态门总是开着，随时都对外提供转换结果数据。在 A/D 转换器和微处理器之间外加一

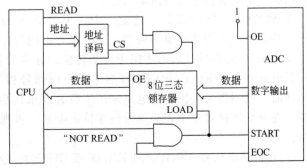

图 10-23　双重缓冲法下 A/D 与 CPU 接口

个具有三态输出能力的 8 位锁存器，每次转换的结果数据在启动新转换的同时被打入该锁存器，因此该锁存器中总是保存着最新的转换结果数据。任何时候微处理器只要简单地对这个外加锁存器的口地址执行一条输入指令，就可读得 A/D 的最新结果数据。

这种方法的优点是：微处理器只用一条输入指令就可简单地读入转换结果数据，而不须花费等待时间；锁存器中的数据能自动不断刷新，因而读得的数据总是最新的数据。

（3）A/D 转换器转换位数超过微处理器数据总线位数时的接口

当 A/D 转换器的转换位数超过微处理器数据总线位数时，就不能只用一条指令，而必须用两条输入指令才能把 A/D 转换的整个数字结果传递给微处理器。有不少 8 位以上的 A/D 转换器提供两个数据输出允许信号 HIGH BYTE ENABLE（高字节允许）和 LOW BYTE ENABLE（低字节允许），在这种情况下，就可采用如图 10-24 所示的接口方式（图中未规定测试转换已经完成的方法）。

微处理器对一个口地址（CS_1）执行一条输出指令去启动 A/D 转换，当转换完成时，微处理器再对该地址执行一条输入指令，以读入转换结果数据的低字节。但为了从 A/D 转换器中获取转换数据的高字节，必须对另一地址（CS_2）执行一条输入指令。

有的分辨率高于 8 位的 A/D 转换器不提供两个数据输出允许信号，对于这样的 A/D，必须外加缓冲器件，以适应高低字节分别传输的要求，如图 10-25 所示。

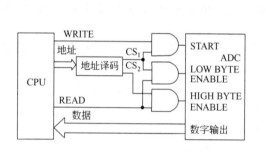

图 10-24　高分辨率 A/D 与 8 位 CPU 接口

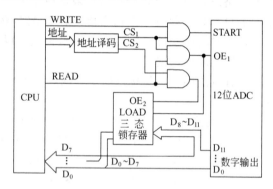

图 10-25　一次输出 12 位的 A/D 与 8 位 CPU 接口

微处理器对口地址 CS_1 执行一条输出指令启动 A/D 转换，当转换完成时再对该地址执行一条输入指令，把转换结果的低 8 位直接送入微处理器，同时把高 4 位打入三态锁存器。当再对 CS_2 地址执行一条输入指令时，就把存于外加锁存器中的高 4 位送入微处理器。

（4）ADC 的控制和状态信号

ADC 的控制和状态信号的类型和特征对接口有很大影响，因此也必须给予充分注意。下面仅就几个主要信号进行简单讨论。

① 启动信号（START）。这是一个用于启动 A/D 转换的输入信号。有的 A/D 转换器要求脉冲启动，有的要求电平启动，其中又有不同的极性要求。要求脉冲启动的往往是前沿用于复位 A/D 转换器，后沿才用于启动转换。脉冲的宽度也有不同的要求，最理想的是用来自微处理器的 WRITE 或 READ 与地址译码信号相结合产生 START 信号，但是当要求长脉冲时，就不得不提供附加电路来产生符合要求的启动脉冲。对要求电平启动的 A/D 转换器，在整个转换过程中，必须始终维持该电平，否则会使转换中途停止而得出错误的转换结果。

② 转换结束信号（EOC 或 READY 或 BUSY）。这是由 A/D 转换器提供的状态输出信号，它指示最近开始的转换是否已经完成。对这个信号的使用要注意：极性是否符合要求；

复位这个信号的时间要求，即是否存在启动转换到 EOC 变"假"的时间延迟问题；是否有置这个信号端为高阻状态的能力，如有此能力，在查询法中将使外部接口电路简化。

③ 输出允许信号（OUTPUT ENABLE）。这是一个对具有三态输出能力的 A/D 转换器的输入控制信号，在它的控制下，A/D 转换器可将数据送上数据总线。它通常由来自微处理器的 READ 与地址译码信号相结合而产生，同时也要注意极性问题。

习题与思考题

10-1. A/D 和 D/A 转换器在微机应用中起何作用？

10-2. D/A（A/D）转换器的分辨率和精度是如何定义的？它们有何区别？

10-3. 编写用 DAC0832 转换器芯片产生三角波的程序，其在 $0 \sim 10V$ 之间变化。若在 $-5 \sim 5V$ 之间变化，要采用什么措施实现？

10-4. 试设计一个 CPU 和两片 DAC0832 的接口电路，并编制程序使之能在示波器上显示出正六边形的 6 个顶点。

10-5. D/A 转换器和微处理器接口中的关键问题是什么？如何解决？

10-6. A/D 转换为什么要进行采样？采样频率应根据什么选定？设输入模拟信号的最高有效频率为 5kHz，应选用转换时间为多少的 A/D 转换器对它进行转换？

10-7. 为了测量某材料的性质，要求以 5000 点/s 的速度采样，若要采样 1min，试问，至少要选用转换时间为多少的 8 位 ADC 芯片？要用多大容量的 RAM 存储采样数据？

10-8. A/D 转换器和微处理器接口中的关键问题有哪些？

10-9. 有几种方法解决 A/D 转换器和微处理器接口中的时间配合问题？各有何特点？各适用于何种情况？

10-10. 试设计一个采用查询法并用数据线选择通道的 8088CPU 和 ADC0809 的接口电路，并编制程序使之把所采集的 8 个通道的 100 个数据送入给定的内存区 ARRAR。

10-11. 试利用 8253、ADC0809 设计一个定时数据采集系统（不包括 A/D 转换器输入通道中的放大器和采样/保持电路）。要求通过 8253 定时（假定时钟频率为 2MHz），每隔 20ms 采集一个数据，数据的 I/O 传送控制采用中断控制，中断请求信号接到 8259A 的 IR_2 请求信号引脚；允许附加必要的门电路。试完成：

a. 硬件设计，画出连接图（不包括 8259A）；

b. 软件设计，包括 8253、8259A 的初始化及中断服务子程序和主程序（只采集 ADC 0809 的 IN_0 通道数据）。

第 11 章
总线技术

　　总线是一组信号线的集合，是一种在各模块间传送信息的公共通路。在微型计算机系统中，利用总线实现芯片内部、印刷电路板各部件之间、机箱内各插件板之间、主机与外部设备之间或系统与系统之间的连接与通信。总线是构成微型计算机的重要组成部分，总线设计的好坏会直接影响整个微机系统的性能、可靠性、可扩展性和可升级性。

本章学习指导

　　总线有各种各样的标准，采用标准总线带来许多好处，如可以简化系统设计，简化系统结构，提高系统可靠性，易于系统的扩充和更新等。本章将简要介绍几种流行的标准总线。

11.1　总线标准与分类、总线传输

11.1.1　总线标准与分类

(1) 总线标准

每种总线都有详细的标准即规范，以便大家共同遵循。规范的基本内容如下。

① 机械结构规范。规定模块尺寸、总线插头、边沿连接器等的规格。

② 功能规范。确定各引脚名称、功能以及相互作用的时序等。功能规范是总线的核心，通常以时序及状态来描述信息交换与流向，以及信息传输的管理规则。功能规范包括：数据线、地址线、读/写控制逻辑线、时钟线和电源线、地线等；中断机制；总线主控仲裁；应用逻辑，如握手联络线、复位、自启动、休眠维护等。

③ 电气规范。规定信号逻辑电平、负载能力及最大额定值、动态转换时间等。

(2) 总线分类

总线的分类方法有很多，按在系统中的不同层次位置来分，总线可分为 4 类。

① 片内总线。片内总线在集成电路芯片内部，是连接芯片内各功能单元的信息通路，例如在 CPU 芯片中的内部总线，它用来连接 ALU、通用寄存器、指令译码器和读写控制器等部件。

② 局部总线。局部总线是 PC 中最重要的总线，用来连接印刷电路板上的各芯片（如 CPU 与其支持的芯片之间），或用来连接各局部资源，这些资源可以是在主板上的资源，也可以是插在主板扩展槽上的功能扩展板上的资源。局部总线是关注的重点，例如 PC 系列机中的 ISA、EISA、VESA 和 PCI 等总线标准。

③ 系统总线。系统总线又称为内总线，指微型计算机机箱内的底板总线，用来连接构

成微型机的各插件板，如多处理机系统中的各 CPU 板，也可以是用来扩展某块 CPU 板的局部资源，或为总线上所有 CPU 板扩展的共享资源。现在较流行的标准化微机系统总线有 16 位的 Multibus Ⅰ、STD，32 位的 Multibus Ⅱ、STD32 和 VME 等。

④ 通信总线。通信总线又称为外总线，它用于微机系统与系统之间、微机系统与外部设备（如打印机、磁盘设备）或微机系统和仪器仪表之间的通信通道。这种总线数据传输方式可以是并行（如打印机）或串行，数据传输速率比内总线低。例如，串行通信的 EIA-RS 232C、RS-488 总线等。

11.1.2　总线传输

挂在总线上的各模块要通过总线进行信息交换，总线的基本任务是保证数据能在总线上高速可靠地传输。一般来说，通过总线完成一次数据传输要经历以下 4 个阶段。

① 申请（arbitration）占用总线阶段。对于只有一个总线主控设备的简单系统，对总线无需申请、分配和撤除。而对于多 CPU 或含有 DMAC 的系统，就要有总线仲裁机构，来受理申请和分配总线控制权。需要使用总线的主控模块（如 CPU 或 DMAC）向总线仲裁机构提出占有总线控制权的申请，由总线仲裁机构判别确定，把下一个总线传输周期的总线控制权授给申请者。

② 寻址（addressing）阶段。获得总线控制权的主模块，通过地址总线发出本次打算访问的从属模块的地址，如存储器或 I/O 接口。通过译码使被访问的从属模块被选中从而开始启动数据传输。

③ 传输（data transferring）阶段。主模块和从属模块进行数据交换。数据由源模块发出，经数据总线流入目的模块。

④ 结束（ending）阶段。主、从模块的有关信息均从总线上撤除，让出总线，以便其它模块能继续使用。

要实现正确的数据传输，总线上的主、从模块必须采用一定的方式（如握手信号的电压变化等）来指明数据传送的开始和结束，总线传输的控制方式通常有三种。

(1) 同步总线

同步总线所用的控制信号来自时钟振荡器，时钟的上升沿和下降沿分别表示一个总线周期的开始和结束。挂在总线上的处理器、存储器和外围设备都由同一个时钟振荡器所控制，以使这些模块能步调一致地操作，即一个周期一个周期地随着控制线上时钟信号的标志而展开。典型的同步协定的定时信号如图 11-1 所示。

总线时钟信号用来使所有的模块同步在一个共同的时钟基准上。地址和数据信号阴影区的出现有以下几个原因。

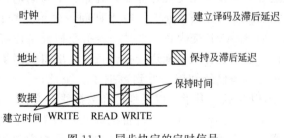

图 11-1　同步协定的定时信号

① 因为总线主控器（bus master）发出的地址信号经过地址总线到总线受控器（bus slave）的译码器译码需要时间，所以地址信号必须在时钟信号到来前提前一段时间到达稳定状态。

② 当译码器输出选中数据缓冲器后，在写操作时，一旦时钟信号出现在缓冲器的输入端，就把数据总线上的数据打入数据缓冲器内。因此，数据信号必须在时钟信号到达缓冲器前提前一段时间出现在数据总线上，这段时间称为建立时间。如果受控设备是一个存储器芯

片，则以后的延迟就是存储器的写访问时间，对中速的金属氧化硅器件来说，这个时间约为100~200ns。当时钟信号的下降沿到来时，就表示这个写操作总线周期的结束，而受控设备在逻辑上才可以和总线断开。为了使写操作稳定，在时钟信号消失后，数据信号在数据总线上还必须停留一段时间，这段时间称为保持时间。

对于读操作，地址线的作用与写操作类似，但数据线的作用不同。时钟信号的上升沿启动受控设备中存储器的读操作，在时钟信号上升沿之后的某个时刻，数据到达受控设备的输出缓冲器，而它再把数据送到数据总线上。数据总线上的数据在时钟信号下降沿到来之前，必须在总线上停留一段时间，这段时间是主控数据缓冲器的建立时间。为了满足主控设备所需要的保持时间，受控器件在时钟下降沿到来之后要使总线上的数据至少稳定一个保持时间。

由图 11-1 可见，建立时间比保持时间长得多，这是因为建立时间包括受控设备中的译码延迟，同时还包括信号通过不同总线上的门电路所产生的滞后延迟。而保持时间仅包括滞后延迟。

同步系统的主要优点是简单，数据传送由单一信号控制。然而，同步总线在处理接到总线上的快慢不同的受控设备时，必须降低时钟信号的频率，以满足总线上响应最慢的受控设备的需要。这样，即使低速设备很少被访问，它也会使整个系统的操作速度降低很多。

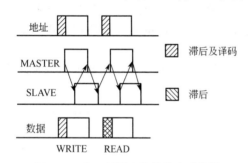

图 11-2　全互锁异步总线的定时信号

（2）异步总线

当系统中具有不同存取时间的各种设备，并且要求对高速设备能具有高速操作，而对低速设备能具有低速操作时，可采用异步总线。异步总线的定时及控制信号如图 11-2 所示。

这种总线叫作全互锁异步总线。在总线操作期间，两个控制信号（MASTER 和 SLAVE）交替地变化，这种互锁方式保证了地址总线上的信息不会冲突，也不会被丢失或重复接收。

对于写操作，总线主控设备把地址和数据放到总线上，在允许的滞后、译码及建立时间的延迟之后，总线主控设备使 MASTER 上升，它表明这些数据可以被受控设备接收。于是该上升沿触发一个受控存储器，开始一个写周期，并把数据锁存于一个受控缓冲寄存器中。

在 SLAVE 信号处于低电平期间，表示受控设备响应 MASTER 信号而正处于忙碌状态。而 SLAVE 变为高电平时，表示受控设备已经收到了数据。这个握手保持到 MASTER 变低，表示主控设备知道受控设备已经取得数据了。然后 SLAVE 也变低，表示受控设备知道主控设备已经知道它得到数据了。至此，一个写操作结束，一个新的操作开始。因此，MASTER 的上升沿（以及地址和数据线的变化）被互锁到 SLAVE 的下降沿。

对于读操作，在主控设备把地址放到总线上之后，MASTER 信号的上升沿启动受控设备操作。在受控设备取出所要求的数据并把它放到总线之后，SLAVE 信号变为高电平，表示该操作完成了，它触发主控设备把总线上的数据装入自己的缓冲器，在此期间 SLAVE 信号必须保持高电平，使数据稳定在数据总线上。当主控设备已经完成了数据的接收，就使MASTER 变为低电平，而后 SLAVE 降低，表示受控设备已经知道主控设备得到了数据，整个读操作结束，又可以开始一个新的操作。

全互锁异步协定的广泛应用，主要是由于它的可靠性，以及它在处理通过较长总线连接且具有各种不同响应时间的设备时的高效率，但全互锁握手的传输延迟是同步总线的两倍。

(3) 半同步总线

因为异步总线的传输延迟严重地限制了最高的频带宽度，因此，总线设计师结合同步总线和异步总线的优点设计出混合式的总线，即半同步总线。半同步总线的定时信号如图 11-3 所示。

这种总线有两个控制信号，即从主控来的 CLOCK 信号和从受控来的 WAIT 信号，它们起着异步总线 MASTER 和 SLAVE 的作用，但传输延迟是异步总线的一半，这是因为成功的握手只需要一个来回行程。对于快速设备，这种总线本质上是

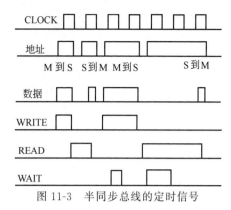

图 11-3 半同步总线的定时信号

由时钟信号单独控制的同步总线。如果受控设备快得足以在一个时钟周期内响应的话，那么它就不发 WAIT 信号。这时的半同步总线像同步总线一样地工作。如果受控设备不能在一个周期内响应，则它就使 WAIT 信号变高，而主控设备暂停。只要 WAIT 信号高电平有效，其后的时钟周期就会知道主控设备处于空闲状态。当受控设备能响应时，它使 WAIT 信号变低，而主控设备运用标准同步协定的定时信号接收受控设备的回答。这样，半同步总线就具有了同步总线的速度和异步总线的适应性。

11.2 PC 总线

PC 总线又称为在板局部总线。PC 机采用开放式的结构，在底板上设置了一些标准扩展插槽（slot），如要扩充 PC 机的功能，只要设计符合插槽标准的适配器板，然后将板插入插槽即可，插槽采用的就是 PC 总线。PC 总线不是系统总线，因为它不支持多个 CPU 的并行处理，属于局部总线范畴。下面对几种常用的 PC 总线标准作简要介绍。

11.2.1 ISA 工业标准总线

ISA 是工业标准体系结构（Industry Standard Architecture）的缩写，是最早的 PC 总线标准，也是目前大多数 PC 机支持的局部总线。根据总线上一次可传送的数据位数不同，ISA 总线有两种版本，最老的版本是 8 位总线，随后的版本是 16 位总线。

(1) 8 位 ISA 总线

这种总线主要用在早期的 IBM PC/XT 计算机的底板上，共有 8 个插槽，常称为 IBM PC 总线或 PC/XT 总线。它具有 62 条“金手指”引脚，引脚间隔为 2.54mm。IBM 公司直到 1987 年才公布了全部规范，包括数据线和地址线的时序。各引脚的安排如图 11-4 所示。总线信号功能列于表 11-1。

(2) 16 位 ISA 总线

1984 年 IBM 公司推出 286 机（AT 机）时，将原来 8 位的 ISA 总线扩展为 16 位，它保持了原来 8 位 ISA 总线的 62 个引脚信号，以便原先的 8 位 ISA 总线适配器板可以插在 AT 机的插槽上。同时增加一个延伸的 36 引脚插槽，使数据总线扩展到 16 位，地址总线扩展到 24 位。新增加 36 个引脚后的 16 位 ISA 总线引脚排列如图 11-5 所示，新增加的 36 个引脚功能列于表 11-2。

在 16 位 ISA 总线中，新增加的信号说明如下。

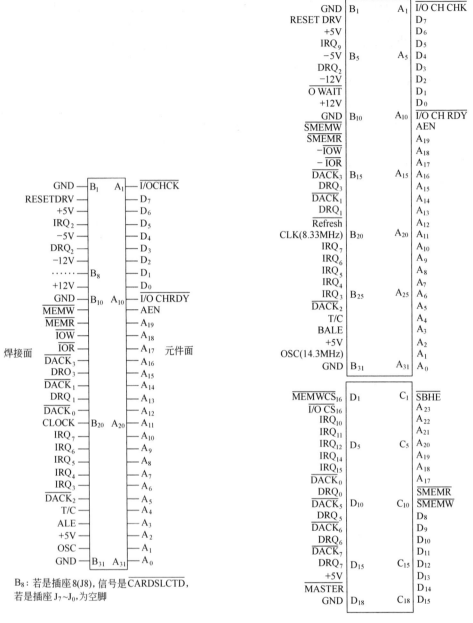

图 11-4　8 位 ISA 总线引脚排列

图 11-5　16 位 ISA 总线引脚排列

- 地址线高位 $A_{20} \sim A_{23}$，使原来的 1MB 的寻址范围扩大到 16MB。同时，又增加了 $A_{17} \sim A_{19}$ 这 3 条地址线，这几条线与原来的 8 位总线的地址线是重复的。因为原先地址线是利用锁存器提供的，锁存过程导致了传送速度降低。在 AT 微机中，为了提高速度，在 36 引脚插槽上定义了不采用锁存的地址线 $A_{17} \sim A_{23}$。

- 高位数据线 $D_8 \sim D_{15}$。

- $\overline{\text{SBHE}}$：数据总线高字节允许信号。该信号与其它地址信号一起，实现对高字节、低字节或一个字（高低字节）的操作。

表 11-1　8 位 ISA 总线引脚功能

元件面			焊接面		
引脚号	信号名	说明	引脚号	信号名	说明
A_1	$\overline{\text{I/OCHCK}}$	输入 I/O 校验	B_1	GND	地
A_2	D_7	数据信号,双向	B_2	RESETDRV	复位
A_3	D_6	数据信号,双向	B_3	$+5\text{V}$	电源
A_4	D_5	数据信号,双向	B_4	$\text{IRQ}_2(\text{IRQ}_9)$	中断请求 2,输入
A_5	D_4	数据信号,双向	B_5	-5V	电源 -5V
A_6	D_3	数据信号,双向	B_6	DRQ_2	DMA 通道 2 请求,输入
A_7	D_2	数据信号,双向	B_7	-12V	电源 -12V
A_8	D_1	数据信号,双向	B_8	$\overline{\text{CARDSLCTD}}$	见图 11-4 注
A_9	D_0	数据信号,双向	B_9	$+12\text{V}$	电源 $+12\text{V}$
A_{10}	$\overline{\text{I/OCHRDY}}$	输入 I/O 准备好	B_{10}	GND	地
A_{11}	AEN	输出,地址允许	B_{11}	$\overline{\text{MEMW}}$	存储器写,输出
A_{12}	A_{19}	地址信号,双向	B_{12}	$\overline{\text{MEMR}}$	存储器读,输出
A_{13}	A_{18}	地址信号,双向	B_{13}	$\overline{\text{IOW}}$	接口写,双向
A_{14}	A_{17}	地址信号,双向	B_{14}	$\overline{\text{IOR}}$	接口读,双向
A_{15}	A_{16}	地址信号,双向	B_{15}	$\overline{\text{DACK}_3}$	DMA 通道 3 响应,输出
A_{16}	A_{15}	地址信号,双向	B_{16}	DRQ_3	DMA 通道 3 请求,输入
A_{17}	A_{14}	地址信号,双向	B_{17}	$\overline{\text{DACK}_1}$	DMA 通道 1 响应,输出
A_{18}	A_{13}	地址信号,双向	B_{18}	DRQ_1	DMA 通道 1 请求,输入
A_{19}	A_{12}	地址信号,双向	B_{19}	$\overline{\text{DACK}_0}$	DMA 通道 0 响应,输出
A_{20}	A_{11}	地址信号,双向	B_{20}	CLOCK	系统时钟,输出
A_{21}	A_{10}	地址信号,双向	B_{21}	IRQ_7	中断请求,输入
A_{22}	A_9	地址信号,双向	B_{22}	IRQ_6	中断请求,输入
A_{23}	A_8	地址信号,双向	B_{23}	IRQ_5	中断请求,输入
A_{24}	A_7	地址信号,双向	B_{24}	IRQ_4	中断请求,输入
A_{25}	A_6	地址信号,双向	B_{25}	IRQ_3	中断请求,输入
A_{26}	A_5	地址信号,双向	B_{26}	$\overline{\text{DACK}_2}$	DMA 通道 2 响应,输出
A_{27}	A_4	地址信号,双向	B_{27}	T/C	计数终点信号,输出
A_{28}	A_3	地址信号,双向	B_{28}	ALE	地址锁存信号,输出
A_{29}	A_2	地址信号,双向	B_{29}	$+5\text{V}$	电源 $+5\text{V}$
A_{30}	A_1	地址信号,双向	B_{30}	OSC	振荡信号,输出
A_{31}	A_0	地址信号,双向	B_{31}	GND	地

• 在原 8 位总线基础上，又增加了 $\text{IRQ}_{10} \sim \text{IRQ}_{15}$ 中断请求输入信号。这里需要注意，其中 IRQ_{13} 指定给数值协处理器使用。另外，由于 16 位 ISA 总线上增加了外部中断的数量，在底板上，是由两块中断控制器（Intel 8259）级联实现中断优先级管理的。其中从中断控制器的中断请求接到主中断控制器的 IRQ_2 上，而原 PC/XT 定义的 IRQ_2 引脚，在 16 位 ISA 总线上变为 IRQ_9。最后，IRQ_8 接定时器（Intel 8254），用于产生定时中断（实时钟）。

• 为实现 DMA 传送，在 AT 机的底板上采用两块 DMA 控制器级联使用。其中主控级的 DRQ_0 接从属级的请求信号（HRQ）。这样，就形成了 DRQ_0 到 DRQ_7 中间没有 DRQ_4 的 7 级 DMA 优先级安排。同时，在 AT 机中，不再采用 DMA 实现动态存储器刷新。故总线上的设备均可使用这 7 级 DMA 传送信号。除原 8 位 ISA 总线上的 DMA 请求信号外，其余的 DRQ_0、$\text{DRQ}_5 \sim \text{DRQ}_7$ 均定义在引脚为 36 的插槽上。与此相对应地，DMA 控制器提供的响应信号 $\overline{\text{DACK}_0}$、$\overline{\text{DACK}_5} \sim \overline{\text{DACK}_7}$ 也定义在该插槽上。

表 11-2　AT 总线新增加的 36 个引脚功能

元件面			焊接面		
引脚号	信号名	说明	引脚号	信号名	说明
C_1	$\overline{SBHE}$	高位字节允许	D_1	$\overline{MEMWCS_{16}}$	存储器 16 位片选信号,输入
C_2	A_{23}	高位地址,双向	D_2	$\overline{I/OCS_{16}}$	接口 16 位片选信号,输入
C_3	A_{22}	高位地址,双向	D_3	IRQ_{10}	中断请求,输入
C_4	A_{21}	高位地址,双向	D_4	IRQ_{11}	中断请求,输入
C_5	A_{20}	高位地址,双向	D_5	IRQ_{12}	中断请求,输入
C_6	A_{19}	高位地址,双向	D_6	IRQ_{14}	中断请求,输入
C_7	A_{18}	高位地址,双向	D_7	IRQ_{15}	中断请求,输入
C_8	A_{17}	高位地址,双向	D_8	$\overline{DACK_0}$	DMA 通道 0 响应,输出
C_9	$\overline{SMEMR}$	存储器读,双向	D_9	DRQ_0	DMA 通道 0 请求,输入
C_{10}	$\overline{SMEMW}$	存储器写,双向	D_{10}	$\overline{DACK_5}$	DMA 通道 5 响应,输出
C_{11}	D_8	高位数据,双向	D_{11}	DRQ_5	DMA 通道 5 请求,输入
C_{12}	D_9	高位数据,双向	D_{12}	$\overline{DACK_6}$	DMA 通道 6 响应,输出
C_{13}	D_{10}	高位数据,双向	D_{13}	DRQ_6	DMA 通道 6 请求,输入
C_{14}	D_{11}	高位数据,双向	D_{14}	$\overline{DACK_7}$	DMA 通道 7 响应,输出
C_{15}	D_{12}	高位数据,双向	D_{15}	DRQ_7	DMA 通道 7 请求,输入
C_{16}	D_{13}	高位数据,双向	D_{16}	$+5V$	电源 $+5V$
C_{17}	D_{14}	高位数据,双向	D_{17}	$\overline{MASTER}$	主控,输入
C_{18}	D_{15}	高位数据,双向	D_{18}	GND	地

- 在 16 位 ISA 总线上,定义了新的 $\overline{SMEMR}$ 和 $\overline{SMEMW}$,它们与前面 8 位 ISA 总线上的 $\overline{MEMR}$ 和 $\overline{MEMW}$ 不同的是:后者只在存储器的寻址范围小于 1MB 时才有效,而前者在整个 16MB 范围内均有效。

- $\overline{MASTER}$ 是新增加的主控信号。利用该信号,可以使总线插板上设备变为总线主控器,用来控制总线上的各种操作。在总线插板上 CPU 或 DMA 控制器可以将 DRQ 送往 DMA 通道。在接收到响应信号 $\overline{DACK}$ 后,总线上的主控器可以使 $\overline{MASTER}$ 成为低电平,并且在等待一个系统周期后开始驱动地址和数据总线。在发出读写命令之前,必须等待两个系统时钟周期。总线上的主控器占用总线的时间不要超过 $15\mu s$,以免影响动态存储器的刷新。

- $\overline{MEMCS_{16}}$ 是存储器的 16 位片选信号。如果总线上的某一存储器卡要传送 16 位数据,则必须产生 1 个有效的(低电平)$\overline{MEMCS_{16}}$ 信号,该信号加到系统板上,通知主板实现 16 位数据传送。此信号由 $A_{17} \sim A_{23}$ 高地址译码产生,利用三态门或集电极开路门进行驱动。

- $\overline{I/OCS_{16}}$ 为接口的 16 位片选信号,它由接口地址译码信号产生,低电平有效,用来通知主板进行 16 位接口数据传送。该信号由三态门或集电极开路门输出,以便实现"线或"。

16 位 ISA 总线能实现 16 位数据传送,寻址能力达 16MB,工作频率为 8MHz,数据传输率最高可达 8MB/s。随后 Intel 公司推出 80386CPU,数据总线由 16 位增至 32 位,内部结构也发生了飞跃性进步,CPU 的处理能力也大大提高。这时,通过 ISA 总线与存储器、显示器、I/O 设备传送数据的速度就显得很慢,为了解决低性能总线与高性能 CPU 之间的矛盾,IBM 公司率先在他们设计的一台 80386 微机上,设计了一种完全不同于 ISA 总线的微通道体系结构,即 MCA 总线体系结构,并且与 ISA 总线不相兼容。

MCA 微通道结构总线,也称为 PS/2 总线,它分为 16 位和 32 位两种。16 位的 MCA

总线与 ISA 总线处理能力基本相同，只是在总线上增加了一些辅助扩展功能而已。而 32 位 MCA 则是一种全新的系统总线结构，它支持 186 引脚插接器的适配器板，系统总线上的数据宽度为 32 位，可同时传送 4 字节数据；有 32 位地址线，提供 4GB 的内存寻址能力。此外，MCA 还提供一些 ISA 总线所没有的功能，如地址线均匀分布而减少电磁干扰，增加了数据的可靠性；有自己的处理器，并能通过分享总线控制权而独立于主 CPU 进行自身的工作，从而减轻主 CPU 的负担；还有能自动关闭出现功能错误的适配器的能力等。因此这种总线能充分利用 80386、80486CPU 的强大处理能力，使 PC 机的整体性能得到很大提高。

11.2.2　EISA 扩展的工业标准结构总线

1988 年 9 月，Compaq 公司联合 HP、AST、AT&T、TANDY、NEC 等 9 家计算机公司，宣布研制一种新的总线标准，这种总线不仅具有 MCA 的功能，而且与 ISA 结构完全兼容。这就是扩展的工业标准体系结构 EISA（Extended Induslrial Standard Architecture）总线。它是在 ISA 总线基础上进行扩展构成的，插针由原来 16 位 ISA 总线的 98 个，扩展到 198 个。为做到扩展板的完全兼容，EISA 总线插座在物理结构的考虑上很讲究，它把 EISA 总线的所有信号分成深度不同的上、下两层。上面一层包含 ISA 的全部信号，信号的排列、信号引脚间的距离以及信号的定义规约与 ISA 完全一致。下层包含全部新增加的 EISA 信号，这些信号在横向位置上与 ISA 信号线错开。为保证 ISA 标准的适配器板只能和上层 ISA 信号相连接，在下层的某些位置设置了几个卡键，用来阻止 ISA 适配器板滑入深处的 EISA 层；而在 EISA 适配器板相应卡键的位置上，则制作了大小相匹配的凹槽，从而保证 EISA 标准的适配器板能畅通无阻地插到深处层，和上下两层信号相连接。

为构成 EISA 总线而增加到 ISA 总线上的主要信号线如下。

- $\overline{BE_0} \sim \overline{BE_3}$ 字节允许信号。这 4 个信号分别用来表示 32 位数据总线上哪个字节与当前总线周期有关。它们与 80386 或 80486CPU 上的 $\overline{BE_0} \sim \overline{BE_3}$ 功能相同。

- $M/\overline{IO}$：访问存储器或 I/O 接口指示。用该信号的不同电平，来区分 EISA 总线上是访问内存周期还是访问 I/O 接口周期。

- $\overline{START}$：起始信号。它有效时表明 EISA 总线周期开始。

- $\overline{CMD}$：定时控制信号。在 EISA 总线周期中提供定时控制。

- $LA_2 \sim LA_{31}$：地址总线。这些信号在底板上没有锁存，可以实现高速传送，它们与 $\overline{BE_0} \sim \overline{BE_3}$ 一起，共同对 4GB 的寻址空间进行寻址。

- $D_{16} \sim D_{31}$：高 16 位的数据总线。它们与原 ISA 总线上定义的 $D_0 \sim D_{15}$ 共同构成 32 位数据总线，使 EISA 总线具备传送 32 位数据的能力。

- $\overline{MACK_n}$：总线认可信号。n 为相应插槽号。利用该信号来表示第 n 个总线主控器已获总线控制权。

- $MIREQ_n$：主控器请求信号。当总线主控器需要访问总线时，发出此信号，用以请求得到总线控制权。当然，该信号必须纳入总线裁决机构进行仲裁。

- $\overline{MSBURST}$：该信号用来指明一个主控器有能力完成一次猝发传送周期。

- $\overline{SLBURST}$：该信号用来指明一个受控器有能力接收一次猝发传送周期。

- EX_{32}、EX_{16}：指示受控器是一块 EISA 标准的板子，并能支持 32 位或 16 位周期。若一个周期开始，这两个信号都无效，则总线变成 ISA 总线兼容方式。

- $EXRDY$：该信号用来指示一个 EISA 受控器准备结束一个周期。

EISA 总线的数据传输速率可达 33MB/s，以这样高的速度进行 32 位的猝发传输，因此很适合高速局域网、快速大容量磁盘及高分辨率图形显示，其内存寻址能力达 4GB。EISA 还可支持总线主控，可以直接控制总线进行对内存和 I/O 设备的访问而不涉及主 CPU，所以 EISA 总线极大地提高了 PC 机的整体性能。

11.2.3　VESA 总线

VESA 总线是 1992 年 8 月由视频电子标准协会（Video Electronics Standards Association，VESA）公布的基于 80486CPU 的 32 位局部总线。VESA 总线支持 16～66MHz 的时钟频率，数据宽度为 32 位，可扩展到 64 位。与 CPU 同步工作时，总线传送速率最大为 132MB/s，需要快速响应的视频、内存及磁盘控制器等部件都可通过 VESA 局部总线连接到 CPU 上，使系统运行速度更快。但是 VESA 总线是一种在 CPU 总线基础上扩展而成的。这种总线与 CPU 的类型相关，使 I/O 速度可随着 CPU 速度的加快而不断加快，因此开放性差，并且由于 CPU 总线负载能力有限，目前 VESA 总线扩展槽只支持 3 个设备。实际上，VESA 总线并不是新标准，所有 VESA 卡都占用一个 ISA 总线槽和一个 VESA 扩展槽。

11.2.4　PCI 总线

1992 年初，Intel 联合 IBM、Compaq、DEC、Apple 等公司创立了 PCI 局部总线标准。PCI 是 peripheral component interconnect 的缩写，即外围元件互联。PCI 总线支持 33MHz 的时钟频率，数据宽度为 32 位，可扩展到 64 位，数据传输率可达 132～264MB/s。这为需要大量传送数据的计算机图形显示和高性能的磁盘 I/O 提供了可能。如果将来总线用 64 位实现，带宽将加倍，这就意味着最高能以 264MB/s 的速度传送数据。

PCI 总线开放性好，不受处理器类型限制，具有广泛的兼容性，是一种低成本、高效益、能兼容 ISA 总线和 CPU 性能、高速发展的很有前途的局部总线。例如，PCI 网卡比 EISA 卡便宜，而且安装更容易。PCI 已成为 32 位的主流标准总线。Pentium 机 90% 以上都采用 PCI 总线以加速外设。考虑到兼容性，目前 PCI 主板都带有足够的 ISA 总线槽，也有全部是 PCI 插槽的主板。

PCI 总线通常称为夹层总线（Mezzanine Bus），因为在传统的总线结构上多加了一层。PCI 旁路了标准 I/O 总线，使用系统总线来提高总线时钟速率，获取 CPU 数据通道的全部优势。PCI 规范确定了 3 种板的配置，每一种都是为一个特定的系统类型设计的，配有专门的电源需求。5V 规格适用于固定式计算机系统，3.3V 规格适用于便携式机器，通用规格适用于能在两种系统中工作的主板和板卡。表 11-3 给出了 5V 规格的 PCI 总线引脚安排。

PCI 的另外一个重要特性是它已经成为 Intel 即插即用（PnP）规范的典范，这就意味着 PCI 卡上无跳线和开关，而代之以通过软件进行配置。真正的 PnP 系统具有自动配置适配器的能力，而带 ISA 插槽的非 PnP 系统必须通过一个程序来配置适配器，该程序通常是系统 CMOS 配置的一部分。从 1995 年后期开始，大多数 PC 兼容系统都包含能进行自动 PnP 配置的 PnP BIOS。

从总线分类看，PC 系列机中不存在计算机系统总线这一概念，不论是 ISA、MCA、EISA，还是 VESA 和 PCI，都是一种局部总线，它们都只是单板机上的 I/O 扩展总线。因为它们都不能像计算机系统总线那样支持多主 CPU 的并行处理，不存在多 CPU 共享资源，不存在也不需要总线仲裁，即不可能像 STD、Multibus Ⅰ/Ⅱ、VME 等系统总线那样，可以在一个计算机箱内共存多块互不相干而又可以互相通信的主 CPU 板。

表 11-3　5V PCI 总线引脚安排

引脚	信号	引脚	信号	引脚	信号	引脚	信号
B_1	$-12V$	A_1	测试复位	B_{48}	地址 10	A_{48}	GND
B_2	测试时钟	A_2	$+12V$	B_{49}	GND	A_{49}	A_9
B_3	GND	A_3	测试模式选择	B_{50}	接入键	A_{50}	接入键
B_4	测试数据输出	A_4	测试数据选择	B_{51}	接入键	A_{51}	接入键
B_5	$+5V$	A_5	$+5V$	B_{52}	A_8	A_{52}	C/BE 1
B_6	$-5V$	A_6	中断 A	B_{53}	A_7	A_{53}	$+3.3V$
B_7	中断 B	A_7	中断 C	B_{54}	$+3.3V$	A_{54}	A_6
B_8	中断 D	A_8	$+5V$	B_{55}	A_5	A_{55}	A_4
B_9	PRSNT1♯	A_9	保留	B_{56}	A_3	A_{56}	GND
B_{10}	保留	A_{10}	$+5V$ I/O	B_{57}	GND	A_{57}	A_2
B_{11}	PRSNT2♯	A_{11}	保留	B_{58}	A_1	A_{58}	A_0
B_{12}	GND	A_{12}	GND	B_{59}	$+5V$ I/O	A_{59}	$+5V$ I/O
B_{13}	GND	A_{13}	GND	B_{60}	确认 64 位	A_{60}	请求 64 位
B_{14}	保留	A_{14}	保留	B_{61}	$+5V$	A_{61}	$+5V$
B_{15}	GND	A_{15}	复位	B_{62}	$+5V$ 接入键	A_{62}	$+5V$ 接入键
B_{16}	时钟	A_{16}	$+5V$ I/O	B_{63}	保留	A_{63}	GND
B_{17}	GND	A_{17}	许可	B_{64}	GND	A_{64}	C/BE 7
B_{18}	请求	A_{18}	GND	B_{65}	C/BE 6	A_{65}	C/BE 5
B_{19}	$+5V$ I/O	A_{19}	保留	B_{66}	C/BE 4	A_{66}	$+5V$ I/O
B_{20}	A_{31}	A_{20}	A_{30}	B_{67}	GND	A_{67}	64 位奇偶校验
B_{21}	A_{29}	A_{21}	$+3.3V$	B_{68}	A_{63}	A_{68}	A_{62}
B_{22}	GND	A_{22}	A_{28}	B_{69}	A_{61}	A_{69}	GND
B_{23}	地址	A_{23}	A_{26}	B_{70}	$+5V$ I/O	A_{70}	A_{60}
B_{24}	地址	A_{24}	GND	B_{71}	A_{59}	A_{71}	A_{58}
B_{25}	$+3.3V$	A_{25}	A_{24}	B_{72}	A_{57}	A_{72}	GND
B_{26}	C/BE 3	A_{26}	初始设备选择	B_{73}	GND	A_{73}	A_{56}
B_{27}	A_{23}	A_{27}	$+3.3V$	B_{74}	A_{55}	A_{74}	A_{54}
B_{28}	GND	A_{28}	A_{22}	B_{75}	A_{53}	A_{75}	$+5V$ I/O
B_{29}	A_{21}	A_{29}	A_{20}	B_{76}	GND	A_{76}	A_{52}
B_{30}	A_{19}	A_{30}	GND	B_{77}	A_{51}	A_{77}	A_{50}
B_{31}	$+3.3V$	A_{31}	A_{18}	B_{78}	A_{49}	A_{78}	GND
B_{32}	地址	A_{32}	A_{16}	B_{79}	$+5V$ I/O	A_{79}	A_{48}
B_{33}	C/BE 2	A_{33}	$+3.3V$	B_{80}	A_{47}	A_{80}	A_{46}
B_{34}	GND	A_{34}	循环帧	B_{81}	A_{45}	A_{81}	GND
B_{35}	发起设备准备好	A_{35}	GND	B_{82}	GND	A_{82}	A_{44}
B_{36}	$+3.3V$	A_{36}	目标设备准备好	B_{83}	A_{43}	A_{83}	A_{42}
B_{37}	设备选择	A_{37}	GND	B_{84}	A_{41}	A_{84}	$+5V$ I/O
B_{38}	GND	A_{38}	停止	B_{85}	GND	A_{85}	A_{40}
B_{39}	锁	A_{39}	$+3.3V$	B_{86}	A_{39}	A_{86}	A_{38}
B_{40}	奇偶校验错	A_{40}	监听完毕	B_{87}	A_{37}	A_{87}	GND
B_{41}	$+3.3V$	A_{41}	监听后退	B_{88}	$+5V$ I/O	A_{88}	A_{36}
B_{42}	系统出错	A_{42}	GND	B_{89}	A_{35}	A_{89}	A_{34}
B_{43}	$+3.3V$	A_{43}	PAR	B_{90}	A_{33}	A_{90}	GND
B_{44}	C/BE 1	A_{44}	A_{15}	B_{91}	GND	A_{91}	A_{32}
B_{45}	A_{14}	A_{45}	$+3.3V$	B_{92}	保留	A_{92}	保留
B_{46}	GND	A_{46}	A_{13}	B_{93}	保留	A_{93}	GND
B_{47}	A_{12}	A_{47}	A_{11}	B_{94}	GND	A_{94}	保留

11.2.5 加速图形端口

加速图形端口（AGP）是 Intel 为高性能图形和视频支持而专门设计的一种新型总线。AGP 以 PCI 为基础，但是有所增加和增强，在物理上、电气上和逻辑上独立于 PCI。例如，AGP 连接器类似于 PCI，但是有一些附加信号，且在系统中的位置也不同。与 PCI 带有多个连接器（插槽）的真正总线不同，AGP 是专为系统中一块视频卡设计的点到点高性能连接，只有一个 AGP 插槽可以插入单块视频卡。

AGP 规范 1.0 版由 Intel 于 1996 年 7 月首次发布，定义了带 1X 和 2X 信令的 66MHz 时钟速率，使用 3.3V 电压。AGP2.0 版于 1998 年 5 月发布，增加了 4X 信令，以及以更低的 1.5V 电压工作的能力。还有一个新的 AGP PRO 规范。该规范定义了略长些的插槽，在每一端又附加了电源引脚，以便驱动更大、更快的 AGP 卡，其耗电大于 25W，最大高达 110W。AGP PRO 卡用在高档图形工作站中，其插槽后向兼容，这意味着标准 AGP 卡也可插入。

AGP 是一种高速连接，以 66MHz 的基频运行（实际为 66.66MHz），为标准 PCI 的两倍。基本 AGP 模式叫作 1X，每个周期完成一次传输。由于 AGP 总线为 32 位（4 字节）宽，在 6600 万次/s 的条件下能达到大约 266MB/s 的数据传输能力。原始 AGP 规范也定义了 2X 模式，每个周期完成两次数据传输，速率达到 533MB/s。大多数现代 AGP 卡都工作在 2X 模式。更新一些的 AGP2.0 规范增加了 4X 传输能力，每个周期完成四次数据传输，等于 1066MB/s 的数据传输速率。表 11-4 给出了不同 AGP 工作模式下不同的时钟频率和数据传输速度。

表 11-4 对应于数据传输速率的时钟频率

AGP 模式	基本时钟频率	有效时钟频率	数据传输速率
1X	66MHz	66MHz	266MB/s
2X	66MHz	133MHz	533MB/s
4X	66MHz	266MHz	1066MB/s

由于 AGP 独立于 PCI，使用 AGP 视频卡将省出 PCI 总线用于更多的传统输入输出，如 IDE/ATA 或 SCSI 控制器、USB 控制器、声卡等。

除了能获得更快的视频性能，Intel 公司设计 AGP 的另一主要原因是允许视频卡能与系统 RAM 直接进行高速连接。这将允许 AGP 视频卡直接存取系统 RAM，减少了越来越多视频内存的需求，这在 PC 的 3D 视频操作需要越来越多内存的现今显得特别重要。AGP 将使视频卡的速度能满足高速 3D 图形渲染，以及将来在 PC 上显示全活动视频的需要。

11.3 系 统 总 线

微机系统中目前常用的系统总线主要有下列几种。

(1) S-100 总线

S-100 总线首先在 MITS 公司的 Altair 微机系统中使用，但该总线有缺陷。1979 年经过两次修改后成为新的 S-100 总线，并由国际标准化会议定名为 IEEE696。S-100 总线是一种曾经应用很广泛的系统总线。其按功能可分为 8 组，包括 16 条数据线、24 条地址线、8 条状态线、5 条控制输出线、6 条控制输入线、6 条 DMA 控制线、8 条向量中断线和 25 条其它用途线。它采用 100 个引脚的插件板，每面 50 个引脚。

(2) Multibus Ⅰ 和 Multibus Ⅱ

Multibus Ⅰ 和 Multibus Ⅱ 分别简称为 MB Ⅰ 和 MB Ⅱ。MB Ⅰ 系统总线是 Intel 公司 1974 年提出的用于 SBC 微型计算机系统的总线，所以又称 SBC 多总线。这是一种 16 位多处理机的标准计算机系统总线，并由国际标准化会议承认而定名为 IEEE796。由于 32 位高速 CPU 的问世，1985 年 Intel 公司推出适应 32 位微机的总线 MB Ⅱ（IEEE1296），它是由 16 位的 MB Ⅰ 扩展而来的。MB Ⅱ 具有自动配置系统的能力，数据传输率可达 40MB/s（MB Ⅰ 数据传输率只有 10MB/s）。

(3) STD 总线

STD 总线是美国 PROLOG 公司 1978 年推出的一种工业控制微型机的标准系统总线，STD 总线采用小板结构、高度模块化，具有一整套高可靠性措施，使该总线构成的工业控制机，可以长期可靠地工作于恶劣环境下。该总线结构简单，其中只有 56 条引脚并能支持多微处理系统，是一种小规模且性能很好的系统总线，被国际标准化会议定名为 IEEE961。STD 总线不仅是国际上流行的工业控制机标准总线，也是国内工业控制机首选的标准总线。早期 STD 总线使用在 Z_{80}CPU 组成的系统上，是一种 8 位的总线。随着 16 位 CPU 的问世，STD 总线生产集团推出 16 位的电路标准，并列入总线规范中，即地址和数据线采用复用技术，可以支持 16 位数据和 24 位地址。32 位 CPU 出现后，8 位和 16 位的 STD 总线已无法满足要求。1989 年，美国的 EAITECH 公司开发出 32 位的 STD32。

(4) VME 总线

VME 总线是 1982 年由 Motorola 公司推出的 32 位系统总线，尽管它比前几种总线晚推出几年，但它却是一种商业化、完全开放的 32 位系统总线。它主要用于 MC68000 系列工作站与高档微机系统中，被国际标准化会议定名为 IEEE1014。SUN、HP 和日本电气等公司的工作站都采用 VME 总线，尤其是与 LAN 接口卡连接的环境。因它能支持多机和多主设备，数据传输率原来是 24MB/s，经改进后最高数据传输率可达 57MB/s。VME 总线宣布不久，很快就获得工业总线的市场。

(5) FUTURE 总线

FUTURE 总线是由 IEEE 委员会设计的一种高性能 32 位底板总线（并定名为 IEEE896）。它是由 Multibus 标准延伸而来，应用于 32 位多处理器系统上，是目前传输率最快的总线，它的数据传输率高达 135MB/s。

11.4 通 信 总 线

通信总线又称外总线，它用于微型计算机之间、微型计算机与远程终端、微型机与外部设备以及微型计算机与测量仪器仪表之间的通信。这类总线不是微型计算机系统所特有的总线，而是利用电子工业或其它领域已有的总线标准。通信总线分为并行总线和串行总线，在计算机网络、微型机自动测试系统、微型机工控系统中得到广泛的应用。下面介绍几种典型的通信总线。

11.4.1　IEEE 488 总线

IEEE 488 是一种并行的外总线，20 世纪 70 年代由 HP 公司制定，它以机架层叠式智能仪器为主要器件，构成开放式的积木测试系统。当用 IEEE 488 标准建立一个由计算机控制的测试系统时，不用再加一大堆复杂的控制电路，因此 IEEE 488 总线是工业上应用最广泛的通信总线之一。

(1) IEEE 488 总线使用的约定

- 数据传输速率≤1MB/s。
- 连接在总线上的设备（包括作为主控器的微型机）≤15 个。
- 设备间的最大距离≤20m。
- 整个系统的电缆总长度≤220m，若电缆长度超过 220m，则会因延时而改变定时关系，从而造成工作不可靠，此时应附加调制解调器。
- 所有数据交换都必须是数字化的。
- 总线规定使用 24 线的组合插头座，并且采用负逻辑，即用小于 0.8V 的电压表示逻辑 1，用大于 2V 的电压表示逻辑 0。

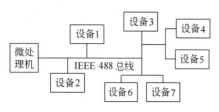

图 11-6　IEEE 488 总线接口结构

(2) 系统上设备的工作方式

IEEE 488 总线接口结构如图 11-6 所示。利用 IEEE 488 总线将微型计算机和其它若干设备连接在一起，可以采用串行连接，也可以采用星形连接。在 IEEE 488 系统中的每一个设备可按如下 3 种方式工作。

- 听者方式：这是一种接收器，它从数据总线上接收数据，一个系统在同一时刻可以有两个以上的"听者"在工作。可以充当听者功能的设备有微型计算机、打印机、绘图仪等。
- 讲者方式：这是一种发送器，它向数据总线发送数据，一个系统可以有两个以上的"讲者"，但任一时刻只能有一个讲者在工作。具有讲者功能的设备有微型计算机、磁带机、数字电压表、频谱分析仪等。
- 控制者方式：这是一种向其它设备发布命令的设备，例如对其它设备寻址，或允许"讲者"使用总线。控制者通常由微型机担任，一个系统可以有不止一个控制者，但每一时刻只能有一个控制者在工作。

在 IEEE 488 总线上的各种设备可以具备不同的功能。有的设备如微型计算机可以同时具有控制者、听者、讲者 3 种功能，有的设备只具有收、发功能，而有的设备只具有接收功能，如打印机。在某一时刻，系统只能有一个控制者；当进行数据传送时，某一时刻只能有一个发送器发送数据，允许多个接收器接收数据，也就是可以进行一对多的数据传送。

在一般应用中，例如，微型机控制的数据测量系统，通过 IEEE 488 将微型机和各种测试仪器连接起来，这时，只有微型机具备控制、发、收 3 种功能，而总线上的其它设备都没有控制功能，但仍有收、发功能。当总线工作时，由控制者发布命令，规定哪个设备为发送器，哪个为接收器，而后发送器可以利用总线发送数据，接收器从总线上接收数据。

(3) IEEE 488 总线信号定义说明

IEEE 488 总线使用 24 线组合插头座，各引脚定义列于表 11-5。

IEEE 488 的信号线除 8 条地线外，有以下 3 类信号线。

① $D_7 \sim D_0$：这是 8 条双向数据线，除了用于传送数据外，还用于听、讲方式的设置，以及设备地址和设备控制信息的传送，即在 $D_7 \sim D_0$ 上可以传送数据、设备地址和命令。这是因为该总线没有设置地址线和命令线，这些信息要通过数据线上的编码来产生。

② 字节传送控制线。在 IEEE 488 总线上数据传送采用异步握手（挂钩）联络方式。即用 DAV、NRFD 和 NDAC 这 3 根线进行握手联络。

表 11-5　IEEE 488 总线各引脚定义

引脚	符号	说明	引脚	符号	说明
1	D_0		13	D_4	
2	D_1	低 4 位数据线	14	D_5	高 4 位数据线
3	D_2		15	D_6	
4	D_3		16	D_7	
5	EOI	结束或识别线	17	REN	远程控制
6	DAV	数据有效线	18		
7	NRFD	未准备好接收数据线	19		
8	NDAC	数据未接收完毕线	20		
9	IFC	接口清 0 线	21	GND	地
10	SRQ	服务请求线	22		
11	ATN	监视线	23		
12	GND	机壳地	24		

• DAV（Data Avaible）：数据有效线。当由发送器控制的数据总线上的数据有效时，发送器置 DAV 为低电平（逻辑 1），指示接收器可以从总线上接收数据。

• NRFD（Not Ready for Data）：未准备好接收数据线。只要连接在总线上被指定为接收器中的设备，尚有一个未准备好接收数据，接收器就置 NRFD 为有效（低电平），示意发送器不要发出数据。当所有接收器都准备好时，NRFD 变为高电平。

• NDAC（Not Data Accepted）：数据未接收完。当总线上被指定为接收器的设备，有任何一个尚未接收完数据，它就置 NDAC 线为低电平，示意发送器不要撤销当前数据。只有当所有接收器都接收完数据后，此信号才变为高电平。

③ 接口管理线。

• IFC（Interface Clear）：接口清零线。该线的状态由控制器建立，并作用于所有设备。当它为有效低电平时，整个 IEEE 488 总线停止工作，发送器停止发送，接收器停止接收，使系统处于已知的初始状态。它类似于复位信号 RESET，可用计算机的复位键来产生 IFC 信号。

• SRQ（Service Request）：服务请求线。它用来指出某个设备请求控制器的服务，所有设备的请求线是"线或"在一起的，因此任何一个设备都可以使这条线有效，来向控制器请求服务。但请求能否得到控制器的响应，完全由程序安排。当系统中有计算机时，SRQ 是发向计算机的中断请求线。

• ATN（Attention Line）：监视线。它由控制器驱动，用它的不同状态对数据总线上的信息作出解释。

当 ATN＝1 时，表示数据线上传送的是地址或命令，这时只有控制器能发送信息，其它设备都只能接收信息。当 ATN＝0 时，表示数据总线上传送的是数据。

• EOI（End or Identify）：结束或识别线。该线与 ATN 线一起指示是数据传送结束，还是用来识别一个具体设备。当 ATN＝0 时，这是进行数据传送，当传送最后一个字节使 EOI＝1 时，表示数据传送结束。当 ATN＝1 时，若 EOI＝1，则表示数据总线上是设备识别信息，即可得到请求服务的设备编码。

• REN（Remote Enable）：远程控制线。该信号为低电平时，系统处于远程控制状态，设备面板开关、按键均不起作用；若该信号为高电平，则远程控制不起作用，本地面板控制开关、按键起作用。

（4）IEEE 488 总线传送数据时序

IEEE 488 总线上数据传送采用异步方式，数据传送的时序如图 11-7 所示。从时序图可

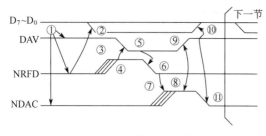

图 11-7 三线握手时序

见，总线上每传送一个字节数据，就有一次 DAV、NRFD 和 NDAC 3 线的握手过程。

在图 11-7 中，"①"表示原始状态讲者置 DAV 为高电平；听者置 NRFD 和 NDAC 两线为低电平。"②"表示讲者测试 NRFD、NDAC 两线的状态，若它们同时为低电平时，则讲者将数据送上数据总线 $D_7 \sim D_0$。"③"中虚线表示一个设备接着一个设备陆续做好了接收数据准备（如打印机"不忙"）。"④"表示所有接收设备都已准备就绪，NRFD 变为高电平。"⑤"表示当 NRFD 为高电平，而且数据总线上的数据已稳定后，讲者使 DAV 线电平变低，告诉听者数据总线上的数据有效。"⑥"表示听者一旦识别到这点，便立即将 NRFD 拉回低电平，这意味着在结束处理此数据之前不准备再接收另外的数据。"⑦"表示听者开始接收数据，最早接收完数据的听者欲使 NDAC 变高（如图中虚线所示），但其它听者尚未接收完数据，故 NDAC 线仍保持低电平。"⑧"表示只有当所有的听者都接收完毕此字节数据后，NDAC 线才变为高电平。"⑨"表示讲者确认 NDAC 线变高后，就升高 DAV 线电平。"⑩"表示讲者撤销数据总线上的数据。"⑪"表示听者确认 DAV 线为高电平后置 NDAC 为低，以便开始传送另一数据字节。至此完成传送一个数据字节的 3 线握手联络全过程，以后按上述定时关系重复进行。从数据传送的过程可见，IEEE 488 总线上数据传送是按异步方式进行的，总线上若是快速设备，则数据传送就快；若是慢速设备，则数据传送就慢。也就是说数据传送的定时是很灵活的，这意味着可以将不同速度的设备同时挂在 IEEE 488 总线上。

目前在自动测试系统中，IEEE 488 总线虽仍然广泛使用，但由于它的数据总线只有 8 位，系统的最高传输速率只有 1MB/s，体积也较大，因此往往不能适应现代科技和生产对测试系统的需要。1987 年 7 月推出的 VXI 总线标准是一种模块化仪器总线，它吸取 VME 计算机系统总线的高速通信和 IEEE 488 总线易于组成测试系统的优点，集中了智能仪器、个人仪器和自动测试仪器的很多特长，具有小型便携、高速数据传输、模块化结构、软件标准化高、兼容性强、可扩性好和器件可重复使用等优点，组建系统灵活方便，能充分利用计算机的效能，易于利用数字信号处理的新原理和新方法以及构成虚拟仪器的优点，并便于接入计算机网构成信息采集、传输和处理的一体化网络。VXI 技术把计算机技术、数字接口技术和仪器测量技术有机结合起来，这种总线推出后，在世界上迅速得到推广。VXI 被 IEEE 确定为正式标准 IEEE1155。

采用 VXI 总线构成系统具有如下特点：

• 系统最多可以包含 256 个器件（或称装置），每个器件都具有唯一的逻辑地址单元。

• 一个模块是一个 VXI 器件，但也允许灵活处理。

• 对 VXI 总线的控制分两种：一种是主机箱的外部控制者，另一种是嵌入主机箱的内部控制者。此外系统还有资源管理和零槽功能模块，前者负责系统的配置和管理系统的正常工作，后者主要给系统提供公共资源。

• VXI 总线中地址线有 16 位、24 位、32 位 3 种，数据线 32 位，在数据线上数据的传输速率可达 40MB/s，当在相邻模块间用本地总线传输时，速率更可大幅度提高。此外 VXI 总线还定义了多种控制线、中断线、时钟线、触发线、识别线和模拟线等。

• 在 VXI 总线规范文本中，对主机箱及模块的机械规程、供电、冷却、电磁兼容、系统控制、资源管理和通信规程等都做了明确规定。

此外，目前微机中普遍使用的 SCSI 总线也引起人们的重视。SCSI 是 small compute system interface 的缩写，即小型计算机系统接口。它用于计算机与磁带机、软磁盘机、硬磁盘机、CD-ROM、可重写光盘、扫描仪、通信设备和打印机等外围设备的连接，成为最重要、最有潜力的总线标准。SCSI 总线有如下主要特点。

- SCSI 是一种低成本的通用多功能的计算机与外部设备并行外部总线，可以采用异步传送，当采用异步传送 8 位的数据时，传送速率可达 1.5MB/s；也可以采用同步传送，速率达 5MB/s。而 SCSI-2（fast SCSI）速率为 10MB/s；Ultra SCSI 传输速率为 20MB/s；Ultra-Wide SCSI（即数据为 32 位宽）传送速率高达 40MB/s。

- SCSI 的启动设备（命令别的设备操作的设备）和目标设备（接收请求操作的设备）通过高级命令进行通信，不涉及外设的物理层，如磁头、磁道、扇区等物理参数，不管是与磁盘还是与 CD-ROM 接口，都不必修改硬件和软件，所以 SCSI 总线是一种连接很方便的通用接口。它也是一种智能接口，对于多媒体集成接口更显重要。

- 当采用单端驱动器和单端接收器时，允许电缆长达 6m；若采用差动驱动器和差动接收器时，允许电缆可长达 25m。总线上最多可挂接 8 台总线设备（包括适配器和控制器），但在任何时刻只允许两个总线设备进行通信。

11.4.2　RS-232C 总线

RS-232C 信号定义和说明参见第 9 章相关部分。

由于 RS-232C 标准与 TTL 标准不同，为了使 RS-232C 和 TTL 组成的串行接口能相接，必须进行电平转换。能够实现 TTL 电平和 RS-232C 电平转换的集成电路芯片有许多，较早出现的有 Motorola 公司制造的 MC1488/1489。但由于这两种芯片使用时需要 ±12V 电源，目前使用者渐少，取而代之的是 MAXIM232/202 等芯片，后者只需 +5V 电源和几个电容即可提供双向各两路电平转换。

图 11-8 是一个能实现双向串行通信的 TTL 电平和 RS-232C 电平的转换电路，在 MAXIM232/202 芯片内部包含三个部分：充电泵电压变换器、发送驱动器和接收器，其中充电泵电压变换器通过外接几个电容就能将 +5V 的电压变换成为 ±10V 的电压，从而无须另外提供 ±12V 电压，极大地简化了电路设计。

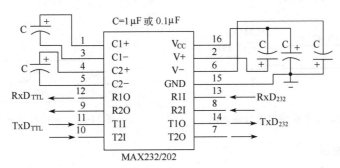

图 11-8　采用 MAX232/202 芯片实现串行通信的电路

11.4.3　RS-423A/422A/485 总线

(1) RS-423A 总线

为了克服 RS-232C 的缺点，提高传送速率，增加通信距离，又考虑到与 RS-232C 的兼容性，美国电子工业协会在 1987 年提出了 RS-423A 总线标准。该标准的主要优点是在接收

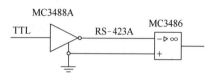

图 11-9 RS-423A 接口电路

端采用了差分输入。RS-423A 的接口电路如图 11-9 所示。

在有电磁干扰的场合，干扰信号将同时混入两条通信线路中，产生共模干扰，而差分输入对共模干扰信号有较高的抑制作用，这样就能提高通信的可靠性。RS-423A 用 $-6V$ 表示逻辑 1，用 $6V$ 表示逻辑 0，而 RS-232C 的接收电压范围是 $\pm 3V$，所以 RS-423A 接收器仅对差动信号敏感，当信号线之间的电压低于 $-0.2V$ 时表示 1，大于 $0.2V$ 时表示 0。接收芯片可以承受 $\pm 25V$ 的电压，因此可以直接与 RS-232C 相接。根据使用经验，采用普通双绞线，RS-423A 线路可以在 130m 内用 100kb/s 的波特率可靠通信；在 1200m 内，可用 1200b/s 波特率进行通信。目前越来越多的计算机逐步采用 RS-423A 标准以获得比 RS-232C 更佳的通信效果。

（2）RS-422A 总线

RS-422A 总线采用平衡输出的发送器，差分输入的接收器，如图 11-10 所示。

发送器有两根输出线，当一条线向高电平跳变的同时，另一条输出线向低电平跳变，线之间的电压极性因此翻转过来。在 RS-422A 线路中，发送信号要用两条线，接收信号也要用两条线，对于全双工通信，至少要有 4 根线。由于 RS-422A 线路是完全平衡的，它比 RS-423A 有更高的可靠性，传送更快更远。一般情况下，RS-422A 线路不使用公共地线，这使得通信双方由地电位不同而对通信线路产生的干扰减至最小。双方地电位不同产生的信号成为共模干扰会被差分接收器滤波掉，而这种干扰却能使 RS-232C 的线路产生错误。但是必须注意，由于接收器所允许的共模干扰范围是有限的，要求小于 $\pm 25V$，因此，若双方地电位的差超过这一数值，也会使信号传送错误，或导致芯片损坏。当采用普通双绞线时，RS-422A 可在 1200m 的范围以 38400b/s 的波特率进行通信。在短距离（200m），RS-422A 的线路可以轻易地达到 200kb/s 以上的波特率，因此这种接口电路被广泛地用在计算机本地网络上。RS-422A 输出信号线间的电压为 $\pm 2V$，接收器的识别电压为 $\pm 0.2V$，共模范围为 $\pm 25V$。在高速传送信号时，应该考虑到通信线路的阻抗匹配，否则会产生强烈的反射，使传送的信息发生畸变，导致通信错误，一般在接收端加终端电阻以吸收掉反射波，电阻网络也应平衡，如图 11-11 所示。

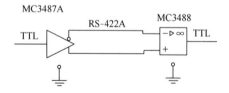

图 11-10 RS-422A 平衡输出差分输入图

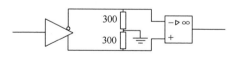

图 11-11 在接收端加终端电阻图

（3）RS-485 总线

使用 RS-422A 接口电路进行全双工通信，需要 2 对线或 4 条线，使线路成本增加。RS-485 适用于收发双方共用一对线进行通信，也适用于多个点之间共用一对线路进行总线方式联网，通信只能是半双工的，线路如图 11-12 所示。

由于共用一条线路，在任何时刻，只允许有一个发送器发送数据，其它发送器必须处于关闭（高阻）状态，这是通过发送器芯片上的发送允许端控制的。例如，当该端为高电平时，发送器可以发送数据，而为低电平时，发送器的两个输出端都呈现高阻状态，好像从线路上脱开一样。

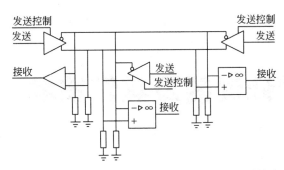

图 11-12　使用 RS-485 多个点之间共用一对线路进行总线方式联网

典型的 RS-232C 到 RS-422/485 转换芯片有 MAX481/483/485/487/488/489/490/491、SN75175/176/184 等等，它们均只需单一的＋5V 电源供电即可工作。具体使用方法可查阅有关技术手册。

习题与思考题

11-1. 总线规范的基本内容是什么？

11-2. 根据在微型计算机系统的不同层次上的总线分类，微型机系统中共有哪几类总线？

11-3. 采用标准总线结构组成微机系统有何优点？

11-4. 总线数据传输的控制方式通常有哪几种？各有何特点？

11-5. 同步、异步、半同步总线传送分别是如何实现总线控制的？

11-6. 在总线上完成一次数据传输一般要经历哪几个阶段？

11-7. 叙述 PC 总线的发展过程。8 位 ISA 总线（或称 XT 总线）、16 位 ISA 总线和 PCI 总线的各信号线以及地址线、数据线有何区别？

11-8. STD 总线主要用于什么场合？各信号线的主要功能是什么？

11-9. 试述 IEEE 488 总线完成一次数据传输的 3 线握手联络过程。

11-10. 为什么要在 RS-232C 与 TTL 之间加电平转换器件？一般采用哪些转换器件？请以图说明。

11-11. 叙述 RS-423A、RS-422A 和 RS-485 等标准的特点和使用场合。

第12章
高性能微处理器及其新技术

随着 VLSI（超大规模集成电路）的出现和发展，芯片的集成度显著提高，价格不断下降，从而提高了计算机的性能价格比，使得过去在大、中、小型计算机中才采用的一些现代技术（例如流水线技术、高速缓冲存储器cache 和虚拟存储器等），下移到微型机系统中来，因而使大、中、小、微型计算机的分界面不断发生变化，界限随时代而趋向消失。

本章学习指导

本章以 80486 为重点介绍高性能微处理器及其发展，然后阐述当前高性能微处理器关键新技术，主要包括 Pentium 微处理器中的指令流水线、RISC、MMX、SIMD 和多核处理器技术。

12.1　32 位微处理器芯片

12.1.1　80X86 芯片发展

美国 Intel 公司是目前世界上最有影响的微处理器生产厂家之一，也是世界上第一个微处理器生产厂家，所生产的 80X86 系列微处理器一直是个人微机的主流 CPU。Intel 80X86 系列微处理器的发展就是微型计算机发展的一个缩影。

（1）8086

1978 年，Intel 推出了 16 位 8086 CPU，这是该公司生产的第一个 16 位芯片，内外数据总线均为 16 位，地址总线 20 位，主存寻址范围 1MB，时钟频率 5MHz。1979 年 Intel 推出了 8088，只是将外部数据总线设计为 8 位，被称为准 16 位 CPU。80186/80188 分别是以8086/8088 为核心，并配以定时器、中断控制器、DMA 控制器等支持电路构成的功能更强、速度更快的芯片。80186/80188 常用作智能型的控制器来进行实时控制，许多网络接口卡也使用它们处理底层的网络通信协议。

（2）80286

1982 年，Intel 推出 80286CPU，时钟频率 6～20MHz，16 位内外数据总线，地址总线24 位，物理存储器具有 16MB。80286 有两种工作方式：实模式和保护模式。在实模式下，80286 与 8086 的工作方式一样，相当于一个快速 8086。在保护模式下，80286 提供了虚拟存储管理和多任务的硬件控制，能直接寻址 16MB 主存和 1GB 的虚拟存储器，提供保护机制。

（3）80386

1985 年，Intel 80X86 微处理器进入第三代即 80386。80386 CPU 采用 32 位结构，数据

总线 32 位，地址总线 32 位，可寻址 4GB 内存和 64TB 虚拟内存，时钟频率有 16MHz、25MHz、33MHz。80386 除保持与 80286 完全兼容外，还提供了可选的页式存储管理功能，以及虚拟 8086 工作模式，可同时模拟多个 8086 处理器。80386 指令系统在兼容原来 16 位系统的基础上，全面升级为 32 位，还新增了有关位操作、条件设置等指令。

作为 32 位 CPU，80386 设计得非常成功。当时，Intel 公司明确宣布 80386 芯片的体系结构将被确定为以后开发的 80X86 系列微处理器体系结构的标准，成为英特尔 32 位结构：IA-32（Intel Architecture-32）。

为了适应便携机要求，Intel 在 1990 年引入 SL 技术生产低功耗节能型芯片，还增加了一种新的工作模式：系统管理模式（SMM）。当微处理器进入 SMM 工作方式后，会根据当时不同的使用环境自动减速运行，甚至停止运行，这时微处理器还可以控制其他部件停止工作，从而使微机的整体耗电降到最小。它们最初为便携机而设计，后来也用于节能的台式机中。

(4) 80486

1989 年，Intel 出品 80486 CPU。它采用了 $1\mu m$ 制造工艺，内部继承了 120 万个晶体管，最初的时钟频率为 25MHz，但很快发展到了 33MHz 和 50MHz。从结构上来说，80486＝80386＋80387＋8KB Cache，即 80486 把 80386 CPU 与 80387 数学协处理器和 8KB 高速缓冲存储器（L1 Cache）集成在一个芯片上，且支持二级高速缓存（L2 Cache），使 CPU 的性能大大提高。80486 在 Intel 生产的 CPU 中首次采用了精简指令集计算机（RISC）技术，同时采用了流水线方式的指令重叠执行方法，从而使 80486 可以在一个时钟周期执行完成一条简单指令。

Intel 80X86 系列微处理器是传统的复杂指令集计算机（CISC），采用大量复杂的但功能强大的指令来提高性能。复杂指令一方面提高了处理器性能，另一方面又给进一步提高性能带来了麻烦。所以，人们又转而设计主要由简单指令组成的处理器，以期在新的技术条件下生产更高性能的处理器。80486 以后的微处理器吸取了 RISC 技术的特长，并将其融入了 CISC 中，极大地提高了微处理器的性能。指令流水线技术是将指令的执行划分为多个步骤在多个部件中独立地进行，这样使得多条指令可以在不同的执行阶段同时进行，就像工厂中的产品流水线。

80486SX 是在 80486DX 销售一年后推出的，它与 80486DX 的区别是内部不含数学协处理器。80486DX2 是基于 80486DX 的升级产品，它与 80486DX 完全兼容（包括处理器引脚），但采用了时钟倍频技术，使得处理器内部时钟频率提高一倍，从而加快了处理器的运行速度。80486DX4 是 80486 微处理器中最快的一种芯片，它综合了以前使用的所有技术，它不仅内部集成了 CPU、协处理器和高速缓冲存储器，还把 Cache 容量提高到 16KB；它采用倍频思想，且使内部频率为外部频率的 3 倍；它主要有内部频率为 75MHz、100MHz 两款产品，对应的外部频率分别是 25MHz、33MHz。它内部具有电源管理电路，使用 3.3V 电源电压，也是一种具备系统管理方式的节能型芯片。

(5) Pentium 系列

Pentium 芯片即俗称的 80586 微处理器，因为数字很难进行商标版权保护而特意取名。其实，Pentium 源于希腊文"pente"（数字 5），再加上后缀-ium（化学元素周期表中命名元素常用的后缀）变化而来。同时，Intel 公司为其取了一个响亮的中文名称——奔腾，并进行了商标注册。为了满足不断发展的应用和市场需求，这一代 80X86 微处理器形成了 Pentium 系列芯片。

① Pentium（奔腾）。Intel 公司于 1993 年成功制造 Pentium，采用了 $0.6\mu m$ CMOS 工

艺，由 310 万个晶体管组成。最初的 P5 使用 60MHz 和 66MHz 时钟频率，但广泛应用的 P54C 有 100MHz、120MHz、133MHz、150MHz、166MHz 和 200MHz 内部时钟频率，其外部频率主要是 60MHz 和 66MHz。

Pentium 虽然仍属于 32 位结构，但其与主存连接的外部数据线却是 64 位的，这样大大提高了存取主存的速度。

Pentium 采用了动态分枝预测解决流水线技术中的指令相关问题。分枝预测部件记录分支指令的执行情况，当下次再执行该分支指令时，就根据记录情况分析预测是否发生分枝；如果预测正确，流水线就不会停顿。

Pentium 引入了超标量技术，内部具有可以并行工作的 2 条整数护理流水线，可以达到每个时钟周期执行 2 条指令。Pentium 还将 L1 Cache 分成两个彼此独立的 8KB 代码和 8KB 数据高速缓冲存储器，即双路高速缓冲结构，这种结构可以减少采用 Cache 的情况。

另外，Pentium 对浮点协处理单元做了重大改进，包含了专用的加法、乘法和除法单元。Pentium 还对常用的简单指令直接用硬件逻辑实现，对指令的微代码进行了重新设计。这些都提高了 Pentium 的整体性能。

② Pentium Pro（高能奔腾）。Pentium Pro 于 1995 年正式推出，原来被称为 P6，中文名为高能奔腾。Pentium Pro 由两个芯片组成：一个是含 8KB＋8KB 一级 Cache 的 CPU，由 550 万个晶体管构成；另一个是封装了 256KB、512KB 二级（L2）高速缓冲存储器芯片，分别由 1550 万、3100 万个晶体管构成。CPU 和 L2 Cache 共置于 387 引脚的"双腔"PGA 封装内，这种封装技术叫作多芯片模块（multichip module，MCM）。

Pentium Pro 在微处理器结构上的最大革新是采用了动态执行技术。动态执行是 3 种技术结合的总成：分枝预测、数据流分析和推测执行。分枝预测技术预测程序的正确转移方向；数据流分析技术分析哪些指令依赖于其他指令的结果或数据，以便创建最优的指令执行序列；而推测执行技术利用分枝预测和数据流分析，推测执行指令。指令的实际执行顺序是动态的、乱序的，即不一定是指令的原始静态顺序，执行的临时结果暂存于处理器的缓冲区中，但最终的输出执行顺序仍然是指令的正确顺序。动态执行技术可以使处理器尽量繁忙，避免可能引起的流水线停顿。

Pentium Pro 扩展了超标量技术，具有 12 级指令流水线和 5 个端口的执行单元，能同时执行 3 条指令。它还扩大了地址线条数，达到 36 位，使其寻址主存达到了 64GB。Pentium Pro 针对 32 位指令进行了优化，使其执行纯 32 位软件（如 Windows NT）的运行速度得到提高，主要应用在微机服务器中。

③ MMX Pentium（多能奔腾）。为了顺应微机向多媒体和通信方向发展，Intel 公司及时在其微处理器中加入了多媒体扩展（Multi-Media eXtension，MMX）技术。MMX 技术于 1996 年正式公布，它在 Pentium 微处理器中新增了 57 条整数运算多媒体指令，可以用这些指令对图像、音频、视频和通信方面的程序进行优化，使微机对多媒体的处理能力较原来有了大幅度提升。

MMX Pentium 是将 MMX 技术应用于 Pentium 之后的芯片，也称为 P55C，主要有 166/200/233MHz 内部频率，中文名称为"多能奔腾"。它全兼容 Pentium 芯片（包括引脚），可以直接用于 Pentium 系统中，使 Pentium 升级成为多媒体处理器。

MMX Pentium 采用 $0.28\mu m$ 4 层 CMOS 制造工艺，集成了 450 万个晶体管。另外，MMX Pentium 将 L1 Cache 加大为 16KB 代码和 16KB 数据高速缓冲存储器。

④ Pentium Ⅱ（奔腾Ⅱ）。Pentium Ⅱ是基于 Pentium Pro 的采用 MMX 技术的微处理器芯片，于 1997 年推出。它集各种 Pentium 处理器之大成，并有所改进，使微处理器性能

大大提高，因此被称为真正的第六代微处理器 686。它继承了 MMX 技术和 Pentium Pro 的动态执行技术，发展 Pentium Pro 的"双腔"封装为双重独立总线 D. I. B 结构和单边接触盒 S. E. C 封装。

在以往的结构中，L1 Cache 最快，在 CPU 内部与 CPU 同频工作；L2 Cache 次之，在主板上与主板同频（即 CPU 外部频率）工作。CPU 与 L2 Cache 间的通道和 CPU 与系统其他部件间的通道共用一条 64 位总线，这就造成主板总线上数据传输混乱、拥挤；而且由于主板的总线工作频率远低于 CPU 内部主频（多倍关系），使得数据传输速度较慢。Pentium Ⅱ 采用双重独立总线结构（dual independent bus），CPU 与 L2 Cache 间单独使用一条 64 位的背侧总线，且其工作频率独自与 CPU 的主频保持 1/2 的关系。这样，便提高了 L2 Cache 的速度。这个思想实际上来源于 Pentium Pro 的"双腔"封装，但 Pentium Pro 由于封装了 L2 Cache 而体积过大，于是 Pentium Ⅱ 采用单边接触（single edge contact）盒将其插入 Slot 1 插槽，其体积虽然也很大，但在主板上占不了多大面积。

Pentium Ⅱ 内部 L1 Cache 增大为 32KB＋32KB，L2 Cache 为 512KB。对应于 233/266/300/333MHz 内频的 Pentium Ⅱ 的外频是 66MHz；后来内频 350/400/450MHz 的 Pentium Ⅱ 采用 100MHz 外频、2.0V 工作电压。

为了占领低端（低价位）PC 的 CPU 市场，1998 年 Intel 公司推出了 Celeron（中文名称：赛扬）处理器。它从 Pentium Ⅱ 衍生而来，核心为 7500 万个晶体管，采用 $0.25\mu m$ 制造工艺。它兼容 Slot 1 插槽，内含 32KB L1 Cache，外部频率仍为 66MHz。开始推出的 266MHz 和 300MHz 的赛扬处理器不含 L2 Cache，也就没有 Pentium Ⅱ 的最大技术优势——双重独立总线结构，其性能略高于 233MHz 的 MMX Pentium。后来推出的 300A，333MHz、366MHz 和 533MHz 的赛扬处理器内置了 128KB L2 Cache，性能有了很大提高，采用 Socket 370 插座。

⑤ Pentium Ⅲ（奔腾Ⅲ）。1999 年，针对国际互联网和三维多媒体程序的应用要求，Intel 又采用数据流 SIMD 扩展 SSE 技术（原称为 MMX-2）开发了 Pentium Ⅲ。Pentium Ⅲ 在 Pentium Ⅱ 的基础上又新增了 70 条 SSE 指令。它侧重于浮点单精度运算，极大地提高了浮点 3D 数据的处理能力。SSE 指令集类似于 AMD 公司发布的 3D Now! 指令集。

后来，Intel 又推出了代号 Coppermine（铜矿）的改进型 Pentium Ⅲ。它将半速于 CPU 的 512KB 二级 Cache 改成集成在 CPU 芯片中的全速 256KB 高速缓冲存储器，将制造工艺从 $0.25\mu m$ 改为 $0.18\mu m$，集成约 1000 万个晶体管，内频达到 1GHz，而外频是 133MHz。

2000 年 5 月，基于 Pentium Ⅲ 的赛扬Ⅱ微处理器被生产出来。它采用 $0.18\mu m$ 制造工艺，内频有 533MHz 和 566MHz，但外频仍然保持为 66MHz。2001 年的赛扬Ⅱ将外频提升为 100MHz。

另外，基于 Pentium Ⅱ/Ⅲ 的 Xeon（至强）微处理器是用于服务器的 CPU 芯片。

⑥ Pentium 4（奔腾 4）。2000 年 5 月，Intel 公司推出 Pentium 4。它面向因特网服务市场，采用全新的 32 位 NetBurst 微结构，超级流水线达 20 级。Pentium 4 新增 76 条 SSE2 指令集，侧重于增强浮点双精度运算能力。最初推出的两款芯片分别为 1.4GHz 和 1.5GHz 内频、400MHz 前端系统总线（front system bus，FSB），采用 $0.18\mu m$ 制造工艺，具有 0.42 亿个晶体管，256KB 全速 L2 Cache 和 423 个引脚。

用于服务器的 Xeon 也开始基于 Pentium 4 的 NetBurst 微结构，并率先采用了超线程技术（hyper threading，HT）。超线程技术使一个物理处理器对操作系统来说像是有两个逻辑处理器，这使两个程序线程（不管有关还是无关）可以同时执行。2002 年推出的 3.06GHz 的 Pentium 4 开始支持超线程技术。2003 年，Intel 采用 90nm 工艺生产出新一代 Pentium 4

处理器，其中新增了 13 条 SSE3 指令，具有 1.25 亿个晶体管，L2 Cache 更是达到了前所未有的 1MB 容量。

12.1.2　典型 32 位微处理器

80486 在 Intel 32 位微处理器的体系演化过程中，具有承上启下的地位。一方面它上承 80386，从芯片特征上可看出其将 80386 及运算协处理器 80387、高速缓存器集成于一体。另一方面它下启 Pentium 系列微处理器的基本体系结构。虽然 Pentium 采用了超标量设计，有两条流水线及配套的辅助部件，有多媒体控制能力等，但在涉及微机系统基本工作原理的部分，仍然保持了 80486 的逻辑部件及功能。

(1) 32 位微处理器结构

以 80486 为例，图 12-1 示出 32 位微处理器的基本结构框图，图中描述了 32 位微处理器内部基本逻辑部件之间的基本联系、各部件的主要功能、数据在微处理器中的主要流动方向。其中每个图框都可以进一步细化成一个局部结构图，用于反映该部件内的情况。

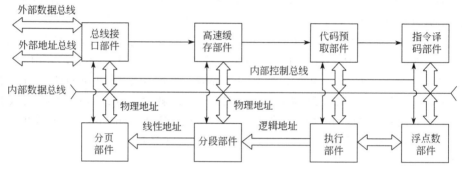

图 12-1　80486 基本结构框图

所有部件都挂接在内部总线上，通过内部总线交换数据，也可以按粗箭头所示方式与相邻部件交换数据。每个部件都有自己的寄存器，而且微处理器还有一些供多个部件共同使用的寄存器。许多寄存器对于编程者是不可见的，编程者可见（在程序的命令中使用）的那部分寄存器，构成程序员通过程序操纵微处理器的一个重要途径。

① 总线接口部件。实现内部总线与外部总线的联系。在内部时序信号控制下，将内部总线上的数据、控制信号或者地址送到外部数据总线、控制总线或者地址总线；接收外部数据总线的数据、控制信号，可以根据接收到的控制信号，产生总线周期输出相应的外部控制信号，又称握手联络信号。此外，总线接口部件还具有一个重要功能，即支持突发总线控制，对主存中进行连续多个数据单元的传输，加快数据的读写。所谓突发总线控制是指在一个总线传送周期只进行一次寻址，然后连续传送多个数据单元的方式。由于数据一般连续存放，因此可以成组传送。

② 高速缓存部件。用于减少微处理器对内存的访问次数，提高程序运行速度。在 80386 机型中，该部件在微处理器外部。在 80486 机型中，在微处理器内部集成了一个 8KB 容量的高速缓冲存储器，它用来存放微处理器最近要使用的指令和数据，片内 Cache 比片外 Cache 进一步加快了微处理器访问主存的速度，并减轻系统总线的负载。Pentium 机型中，微处理器内部设有 2 个高速缓存部件，一个用于程序缓存，称为程序缓存器；另一个用于对操作数据的缓存，称为数据缓存器。

③ 代码预取部件。对代码做取入、排队分析、分解等译码的前期准备工作。代码预取操作是利用总线空闲周期，不断将后续指令从高速缓存或从内存中取入，放置在指令队列

中，直到装满为止。该队列缓冲区容量为 32 字节。预处理后供译码部件使用，这种指令的取入和分析执行的并行操作，避免了译码部件因总线忙碌不能及时取入后续指令，而暂时停机的可能性，提高了微处理器工作效率。

④ 指令译码部件。从指令预取队列中取出指令进行译码。将指令转换成微码入口地址，而将指令寻址信息送存储器管理部件，指挥各部件协同工作。

指令译码部件完成对指令译码，目的是把指令的含义转换成相应的内部控制总线信号，指挥各部件协同工作。

⑤ 浮点数部件。完成执行部件不擅长的浮点数运算、双精度运算等数学运算任务。遇到这类指令时，执行部件暂停工作，把数据交给浮点数部件处理，待浮点数部件完成输出运算结果后，执行部件继续运行。在 80386 机型中，该部件由片外的运算协处理器 80387 担任。

⑥ 执行部件。它是微处理器的核心部件，主要完成一般的算术运算、逻辑运算及数据传送等任务。大部分指令所要求的操作都由该部件完成，它主要包含有 16 个 32 位的通用寄存器、算术逻辑单元 ALU 以及桶形移位器。算术逻辑运算部件用于算术和逻辑运算。它的状态保存在标志寄存器中，其可以通过内部的数据总线与高速缓存部件、浮点部件、分段分页部件进行信息交换。桶形移位器单元可加快移位指令、乘除运算指令的执行。

执行部件负责从指令译码器队列中取出指令微码地址，并解释执行该指令微码。微处理器的每一条指令都有一组相应的微码，存放在控制 ROM 中，它们作为可以被机器识别的命令，用来产生对各部件实际操作所需的一系列控制信号。译码器产生的微码入口地址是指向该组命令的地址。由于对控制 ROM 读取微码不便于并行操作，在 Pentium 机型中，还具有把简单指令直接转换成相应的内部控制时序信号送执行部件的逻辑部件。

⑦ 分段部件。提供对内存分段管理的硬件支持。可以把指令指定的逻辑地址变换为物理地址，实现对内存的分段管理；也可以把指令指定的逻辑地址变换为线性地址，传送到分页部件，实现对内存分段分页管理；分段部件在地址变换过程中实现任务间的隔离保护及虚拟内存技术。它包含有 CS、DS、SS、ES、GS、FS 共 6 个段寄存器，用于存放内存的段地址。

⑧ 分页部件。提供对内存分页管理的硬件支持。可直接把指令指定的逻辑地址变换为物理地址，实现对内存的分页管理；也可以将段部件输出的线性地址转换成物理地址，实现对内存分段分页管理；当设置分页部件不工作时，段部件形成的线性地址就作为物理地址。分页部件内还有一个称为后援缓冲器（TLB）的超高速缓存，TLB 存有 32 个最新使用页的表项内容（线性页号和物理页号），它作为页地址变换机构的快表。

设置分段和分页部件是为了对物理地址空间进行管理，实现虚拟内存管理功能。所谓虚拟内存是指以少量内存模拟大容量内存，以提高内存利用率。Windows98 以上操作系统内存管理均采用 flat 逻辑结构，即只采用分页方式不分段，用户段均从地址全零开始，以便在支持多用户操作中为用户提供最大虚拟内存空间。

(2) 80486 寄存器

80486 微处理器内部详细结构框图如图 12-2 所示，包括总线接口部件、指令预取部件、指令译码部件、控制和保护部件、算术与逻辑运算部件、浮点运算部件 FPU、分段部件、分页部件和 8KB 的 Cache 部件。这些部件可以独立工作，也能与其他部件一起并行工作。在取指令和执行指令时，每个部件完成一项任务或某一操作步骤，这样既可同时对不同的指令进行操作，又可对同一指令的不同部分同时并行处理，即流水线工作方式。

80486 CPU 的寄存器按功能可分为四类：基本寄存器、系统寄存器、调试和测试寄存器，以及浮点寄存器。

这里只简单介绍基本寄存器。基本寄存器包括 8 个通用寄存器 EAX、EBX、ECX、

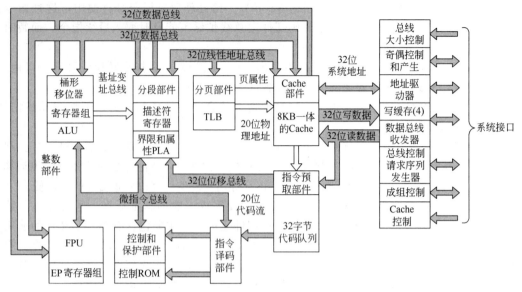

图 12-2　80486 内部详细结构框图

EDX、EBP、ESP、EDI、ESI，1 个指令指针寄存器 EIP，6 个段寄存器 CS、DS、ES、SS、FS 和 GS，1 个标志寄存器 EFLAGS。

① 通用寄存器。通用寄存器（general purpose registers）。EAX、EBX、ECX、EDX 都可以作为 32 位寄存器、16 位寄存器或者 8 位寄存器使用。EAX 可作为累加器用于乘法、除法及一些调整指令，对于这些指令，累加器常表现为隐含形式。EAX 寄存器也可以保存被访问存储器单元的偏移地址。EBX 常用于地址指针，保存被访问存储器单元的偏移地址。ECX 经常用作计数器，用于保存指令的计数值。ECX 寄存器也可以保存访问数据所在存储器单元的偏移地址。用于计数的指令包括重复的串指令、移位指令和循环指令。移位指令用 CL 计数，重复的串指令用 CX 计数，循环指令用 CX 或 ECX 计数。EDX 常与 EAX 配合，用于保存乘法形成的部分结果，或者除法操作前的被除数，它还可以保存寻址存储器数据。

EBP 和 ESP 是 32 位寄存器，也可作为 16 位寄存器 BP、SP 使用，常用于堆栈操作。EDI 和 ESI 常用于串操作，EDI 用于寻址目标数据串，ESI 用于寻址源数据串。

② 指令指针寄存器。指令指针寄存器（extra instruction pointer，EIP）存放指令的偏移地址。微处理器工作于实模式下，EIP 是 IP（16 位）寄存器。80486 CPU 工作于保护模式时，EIP 为 32 位寄存器。EIP 总是指向程序的下一条指令（EIP 的内容自动加 1，指向下一个存储单元）。EIP 用于微处理器在程序中顺序地寻址代码段内的下一条指令。当遇到跳转指令或调用指令时，指令指针寄存器的内容需要修改。

③ 标志寄存器。标志寄存器（extra flags register，EFR）包括状态标志位、控制标志位和系统标志位，用于指示微处理器的状态，并控制微处理器的操作。80486 CPU 标志寄存器如图 12-3 所示。

18	17	16	15	14	13	12	11	10	9	8	7	6	5	4	3	2	1	0
AC	VM	RF	0	NT	IOPL		OF	DF	IF	TF	SF	ZF	0	AF	0	PF	0	CF

图 12-3　80486 CPU 标志寄存器

a. 状态标志位：包括进位标志 CF、奇偶标志 PF、辅助进位标志 AF、零标志 ZF、符号标志 SF 和溢出标志 OF。

　　b. 控制标志位：包括陷阱标志（单步操作标志）TF、中断标志 IF 和方向标志 DF。80486 CPU 标志寄存器中的状态标志位和控制标志位，与 8086 CPU 标志寄存器中的状态标志位和控制标志位的功能完全一样，这里不再赘述。

　　c. 系统标志位和 IOPL 字段：在 EFR 寄存器中的系统标志和 IOPL 字段，用于控制操作系统或执行某种操作。它们不能被应用程序修改。

　　• IOPL（I/O privilege level field）：输入/输出特权级标志位。它规定了能使用 I/O 敏感指令的特权级。在保护模式下，利用这两位编码可以分别表示 0、1、2、3 这四种特权级，0 级特权最高，3 级特权最低。在 80286 以上的处理器中有一些 I/O 敏感指令，如 CLI（关中断指令）、STI（开中断指令）、IN（输入）、OUT（输出）。IOPL 的值规定了能执行这些指令的特权级。只有特权高于 IOPL 的程序才能执行 I/O 敏感指令，而特权低于 IOPL 的程序，若企图执行敏感指令，则会引起异常中断。

　　• NT（nested task flag）：任务嵌套标志。在保护模式下，指示当前执行的任务嵌套于另一任务中。当任务被嵌套时，NT＝1，否则 NT＝0。

　　• RF（resume flag）：恢复标志。与调试寄存器一起使用，用于保证不重复处理断点。当 RF＝1 时，即使遇到断点或故障，也不产生异常中断。

　　• VM（virtual 8086 mode flag）：虚拟 8086 模式标志。用于在保护模式系统中选择虚拟操作模式。VM＝1，启用虚拟 8086 模式；VM＝0，返回保护模式。

　　• AC（alignment check flag）：队列检查标志。如果在不是字或双字的边界上寻址一个字或双字，队列检查标志将被激活。

　　④ 段寄存器。80486 微处理器包括 6 个段寄存器，分别存放段基址（实地址模式）或选择符（保护模式），用于与微处理器中的其他寄存器联合生成存储器单元的物理地址。

　　• 代码段寄存器 CS。代码段是一个用于保存微处理器程序代码（程序和过程）的存储区域。CS 存放代码段的起始地址。在实模式下，它定义一个 64KB 存储器段的起点。在保护模式下工作时，它选择一个描述符，这个描述符描述程序代码所在存储器单元的起始地址和长度。在保护模式下，代码段的长度为 4GB。

　　• 数据段寄存器 DS。数据段是一个存储数据的区域，程序中使用的大部分数据都在数据段中。DS 用于存放数据段的起始地址。可以通过偏移地址或者其他含有偏移地址的寄存器，寻址数据段内的数据。在实模式下工作时，它定义一个 64KB 数据存储器段的起点。在保护模式下，数据段的长度为 4GB。

　　• 堆栈段寄存器 SS。SS 用于存放堆栈段的起始地址，堆栈指针寄存器 ESP 确定堆栈段内当前的入口地址。EBP 寄存器也可以寻址堆栈段内的数据。

　　• 附加段寄存器 ES。ES 存放附加数据段的起始地址，或者在串操作中作为目标数据段的段基址。

　　• 附加段寄存器 FS 和 GS。FS 和 GS 是附加数据段的寄存器，作用与 ES 相同，以便允许程序访问两个附加的数据段。

12.2　64 位 CPU 简介

　　64 位处理器技术是相对于 32 位而言的，这个位数指的是 CPU 通用寄存器（general purpose registers，GPRs）的数据宽度为 64 位，64 位指令集是运行 64 位数据的指令，也就是说，处理器一次可以处理 64 位数据。

在 2005 年春季英特尔开发技术论坛（Intel Developer Forum，IDF）上，Intel 宣布将发布采用 IA-32E 技术的处理器，该处理器在 Intel 原有的 IA-32 架构上进行了扩展，增加了 64 位计算模式，支持 64 位的虚拟寻址空间，同时兼顾 64 位和 32 位运算程序。很明显，该处理器采用了与 AMD Athlon 64（AMD 公司生产的 64 位 CPU）类似的技术。其他高端的精简指令集（计算机）（reduced instruction set computer，RISC）也采用 64 位处理器，比如 SUN 公司的 Ultra SPARC Ⅲ、IBM 公司的 POWER5、HP 公司的 Alpha 等。

把 64 位处理器运用到移动设备上的还有 Apple 公司 2013 年上市的 iPhone5s、iPad Air 等。2014 年苹果推出的 iPhone6 以及 iPhone6 plus 也使用了 64 位处理器，但是更加优越，使用了 A8 64 位处理器。

(1) 64 位 CPU 优势

位宽是指 CPU 一次执行指令的数据带宽，位宽对处理器性能的影响绝不亚于主频。

处理器的寻址位宽增长很快，在计算机界已使用过 4、8、16、32 位寻址，再到目前主流的 64 位寻址浮点运算。

受虚拟和实际内存尺寸的限制，以前的 32 位处理器在性能执行模式方面存在一个严重的缺陷：当面临大量的数据流时，32 位的寄存器和指令集不能及时进行相应的处理运算。

32 位处理器一次只能处理 32 位，也就是 4 个字节的数据；而 64 位处理器一次就能处理 64 位，即 8 个字节的数据。如果将总长 128 位的指令分别按照 16 位、32 位、64 位为单位进行编辑的话，旧的 16 位处理器（如 8086CPU）需要 8 个指令，32 位处理器（如 80386）需要 4 个指令，而 64 位处理器则只要 2 个指令。显然，在工作频率相同的情况下，64 位处理器的处理速度比 16 位、32 位的更快。

要注意的是，处理器不只需要位宽够宽的寄存器，也需要足够数量的寄存器，以确保大量数据处理。因此，为了容纳更多的数据，寄存器和内部数据通道也必须加倍。在 64 位处理器中的寄存器位数是 32 位处理器的 2 倍。

不过虽然寄存器位数增加了，但正在执行指令的指令寄存器却都是一样的，即数据流加倍而指令流不变。此外，增加数据位数还可以扩大动态范围。在通常使用的十进制中，只能得到最多 10 个整数（一位数情况下），这是因为 0～9 中只有 10 个不同的符号来表示相应的意思，想要表示 10 以上的数就需要增加一位数，两位数（00～99）才可以表示 100 个数。

这里可以得出十进制动态范围的计算公式 $DR=10^n$（n 表示数字位数）。在二进制体系中，相应地可以得到公式 $DR=2^n$，那么以前使用的 32 位就可以达到 $2^{32} \approx 4.3 \times 10^9$，升级到 64 位之后，就可以达到 $2^{64} \approx 1.8 \times 10^{19}$，动态范围扩大了约 43 亿倍。

这里说明一下，扩大动态范围可以在一定程度上提高寄存器中数据的准确性。比如，当使用 32 位系统处理气象模拟运算任务时，当处理的数据超过 32 位所能提供的最大动态范围时，系统就会出现诸如 Overflow（超过了最大正整数）或 Underflow（低于最小的负整数）的错误提示，这样寄存器中的数据就无法保证准确。

64 位处理器除了在运算能力上明显高于 32 位处理器之外，在对内存控制的能力上也明显高于 32 位处理器。通过前面的学习可以知道，内存是通过地址总线进行访问的，并且需要经过算术逻辑单元和寄存器进行计算。传统的 32 位处理器，其最大的寻址空间为 4GB，而 64 位处理器，由于地址总线远远高于 32 位处理器，从理论上来说，它的最大寻址空间可以达到 1.8×10^7 TB。随着大批量数据处理的需求逐渐增大，32 位处理器由于受到寻址能力和计算能力的限制，逐渐无法满足这一需求，形成了运行效率的瓶颈。即使 32 位的系统可以通过采用一些寻址技术，比如软模拟方式等，来实现 512GB 的内存管理，进而对这一瓶颈加以缓冲。但是无论采用何种技术，由于它在硬件上没有改进，只能通过软件的形式来实现，所以这种实现方式在一定程度上会大大降低系统性能。而 64 位处理器的出现，就把这一瓶颈问题彻底解决了。

64 位处理器在解决这一瓶颈的同时，也引入了一些新的问题。比如，内存地址值随着位数的增加变为原来的两倍，当内存中的内容调入高速缓存时，将占用更多的高速缓存容量，使得容量本来就不大的高速缓存空间无法载入更多的有用数据，进而导致系统的整体性能下降。

处理器厂商早已经意识到传统 32 位处理器的设计已经严重制约了处理器性能向更高方向发展，因此，作为处理器两大厂商的 Intel 和 AMD 分别推出了自家的 64 位架构。然而，在 2005 年 IDF 大会之前，在 64 位处理器发展道路之上，AMD 与 Intel 选择了两条截然相反的道路。

(2) Intel IA-64 架构

英特尔公司根据处理器支持的寻址位宽不同，采用了两种互不通用的策略：IA-32 和 IA-64。对于 32 位的桌面台式计算机，采用的是与 X86 兼容的 IA-32 架构；对于 64 位的服务器计算机，采用的是全新的 IA-64 架构。由于这两种架构的指令集是不能兼容的，也就是说，IA-32 架构无法使用 IA-64 架构的指令集，而 IA-64 架构也无法使用 IA-32 架构的指令集，于是 IA-64 架构的处理器就不能同时运行两代应用程序。

IA 的英文是 Intel Architecture，其中文是英特尔体系结构，在 i486 出现之前，英特尔体系结构又被称作 X86 架构。这是因为英特尔公司的第三代微处理器被命名为 8086，而其后继研制的微处理器又分别称为 8088、80186、80286、80386 等，均以 80X86 的形式来命名的，所以就把这一系列的产品统一称为 X86 架构。随着 i486 处理器的推出，英特尔公司开始用 IA 来为后继产品命名，这就出现了 32 位处理器架构的 IA-32；64 位处理器架构的 IA-64 等。

IA-64 架构与 IA-32 架构相比，最大的一个特点是内存的寻址能力得以大幅提升。但是作为一个全新的架构体系，内存寻址能力的提升只是一方面，为了使系统的性能全面提高，该架构还可以在每个时钟周期内并行执行更多的指令。那么它是如何做到的呢？先来看传统的 IA-32 架构，它是通过对处理器并行的排序代码来向处理器传递并行命令的。由于 IA-32 的这一设计原理，就束缚了 64 位处理器性能的充分发挥。为了解决这一问题，必须引入新的设计理念。英特尔公司在 IA-64 架构中引入了一种称为 EPIC 的技术。EPIC 是 explicitly parallel instruction computing 的简称，其中文意思是显式并行指令计算。该技术除了能让处理器内并行执行几条指令外，还具有和其他处理器相连构成并行处理环境的能力。关于这项技术的具体内容，读者可以查阅相关的参考资料，这里就不再介绍。IA-64 架构除了引入 EPIC 技术之外，对寄存器的长度、数量和功能也做了较大的变动，比如提供 128 个整数/多媒体寄存器、12 个 82 位的浮点寄存器、64 个单指令流多数据流（single instruction stream multiple data stream，SIMD）寄存器等。寄存器方面的变动，使得 IA-64 架构的处理器大大增强了多任务处理的能力。

英特尔公司基于 IA-64 架构的第一款处理器是 Itanium（安腾）处理器。前面提到，IA-64 架构无法与 IA-32 架构兼容，所以该款处理器是无法运行 IA-32 指令集的。随着各种技术的进步，该项限制的缺陷显得越来越突出。于是，英特尔公司针对这一问题，对 IA-64 架构又做出了新的变动。在 IA-64 架构中引入了更加完善的 Bundled Instructions 指令包，并且新增了 IA-32 转换成 IA-64 的 64 位指令编译器。凭借这些技术，当基于 IA-64 的处理器执行 IA-32 的二进制代码时，其内部的 64 位指令编译器会采用软件模拟的方式，对 IA-32 的二进制代码加以执行，从而实现与 IA-32 架构的无缝连接，即实现与 IA-32 指令集的兼容。但是，由于采用的是软件模拟的方式，并且这也不是运行 IA-32 架构指令集的最佳方式，所以实现起来效率不高。

(3) AMD X86-64 架构

AMD 公司在对待 64 位处理器的设计问题上，采用的策略与英特尔公司完全不同。它所采用的策略是 X86-64 架构。简单地说，就是在原来 X86 架构的基础上进行升级和改造。通过改造使得 X86-64 架构在增加寻址位宽的同时，又能向下兼容以往的 X86 架构，于是，AMD 公司通过这个策略，使得其设计的 64 位处理器可以在 32 位甚至 16 位的应用环境下运行。在 X86 架构中，寄存器体系结构是其核心设计思想，AMD 公司在缔造 X86-64 架构的时候，首先考虑的问题就是同时兼顾 64 位和 32 位的运算任务。如果要做到这一点，就必须对原来 X86 架构中的寄存器体系进行改造。为了了解 X86 架构的设计，先对传统的 X86 架构中的指令集进行简单的介绍。

传统的 X86 指令集属于 CISC（complex instruction set computer），即复杂指令集计算机。所谓复杂指令集计算机指的是通过设置一些功能复杂的指令，把一些原来由软件实现的、常用的功能改用硬件指令系统来实现，从而达到增强指令功能的目的。而改用的硬件，绝大部分都以寄存器的形式出现。X86 指令集中程序可以使用的寄存器数量比较少，长度也较短，只有 8 个通用寄存器、8 个浮点寄存器和 8 个 SIMD 寄存器等。这些寄存器在进行批量数据处理时，将会极大降低系统的性能，比如造成传输延迟、流水线工作效率低下等。AMD 公司在设计 X86-64 架构时，一方面增加了寄存器的数量，比如把通用寄存器和 SIMD 寄存器都增加到 16 个；另一方面，对寄存器的长度也进行了增加，由 32 位变动为 64 位。通过这样的改造，使得通用寄存器都可以工作在 64 位的模式下。

这些加长位数的寄存器主要有 RAX、RBX、RCX、RDX、RDI、RSI、RBP、RSP、RIP 以及 EFLAGS 等。由于它们是从原来 X86 架构中扩充起来的，所以它们既可以工作在 64 位的模式下，也可以工作在 32 位的模式下。举个例子来说，原来 X86 架构中的 EAX 寄存器可以看作 RAX 的一个子集，当系统运行在 32 位模式下时，完全可以把 RAX 当作 EAX 来使用，也就是说，仅使用 RAX 寄存器中的部分位；而当系统运行在 64 位模式下时，就完全使用 RAX 寄存器中的所有位。不过，这里需要注意的是，并非所有的寄存器在 32 位的模式下都要用到。

为了让寄存器更好地区分是工作在 32 位模式还是工作在 64 位模式，X86-64 架构对 64 位 CPU 规定了两种工作模式。如果是工作在 64 位模式下，就称为长模式（long mode）；如果是工作在 32 位或更低位的模式下，就称为传统模式（legacy mode）。

通过前面的介绍可以知道，与英特尔公司的 IA-64 架构相比，AMD 公司的 X86-64 架构最大的优势是能够完全兼容以往的 X86 应用程序，并且以往的 X86 应用程序在 X86-64 架构下运行，并无任何区别。AMD 公司正是凭借这一优势在历史上首次战胜英特尔公司。

12.3 高性能微机技术

12.3.1 流水线技术

流水线（pipeline）技术是一种同时进行若干操作的并行处理方式，它类似于工厂的流水作业装配线。在计算机中把 CPU 的一个操作（分析指令、加工数据等）进一步分解成多个可以单独处理的子操作，使每个子操作在一个专门的硬件上执行，这样，一个操作须顺序地经过流水线中多个硬件的处理才能完成。但前后连续的几个操作可以依次流入流水线中，在各个硬件间重叠执行，这种操作的重叠提高了 CPU 的效率。

(1) 超流水线超标量方法

超流水线是指某些 CPU 内部的流水线超过通常的 5～6 步以上，例如 Pentium Pro 的流水线就长达 14 步，Pentium Ⅳ 为 20 步。流水线步（级）数越多，其完成一条指令的速度越快，因此才能适应工作主频更高的 CPU。超标量（super scalar）是指在 CPU 中有一条以上的流水线，并且每个时钟周期内可以完成一条以上的指令。

(2) 超长指令字技术

超长指令字（very long instruction word，VLIW）方法是由美国耶鲁大学的 Fisher 教授首先提出的，它与超级标量方法有许多类似之处，但它以一条长指令来实现多个操作的并行执行，以减少对存储器的访问。这种长指令往往长达上百位，每条指令可以作几种不同的运算，这些运算都要发送到各种功能部件上去完成，哪些操作可以并行执行，这是在编译阶段选择的。

(3) 其他相关技术

① 乱序执行技术。乱序执行（out-of-order execution）是指 CPU 采用了允许将多条指令不按程序规定的顺序分开发送给各相应电路单元处理的技术。采用乱序执行技术的目的是使 CPU 内部电路满负荷运转并相应提高 CPU 运行程序的速度。

② 分枝预测和推测执行技术。分枝预测（branch prediction）和推测执行（speculation execution）是 CPU 动态执行技术中的主要内容。采用分枝预测和动态执行的主要目的是提高 CPU 的运算速度。推测执行依托于分枝预测，在分枝预测程序是否分枝后所进行的处理也就是推测执行。

程序转移（分枝）对流水线影响很大，尤其是在循环设计中。每次在循环当中对循环条件的判断占用了 CPU 大量的时间，为此，Pentium 用分枝目标缓冲器（branch target buffer，BTB）来动态地预测程序分枝。当指令导致程序分枝时，BTB 就记下这条指令的地址和分枝目标的地址，并用这些信息预测这条指令再次产生分枝时的路径，预先从此处预取指令，保证流水线的指令预取不会空置。

当 BTB 判断正确时，分枝程序即刻得到译码。从循环程序来看，在开始进入循环和退出循环时，BTB 会发生判断错误，需重新计算分枝地址。因此，循环越多，BTB 的效益越明显。

③ 指令特殊扩展技术。自最简单的计算机开始，指令序列便能取得运算对象，并对它们执行计算。对大多数计算机而言，这些指令同时只能执行一次计算。如需完成一些并行操作，就要连续执行多次计算。此类计算机采用的是单指令单数据（SISD）处理器。在介绍 CPU 性能中还经常提到扩展指令或特殊扩展一说，这都是指该 CPU 是否具有对 X86 指令集进行指令扩展而言的。扩展指令中最早出现的是 Intel 公司自己的 MMX，其次是 AMD 公司的 3D Now!，最后是 Pentium Ⅲ 中的 SSE 及 Pentium Ⅳ 中的 SSE2。

12.3.2　精简指令集技术

按照指令集分类，计算机大致可以分为两类：复杂指令集计算机（CISC）和精简指令集计算机（RISC）。CISC 是 CPU 的传统设计模式，其指令系统的特点是指令数目多而复杂，每条指令的长度不尽相等；而 RISC 则是 CPU 的一种新型设计模式，其指令系统的主要特点是指令条数少且简单，指令长度固定。

(1) RISC 的概念

精简指令集计算机是一种在 20 世纪 80 年代发展起来的优化方法，其基本思想是尽量简化计算机指令功能，只保留那些功能简单、能在一个节拍内执行完成的指令，而把较复杂的功能用一段子程序来实现。RISC 技术通过简化计算机指令功能，使指令的平均执行周期缩短，从而提高计算机的工作主频，同时大量使用通用寄存器来提高子程序执行的速度。

1975 年，IBM 的设计师 John Cocke 研究了当时的 IBM 370 CISC 系统，发现其中仅占总指令数 20% 的简单指令却在程序调用中占据了 80%，而占指令数 80% 的复杂指令却只有 20% 的机会被调用到。由此，他提出了 RISC 的概念。

第一台 RISC 于 1981 年在美国加州大学伯克利分校问世。20 世纪 80 年代末开始，各家公司的 RISC CPU 如雨后春笋般出现，占据了大量的市场。到了 20 世纪 90 年代，X86 的 CPU（如 Pentium）也开始使用先进的 RISC 技术。

(2) RISC 的特点

RISC 的主要特点是指令长度固定，指令格式和寻址方式种类少，大多数是简单指令且都能在一个时钟周期内完成，易于设计超标量与流水线，寄存器数量多，大量操作在寄存器之间进行。

RISC 体系结构的基本思想：针对 CISC 指令系统指令种类太多、指令格式不规范、寻址方式太多的缺点，通过减少指令种类、规范指令格式、简化寻址方式，方便处理器内部的并行处理，提高 VLSI 器件的使用效率，从而大幅度地提高处理器的性能。

RISC 的目标绝不是简单地缩减指令系统，而是使处理器的结构更简单、合理，具有更高的性能和执行效率，同时降低处理器的开发成本。

由于 RISC 指令系统仅包含最常用的简单指令，因此，RISC 技术可以通过硬件优化设计，把时钟频率提得很高，从而实现整个系统的高性能。同时，RISC 技术在 CPU 芯片上设置大量寄存器，用来把常用的数据保存在这些寄存器中，大大减少对存储器的访问，用高速的寄存器访问取代低速的存储器访问，从而提高系统整体性能。

RISC 的三个要素：一个有限的简单指令集；CPU 配备大量的通用寄存器；强调对指令流水线的优化。

RISC 的典型特征如下所示。

a. 指令种类少，指令格式规范。RISC 指令集通常只使用一种或少数几种格式，指令长度单一（一般为 4 个字节），并且在字边界上对齐，字段位置（特别是操作码的位置）固定。

b. 寻址方式简化。几乎所有指令都使用寄存器寻址方式，绝不出现存储器间接寻址方式，寻址方式总数一般不超过 5 个。其他更为复杂的寻址方式，如间接寻址等，则由软件利用简单的寻址方式来合成。

c. 大量利用寄存器间操作。RISC 强调通用寄存器资源的优化使用，指令集中大多数操作都是寄存器到寄存器的操作，只有取数指令、存数指令访问存储器，指令中最多出现 RS 型指令，绝不会出现 SS 型指令。因此，每条指令中访问的主存地址不会超过 1 个，访问主存的操作不会与算术操作混在一起。

d. 简化处理器结构。使用 RISC 指令集，可以大大简化处理器中的控制器和其他功能单元的设计，不必使用大量专用寄存器，特别是允许以硬连线方式来实现指令操作，以期更快的执行速度，而不必像 CISC 处理器那样使用微程序来实现指令操作。因此，RISC 处理器不必像 CISC 处理器那样设置微程序控制存储器，从而能够快速地直接执行指令。

e. 便于使用 VLSI 技术。随着 LSI 和 VLSI 技术的发展，整个处理器（甚至多个处理器）都可以放在一片芯片上。RISC 体系结构为单芯片处理器的设计带来很多好处，有利于提高性能，简化 VLSI 芯片的设计和实现。基于 VLSI 技术，制造 RISC 处理器的工作量要比 CISC 处理器小得多，成本也低得多。

f. 加强处理器的并行能力。RISC 指令集非常适合采用流水线、超流水线和超标量技术，从而实现指令级并行操作，提高处理器的性能。目前常用的处理器内部并行操作技术，基本上都是基于 RISC 体系结构而逐步发展和走向成熟的。

g. RISC 技术的复杂性在于它的优化编译程序，因此软件系统开发时间比 CISC 机器要长。

12.3.3　多媒体扩展技术

(1) 多媒体扩展技术概述

多媒体扩展（multimedia extension，MMX），是第 6 代 CPU 芯片的重要特点。MMX 技术是在 CPU 中加入了特别为视频信号、音频信号以及图像处理而设计的 57 条指令，因而极大地提高了电脑的多媒体处理功能。

MMX 主要用于增强 CPU 对多媒体信息的处理，提高 CPU 处理 3D 图形、视频信息和音频信息能力。MMX 技术一次能处理多个数据。计算机的多媒体处理，通常是指动画再生、图像加工和声音合成等处理。在多媒体处理中，对于连续的数据必须进行多次反复的相同处理。利用传统的指令集，无论是多小的数据，一次也只能处理一个数据，因此耗费时间较长。为了解决这一问题，在 MMX 中采用了 SIMD 技术，可对一条命令多个数据进行同时处理，它可以一次处理 64 位任意分割的数据。其次，数据可按最大值取齐。MMX 在计算结果超过实际处理能力的时候也能进行正常处理。若用传统的 X86 指令，计算结果一旦超出了 CPU 处理数据的限度，数据就要被截掉，而化成较小的数。而 MMX 利用饱和（saturation）功能，圆满地解决了这个问题。计算结果一旦超过了数据大小的限度，就能在可处理范围内自动变换成最大值。

(2) MMX 技术对 IA 的扩展

MMX 技术对 IA（Intel Architecture）编程环境的扩展包括 8 个 MMX 寄存器、4 种 MMX 数据类型及 MMX 指令系统。

① MMX 寄存器。MMX 寄存器集由 8 个 64 位寄存器组成。MMX 指令使用寄存器名 MM0～MM7 直接访问 MMX 寄存器。这些寄存器只能用来对 MMX 数据类型进行数据运算，不能寻址存储器。MMX 指令中存储器操作数的寻址仍使用标准的 IA 寻址方式和通用寄存器（EAX、EBX、ECX、EDX、EBP、ESI、EDI 和 ESP）来进行。

尽管 MMX 寄存器在 IA 中是作为独立寄存器来定义的，但是，它们是通过对 FPU（float process unit）数据寄存器堆栈（R0～R7）别名而来的。

② MMX 数据类型。MMX 技术定义了以下新的 64 位数据类型。

紧缩字节：8 个字节紧缩成 1 个 64 位。紧缩字：4 个字紧缩成 1 个 64 位。紧缩双字：2 个双字紧缩成 1 个 64 位。4 字：1 个 64 位。

紧缩字节数据类型中字节的编号为 0～7，第 0 字节在该数据类型的低有效位（位 0～7），第 7 字节在高有效位（位 56～63）。紧缩字数据类型中的字编号为 0～3，第 0 字在该数据类型的 0～15 位，第 3 字在 48～63 位。紧缩双字数据类型中的双字编号为 0～1，第 0 个双字在位 0～31，第 1 个双字在位 32～63。

MMX 指令可以用 64 位块方式与存储器进行数据传送，也可以用 32 位块方式与 IA 通用寄存器进行数据传送。但是，在对紧缩数据类型进行算术或逻辑操作时，MMX 指令则对

64 位 MMX 寄存器中的字节、字或双字进行并行操作。

对紧缩数据类型的字节、字和双字进行操作时，这些数据可以是带符号的整型数据，也可以是无符号的整型数据。

③ 单指令多数据执行方式。MMX 技术使用单指令多数据技术对紧缩在 64 位 MMX 寄存器中的字节、字或双字实现算术和逻辑操作。例如，PADDSB 指令将源操作数中的 8 个带符号字节加到目标操作数中的 8 个带符号字节上，并将 8 字节的结果存储到目标操作数中。SIMD 技术通过对多数据元素并行实现相同的操作，来显著地提高软件性能。

MMX 技术所支持的 SIMD 执行方式可以直接满足多媒体、通信以及图形应用的需要，这些应用经常使用复杂算法对大量小数据类型（字节、字和双字）数据实现相同操作。例如，大多数音频数据都用 16 位（字）来量化，一条 MMX 指令可以对 4 个这样的字同时进行操作。视频与图形信息一般用 8 位（字节）来表示，那么，一条 MMX 指令可以对 8 个这样的字节同时进行操作。

12. 3. 4　单指令多数据技术

(1) SIMD 技术

单指令多数据结构的 CPU 有多个执行部件，但都在同一个指令部件的控制下。SIMD 在性能上有什么优势呢？以加法指令为例，单指令单数据的 CPU 对加法指令译码后，执行部件先访问内存，取得第一个操作数；之后再一次访问内存，取得第二个操作数；随后才能进行求和运算。而在 SIMD 型 CPU 中，指令译码后几个执行部件同时访问内存，一次性获得所有操作数进行运算。这个特点使得 SIMD 特别适合多媒体应用等数据密集型运算。AMD 公司的 3D NOW! 技术的实质就是 SIMD，这使 K6-2 处理器在音频解码、视频回放、3D 游戏等应用中显示出优异性能。

(2) SSE 技术

因特网数据流单指令序列扩展（Internet streaming SIMD extensions，SSE）除保持原有的 MMX 指令外，又新增了 70 条指令，在加快浮点运算的同时，也改善了内存的使用效率，使内存速度显得更快一些。

Intel 的 SSE 由一组队结构的扩展所组成，它被设计为用以提高先进的媒体和通信应用程序的性能。SSE（包括新的寄存器、新的数据类型和新的指令）与 SIMD 技术相结合，有利于加速应用程序的运行。这个扩展与 MMX 技术相结合，将显著地提高多媒体应用程序的效率。典型的应用程序是：运动视频，图形和视频的组合，图像处理，音频合成，语音的识别、合成与压缩，电话、视频会议和 2D、3D 图形。对于需要有规律地访问大量数据的应用程序，也可以从流式 SIMD 扩展的高性能预取和存储方面获得好处。

(3) SSE2 技术

Intel 在 Pentium Ⅳ 处理器中加入了 SSE2 指令集，与 Pentium Ⅲ 处理器采用的 SSE 指令集相比，目前 Pentium Ⅳ 的整个 SSE2 指令集共有 144 条，其中包括原有的 68 组 SSE 指令及新增加的 76 组 SSE2 指令。全新的 SSE2 指令除了将传统整数 MMX 寄存器也扩展成 128 位外，还提供了 128 位 SIMD 整数运算操作和 128 位双精度浮点运算操作。

(4) SSE3 技术

2004 年，Intel 在其基于 Prescott 核心的新款 Pentium 4 处理器中，开始使用 SSE3 技术。SSE3 指令集是 Intel 公司在 SSE2 指令集的基础上发展起来的。相比 SSE2，SSE3 在

SSE2 的基础上又增加了 13 条 SIMD 指令，以提升 Intel 超线程（hyper-threading）技术的效能，最终达到提升多媒体和游戏性能的目的。

12.3.5 线程级并行技术

线程级并行技术（thread-level parallelism，TLP）包括同时多线程技术和单芯片多处理器技术。

(1) 同时多线程技术

尽管提高 CPU 的时钟频率和增加缓存容量后的确可以改善性能，但这样的 CPU 性能提高在技术上存在较大的难度。实际应用中在很多情况下 CPU 的执行单元都没有被充分使用。如果 CPU 不能正常读取数据（总线/内存的瓶颈），其执行单元利用率会明显下降。另外，目前大多数执行线程缺乏指令级并行（instruction-level parallelism，ILP）支持。这些都造成了目前 CPU 的性能没有得到全部的发挥。

同时多线程技术（simultaneous multi-threading technology，SMT），通过复制处理器上的结构状态，让同一个处理器上的多线程同时执行并共享处理器的执行资源，同时减少水平浪费与垂直浪费，最大限度地提供部件的利用率。

超线程技术是同时多线程技术的一种，是利用特殊的硬件指令，把两个逻辑内核模拟成两个物理芯片，让单个处理器都能使用线程级并行计算，进而兼容多线程操作系统和软件，减少 CPU 的闲置时间，提高 CPU 的运行效率。

超线程技术是在一个 CPU 上同时执行多个程序而共同分享一个 CPU 内的资源，理论上要像两个 CPU 一样在同一时间执行两个线程，P4 处理器需要多加入一个逻辑处理单元（logical CPU pointer）。因此新一代 P4 HT 的面积比以往的 P4 增大了 5%。而其余部分如 ALU（整数运算单元）、FPU（浮点运算单元）、L2 Cache（二级缓存）则保持不变，这些部分是被分享的。

虽然采用超线程技术能同时执行两个线程，但它并不像两个真正的 CPU 那样，每个 CPU 都具有独立的资源。当两个线程同时需要某一个资源时，其中一个要暂时停止，并让出资源，直到这些资源闲置后才能继续。因此超线程的性能并不等于两个 CPU 的性能。

英特尔 P4 超线程有两种运行模式，即单任务模式（single task mode）和多任务模式（multi task mode）。当程序不支持多处理器作业（multi-processing）时，系统会停止其中一个逻辑 CPU 的运行，把资源集中于单个逻辑 CPU 中，让单线程程序不会因其中一个逻辑 CPU 闲置而降低性能，但由于被停止运行的逻辑 CPU 还是会等待工作，占用一定的资源，因此 hyper-threading CPU 运行单任务模式时，有可能达不到不带超线程功能的 CPU 性能，但性能差距不会太大。也就是说，当运行单线程应用软件时，超线程技术甚至会降低系统性能，尤其在多线程操作系统运行单线程软件时容易出现此问题。

(2) 单芯片多处理器技术

单芯片多处理器（chip multi-processor，CMP），也指多核心。CMP 是由美国斯坦福大学提出的，其思想是将大规模并行处理器中的 SMP（对称多处理器）集成到同一芯片内，各个处理器并行执行不同的进程。与 CMP 比较，SMT 处理器结构的灵活性比较突出。但是，当半导体工艺进入 $0.18\mu m$ 以后，线延迟已经超过了门延迟，要求微处理器的设计通过划分许多规模更小、局部性更好的基本单元结构来进行。相比之下，由于 CMP 结构已经被划分成多个处理器核来设计，每个核都比较简单，有利于优化设计，因此更有发展前途。IBM 的 Power 4 芯片和 Sun 的 MAJC5200 芯片都采用了 CMP 结构。多核处理器可以在处理器内部共享缓存，提高缓存利用率，同时简化多处理器系统设计的复杂度。

2005 年下半年，Intel 和 AMD 的新型处理器融入 CMP 结构。Intel 安腾处理器开发代码为 Montecito，采用双核心设计，拥有最小 18MB 片内缓存，采取 90nm 工艺制造，它的设计绝对称得上是对当今芯片业的挑战。它每个单独的核心都拥有独立的 L1 Cache、L2 Cache 和 L3 Cache，包含大约 10 亿只晶体管。

12.3.6 低功耗管理技术

对于高性能通用处理器而言，低功耗管理（low power management，LPM）技术主要解决处理器局部过热和功率过高的问题。局部过热会导致芯片不能正常工作，功率过高则使得散热设备日趋昂贵，节省散热设备成本和能量损耗可以提高产品的竞争力。对于移动计算（嵌入式处理器）来说，最重要的是提高能量的效率，即计算相同的问题，使用更少的能量（一方面降低功率，一方面减少计算时间），其主要目的在于延长电池的寿命，提高产品竞争力。

(1) 制程工艺提升

解决 CPU 的高功耗，制程工艺（制作工艺）的提升是最直接的改善方法。

一条粗电阻丝比一条细电阻丝的功耗更大。在 CPU 中使用了电路与各个细小元件的连接，虽然这些电路极其细微，但如果全部连接起来的话，CPU 这类超大规模集成电路的线路长度将达到可观的数量级，其功耗会在这些线路中被转换成热量。制程的提升就是把这些线路变得更细，功耗可因此而大幅下降，用 65nm 工艺制造的奔腾 CPU 比 90nm 工艺制造的同样 CPU 功耗下降 30W 就是最好的例证。

(2) 降低电压

高电压是造成功耗提升的另一个重要因素，电压与功耗总是成正比关系。

在 CPU 中，最大功耗可由核心电压×最大电流简单计算而估得。通常 CPU 内部的电流都较大，而且是不易减小的，因此，虽然供给 CPU 的电压并不高，但与大电流相乘后，带来的功耗也是不容忽视的。所以，降低电压，即使降低的幅度不太大，所带来的功耗下降也将相当明显。但是如果电压降得过低，CPU 内部的 CMOS 管就会变得不稳定，工作可靠性也随之大大降低。

(3) 减少晶体管数量

微处理器领域总是使用晶体管的数量来衡量集成技术的高低。在以 Prescott 为核心的奔腾 4 芯片上，晶体管数量已经达到了 1.69 亿个的水平，比 Northwood 核心增加了 2 倍以上，因此虽然工艺更先进，但功耗反而继续提升。随着多核和大缓存技术的流行，晶体管的数量也呈几何速度直线增长，数以亿计的晶体管本身就是消耗能源的大户。

在相同制程下，越少的晶体管数量可以拥有越低的功耗，因此，通过优化设计，减少晶体管数量是行之有效的降低功耗手段之一。

(4) 降低频率

实际上，过于注重频率的提升，也是导致 CPU 功耗日益加大的重要因素。以前，人们一直认为频率是衡量 CPU 性能的最重要标志，频率并不等于性能的说法直到近几年才被意识到。

提高频率有很多方法，如采用全新的设计、提升电压、提升制程等，但更为简单直接的却是采用超长流水线设计。在此设计中，CPU 的流水线被划分得相当细密，频率提升的空间也相应增大，这就如同更细密的生产流水线拥有更高的效率一样。但是问题在于，流水线过多，其延迟和错误率也会增加，最终导致 CPU 效率直线下降，性能反而不佳。

降低流水线等级在近几年中得到了大量的应用，如 Intel 启用了短流水线设计的酷睿 2（Core 2）。

(5) 其他方法

高级分枝预测（advanced branch prediction）：采用多分枝预测机制，大幅度提高预测的准确度，缩短任务执行时间，进而降低功耗。

宏指令融合（macro-op fusion）：将两个宏指令归并为一个，实现两个操作一次执行，从而加快执行速度，降低功耗。

功耗优化总线（power optimized bus）：根据需要打开或关闭处理器总线，从而降低非使用状态部分总线的能耗。

专属堆栈管理器（dedicated stack manager）：通过设置硬件堆栈管理器，可以明显减少堆栈管理的微操作数，达到降低功耗的目的。

12.4　多核处理器技术

12.4.1　双核处理器的诞生

几十年来，微处理器的性能增长一直按照摩尔定律发展，即每隔 18～24 个月芯片上集成的晶体管数会翻一倍，CPU 的性能也就会翻一番。除了提高集成度，芯片的主频也必须提高，才能显著提升 CPU 的性能。然而在高集成度情况下，主频的提高会增加 CPU 的功耗和制造成本，高发热量导致器件的稳定性和可靠性下降，处理器的发展会遇到瓶颈，主频跨不过 4GHz 的台阶，如果再提升，温度会升高以致烧坏 CPU。因此，Intel 和 AMD 等均开始致力于双核心处理器的研发，微处理器技术开始朝多核方向发展。

多核处理器可以有两种架构。一种是多核芯片架构，只是把多个处理器内核集成在同一个芯片上，虽然运行同一个操作系统，但是多个核心进行数据共享和通信时，还是通过外部总线进行。另一种是片上多核处理器（chip multi-processor，CMP），多个计算内核被集成到同一个芯片中。如果这些计算内核地位相同，则是同构多核处理器（symmetric CMP）；若计算内核不同，比如有的负责数值计算，有的专门负责多媒体处理，则为异构 CMP。CMP 通过内部总线进行多核之间的通信，速度更快。目前，在桌面和嵌入式领域，多核处理器都采用片上多核处理器架构。

回顾历史，1989 年 Intel 发布的 80486 处理器，将 80386 CPU 和 80387 协处理器以及一个 8KB 的高速缓存集成在一个芯片内，在一定意义上讲，80486 是多核处理器的原始雏形。IBM 在 2001 年发布了双核 RISC 处理器 POWER4，将两个 64 位 Power PC 处理器内核集成到一个芯片上，成为首款采用多核技术的服务器处理器。

2005 年 4 月，Intel 发布了一组将两个 P4 内核封装在一起的双核处理器 Pentium D8xx（简称 PD8xx）和 Pentium EE 8xx（简称 PEE 8xx），后者支持超线程。两者都基于 Net-burst 架构下的 Smithfield 核心、90nm 制程和 LGA775 接口，核心电压 1.3V。实际上它是两个核使用同一个前端总线的双芯方案，虽然数据延迟严重，还会产生总线争抢而影响性能，但能同时管理多项活动，并提高了速度，在某些应用中体现了双核 CPU 的优越性。

2006 年 1 月，Intel 又发布了一组双核处理器 PD9xx 和 PEE9xx，采用 Netburst 架构下的 Presler 核心、65nm 制程和 LGA775 接口，核心电压 1.3V，具有 2MB×2 的 L2 缓存，

引入了虚拟化技术 VT 和超线程技术 HT，允许在一个系统上同时执行 4 个线程。与前面的 PD8xx 一样，它们都是基于独立缓存的双核心松散型耦合方案，性能不理想，而且 CPU 过热问题也很突出。

PD9xx 和 PEE9xx 发布 5 天后，AMD 发布了第一款双核处理器 Athlon 64×2（速龙），采用的 K8 架构是真正意义上的双核。通过超传输技术（hyper transport）让 CPU 内核直接与外部 I/O 相连，不通过前端总线，并使用集成内存控制器技术，没有资源争抢问题，性能胜过 PD 系列，价格又比较便宜。

PD 的失利使 Intel 意识到 NetBurst 微架构走到了极限。凭借着强大的研发实力，Intel 在 2006 年 6 月推出了一批基于全新 Core（酷睿）微架构的双核处理器，其桌面版核心代号为 Conroe，命名为 Core 2 Duo，如 Core 2 Duo E6600。它们采用 65nm 制程、LGA775 接口，含 2.91 亿个晶体管。图 12-4 是双核心 Core 微架构的内部结构逻辑示意图，它由两个完全相同的内核构成，图中仅展示了内核 1 的结构，右边的内核 2 作了简化。每个核心都含 32KB 指令缓存和 32KB 数据缓存，两个内核共享 4MB 的 L2 缓存，通过共享的总线接口单元连接到最高速率达 1066MHz 的前端总线 FSB。

Intel 在 Core 设计中采用了一系列新技术来提升效能和降低功耗，平均能耗 65W，性能提高 40%。特别是导入了全新的指标，即效能功耗比（性能/W）。它促使半导体企业将能耗作为设计中的重要技术指标，影响到了未来 Intel 处理器架构的发展，也对微处理器芯片产业的发展产生了重大影响。

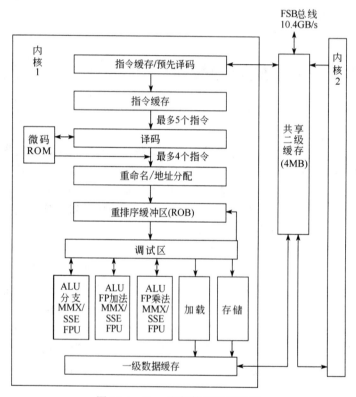

图 12-4　Core 微架构逻辑示意图

除了应用一批已成熟的技术，例如智能降频（EIST）、低功耗挂起（CIE）、过热保护（TM2）、虚拟化（VT）和硬件防病毒（EDB）等技术外，Core 微架构还采用了下面这些全新的技术。

① 高级智能高速缓存（advanced smart cache）。PD 双核各自使用独立的 L2，数据交换需要经过前端总线。改进后的 L2 可由两个核心共享，特别是在执行多线程应用程序时，它们都可动态支配全部 L2，从而大幅提高 L2 的命中率，减少数据延迟，提高处理器效率。

② 智能内存访问（smart memory access）。此前，要从内存中读取数据，必须等处理器执行完前面的所有指令，效率低下。Core 微架构可智能地预测和装载下一条指令需要的数据，从而优化内存子系统对可用数据带宽的使用，并隐藏内存访问的延迟，提高效率和速度。此外，它还具有一项称为内存消歧（memory disambiguation）的新能力，能帮助内核

在执行完预先存储的所有指令前，预测系统需要，提前从内存载入数据，显著提高程序的执行效率。内存消歧使用智能算法来评估数据是否能在存储之前进行装载。如果可以，就可将装载指令安排在存储指令之前，以实现可能性最高的指令级并行计算。若装载没有产生效果，它能检测出冲突，并重新装载正确的数据和重新执行指令。

③ 宽位动态执行（wide dynamic execution）。每个核心各有 4 条 14 级的超标量指令流水线，每个内核内建 4 组指令解码器，包含 3 个简单解码器和 1 个复杂解码器，在一个时钟周期内能同时发射 4 条指令，增加了每个内核的宽度，拥有更出色的指令并行度。该技术还加进了微操作融合（micro-op fusion）和宏操作融合（macro-op fusion）两项技术，让处理器在解码的同时，将同类指令融合为单一的指令，以减少指令数量，最多能达到 67% 的效率提升。

④ 智能功率能力（intelligent power capability）。采用了先进的 65nm 应变硅技术，加入低 K 栅介质及增加金属层，相比 90nm 制程，可以实现高达 1000 倍的漏电流减少。内建的数字温度传感器还可提供温度和功率报告，用来调整系统电压，包括风扇转速，并配合先进的功率门控技术，智能地打开当前需要运行的子系统，让其他部分休眠，大幅降低处理器的功耗和发热。这些技术让 Core 微架构为微型机提供了更高的能效表现。

⑤ 高级数字媒体增强（advanced digital media boost）。它的 SSE 执行单元首次提供 128 位的 SIMD 执行能力，一个时钟周期就可执行一条 SIMD 流指令，因此在多个执行单元的共同作用下，能在一个时钟周期内同时执行 128 位乘法、128 位加法、128 位数据载入和 128 位数据回存，或者同时执行 4 个 32 位单精度浮点乘法和 4 个 32 位单精度浮点加法，显著提高了 SSE、SSE2、SSE3、SSSE3 等扩展指令的执行速度，能在多媒体应用中发挥强劲的作用。

2007 年 11 月，Intel 又对 Core 微架构进行工艺改进，发布了 45nm 的 Penryn 架构，用于双核和 4 核设计，两类芯片分别含 4 亿、8 亿个晶体管，LGA775 接口，名称中用 Core 2 Quad 表示 4 核，如 Core 2 Quad Q8300。它使用了基于铬元素的高 K 金属栅极硅制程技术，解决密度大导致的漏电问题。此外，还增加了一些新特性，如新增了含有 47 条指令的 SSE4（SIMD 流指令扩展 4）指令集以增强媒体性能，增强了虚拟化技术，提高缓存及内存读取速度等。

酷睿 2 的高能效比，重新树立了 Intel CPU 在用户心目中的地位，在高端市场站稳了脚跟。此后，Intel 在 Core 微架构的基础上，不断进行改进，加入了不少智能技术，推出了一系列新的微架构，如 Nehalem、Sandy Bridge、Ivy Bridge、Haswell、Broadwell、Sky Lake、Kaby Lake、Coffee Lake 等，形成了一大批不同档次的智能酷睿多核处理器。

12.4.2　Intel 智能酷睿多核处理器

（1）基于 Nehalem 微架构的第一代智能酷睿多核处理器

① Core i7。2008 年 11 月，Intel 推出了全新 Nehalem 架构的 64 位 4 核 Core i7-9xx 系列桌面处理器，核心沿用 Core 命名来取代 Core 2，名称中的 i 是智能（intelligence）的意思，7 没有含义。Core i7 采用 45nm 工艺，含 7.31 亿个晶体管，LGA1366 封装，24 倍频，最高主频 3.2GHz。Nehalem 基本建立在 Core 微架构的骨架上，但是 Intel 对它进行了不少引人瞩目的改进。

对计算内核进行了优化和加强，主要如下所示。

a. 超线程技术。该技术最早出现在 2002 年的 P4 上。它利用特殊的硬件指令，把单个物理核心模拟成两个核心，每个核心都能使用线程级并行计算，从而兼容多线程操作系统和软件，减少了 CPU 的闲置时间，提高了运行效率。特别是大容量的 L3 设计和内存控制器的集成，缓存的容量和速度的提升，加上从 Core 微架构继承来的优秀分支预测设计，Nehalem 微架构再次引入的超线程技术，使它的多任务/多线程性能提升 20%～30%。

b. 直接 I/O 访问的虚拟化技术（virtualization technology for directed I/O，VT-d）。这是一种基于北桥芯片的硬件辅助虚拟化技术，通过在北桥中内置提供 DMA 和 IRQ 虚拟化硬件，实现了新型的 I/O 虚拟化方式，能在虚拟环境中显著提升 I/O 的可靠性、灵活性与性能。

c. 自超频（Turbo Mode）技术和电源门（power gates）技术。前者习惯上被称为睿频（Turbo Boost）技术，也称为涡轮增压技术（Intel turbocharger technology），它基于 CPU 的电源管理技术来动态调整核心频率，通过分析当前 CPU 负载情况，智能地关闭一些用不上的核心，把能源留给正使用的核心，并使其运行在更高的频率，从而达到更高的性能。相反，需要多个核心时，动态开启相应的核心，智能地调整频率。用户还可以在 BIOS 中指定一个 TDP 数值，处理器会据此动态地调整核心频率。电源门技术则是在保证现有应用正常运行的情况下，尽量减少能耗的技术。它可根据工作负载需要减少每个核心在频率和电压切换时带来的电能损耗，允许单个处于闲置状态的核心的功耗降到接近 0W。此外，Nehalem 处理器还内建了功耗控制单元，与电源门技术配合使用来极大地改善功耗和发热问题。

d. 扩展的 SSE4.2 指令集。在 Penryn 微结构的 SSE4 指令集里又加进了 7 条指令，可有效提升字符串和文本处理（如 XML 文件）的性能。

在非计算内核的设计中做了较多的改进，例如：

a. 采用三级全内含式 Cache 设计。L1 与 Core 微架构的设计一样；L2 为超低延迟设计，每个内核 256KB；L3 采用所有内核共享的设计。

b. 集成内存控制器（integrated memory controller，IMC）。内存控制器从芯片组上移进了 CPU 芯片，CPU 可直接通过它去访问内存，而不是以前繁杂的前端总线-北桥-内存控制器模式。它支持 3 通道的 DDR3-1333 内存，传输速率 1.33GT/s，内存读取的延迟大幅度减少，内存总带宽可达到 32GB/s。

c. 快速通道互联（quick path interconnect，QPI）技术。它也称为 CSI（common system interface，公共系统接口）技术，是一种 20 位宽的高带宽、低延迟的点到点连接技术，取代前端总线（FSB），实现各核心间的高速互联，传输速率 6.4GT/s，带宽可达 25.6GB/s，能让多处理器的等待时间变短，访问延迟下降 50% 以上。

与它配套的是 Intel X58+ICH10R 芯片组，主板厂家为 Core i7-9xx 推出了好几款颇为豪华的 X58 主板。

② Core i5。它是 Core i7 派生出的中低级版本，2009 年 9 月发布，也基于 Nehalem 微架构，核心代号 Lynnfiled，采用 45nm 工艺，LGA 1156 封装，4 核 4 线程，不支持超线程，L2＝4×256KB，L3＝8MB，如 Core i5-760。它只集成了双通道 DDR3 控制器，并集成了 PCI-E 控制器和一些北桥的功能。它与 Intel 的 P55 芯片组配套时，仍采用 DMI 总线；P55 集成了南桥的功能，属于单芯片设计，不再叫南桥、北桥，而称为 PCH（platform controller hub，平台控制器中枢）芯片，主要负责 PCI-E 局域网管理、I/O 设备管理等。

③ Core i3。这是 Core i5 的进一步精简版，2010 年 1 月初发布，如 Core i3-540。它采用从 Nehalem 升级来的 Westmere 微架构和 Clarkdale 核心，32nm 工艺，LGA 1156 封装，双核 4 线程，L2＝2×256KB，L3＝4MB，也只集成了 2 通道 DDR3 和 PCI-E 控制器，没有睿频功能。构成台式机时，它可与 H55 芯片组配套。图形核心 GPU 被简单整合在 CPU 封装中，是 Intel 首款 CPU+GPU 的多核处理器。由于集成的 GPU 功能有限，需要时仍可外插显卡。

从此，智能酷睿成为 Intel 芯片的品牌，针对每一代智能酷睿处理器，Intel 都要推出一批针对不同用户群的 i3/i5/i7 芯片。其中，i3 处理器针对低端市场，双核架构，约 4MB 的

L3。i5 主攻主流市场，4 核架构，8MB 的 L3。i7 主打高端市场，4 核 8 线程或 6 核 12 线程架构，L3 不少于 8MB。

Intel 多核处理器技术进入智能化时代以来，已成功推出了九代智能酷睿多核处理器，最多包含 18 个内核以及最高频率可达 5.0GHz 的酷睿 i9 多核处理器（如 i9-7980XE 与 i9-9900K）也已推出，它们正被应用到性能强劲的高端台式机、笔记本电脑以及超薄一体机和超极本（Ultrabook）电脑中，让虚拟现实（VR）和大数据可视化等对计算速度要求很高的任务得以完美实现。

(2) 基于 Sandy Bridge 微架构的第二代智能酷睿多核处理器

① Sandy Bridge 架构。2011 年 1 月，Intel 对处理器的微架构进行了重新设计，推出了一批架构和开发代号均为 Sandy Bridge（SNB）的 Core i3/i5/i7 处理器和 Pentium 双核系列处理器。前者依然采用了 i3、i5 和 i7 的产品分级架构。它们采用 32nm 工艺和高 K 金属栅极晶体管技术，LGA1155 封装，最多为 8 核心，含 9 亿多晶体管，可与 Intel 的 6 系列芯片组配套使用，如采用 P67、H67、Z68 芯片组设计的主板。

为区别于第一代产品，芯片型号后面的数字从 3 位增加到 4 位，用第一位表示代数，例如 2～9 分别代表第 2 代到第 9 代 Core；后面 3 位是处理器序号，表示产品性能；最后是字母后缀，表示该芯片的重要特色。

桌面 CPU 后缀字母的含义：无字母表示标准版，K 表示解锁版，X 表示至尊版，S 表示低功耗版，T 表示超低电压版，R 表示高性能核显版，P 表示无核显版。例如，Core i5 3570K 是用于主流台式机的第 3 代不锁频酷睿芯片。

移动版后缀：M 表示一般的双核 4 线程移动版；QM 表示 4 核移动版（4 代前为 MQ）；XM 表示移动至尊版（4 代为 MX）；HQ 表示带高性能核显的移动芯片，球栅网格阵列（BGA）封装；U 表示低电压版；Y 表示超低电压版等。例如，Core i7 5750HQ 是带有 Iris 高性能核显的第 5 代移动电脑芯片。

与第一代产品相比较，第二代智能酷睿处理器具有以下几点重要创新。

a. 全新的微架构，功耗更低，能延长电池续航时间，并显著提高系统性能。

b. 优化的第二代睿频加速技术（Turbo Boost 2.0），GPU 和 CPU 都可睿频，加速技术更智能和高效。

c. 内置高性能 GPU，也称核芯显卡，提供更强的视频编码和图形功能。高速视频同步技术结合睿频技术和 Intel 无线显示技术（WiDi），能为笔记本电脑增加 1080p 高清的无线显示功能，可在电视上播放笔记本中的高清内容。若与 Intel 的 InTru 3D 动画技术和 HDMI 1.4 高清多媒体标准结合，将会生成栩栩如生的 3D 动画效果。

d. 核心内部互联引入全新的环形总线（ring bus），每个核心、每块 L3 以及 GPU 和媒体引擎等都在该总线上拥有接入点，保证低延迟、高效率的通信，同时能使 CPU 与 GPU 共享 L3，大幅度提升 GPU 的性能。由于北桥已被整合进了 CPU 芯片，它与南桥连接去驱动外部 I/O 总线的带宽要求也随之下降，所以取消了 QPI 总线，仍采用以前的 DMI 总线，并一直保持了下来。

e. 全新的高级矢量扩展（Advanced Vector Extensions，AVX）指令集，支持 256 位的 SIMD 运算，浮点性能翻倍，矩阵计算比 SSE 技术快 90%。为了支持 AVX 指令集，Intel 对 CPU 硬件进行了改进，把 128 位的 XMM 寄存器提升成 256 位的 YMM 寄存器，通过增加数据宽度使运算效率翻倍，并支持三操作数指令（3-operand instructions），以减少在编码上需要先复制才能运算的动作。

f. 在第二代 Core i5/i7 中引入了高级加密标准（Advanced Encryption Standard，AES）

指令集，提供快速的资料加密及解密运算功能，显著提高了资料的安全性及保密性。

② Sandy Bridge-E 架构。2011 年 11 月中，三款核心架构仍是 SNB，但开发代号为 Sandy Bridge-E 的 Core i7 3×××处理器发布，Intel 将其归类到第 3 代智能酷睿处理器，实际上其制程和架构都没有根本改变。以 6 核/12 线程的 Core i7 3930X 为例，具有 12MB 的 L3 缓存，32nm 工艺，含 22.7 亿个晶体管。由于规格的大范围升级以及晶体管数目的剧增，封装改为 LGA2011，引脚数多达 2011 根。其外频是 100MHz，×33 倍频后达到 3.3GHz 基准频率。由于有睿频技术，在 5~6 个核心加速时，核心工作频率可以自动超至 3.6GHz，3~4 个核心时升至 3.7GHz，1~2 个核心运行时则能加速到最高值 3.9GHz。

SNB-E 是 Sandy Bridge 的多核扩展，它在 SNB 基础上又增加了一些新特点，其中有两个最大的变化。

a. 内置 DDR3-1600 四通道内存控制器，可提供高达 42.7GB/s 的内存带宽。

b. 由 CPU 直接提供两条 PCI-E×16 通道。

与之配套的 X79 芯片组，可为主板提供 4 个 PCI-E 3.0×16 插槽，8 条 PCI-E 2.0 通道，14 个 USB 2.0 接口，2 组 SATA 6Gb/s 接口和 4 组 SATA 3Gb/s 接口，支持规格为 RAID 0/1/5/10 的磁盘阵列，有 2 个千兆网络接口，内存最大容量为 64GB。

高频工作的 CPU 和显卡的散热问题，一直是高端计算机设计中的一个重要技术难题，供电部分和处理器等部分通常都采用散热片＋热管的设计方法，以取得好的散热效果。为了更好地发挥多核处理器的超频工作特长，主板规范中建议对处理器采用水冷散热，因此正式版的处理器产品已经去掉了配套的风冷散热器。

(3) 基于 Ivy Bridge 微架构的第三代智能酷睿多核处理器

2012 年 4 月，Intel 在北京发布了第三代智能酷睿 4 核处理器系列，它们采用 22nm 的 Ivy Bridge 架构和 Intel 发明的 3D 三栅极晶体管技术，为晶体管布局加入第三个维度，增加了晶体管密度。例如，Core i7-3610QM 的 4 核处理器，在 $160mm^2$ 的芯片上集成了 14 亿个晶体管，仍采用 LGA2011 封装，TDP 仅为 45W。它要与 7 系列芯片组配套使用，如 Z77/H77/Q77/B75/Z75。对 6 系列芯片组（如 Z68/H67/P67/H61）升级主板 BIOS 后，也可以用于 Ivy Bridge 处理器。

第三代多核处理器中增加了如下这些值得提及的新技术。

a. 重新设计的核芯显卡 HD 4000，支持微软图形接口技术 DirectX 11、开放图形库 OpenGL 3.1 和开放运算语言 OpenCL 1.1。与上一代处理器相比，3D 图形性能双倍提升，具有更高的分辨率和更丰富的细节。

b. 内置 Intel 高速视频同步技术 2.0，可实现突破性的硬件加速功能，更快地进行视频转换，速度比上一代处理器提升两倍，比三年前的 PC 速度快 23 倍。

c. 3D 三栅极晶体管技术和微架构升级，成倍提升了 3D 显示和高清媒体处理性能。

d. 集成到 PCH 芯片中的 USB 3.0 以及集成在处理器上的 PCI-E 3.0 总线，可以提供更快的数据传输速度和更宽的数据通道。

e. 增加了实用的安全功能，包括 Intel 的 Secure Key 安全密钥和 OS Guard，以保障个人数据资料和身份安全。

12.4.3　微处理器技术发展的新时代

(1) 第四代智能酷睿处理器

第四代 Intel 智能酷睿处理器基于 Haswell 微架构，发布时间 2013 年 6 月，依然是

22nm 制程，但性能更强，超频潜力更大，集成了完整的电压调节器，简化了主板供电设计，如 Core i5-4670K 和 i7-4770K。它们采用 LGA1150 接口，要与 8 系列芯片组配套，如 Z87。内置的核显型号为 HD4400/4600，支持多媒体编程接口 DX11.1、开放运算语言 OpenCL1.2，支持 HDMI、DP、DVI、VGA 视频接口标准和三屏独立输出。

值得一提的是第四代酷睿处理器新增了支持 256 位 SIMD 运算的 AVX2 指令集，在 AVX 指令集扩展了 256 位浮点运算的基础上，进一步将整数操作扩展到了 256 位，并引入了积和熔加运算（Fused Multiply-add，FMA）指令集。

不久后，Intel 又在面向高性能计算的至强融核处理器和协处理器上，实现了 512 位整数操作的 AVX-512 指令集，可以部分加速深度学习的数据密集型计算。Intel 计划在新的 10nm 微架构 Cannon Lake 上支持 AVX-512，而且会针对深度学习的计算特点，增加对神经网络指令 AVX512_4VNNIW 和乘法累加单精度指令 AVX512_4FMAPS 的支持。

（2）第五代智能酷睿处理器

2014 年 8 月，Intel 发布了三款高档的桌面处理器。其中的 Core i7-5960X 是 Intel 推出的第一款 8 核桌面处理器，16 线程，默认主频 3.0GHz，可睿频到 3.5GHz，多达 20MB 的 L3，比上一代的 Corei7-4790 性能提升 79%；支持 40 条 PCI-E 3.0 通道，14 个 USB 端口（6 个 USB 3.0 端口），10 个 SATA Ⅲ 端口，支持 4 显卡互联，支持四条 DDR4-2133 内存。虽然它们已是第五代多核处理器，微架构称为 Haswell-E，但仍然是基于上一代的 Haswell 平台，22nm 制程，采用了 LGA2011-v3 接口，与上两代的 LGA2011 接口不兼容，必须与 9 系列芯片组中首款支持 DDR4 内存的顶级芯片 X99 配套使用。

2015 年 1 月，一大批基于 14nm 第二代 3D 三栅极晶体管技术和 Broadwell 微架构的第五代 Intel 多核处理器问世，但主要是制造工艺上的改进，接口回归到 LGA1150，使用 Intel 9 系列芯片组（如 Z97），支持 DDR3 内存。例如，最高端的移动处理器 i7-5557U 为双核 4 线程，初始频率 3.1GHz，可睿频到 3.4GHz，内置 Iris 6100 锐矩核心显卡，支持 DDR3-1866，4MB 的 L3，TDP 为 15W。除了拥有更强的性能和功耗优化外，它们还支持 Intel RealSense（实感技术），支持面部跟踪和检测、手部跟踪、手势识别、语音识别及合成等算法。预计在未来，计算机将舍弃鼠标和键盘，而采用体感交互方式来操控。

（3）14nm 制程的第六、七、八、九代智能酷睿处理器

① 第六代智能酷睿处理器。第六代智能酷睿处理器于 2015 年 8 月发布，基于 Sky Lake 微架构，同样采用 14nm 工艺，接口为 LGA1151。例如，桌面芯片 Core i7-6700，4 核 8 线程，L3 为 8MB，主频 3.4GHz，可睿频到 4.0GHz；支持 DDR4-2133 和 DDR3L-1600 内存，内置核心显卡 HD530，搭配全新的 Intel 100 系列芯片组（如 Z170）。14nm 制程使这些芯片成为史上最小的桌面 4 核 CPU，内含 7.31 亿个晶体管，核心面积 270mm^2，封装基板很薄，只有 0.8mm，采用了厚度为 1.1mm 的五层 PCB。芯片内集成了显示核心或专用于研发的 Larrabee GPU 架构。这批处理器的最大特点是能效大幅度提高，但性能提升不明显，产品定位比第五代低，基本覆盖了 Intel 的所有酷睿（i7、i5、i3）、奔腾、赛扬品牌的多核处理器。

② 第七代智能酷睿处理器。2017 年 1 月公布了采用新的 Kaby Lake 架构的第七代智能酷睿处理器，依然是 14nm 工艺和 LGA 1151 接口，对比上代产品，带宽提升 20%，性能提高 10%。例如，最高端的 i7-7700K 为 4 核 8 线程，主频 4.2GHz，可睿频到 4.5GHz，8MB 的 L3，原生支持 2400MHz 的 DDR4 内存，最高能支持 4000MHz 以上的内存频率。它们与 200 系列芯片组（如 Z270）搭配，也与 100 系列主板兼容，支持 USB 3.1 和最多 24 条 PCI-E 3.0 总线，总计提供 48GB/s 的双向带宽，可支持 Intel 的傲腾（Optane）硬盘，即采用

Intel 的 3D XPoint 闪存技术制作的硬盘，介于传统内存和固态硬盘之间，能提供极高的性能和极低的延迟。

Kaby Lake 架构在视频性能方面有大幅度增强，除核芯显卡从 HD 530 升级到 HD 630 外，又加入了增强的视频引擎，包括两部分。

a. 多媒体解码器（Multi-Format Codex，MFX）。这是个增强的解码器单元，它增加了 10bit HEVC 和 8/10bit VP9 格式的编码器和解码器，让观看 4K HEVC 高清视频变得轻松自如。其中，HEVC（高性能视频编码）是一套先进的视频格式标准，它让 1080p 视频压缩率提高 50%，正在取代 MPEG-4 和 H.264，成为 4K 和 8K 高分辨率视频的压缩标准。VP9 则是 Google 开发的视频压缩标准，比 H.264 的图像质量更好，码率却只有一半。

b. 视频质量引擎（Video Quality Engine，VQE）。在第四代 Core 架构时开始引入，这次作了进一步改进，包括反交错、降低噪声、色彩增强、色彩校正等。在实现宽色域和 HDR 支持时，只消耗 40~50mW 能源，播放 4K 内容时画面观赏效果更好。

2017 年 5 月，Intel 又发布了几款至尊版的酷睿 i9 处理器，即 i9-7920X、i9-7940X、i9-7960X，同年 8 月又推出一款首次在命名中使用 XE 后缀的酷睿 i9 处理器 i9-7980XE，它们是第七代智能酷睿处理器中的佼佼者。与智能酷睿中的 i3、i5、i7 分别针对低端、中端和高端市场不同的是，酷睿 i9 面向高性能应用，可最多支持 4 块独立显卡，能够实现显示器环绕，为虚拟现实游戏等提供极好的性能保障。加入了改进的睿频加速技术（Intel Turbo Boost Max 2.0），与 Intel 傲腾内存配合之后，它们可以高速启动和加载应用程序。其中的 i9-7980XE 是 Intel 最昂贵的 CPU 芯片，采用 Sky Lake-X 架构，18 核 36 线程，基础频率 2.6GHz，单核心频率可睿频到 4.4GHz。它支持 4 通道的 DDR4-2666 内存，具有 24.75MB 的 L3 高速缓存，支持 44 通道的 PCI-E 3.0 总线，不过功耗也达到了可观的 165W。由于是 LGA2066 接口，必须与 200 系列芯片组中的 X299 配套使用。

③ 第八代智能酷睿处理器。Intel 于 2017 年 9 月推出了一组架构代号为 Coffee Lake-S 的第八代酷睿处理器，仍旧是 14nm 制程和 LGA1151 接口，但必须与最新的 300 系列芯片组（如 Z370）搭配，它新增了 6 条原生 USB 3.1 接口以及千兆 WiFi 无线网卡。全新的 i7-8700K 比上一代同级别的 i7-7700K 有着明显的性能提升，这不仅得益于新品采用了原生 6 核 12 线程的设计，更是由于新一代睿频技术的助力，使得 i7-8700K 单核主频最高能达到 4.7GHz。核显采用升级版 UHD630，动态频率和高清解码能力都有提高。

第八代处理器中的顶级芯片是 2018 年 4 月推出的移动式处理器 i9-8950HK，6 核心 12 线程，未锁频，除睿频技术外，它还支持 Intel 温度自适应睿频加速技术（Intel Thermal Velocity Boost，TVB）。该技术允许在处理器温度足够低，且存在睿频功率空间时，能够将时钟频率适时自动提升，所得频率和时长因工作负载、处理器功能和处理器冷却方案而异，最高频率可达 200MHz，单核心频率 4.8GHz。

④ 第九代智能酷睿处理器。2017 年，Intel 接连推出了第七代和第八代两款智能酷睿处理器。2018 年 10 月 9 日，Intel 公布了三款第九代智能酷睿台式机处理器 i5-9600K、i7-9700K 和 i3-9900K。不过，它们只是第八代酷睿的增强版架构，与上一代共用接口，兼容相同主板（如 Z370），工艺并没有升级，沿用 14nm 制程，被称为 Coffee Lake Refresh 架构。这个版本的主要目标是提速，除了采用改进后的睿频技术 Turbo Boost Max 3.0，还支持 Intel 温度自适应睿频加速技术，并在处理器设计中采用了先进的钎焊散热技术以进一步降低功耗。其中高端的 i9-9900K 处理器被 Intel 称为世界上最好的游戏处理器，8 核 16 线程，基础频率 3.6 GHz，可提升到 5.0GHz，完全未锁频，并拥有 16MB SmartCache 高速缓存。高达 5GHz 的频率和 16 路多任务处理功能，将整个处理器单线程和双线程应用的性

能水平再次大幅度提高，不论多少并发任务，i9 都可以轻松自如地应对。一个引人注意的现象是 6 核心的 i5-9600K 和 8 核心的 i7-9700K 处理器中都没有引入超线程功能，随着芯片上核心数量的增加，多线程已经不再是芯片制造商刻意要追求的目标。

(4) Z270 芯片组

Z270 属于 Intel 的 200 系列芯片组，用来与第六代和第七代酷睿处理器配套，设计 Z270 主板。例如，华硕 Prime Z270-AR 主板，Prime 意为主流，-AR 表示加强版。下面以它为例，简单介绍一下 200 系列芯片组和台式机主板，使大家对当前正在使用的高档 PC 机有个大致了解。

如前所述，Intel 主板芯片组过去采用过北桥＋南桥芯片的组合形式，北桥主内，南桥主外。从第一代酷睿处理器 Core i5-7xx 开始，内存控制器、PCI-E 2.0 控制器等原本属于北桥芯片的模块被集成在 CPU 里，与之配套的 5 系列芯片组采用了单芯片设计，主控芯片也被称为 PCH 芯片，即平台控制器中枢。这种单片式的芯片组一直沿用下来，使得采用酷睿多核处理器构建 PC 机时，配置相对容易，而且不用再考虑芯片组的散热问题。

图 12-5 是 Intel Z270 芯片组的功能框图。Z270 芯片组支持速度 2400MHz 的两通道 DDR4 和低电压的 DDR3L 内存；HD 显卡提供的 PCI-E 3.0×1 端口，能为外设和网络提供高达 8GT/s 速率的快速存取，它还可以配置成×2、×4 和×8 组态；支持超频 (overclocking) 技术；支持就绪模式技术 (intel ready mode technology)；具有引导保护的设备保护技术 (intel device protection technology with boot guard) 以防止病毒和恶意软件的攻击；支持 Intel 集成的 10/100/1000 千兆以太网介质访问控制方法；允许通过禁用 USB 端口以及 SATA 端口来对数据提供保护等。此外，Z270 芯片组还具有以下几个显著特点，其中最后两个功能已在多款 Intel 芯片组中应用，为 PC 机提供优质的音乐效果。

① 支持 Intel 傲腾内存 (Intel Optane memory)。这是 Intel 最新的非易失性存储技术，有很好的应用前景。目前傲腾内存有 16GB 和 32GB 两款，它插在主板的 M.2 接口 (从连接固态硬盘的 mini-SATA 接口升级而来) 上，主要作用是对 SATA 接口的硬盘提速，可以看作传统硬盘的缓存加速盘。用户无法自行读写傲腾内存中的数据，系统将根据实际使用来决定存取哪些数据，也无法取代主板上的 DDR4 内存。并非带有 M.2 接口的主板都能使用傲腾内存，必须是第七代 Core i3、i5、i7 处理器和 200 系列主板才行。

此外，Intel 还设计了两款顶级性能的傲腾固态硬盘 (Optane SSD)，最大容量达到 1.5TB，读写速度 2.5GB/s。可以利用主板上多出的一个 M.2/U.2/USB 3.1 接口通道支持傲腾 SSD，有利于它的普及应用。这里的 U.2 接口也称为 SF-8639 接口，与 M.2 一样，也是 SSD 的一种接口。

② Intel 快速存储技术 (Intel rapid storage technology，RST)。提供一个 Windows 应用程序，为配备了 SATA 硬盘的计算机系统提供更高的性能，降低耗电和提高可靠性，还可在使用多个磁盘情况下，增强对磁盘故障时数据丢失的保护。

③ 高速 I/O 通道 (Intel high-speed I/O，HSIO)。提供一组 Intel 高速 I/O 通道，包括速度高达 5Gb/s 的 10 个 USB 3.0 和 14 个 480Mb/s 的 USB 2.0 接口，多达 24 条 PCI-E 3.0。此外，Z270 还提供速率达到 6Gb/s 的高速 SATA 硬盘接口；支持 eSATA 外置式 SATA Ⅱ 规范，用来连接外部 SATA 设备 (如硬盘)，提供 3Gb/s 的数据传输速度，消除目前外部存储设备的传输速度瓶颈。这组高速 I/O 通道可自由定义为 PCI-E、USB 3.0、SATA 6Gb/s 等不同的输入输出通道。

④ 高清晰度音频技术 (high definition audio)。集成的音频支持技术能保证优质的数字环绕声，并提供若干先进的特性。例如，多音频流和音源功效切换 (Jack re-tasking)，可任

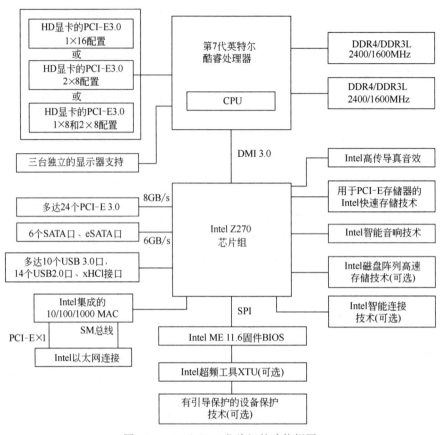

图 12-5　Intel Z270 芯片组的功能框图

意配置每个音源插孔，随时判断插入的音源，进行功效配置和声道切换，音源包括音频输入、音频输出、麦克风、耳机、扬声器等。

⑤ 智能音响技术（smart sound technology）。集成的 DSP 能实现音频分载（audio off-load）功能，将音频分载到声卡进行处理，实现音频的硬件加速。声卡发明以来都是独立完成所有音频处理的，而从 Windows8 开始，音频处理的大部分工作交由 CPU 来完成，声卡硬件部分仅做数/模转换。由此出现了 AC97 软声卡，由 CPU 处理音频数据，显著降低了声卡成本。如今，为提高系统的响应性能，满足实时通信的要求，需要减轻 CPU 的负担，所以音频硬件加速的需求又回来了。

(5) Intel 研发智能酷睿多核处理器的新策略

众所周知，Intel 从 2006 年起，遵循一个称为 Tick-Tock（滴-答）的钟摆模式来发展微处理器技术，即 Tick 年（工艺年）更新制作工艺，Tock 年（架构年）更新微架构。制程工艺和核心架构交替进行，一方面避免了同时革新可能带来的失败风险，同时持续的发展也可以降低研发的周期，并对市场造成持续的刺激，最终提升产品的竞争力。通常每两年更新一次微架构（Tock），中间交替升级生产工艺（Tick）。回顾上面的介绍，可以用表 12-1 来大致总结 Intel 多核处理器的发展历程。

按照 Tick-Tock 的模式，2014 年应该为 Tick 年，实现制作工艺的改进，结果基于 14nm 的 Broadwell 架构的第五代酷睿，推迟到了 2015 Tock 年（架构年）。为了坚持 Tick-Tock 发展模式，Intel 必须兑现 2015 Tock 年，因此基于 Sky Lake 架构的第六代酷睿也在 2015 年上市了。

表 12-1 Intel 多核处理器的发展历程

模式	架构	制程	时间	代数/典型芯片
Tick	Presler 等	65nm	2006-1-5	PD 9××、PD EE 9××
Tock	Core	65nm	2006-6-27	Core 2 Duo E6600
Tick	Penryn	45nm	2007-11-11	Core 2 Quad Q8300
Tock	Nehalem	45nm	2008-11-17	第一代/Core i7-980
Tick	Westmere	32nm	2010-1-4	第一代/Core i3-540
Tock	Sandy Bridge	32nm	2011-1-9	第二代/Core i7-2600
Tick＋	Ivy Bridge	22nm	2012-4-23	第三代/Core i7-3770K
Tock	Haswell	22nm	2013-6-4	第四代/Core i7-4790
P(Tick)	Broadwell	14nm	2015-1-15	第五代/Core i5-5960X
A(Tock)	Sky Lake	14nm	2015-8-5	第六代/Core i7-6700K
O	Kaby Lake	14nm＋	2017-1-4	第七代/Core i7-7700
O	Coffee Lake	14nm＋＋	2017-9-25	第八代/Core i3-8100
O	Coffee Lake	14nm＋＋＋	2018-10-9	第九代/Core i9-9900K
O	Comet Lake	14nm＋＋＋＋	2020-4-30	第十代/Core i9-10900K
O	Cypress Cove	14nm＋＋＋＋＋	2021-3-16	第十一代/Core i9-11900K
P(Tick)	Alder Lake	10nm	2021-10-28	第十二代/Core i9-12900K
A(Tock)	Raptor Lake	10nm	2022-9-28	第十三代/Core i9-13900K
O	Raptor Lake Refresh	10nm＋	2023-10-17	第十四代/Core i9-14900K

在摩尔定律失效之前，Intel 希望继续站在微处理器技术的最前沿。为此，它在不断地调整自己攻坚的策略。2016 年 3 月 22 日，Intel 在财务报告中宣布，Tick-Tock 将放缓至三年一循环，增加优化环节，进一步减缓实际更新的速度，即采取制程（process)-架构（architecture)-优化（optimization）（PAO）的三步走战略。

制程：在架构不变的情况下，缩小晶体管体积，以减少功耗及成本。

架构：在制程不变的情况下，更新处理器架构，以提高性能。

优化：在制程及架构不变的情况下，对架构进行修复及优化，将 BUG 减到最低，并提升处理器时钟频率。

按照这个策略，2016 年应该进入优化阶段，但实际上到了 2017 年初基于 Kaby Lake 架构的第七代智能酷睿才公布。之后两年推出的第八代和第九代智能酷睿处理器，依然停留在14nm 制程，优化环节持续了三年，大家期盼的 10nm 芯片依然未能问世。显然，Intel 已经面临 10nm 芯片技术的难关。2020 年推出了基于 Comet Lake 架构的第十代智能酷睿处理器和 2021 年推出的基于 Cypress Cove 架构的第十一代智能酷睿处理器依然采用的 14nm 制程，到 2021 年 10 月推出的基于 Alder Lake 架构的第十二代智能酷睿处理器才采用 10nm 制程，并于 2022 年继续推出了基于 Raptor Lake 架构的第十三代智能酷睿处理器及 2023 年推出了基于 Raptor Lake Refresh 架构的第十四代智能酷睿处理器，二者采用的也是 10nm 制程。

习题与思考题

12-1. 简述 80X86 的发展历史。

12-2. 以 80486 为例说明 32 位微处理器内部结构由哪几部分组成，阐述各部分的作用。

12-3. 80486 的寄存器分为哪几类？分别是什么寄存器？

12-4. 64 位 CPU 主要采用 IA-64 架构和 X86-64 架构，两者有何异同？

12-5. 高性能微处理器有哪些新技术？

12-6. 名词解释：

（1）流水线技术　（2）指令预取　（3）多媒体扩展　（4）单指令多数据技术

12-7. 如何理解同时多线程技术和单芯片多处理器技术两种线程级并行技术？

12-8. 高性能通用处理器采用哪些低功耗管理技术？

参 考 文 献

［1］周荷琴，冯焕清. 微型计算机原理与接口技术. 合肥：中国科学技术大学出版社，2019.

［2］彭虎，韦永梅，周佩玲，付忠谦. 微机原理与接口技术. 北京：电子工业出版社，2021.

［3］齐永奇，张涛，王文凡. 微机原理与接口技术. 北京：机械工业出版社，2017.

［4］牟琦. 微机原理与接口技术. 北京：清华大学出版社，2018.

［5］张颖超，叶彦斐，陈逸菲等. 微机原理与接口技术. 北京：电子工业出版社，2017.

［6］叶青，等. 微机原理与接口技术. 北京：清华大学出版社，2020.

［7］周明德，张晓霞，兰方鹏. 微机原理与接口技术. 北京：人民邮电出版社，2018.

［8］辛博，王博，朱张青. 微机原理与接口技术. 南京：南京大学出版社，2019.

［9］王亭岭等. 微机原理与接口技术. 北京：中国电力出版社，2016.

［10］楼顺天，周佳社，张伟涛. 微机原理与接口技术. 北京：科学出版社，2024.

［11］龚尚福，等. 微机原理与接口技术. 西安：西安电子科技大学出版社，2019.

［12］方怡冰. 微机原理与接口技术. 西安：西安电子科技大学出版社，2023.